Química
Analítica

Silvio Luis Pereira Dias
Doutor em Ciências pela Unicamp, professor do
Departamento de Química Inorgânica da UFRGS

Júlio César Pacheco Vaghetti
Doutor em Química pela UFRGS, químico da
Central Analítica do Instituto de Química da UFRGS

Éder Cláudio Lima
Doutor em Química pela UFSCar, professor do
Departamento de Química Inorgânica da UFRGS

Jorge de Lima Brasil
Doutor em Química pela UFRGS, professor do
Instituto Federal do Rio Grande do Sul - IFRS Campus Alvorada

Flávio André Pavan
Doutor em Química pela UFRGS, professor da
Universidade Federal do Pampa, UNIPAMPA

Q6	Química analítica : teoria e prática essenciais / Silvio Luis Pereira Dias ... [et al.]. – Porto Alegre : Bookman, 2016. x, 382 p. il. ; 25 cm. ISBN 978-85-8260-390-1 1. Química analítica. I. Dias, Silvio Luis Pereira. CDU 543

Catalogação na publicação: Poliana Sanchez de Araujo – CRB 10/2094

Silvio Luis Pereira DIAS
Júlio César Pacheco VAGHETTI
Éder Cláudio LIMA
Jorge de Lima BRASIL
Flávio André PAVAN

Química Analítica

TEORIA E PRÁTICA ESSENCIAIS

2016

©Bookman Companhia Editora Ltda., 2016

Gerente editorial: *Arysinha Jacques Affonso*

Colaboraram nesta edição:

Editora: *Denise Weber Nowaczyk*

Processamento pedagógico: *Mônica Stefani*

Capa: *Márcio Monticelli*

Imagem da capa: *ADA_photo/Shutterstock.com*

Editoração: *Clic Editoração Eletrônica Ltda.*

Reservados todos os direitos de publicação à
BOOKMAN EDITORA LTDA., uma empresa do GRUPO A EDUCAÇÃO S.A.
Av. Jerônimo de Ornelas, 670 – Santana
90040-340 – Porto Alegre – RS
Fone: (51) 3027-7000   Fax: (51) 3027-7070

Unidade São Paulo
Av. Embaixador Macedo Soares, 10.735 – Pavilhão 5 – Cond. Espace Center
Vila Anastácio – 05095-035 – São Paulo – SP
Fone: (11) 3665-1100   Fax: (11) 3667-1333

SAC 0800 703-3444 – www.grupoa.com.br

É proibida a duplicação ou reprodução deste volume, no todo ou em parte, sob quaisquer formas ou por quaisquer meios (eletrônico, mecânico, gravação, fotocópia, distribuição na Web e outros), sem permissão expressa da Editora.

IMPRESSO NO BRASIL
PRINTED IN BRAZIL

Prefácio

A presente obra é o resultado da experiência dos autores no ensino superior de química analítica e em laboratórios de controle de qualidade do setor produtivo por mais de duas décadas. O texto contempla de forma única uma ampla gama de conteúdos de química analítica ainda não agrupados em outros livros da mesma área.

Concebido como um livro para estudantes de ensino a distância (EaD) ou de cursos presenciais, bem como aos professores dos mais diferentes cursos na área das ciências exatas, é um material didático que contempla as duas grandes áreas da química analítica: a análise clássica (dividida em quantitativa e qualitativa), e a análise instrumental.

O texto está dividido em três grandes áreas temáticas:

- na primeira grande área de análise qualitativa, que compreende Introdução e os Capítulos de 1 e 2, é feita uma introdução aos cuidados com segurança num laboratório de química, incluindo a manipulação dos reagentes químicos, seguida da análise sistemática qualitativa em escala semimicro de cátions e de testes de identificação de ânions em solução aquosa. As reações químicas em meio aquoso apresentadas neste livro fornecem importantes informações da presença de cátions e ânions contidos em amostras de interesse;

- na segunda grande área de análise quantitativa, que compreende os Capítulos de 3 a 11, são abordados temas como as etapas de uma análise química, introdução aos métodos volumétricos de análise, volumetria de neutralização, complexação, precipitação, óxido-redução, técnicas gravimétricas, procedimentos de aferição de instrumentos volumétricos, procedimentos e protocolos para preparo e padronização de soluções ácidas e básicas e, finalmente, uma revisão de conceitos de óxido-redução. As reações químicas também fornecem importantes informações sobre as quantidades de um determinado constituinte em uma amostra material;

- na terceira grande área de análise instrumental, que compreende os Capítulos de 12 a 19, são vistos os principais métodos instrumentais de análise, entre eles o método eletroquímico da potenciometria; os métodos espectroscópicos constituídos pela espectroscopia de absorção molecular na região do visível, a espectrometria de absorção atômica e emissão atômica, a espectroscopia de fluorescência atômica e molecular e a espectroscopia vibracional na região do infravermelho; os métodos térmicos de análise; e, finalmente, as principais técnicas de extrações e separações de constituintes. As diferentes técnicas instrumentais possibilitam a detecção e quantificação de constituintes em uma amostra material em equipamentos calibrados que apresentam alta sensibilidade e seletividade para os elementos ou compostos químicos de interesse analítico.

A ordenação dos conteúdos abordados nos capítulos segue a tendência geral observada nos diferentes planos de ensino de química analítica. Os conteúdos contemplados nas três grandes áreas temáticas são apresentados com muitos subsídios teóricos e práticos necessários ao direcionamento das aulas de química analítica.

Sumário

Introdução 1
    Escalas de trabalho 1
    O laboratório 2
    Técnicas de laboratório para escala semimicro 4

Capítulo 1
Análise sistemática qualitativa 7
    Análise sistemática de cátions 7
    Análise sistemática dos cátions do Grupo I 8
    Análise sistemática dos cátions do Grupo II 12
    Análise sistemática dos cátions do Grupo III 22
    Análise sistemática dos cátions do Grupo IV 30
    Análise sistemática dos cátions do Grupo V 35

Capítulo 2
Identificação dos ânions mais comuns 41
    Carbonato (CO_3^{2-}) 41

Capítulo 3
Química analítica quantitativa 47
    Classificação dos métodos analíticos 47
    Etapas da análise quantitativa 48
    Algarismos significativos 51
    Estimativa de confiabilidade 52
    Teste Q 53

Capítulo 4
Aferição e calibração de vidrarias 57
    Pesagem ou medidas de massa 58

  Medições de volume 62
  Limpeza da vidraria... 63
  Erro de paralaxe 63
  Aferição ou calibração de aparelhos volumétricos 64

Capítulo 5
Princípios da análise volumétrica 69
  Indicadores ácido-base 70

Capítulo 6
Preparação e padronização de soluções 73
  Preparação de solução padrão de HCl 0,1 mol/L............................ 74
  Padronização da solução de HCl 0,1 mol/L 75
  Preparação da solução padrão de hidróxido de sódio 0,1 mol/L 78
  Padronização da solução de NaOH 78
  Algumas aplicações... 79

Capítulo 7
Volumetria de neutralização 103
  Titulação de ácido forte com base forte 103
  Titulação de ácido fraco com base forte.................................. 107
  Titulação de base fraca com ácido forte.................................. 113
  Titulação de ácidos polipróticos com base forte............................ 118

Capítulo 8
Volumetria de complexação 127
  Características do EDTA.. 127
  Titulação de solução de cálcio com solução de EDTA........................ 128
  Indicadores metalocrômicos 132
  Tipos de titulações complexométricas.................................. 134

Capítulo 9
Volumetria de precipitação 137
  Titulação de íons cloreto com solução de $AgNO_3$........................... 138
  Titulação de uma mistura de haletos com $AgNO_3$........................... 141
  Determinação de pontos finais em reações de precipitação................... 148

Capítulo 10
Volumetria de oxidação-redução................................ 151
  Permanganimetria em meio ácido 152
  Reações com iodo – tiossulfatometria 153
  Titulação redox de solução de íons Fe^{2+} com solução de íons Ce^{4+} 156
  Indicadores do ponto final de titulação.................................. 159

Capítulo 11
Gravimetria 163
    Etapas da análise gravimétrica 164

Capítulo 12
Fundamentos de eletroquímica 173
    Reações de óxido-redução ocorrem com transferência de elétrons 174
    Simultaneidade do fenômeno de oxidação-redução 174
    Relatividade do poder redox 174
    Balanço de massas e balanço de cargas 175
    Reações de óxido-redução podem ocorrer com ou sem o contato direto
    dos reagentes 176
    Aspectos termodinâmicos 180
    Dependência entre o potencial e a concentração 181
    Aspectos termodinâmicos e a constante de equilíbrio 183
    Fatores que afetam o potencial de óxido-redução 184

Capítulo 13
Métodos potenciométricos 189
    Cela eletroquímica 190
    Eletrodos 191
    Aplicações dos métodos potenciométricos 207
    Potenciometria direta 207
    Titulação potenciométrica 209

Capítulo 14
Introdução aos métodos espectroscópicos 217
    Radiação eletromagnética 217
    Princípio do método espectroscópico 221
    Equipamento espectroscópico 222
    Uso da região espectral para fins analíticos 223
    Métodos espectroscópicos *versus* métodos analíticos clássicos 223

Capítulo 15
Espectroscopia de absorção atômica 229
    Interação metal e radiação 229
    Espectrômetro de absorção atômica 230
    Forma da amostra utilizada em absorção atômica 237
    Cuidados com o equipamento antes da análise 237
    Roteiro para análise da concentração de metal em amostra aquosa
    por espectroscopia de absorção atômica 238

Capítulo 16
Espectroscopia de emissão 241
    Fotometria de chama 242
    Espectroscopia de emissão atômica em plasma acoplado
    indutivamente (ICP-AES) 245
    Espectroscopia de emissão atômica em plasma gerado em
    corrente contínua (DCP) 248
    Espectroscopia de fluorescência 249

Capítulo 17
Espectroscopia de infravermelho 263
    Identificação de amostras desconhecidas 264
    Identificação de grupos funcionais 264
    Quantificação de compostos presentes na amostra 265
    Princípios físico-químicos 267
    Formulismo utilizado 268
    Apresentação dos resultados 271
    Equipamentos 272
    Parâmetros de análise 273
    Acessórios 275
    Influência da química das moléculas e dos átomos no espectro
    de infravermelho 279
    Interpretação de um espectro 280

Capítulo 18
Análises térmicas 287
    Análise termogravimétrica (TGA) 289
    Análise de DSC 303
    Técnica que envolve análise simultânea de energia e perda de
    massa DSC-TGA e DTA-TGA 309

Capítulo 19
Cromatografia e outras separações químicas 313
    Cromatografia preparativa 313
    Cromatografia analítica 328
    Separações baseadas no pH do sistema 360
    Separações baseadas em precipitações 361
    Separações baseadas em extrações 363

Referências 379
Índice 381

Introdução

A química analítica consiste em duas grandes divisões: a análise qualitativa, que identifica a presença dos constituintes de um determinado material, e a análise quantitativa, que determina as quantidades exatas dos componentes presentes em uma determinada amostra. Quando a composição e a concentração dos componentes de uma amostra não são conhecidas, o procedimento mais adequado é o de realizar, primeiramente, a análise qualitativa da amostra para, depois, escolher as análises apropriadas para a determinação quantitativa dos analitos.

Em geral, as reações químicas da análise qualitativa inorgânica são efetuadas em solução aquosa de natureza invariavelmente iônica. Como consequência, se nitrato de prata for submetido a uma análise qualitativa, os testes de identificação não indicarão o composto nitrato de prata ou os átomos de que é constituído, indicarão a presença do cátion prata e do ânion nitrato.

Os métodos instrumentais cromatográficos e espectroscópicos há muito vêm substituindo os processos clássicos de análise qualitativa. Ainda assim, o conhecimento de química analítica qualitativa é importante para reforçar os conteúdos de química inorgânica e as técnicas de laboratório.

Escalas de trabalho

A análise qualitativa experimental utiliza processos de laboratório para a identificação dos componentes de sistemas materiais por métodos sistemáticos. Várias técnicas podem ser empregadas e, frequentemente, uma técnica ou um método depende do tamanho da amostra a ser analisada. A relação entre os métodos de análise e o tamanho das amostras é indicada a seguir.

- **Macroanálise:** amostras relativamente grandes são utilizadas com massas de soluto maiores que 100 mg e volumes maiores que 5 mL.

Nota do editor: Este capítulo tem como base o livro DIAS, S. L. P. et al. *Análise qualitativa em escala semimicro.* Porto Alegre: Bookman, 2016.

- **Semimicroanálise:** corresponde a amostras relativamente pequenas, situando-se entre a macro e a microanálise. As amostras ficam no intervalo de porção de 10 a 100 mg, e o volume das soluções varia entre gotas a 5 mL.
- **Microanálise:** é o oposto da macroanálise. Utiliza-se gotas de solução contendo frações de material a ser analisado na faixa de 1 a 10 mg. Em geral, as reações são efetuadas em lâminas de vidro e observadas ao microscópio.
- **Ultramicroanálise:** a escala de trabalho é muito pequena, utilizando massas de amostras inferiores a 1 mg e volumes de soluções da ordem de microlitros (μL).

Até 1940, os macrométodos eram comumente empregados em análise qualitativa. Esses métodos utilizam grandes quantidades de amostras e volumes, resultando em tediosas filtrações e outras manipulações consumidoras de tempo. Por outro lado, os micrométodos requerem técnicas especiais e aparatos diminutos que são inadequados para quem inicia a análise qualitativa.

A escala semimicro combina as vantagens e evita as desvantagens dos métodos macro e micro. A semimicroanálise lida com quantidades de material (em geral de gotas a 5 mL) que constituem menos de um décimo daquelas manuseadas em macroanálise, suas operações requerem bem menos tempo e dispensa os aparatos especializados da microanálise. Com relação às suas vantagens, podemos citar:

- consumo reduzido de amostra (economia de reagentes)
- tempo reduzido de análise
- uso reduzido de H_2S (obtido pela hidrólise a quente da tioacetamida)
- racionalização do espaço físico no laboratório
- maior eficiência de separação pela utilização da centrífuga
- treinamento na manipulação de pequenas quantidades de material
- produção reduzida de resíduos

O laboratório

A sala de laboratório costuma ser construída e montada obedecendo a determinadas normas de segurança, a fim de facilitar os procedimentos e evitar acidentes. Entretanto, todo o trabalho feito no local apresenta riscos, seja pela ação de produtos químicos ou de chamas (que eventualmente podem ocasionar incêndios e explosões), seja pela presença de materiais de vidro que podem causar ferimentos. A conduta pessoal no laboratório é fundamental para a criação e manutenção de um ambiente seguro.

A seguir estão descritas algumas condutas de segurança que devem ser tomadas em qualquer tipo trabalho envolvendo laboratórios de química:

- Trabalhar sempre com atenção, pois a mais simples operação com produtos químicos sempre envolve um grau de risco.
- Usar sempre calçado fechado. Nunca usar calçados abertos (chinelos ou sandálias) ou de tecido.
- Usar avental (guarda-pó ou jaleco) de mangas compridas, do tipo 7/8, fechado, confeccionado em algodão ou jeans.

- Não usar roupas de tecido sintético, pois são facilmente inflamáveis.
- Usar calça comprida. Usar sempre óculos de segurança no laboratório. Os óculos panorâmicos são necessários para quem usa óculos de grau – o acessório deve ser ergonometricamente adequado a cada rosto.
- Usar os Equipamentos de Proteção Individual (EPI's) apropriados nas operações que apresentem riscos potenciais. Os equipamentos necessitam de manutenção preventiva, bem como a observação quanto a sua correta utilização.
- Não colocar reagentes ou solventes de laboratório no armário de roupas ou de materiais pessoais. É importante guardá-los somente em armários específicos, observando as questões de incompatibilidade química. Também é necessário observar a quantidade mínima operacional, armazenando apenas as quantidades que serão utilizadas.
- Não pipetar qualquer tipo de produto químico (mesmo soluções diluídas) diretamente com a boca, utilizar sempre um pipetador de borracha adequado.
- Não levar as mãos à boca ou aos olhos quanto estiver trabalhando com produtos químicos, evitando contaminações ou reações alérgicas.
- Não usar lentes de contato, pois há grande probabilidade de haver danos aos olhos durante a manipulação de solventes orgânicos ou corrosivos.
- Não se expor diretamente a radiações ultravioleta, infravermelho e outras, utilizando sempre anteparos ou EPI's adequados.
- Manter todas as gavetas e portas fechadas durante a atividade no laboratório, pois uma sala desorganizada pode ser a causa de incidentes ou acidentes.
- Planejar todo o trabalho a ser realizado no laboratório, separando todos os produtos e solventes, bem como vidrarias, ferragens e equipamentos necessários, e disponibilizando-os na proximidade da bancada.
- Verificar as condições da aparelhagem de vidraria, das ferragens e dos equipamentos a serem utilizados, em especial quanto à limpeza e à existência de falhas que possam criar condições de acidentes.
- Conhecer a periculosidade dos produtos químicos a serem manuseados, acessando as fichas de informações de segurança dos produtos químicos (FISPQ/MSDS) disponíveis pelos fabricantes na internet ou em catálogos específicos.

A mesma atenção e cuidado na conduta pessoal no laboratório deve ser estendida ao manuseio de produtos químicos. A seguir, uma lista de procedimentos de segurança que evitam acidentes das mais variadas magnitudes e abrangências.

- Manter as bancadas sempre limpas e livres de materiais estranhos ao trabalho que está sendo realizado.
- Ao esvaziar um frasco de reagentes, fazer a limpeza com material apropriado, antes de colocá-lo para lavagem. Coletar o produto da limpeza, considerando-o como rejeito químico a ser devidamente tratado.
- Identificar os reagentes químicos e as soluções preparadas a partir deles, bem como as amostras coletadas, com o uso de rótulos específicos com notação química adequada, evitando o uso de códigos pessoais ou inelegíveis.

- Separar o resíduo químico de forma seletiva, evitando misturas, de forma a facilitar uma possível recuperação do mesmo. Utilizar frascos específicos, com rótulos devidamente identificados.
- Utilizar o lixo comum do laboratório unicamente para papéis usados ou materiais que não serão mais necessários, quando estes não apresentarem riscos de contato.
- Descontaminar, devidamente, a vidraria quebrada, colocando-a em recipientes específicos, devidamente rotulados. Esse resíduo não pode ser descartado no lixo comum do laboratório.
- Usar pinças e ferragens de tamanho adequado e em perfeito estado de conservação para cada material de vidraria de laboratório, evitando improvisações que possam resultar em acidentes.
- Utilizar a capela de laboratório para trabalhar com reações que liberam gases ou vapores venenosos ou irritantes.
- Não usar a capela de laboratório como depósito de reagentes ou solventes, pois ela deve ser um local de excelência para reações mais perigosas.
- Não descartar produtos químicos nas pias do laboratório. Encaminhar os rejeitos químicos de forma sistematizada para o devido tratamento, evitando,agressões ao meio ambiente.
- Antes de iniciar as atividades no laboratório, verificar as condições dos suprimentos de energia elétrica, de aterramento, de gás liquefeito de petróleo, de gases especiais, de água encanada e de ar comprimido quanto a possíveis ligações defeituosas ou vazamentos. Isso é importante para evitar acidentes e providenciar o devido e imediato reparo técnico das estruturas, evitando improvisações.
- Ao finalizar as atividades no laboratório é preciso: encaminhar corretamente os rejeitos químicos, retornar os reagentes e os solventes para os devidos locais de armazenamento, fazer a pré-limpeza das vidrarias e encaminhá-las para lavagem, proceder à limpeza dos equipamentos utilizados e retornar o material utilizado limpo para os locais de origem.
- Manter os acessos externos e internos do laboratório livre de obstáculos que possam comprometer a livre circulação.

Técnicas de laboratório para escala semimicro

No laboratório, utiliza-se diversas formas de separação para identificação dos constiuintes de uma substância. As principais são:

- **Agitação:** em análise, os resultados satisfatórios podem, muitas vezes, depender do simples ato de agitar. Quando duas soluções são misturadas, sua difusão recíproca não é rápida. Por isso, a menos que seja dito o contrário, deve haver agitação quando se adiciona asolução reagente à solução teste.
- **Precipitação:** processo de formação de um sólido quando duas soluções são misturadas. Em escala semimicro, as precipitações são efetuadas em tubos de

centrífuga. Os reagentes são homogeneizados sob agitação, com bastão de vidro.

- **Centrifugação:** quando uma solução que contém um sólido é centrifugada, o sólido é forçado para o fundo do tubo de centrífuga de maneria a adquirir uma forma compacta. A este sólido chamamos de precipitado e ao líquido sobrenadante, centrifugado.

- **Precipitação completa:** o sucesso de análises sistemáticas depende da precipitação completa. A verificação desta condição é feita pela adição do reagente precipitante gota a gota e pela observando do centrifugado após cada adição. Ocorrendo turvação, é necessário centrifugar e adicionar mais uma gota de reagente. A precipitação estará completa quando a adição dessa gota não provocar mais precipitação (centrifugado limpo).

- **Excesso de reagente:** Esta condição deve ser evitada: a adição do reagente precipitante deve ser feita gota a gota porque, em alguns casos, o seu excesso pode aumentar a solubilidade do precipitado, devido, por exemplo, à formação de íons complexos.

- **Remoção do centrifugado:** operação de remoção e guarda em tubos de ensaio ou centrífuga (a menos que seja dito o contrário) dos centrifugados, após as precipitações. Pode ser efetuada por meio de uma micropipeta, com o cuidado de não remover parte do precipitado.

- **Lavagem do precipitado:** operação efetuada com a adição da quantidade requerida de solução de lavagem e a agitação do sólido e da solução com um bastão de vidro. A mistura é, então, centrifugada e o líquido de lavagem é removido com uma micropipeta. Essa operação deve ser feita após a remoção do centrifugado – separação que nunca é perfeita; o precipitado remanescente no tubo está impregnado de solução original e, consequentemente, contaminado pelos íons presentes no centrifugado. Tais íons podem causar interferências na análise do precipitado.

- **Aquecimento de uma solução:** uma solução contida em um pequeno tubo de ensaio não pode ser aquecida, com segurança, diretamente na chama. Esse procedimento inadequado poderia causar projeção do material e consequente perda de parte ou de todo o líquido. O método mais satisfatório para aquecer soluções é adaptar o tubo a um agarrador de madeira e mergulhá-lo em um banho d'água ou banho-maria.

- **Teste de acidez e alcalinidade:** Muitas vezes o pH da solução é de vital importância para o êxito de determinada etapa da análise sistemática. A técnica em escala semimicro utiliza o papel de tornassol para acerto de acidez ou basicidade. Soluções aquosas ácidas tornam vermelho o papel azul de tornassol. Soluções aquosas alcalinas tornam azul o papel vermelho de tornassol. Quando a solução estiver em um tubo de ensaio ou em outro pequeno recipiente, não é conveniente mergulhar o papel na solução. Para tanto, recomenda-se colocar pequenos pedaços de papel de tornassol azul e vermelho sobre um vidro de relógio, agitar a solução com um bastão de vidro e encostar o bastão no papel até que haja mudança de coloração.

Capítulo 1

Análise sistemática qualitativa

Neste capítulo você estudará:

- O funcionamento e os objetivos da análise sistemática de cátions.
- O fluxograma geral da análise de cátions para facilitar a compreensão dos demais capítulos.

Análise sistemática de cátions

A análise sistemática de cátions por via úmida consiste em desmembrar uma amostra original ou complexa de cátions em grupos e subgrupos de componentes, seguindo uma ordem lógica de utilização de reagentes coletores de grupos.

A divisão da amostra original em grupos e subgrupos de componentes só é possível a partir da afinidade de um grupo de componentes com um reagente coletor, normalmente um agente precipitante. O grupo ou subgrupo coletado pode ter seus componentes separados, por meio de reações químicas convenientes, até que se consiga isolar o componente individual, cuja presença é evidenciada por uma dada reação química. Essa reação química pode denunciar a presença do componente individual pelo aparecimento de uma cor bem definida ou pela formação de um precipitado de aparência bem evidenciada. Esse processo segue grupo a grupo até que se esgotem as possibilidades de identificação de cátions e ânions presentes. Esse é o objetivo da análise sistemática.

O fluxograma geral da análise de cátions é apresentado na Figura 1.1.

Nota do editor: Este capítulo tem como base o livro DIAS, S. L. P. et al. *Análise qualitativa em escala semimicro*. Porto Alegre: Bookman, 2016.

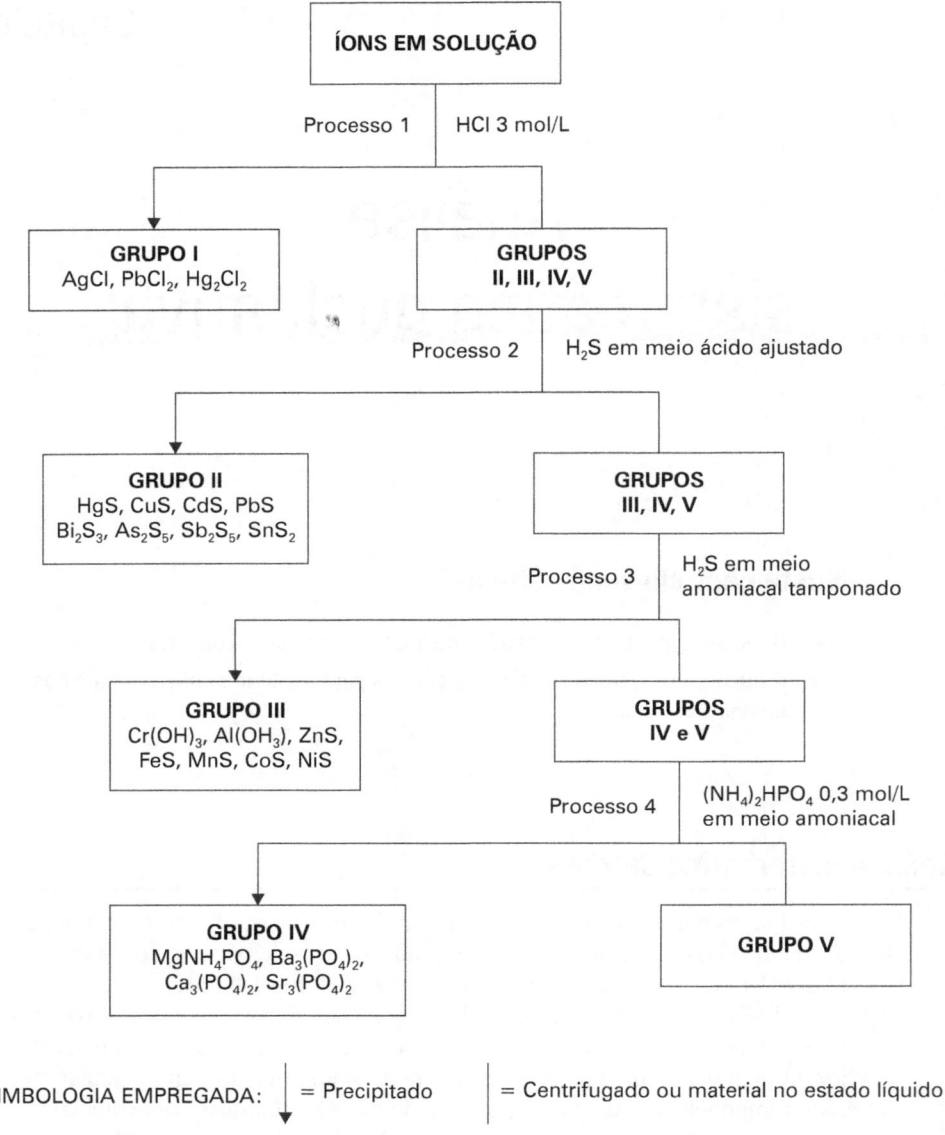

FIGURA 1.1 Fluxograma geral da análise sistemática de cátions.

Análise sistemática dos cátions do Grupo I

▶ Processo 1.1 – Precipitação

Em um tubo de centrífuga, adicione duas gotas de HCl 3,0 mol/L a 10 gotas da solução-problema.

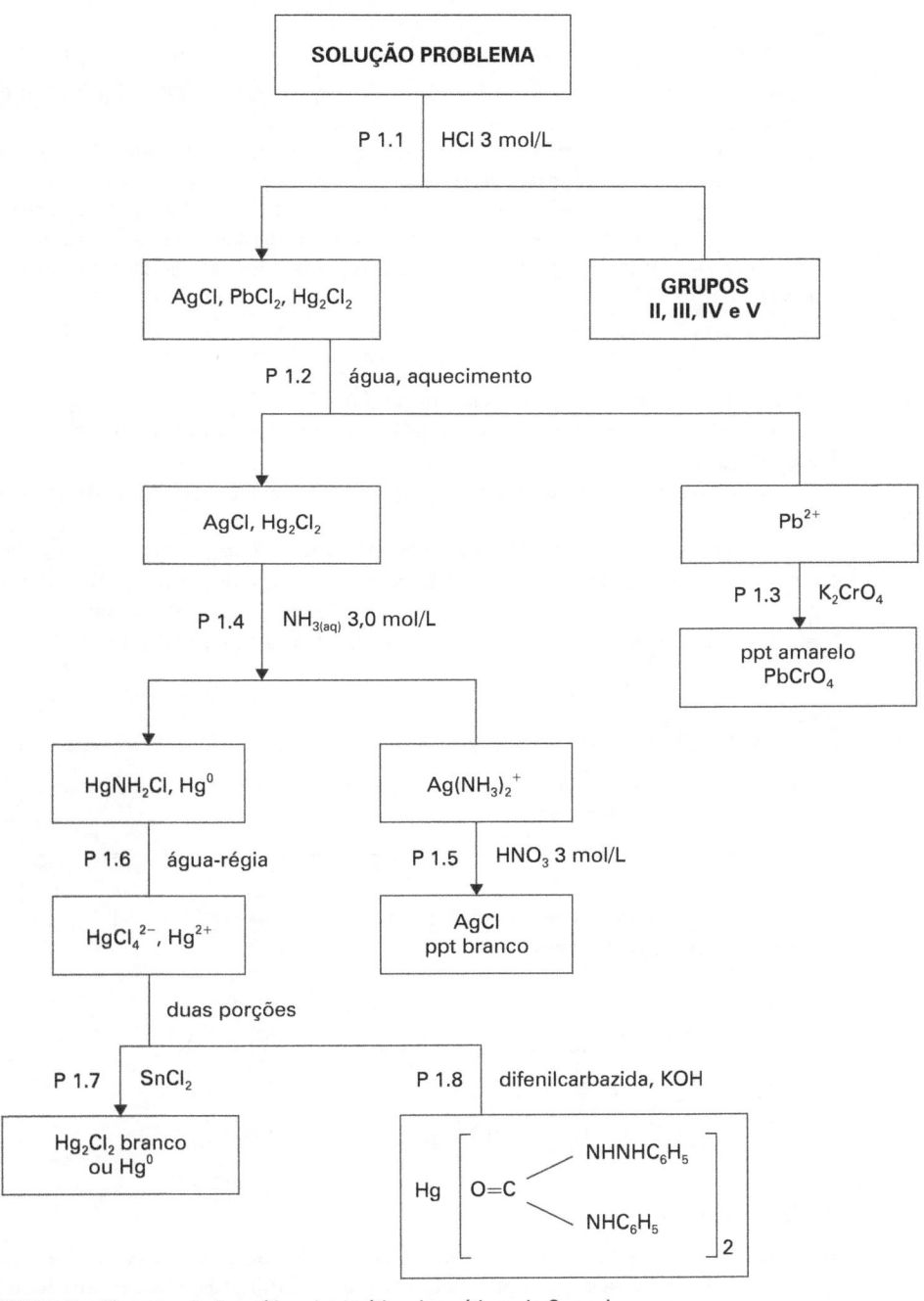

FIGURA 1.2 Fluxograma de análise sistemática dos cátions do Grupo I.

IMPORTANTE

O Grupo I é constituído pelos cátions Pb^{2+}, Ag^+ e Hg_2^{2+} que formam sais de baixa solubilidade com íons cloretos.

O cloreto mercuroso (Hg_2Cl_2) é o menos solúvel dos três cloretos formados. O cloreto de chumbo ($PbCl_2$) é apreciavelmente solúvel em solução aquosa, sendo, por isso, considerado um precipitado ligeira ou moderadamente solúvel. A sua solubilidade aumenta rapidamente com o incremento da temperatura, o que não acontece com os outros dois cloretos (AgCl e Hg_2Cl_2). Portanto, o $PbCl_2$ pode ser separado dos outros dois precipitados por aquecimento com água destilada.

Centrifugue até que a solução se torne límpida.

Verifique se a precipitação se completou, mediante a adição de uma gota de ácido clorídrico 3,0 mol/L.

Se houver turvação, continue adicionando o reagente até que ele não provoque mais turbidez na solução.

Centrifugue o conteúdo do tubo. O centrifugado, também chamado de solução, por conter os cátions dos Grupos II, III, IV e V, é reservado para a análise deles. O precipitado, composto dos cloretos do Grupo I, após ser separado do centrifugado, é lavado com uma mistura de 4 gotas de água com duas gotas de HCl 3,0 mol/L.

IMPORTANTE

O ácido clorídrico é adicionado à água de lavagem para diminuir, pelo efeito do íon comum, a solubilidade do cloreto de chumbo.

Centrifugue e despreze o líquido de lavagem. A análise segue o Processo 1.2. As reações envolvidas são:

$$
\begin{array}{ll}
& K_{PS} \\
Pb^{2+}_{(aq)} + 2Cl^-_{(aq)} \rightleftharpoons PbCl_{2(s)} & 1{,}6 \times 10^{-5} \\
Ag^+_{(aq)} + Cl^-_{(aq)} \rightleftharpoons AgCl_{(s)} & 1{,}8 \times 10^{-10} \\
Hg_2^{2+}_{(aq)} + 2Cl^-_{(aq)} \rightleftharpoons Hg_2Cl_{2(s)} & 1{,}3 \times 10^{-18}
\end{array}
$$

▶ Processo 1.2

Trate o precipitado branco, obtido no processo anterior, adicionando entre 4 a 6 gotas de água, misture e aqueça em banho-maria durante 3 minutos. Centrifugue logo em seguida, transferindo o centrifugado para outro tubo. Repita o tratamento do precipitado com água sob aquecimento. Centrifugue e reúna os dois centrifugados para identificação do cátion Pb^{2+} no Processo 1.3 e tratamento do precipitado que contém AgCl e Hg_2Cl_2 no Processo 1.4.

▶ Processo 1.3

O centrifugado pode conter Pb^{2+}. Junte algumas gotas de solução de cromato de potássio. O aparecimento de um precipitado amarelo confirma a presença de chumbo.
A reação envolvida é:

$$Pb^{2+}_{(aq)} + CrO_4^{2-}_{(aq)} \rightleftharpoons PbCrO_{4(s)}$$

▶ Processo 1.4

O resíduo pode conter AgCl e Hg_2Cl_2. Adicione 10 gotas de NH_4OH 3,0 mol/L. Agite a solução com bastão de vidro e centrifugue. O aparecimento de um precipitado de cor preta indica a presença de mercúrio.
As reações envolvidas são:

$$AgCl_{(s)} + 2\ NH_{3(aq)} \rightleftharpoons Ag(NH_3)_2^+_{(aq)} + Cl^-_{(aq)}$$

$$Hg_2Cl_{2(S)} + 2\ NH_{3(aq)} \rightleftharpoons HgNH_2Cl_{(s)} + Hg_{(s)} + NH_4^+_{(aq)} + Cl^-_{(aq)}$$

▶ Processo 1.5

O centrifugado pode conter a prata sob a forma de complexo. Acidifique com HNO_3 3,0 mol/L. O aparecimento de um precipitado assinala a presença de prata.
As reações envolvidas são:

$$Ag(NH_3)_2^+_{(aq)} \rightleftharpoons Ag^+_{(aq)} + NH_{3(aq)}$$
$$+$$
$$2\ HNO_{3(aq)} \rightleftharpoons 2\ NO_3^-_{(aq)} + 2\ H^+_{(aq)} \Rightarrow 2\ NH_4^+_{(aq)}$$

$$Ag^+_{(aq)} + Cl^-_{(aq)} \rightleftharpoons AgCl_{(s)}$$

IMPORTANTE

A precipitação do AgCl em meio ácido ocorre com qualquer concentração de íons prata.

▶ Processo 1.6

O resíduo pode conter $HgNH_2Cl$. Lave com 10 gotas de água. Centrifugue desprezando o líquido de lavagem. Dissolva, sob aquecimento, em água-régia (1 gota de $HNO_{3\text{concentrado}}$ + 3 gotas de $HCl_{\text{concentrado}}$). Dilua com 5 gotas de água destilada. Homogeneize e divida em duas porções.
As reações envolvidas são:

$$2\ HgNH_2Cl_{(s)} + 2\ NO_3^-_{(aq)} + 6\ Cl^-_{(aq)} + 4\ H^+_{(aq)} \rightleftharpoons 2\ HgCl_4^{2-}_{(aq)} + N_{2(g)} + 2\ NO_{(g)} + 4\ H_2O$$

$$3\ Hg_{(s)} + 2\ NO_3^-_{(aq)} + 12\ Cl^-_{(aq)} + 12\ H^+_{(aq)} \rightleftharpoons 3\ HgCl_4^{2-}_{(aq)} + 2\ NO_{(g)} + 6\ H_2O$$

▶ Primeira porção – Processo 1.7

Adicione 6 gotas de cloreto estanoso. A formação de um precipitado cinzento em presença de excesso de reagente identifica o mercúrio.

As reações envolvidas são:

$$Hg_2^{2+}{}_{(aq)} + Sn^{4+}{}_{(aq)} + 2Cl^-{}_{(aq)} \rightleftharpoons Hg_2Cl_{2(s)} + Sn^{2+}{}_{(aq)}$$

$$Hg_2Cl_{2(s)} + Sn^{2+}{}_{(aq)} \rightleftharpoons Hg_{(s)} + Sn^{4+}{}_{(aq)} + 2Cl^-{}_{(aq)}$$

▶ Segunda porção – Processo 1.8

Adicione 2 gotas de difenilcarbazida. Deixe escorrer KOH 2,0 mol/L em leve excesso pelas paredes do tubo em posição inclinada. O aparecimento de cor púrpura azulada identifica o mercúrio. Esse teste é muito sensível para o Hg^{2+}.

A reação que ocorre é :

$$2\ O{=}C{\begin{array}{l}\diagup NH\text{-}NH\text{-}C_6H_5\\ \diagdown NH\text{-}NH\text{-}C_6H_{5(aq)}\end{array}} + Hg^{2+}{}_{(aq)} \rightleftharpoons Hg\left[O{=}C{\begin{array}{l}\diagup NH\text{-}N\text{-}C_6H_5\\ \diagdown NH\text{-}NH\text{-}C_6H_5\end{array}}\right]_{2(aq)} + 2\ H^+{}_{(aq)}$$

difenilcarbazida   quelato azul violeta

Análise sistemática dos cátions do Grupo II

Depois que os íons do Grupo I foram removidos como cloretos por filtração, os íons do Grupo II podem ser separados a partir de outros cátions comuns de uma solução aquosa na forma de sulfetos, os quais são insolúveis em solução ácida. Nessas condições, a oferta de íons sulfeto, S^{2-}, é muito baixa, e somente precipitam os sulfetos metálicos mais insolúveis. São eles: Hg^{2+}, Pb^{2+}, Cu^{2+}, Cd^{2+}, Bi^{3+}, As^{3+}, Sb^{3+} e Sn^{2+}.

Os íons do Grupo I também formam sulfetos insolúveis com o agente precipitante do Grupo II, nominalmente os íons sulfeto. Contudo, íons prata, Ag^+, e mercuroso, Hg_2^{2+}, devem ter sido removidos inteiramente por precipitação na forma de cloretos insolúveis na separação do Grupo I. No entanto, íons chumbo podem não ter sido removidos totalmente no processo de separação do Grupo I devido ao cloreto de chumbo, $PbCl_2$, ser ligeiramente solúvel em solução aquosa. Portanto, alguns íons chumbo, Pb^{2+}, podem estar presentes no filtrado a partir do Grupo I e ser precipitados no Grupo II como sulfeto de chumbo de coloração preta.

Os sulfetos metálicos do Grupo II possuem constante do produto de solubilidade, K_{PS}, muito baixa e são insolúveis em HCl 3,0 mol/L. A acidez elevada pode comprometer a precipitação dos sulfetos de cádmio, chumbo e estanho IV. Os outros membros do grupo não oferecem dificuldades. Durante a precipitação do grupo, adiciona-se uma gota de ácido nítrico para oxidar Sn^{2+} a Sn^{4+}.

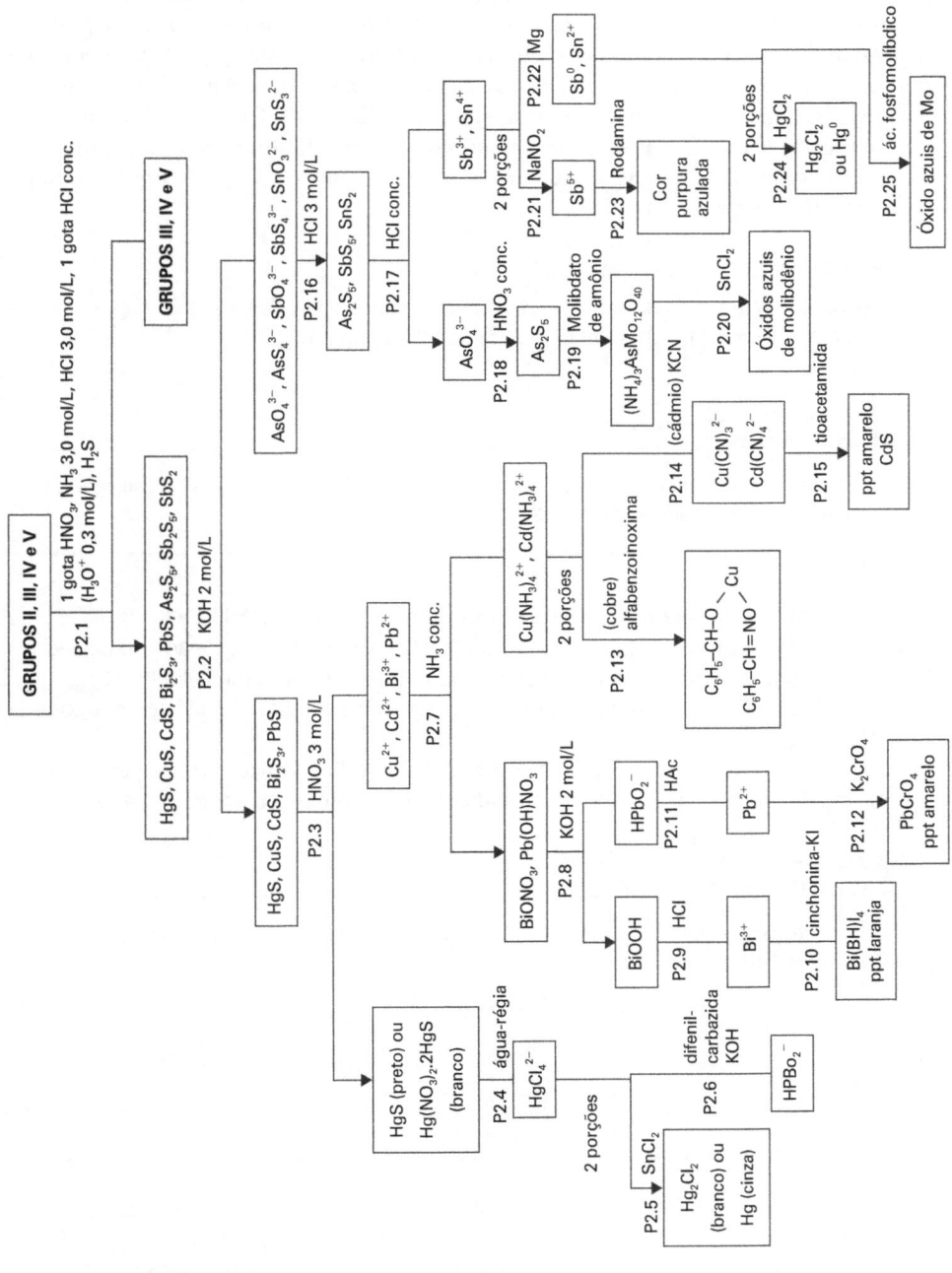

FIGURA 1.3 Fluxograma de análise sistemática dos cátions do Grupo II.

Após a precipitação do grupo em meio ácido utilizando como agente coletor a tioacetamida, única fonte de íons sulfetos em solução aquosa, ocorre a dissolução parcial dos sulfetos metálicos do Grupo II por tratamento com hidróxido de potássio 2,0 mol/L. Assim, são formados dois novos subgrupos: o Subgrupo IIA, com características básicas à semelhança dos óxidos e hidróxidos desses metais e constituído por sulfetos metálicos insolúveis de HgS, PbS, CuS, CdS, Bi_2S_3; e o Subgrupo IIB, com características ácidas, assim como seus óxidos e hidróxidos, e constituído por tioânions e oxiânions solúveis, como AsS_4^{3-}, SbS_4^{3-}, SnS_3^{2-} e AsO_4^{3-}, SbO_4^{3-}, SnO_3^{2-}, respectivamente.

▶ Precipitação – Processo 2.1

Recolha, em um tubo de centrífuga, o centrifugado separado na precipitação do Grupo I (Processo 1.1). Adicione uma gota de HNO_3 3,0 mol/L.

IMPORTANTE

A adição de HNO_3 tem por finalidade oxidar Sn^{2+} Ag^{3+} e Sb^{3+} a Sn^{4+}, As^{5+} e Sb^{5+}, aumentando o caráter ácido desse grupo de elementos.

Aqueça em banho-maria por 3 minutos. Acrescente NH_4OH 3,0 mol/L até que a solução torne-se levemente alcalina ao papel tornassol (se a adição de 5 gotas não registrar mudança de coloração no papel, passe a adicionar $NH_4OH_{concentrado}$). Junte HCl 3,0 mol/L gota a gota até ficar levemente ácida. Adicione uma gota de $HCl_{concentrado}$.

Adicione 10 gotas da solução de tioacetamida e aqueça. Homogeneize com bastão de vidro, continuando o aquecimento por 5 minutos em banho-maria.

IMPORTANTE

Como reagente gerador de íons sulfeto, emprega-se a tioacetamida que, por hidrólise a quente, produz H_2S segundo a equação :

$$CH_3CSNH_{2(aq)} + 2H_2O \rightleftharpoons CH_3COO^-_{(aq)} + H_2S_{(aq)} + NH_4^+_{(aq)}$$

$$H_2S_{(aq)} \rightleftharpoons HS^-_{(aq)} + H^+_{(aq)}$$

$$HS^-_{(aq)} \rightleftharpoons S^{2-}_{(aq)} + H^+_{(aq)}$$

Adicione água até triplicar o volume. Junte mais 5 gotas de tioacetamida e repita o aquecimento por mais 5 minutos. Centrifugue. Verifique se a precipitação foi completa adicionando 5 gotas de tioacetamida e aquecendo por 2 minutos, sem agitação. Repita a operação de verificação da precipitação completa se necessário.

IMPORTANTE

A coloração dos sulfetos precipitados oferece informações úteis. Quando o precipitado for preto, isso pode indicar a presença de sulfetos de Hg, Cu, Pb e Bi. O Hg também pode formar precipitado branco de $2HgS \cdot Hg(NO_3)_2$ que enegrece pelo acréscimo de mais H_2S.

Um precipitado amarelo é indicativo da presença de sulfetos de As, Sb, Sn ou Cd. O sulfeto de antimônio é normalmente alaranjado, o de arsênio é amarelo brilhante, e o de chumbo, mesmo a frio, é preto.

O precipitado obtido contém os sulfetos dos cátions do Grupo II e é tratado de acordo com o Processo 2.2, sendo que o centrifugado contém os Grupos III, IV e V. Aqueça-o em banho-maria, até a expulsão total do H_2S.

IMPORTANTE

O aquecimento é feito para expulsar os vapores de H_2S, impedindo que o sulfeto se oxide a sulfato, lentamente, em repouso. A formação de íons sulfato causaria a precipitação de componentes do Grupo IV, junto com os do II (mais especificamente, o bário). Se a análise do Grupo III for efetuada logo em seguida, essa operação poderá ser omitida.

Reserve o centrifugado para análise dos cátions do Grupo III.
As reações envolvidas são:

$$Hg^{2+}_{(aq)} + S^{2-}_{(aq)} \rightleftharpoons HgS_{(s)} \quad (preto)$$

$$Cu^{2+}_{(aq)} + S^{2-}_{(aq)} \rightleftharpoons CuS_{(s)} \quad (preto)$$

$$Cd^{2+}_{(aq)} + S^{2-}_{(aq)} \rightleftharpoons CdS_{(s)} \quad (preto)$$

$$2\,Bi^{3+}_{(aq)} + 3\,S^{2-}_{(aq)} \rightleftharpoons Bi_2S_{3(s)} \quad (marrom)$$

$$Pb^{2+}_{(aq)} + S^{2-}_{(aq)} \rightleftharpoons PbS_{(s)} \quad (preto)$$

$$2\,As^{5+}_{(aq)} + 5\,S^{2-}_{(aq)} \rightleftharpoons As_2S_{5(s)} \quad (amarelo)$$

$$2\,Sb^{5+}_{(aq)} + 5\,S^{2-}_{(aq)} \rightleftharpoons Sb_2S_{5(s)} \quad (laranja)$$

$$Sn^{4+}_{(aq)} + 2\,S^{2-}_{(aq)} \rightleftharpoons SnS_{2(s)} \quad (amarelo)$$

▶ Separação dos subgrupos II-A e II-B – Processo 2.2

Lave o precipitado obtido no processo anterior com uma solução contendo 10 gotas de água, 4 gotas de tioacetamida e uma gota de solução saturada de cloreto de amônio sob aquecimento por 1 minuto.

> **IMPORTANTE**
>
> A adição de cloreto de amônio ao líquido de lavagem serve para manter o precipitado na forma coagulada, evitando a peptização e a consequente dispersão coloidal que dificulta a separação do precipitado por filtração ou centrifugação.

Centrifugue e despreze o líquido de lavagem. Trate o resíduo com 4 gotas de hidróxido de potássio 2,0 mol/L, agite, aqueça em banho-maria durante 2 minutos e centrifugue.

> **IMPORTANTE**
>
> A separação dos sulfetos do subgrupo II-A em relação aos sulfetos do II-B deve-se à insolubilidade dos primeiros e à solubilidade dos segundos em bases fortes (como KOH). Os sulfetos do subgrupo II-B, As, Sb e Sn, têm comportamento químico igual ao de óxidos ácidos, mas são menos ácidos, é verdade, pois o enxofre está situado abaixo do oxigênio na Tabela Periódica.
>
> $$4As_2S_{5(s)} + 24\ OH^-_{(aq)} \rightleftharpoons 3\ AsO_4^{3-}{}_{(aq)} + 5\ AsS_4^{3-}{}_{(aq)} + 12\ H_2O$$
>
> Por outro lado, considerando os sulfetos do subgrupo II-A, exceto o de chumbo, os demais são básicos, portanto, insolúveis em bases. A basicidade desses sulfetos é maior do que a que ocorre com os respectivos óxidos, não sendo possível prever sua solubilização em KOH.

Transfira o centrifugado (c1) para outro tubo. Trate novamente o resíduo com 4 gotas de hidróxido de potássio 2,0 mol/L, agite, aqueça e centrifugue. Separe o centrifugado (c2) que deve ser incorporado ao centrifugado (c1).

O centrifugado constitui o subgrupo II-B, formado pelos tioânions e oxitioânions dos elementos As, Sb e Sn, e é analisado segundo o Processo 2.16.

O resíduo insolúvel em KOH constitui o subgrupo II-A, formado pelos sulfetos de Hg, Bi, Pb, Cu e Cd e é analisado de acordo com o Processo 2.3.

▶ Análise do subgrupo II-A – Processo 2.3

Lave o resíduo do Processo 2.2 com 10 gotas de água, centrifugue e despreze o líquido de lavagem. Adicione 5 gotas de ácido nítrico 3,0 mol/L mais uma gota de $HNO_{3\text{concentrado}}$.

> **IMPORTANTE**
>
> A adição de HNO_3 provoca a solubilização dos sulfetos de Pb, Bi, Cu, Cd.
>
> $$3\ PbS_{(s)} + 2\ NO_3^-{}_{(aq)} + 8\ H^+{}_{(aq)} \rightleftharpoons 3\ Pb^{2+}{}_{(aq)} + 3\ S^0 + 2\ NO_{(g)} + 4\ H_2O$$

Agite e aqueça em banho-maria por 3 minutos, centrifugue e guarde o centrifugado para o Processo 2.7.

▶ Processo 2.4

O resíduo também pode conter HgS preto ou então 2 HgS·Hg(NO$_3$)$_2$ branco. Dissolva em água-régia (uma gota de HNO$_{3\text{concentrado}}$ + 3 gotas de HCl$_{\text{concentrado}}$) por aquecimento. Dilua com 5 gotas de água, homogeneíze e divida em duas porções.

IMPORTANTE

O HNO$_3$ não é um oxidante satisfatório para dissolver o HgS. Recomenda-se o emprego de água-régia (HCl + HNO$_3$), que alia as propriedades oxidantes do íon nitrato às propriedades complexantes do cloreto sobre mercúrio II.

$$3\,HgS_{(s)} + 2\,NO_{3(aq)}^{-} + 12\,Cl^{-}_{(aq)} + 8\,H^{+}_{(aq)} \rightleftharpoons 3\,HgCl_4^{2-}{}_{(aq)} + 3\,S^0 + 2\,NO_{(g)} + 4\,H_2O$$

▶ Primeira porção – Processo 2.5

Adicione até seis gotas de SnCl$_2$. O aparecimento de um precipitado branco, que se torna cinzento sob a adição de excesso de SnCl$_2$, indica a presença de mercúrio (conforme reação mostrada no Processo 1.7).

▶ Segunda porção – Processo 2.6

Adicione 2 gotas de difenilcarbazida. Pelas paredes do tubo inclinado, deixe escorrer KOH ou Na$_2$CO$_3$ em excesso. Em presença de Hg^{2+}, forma-se uma coloração violeta (conforme reação mostrada no Processo 1.8).

▶ Processo 2.7

O centrifugado pode conter Cu^{2+}, Cd^{2+}, Pb^{2+}, Bi^{3+}. Adicione NH$_4$OH concentrado (até o meio ficar nitidamente alcalino) e centrifugue. Separe o centrifugado para análise nos Processos 2.13, 2.14 e 2.15. Lave o resíduo com 5 gotas de água, centrifugue e reúna o líquido de lavagem ao centrifugado.

IMPORTANTE

Pb e Bi precipitam, respectivamente, como hidroxinitrato de chumbo e nitrato de bismutila, enquanto Cu e Cd permanecem em solução como íons complexos:

$$Pb^{2+}{}_{(aq)} + NH_{3(aq)} + NO_3^{-}{}_{(aq)} + H_2O \rightleftharpoons PbOHNO_{3(s)} + NH_4^{+}{}_{(aq)}$$

$$Bi^{3+}{}_{(aq)} + 2\,NH_{3(aq)} + NO_3^{-}{}_{(aq)} + H_2O \rightleftharpoons BiONO_{3(s)} + 2\,NH_4^{+}{}_{(aq)}$$

$$Cu^{2+}{}_{(aq)} + 4\,NH_{3(aq)} \rightleftharpoons Cu(NH_3)_4^{2+}{}_{(aq)}$$

$$Cd^{2+}{}_{(aq)} + 4\,NH_{3(aq)} \rightleftharpoons Cd(NH_3)_4^{2+}{}_{(aq)}$$

▶ **Processo 2.8**

O resíduo pode conter $Pb(OH)NO_3$ e $BiONO_3$. Adicione 5 gotas de KOH 2,0 mol/L, agite, aqueça e centrifugue. Separe o centrifugado. Adicione mais 2 gotas de KOH 2,0 mol/L ao resíduo, aqueça, dilua com 4 gotas de água. Centrifugue e adicione o líquido ao centrifugado anterior.

IMPORTANTE

O hidroxinitrato de chumbo é anfótero e dissolve-se em KOH, formando plumbito.

$$PbOHNO_{3(s)} + 2\ OH^-_{(aq)} \rightleftharpoons HPbO_2^-_{(aq)} + H_2O + NO_3^-_{(aq)}$$

O nitrato de bismutila não se dissolve em KOH, convertendo-se em hidróxido de bismutila.

$$BiONO_{3(s)} + OH^-_{(aq)} \rightleftharpoons BiOOH_{(s)} + NO_3^-_{(aq)}$$

▶ **Processos 2.9 e 2.10**

O resíduo pode ser BiOOH. Lave com água. Despreze o líquido de lavagem. Dissolva em uma gota de $HCl_{concentrado}$. Adicione 10 gotas de cinchonina/iodeto de potássio. O aparecimento de um precipitado intensamente alaranjado caracteriza o bismuto.

IMPORTANTE

O teste é mais bem observado em acidez não muito elevada, por isso, o BiOOH deve ser dissolvido na menor quantidade possível de HCl. A cinchonina é uma substância básica que forma sais com os ácidos.

$$H^+_{(aq)} + B_{(aq)} \rightleftharpoons BH^+_{(aq)} \quad (B = \text{cinchonina})$$

$$BH^+_{(aq)} + 4\ I^-_{(aq)} + Bi^{3+}_{(aq)} \rightleftharpoons Bi(BH)I_{4(s)}$$

▶ **Processos 2.11 e 2.12**

O centrifugado pode conter Pb como íon plumbito, $HPbO_2^-$. Acidifique fracamente com ácido acético 3,0 mol/L. Adicione K_2CrO_4. Um precipitado amarelo caracteriza o chumbo.

As reações envolvidas são:

$$HPbO_2^-_{(aq)} + 3\ H^+_{(aq)} \rightleftharpoons Pb^{2+}_{(aq)} + 2\ H_2O$$

$$Pb^{2+}_{(aq)} + CrO_4^{2-}_{(aq)} \rightleftharpoons PbCrO_{4(s)}$$

O centrifugado do Processo 2.7 pode conter Cu^{2+} e Cd^{2+} sob a forma de íons complexos. Uma coloração azul forte indica a presença de cobre. Divida em duas porções.

▶ Primeira porção – Processo 2.13

Adicione 10 gotas de água destilada e 4 gotas de alfa-benzoinoxima na primeira porção. A formação de um precipitado verde-amarelado mostra a presença de cobre.

A reação que ocorre é:

$$Cu^{2+}_{(aq)} + \underset{\underset{OH}{|}\;\;\underset{NOH}{\|}}{C_6H_5-CH-C-C_6H_{5(org)}} \rightleftharpoons \underset{\underset{O\cdots\;Cu\;\cdots NO}{}}{C_6H_5-CH-C-C_6H_{5(s)}} + 2H^+_{(aq)}$$

▶ Segunda porção – Processos 2.14 e 2.15

Adicione quantidade suficiente de KCN na segunda porção para descorá-la.

IMPORTANTE

A espécie $Cu(CN)_3^{2-}$ é aproximadamente 10^{10} vezes mais estável que a espécie $Cd(CN)_4^{2-}$. Por isso, no equilíbrio, a espécie tetracianocadmiato fornece à solução quantidade suficiente de íons Cd^{2+}, de modo a formar um precipitado amarelo de CdS.

Adicione 5 gotas de tioacetamida e aqueça. Um precipitado amarelo indica a presença de cádmio.

As reações envolvidas são:

$$Cu(NH_3)_4^{2+}{}_{(aq)} + 3\,CN^-_{(aq)} \rightleftharpoons Cu(CN)_3^{2-}{}_{(aq)}$$

$$Cd(NH_3)_4^{2+}{}_{(aq)} + 4\,CN^-_{(aq)} \rightleftharpoons Cd(CN)_4^{2-}{}_{(aq)}$$

$$Cu(CN)_3^{2-}{}_{(aq)} \rightleftharpoons Cu^+_{(aq)} + 3\,CN^-_{(aq)} \qquad K_{Inst} \approx 10^{-28}\ \text{ou}\ K_{est} \approx 10^{28}$$

$$Cd(CN)_4^{2-}{}_{(aq)} \rightleftharpoons Cd^{2+}_{(aq)} + 4\,CN^-_{(aq)} \qquad K_{Inst} \approx 10^{-18}\ \text{ou}\ K_{est} \approx 10^{18}$$

$$Cd(CN)_4^{2-}{}_{(aq)} + S^{2-}_{(aq)} \rightleftharpoons CdS_{(s)} + 4\,CN^-_{(aq)}$$

▶ Análise do subgrupo II-B – Processo 2.16

Ao centrifugado do Processo 2.2, contendo os íons do subgrupo II-B, adicione HCl 3,0 mol/L até ficar levemente ácido, centrifugue e despreze o centrifugado.

IMPORTANTE

Quando uma solução básica, formada pelos tio e oxiânions de As, Sb e Sn, for acidificada com HCl diluído, poderão formar-se os ácidos correspondentes que, reagindo entre si, formam os sulfetos pouco solúveis.

$$AsS_4^{3-}{}_{(aq)} + 3\,H^+{}_{(aq)} \rightleftharpoons H_3AsS_{4(aq)}$$

$$AsO_4^{3-}{}_{(aq)} + 3\,H^+{}_{(aq)} \rightleftharpoons H_3AsO_{4(aq)}$$

$$5\,H_3AsS_{4(aq)} + 3\,H_3AsO_{4(aq)} \rightleftharpoons 4\,As_2S_{5(s)} + 12\,H_2O$$

A não formação de precipitado nesse momento significa a ausência do Grupo IIB.

▶ Processo 2.17

Adicione 6 gotas de HCl concentrado ao precipitado, aqueça e agite durante 3 minutos e centrifugue. Remova o centrifugado para um tubo de ensaio (c1). Trate o resíduo com uma mistura de 4 gotas de água e 4 gotas de HCl concentrado sob aquecimento. Centrifugue (c2). Junte o centrifugado (c2) ao (c1) para análise nos Processos 2.21, 2.22 e 2.23. Homogeneize.

▶ Processos 2.18, 2.19 e 2.20

O resíduo pode conter sulfeto de arsênio.

Dissolva em uma gota de ácido nítrico concentrado, sob aquecimento, e adicione 5 a 10 gotas de molibdato de amônio. Aqueça em banho-maria durante 3 minutos, dilua a 5 ml e esfrie na água. Adicione duas gotas de cloreto estanoso.

A formação de uma coloração azul indica a presença de arsênio.

As reações envolvidas são:

$$As_2S_{5(s)} + 10\ NO_3^-{}_{(aq)} + 4\ H^+{}_{(aq)} \rightleftharpoons 2\ AsO_4^{3-}{}_{(aq)} + 10\ NO_{2(g)} + 5\ S^0 + 2\ H_2O$$

$$AsO_4^{3-}{}_{(aq)} + 12\ MoO_4^{2-}{}_{(aq)} + 3\ NH_4^+{}_{(aq)} + 24\ H^+ \rightleftharpoons (NH_4)_3[As(Mo_{12}O_{40})] \cdot 12\ H_2O_{(aq)}$$

$$(NH_4)_3[As(Mo_{12}O_{40})] \cdot 12\ H_2O_{(aq)} + Sn^{2+}{}_{(aq)} \rightleftharpoons Sn^{4+}{}_{(aq)} +$$
óxidos azuis de molibdênio de composição variável (Mo_xO_y)

O centrifugado pode conter Sb^{3+} e Sn^{4+}. Divida em duas porções.

▶ Primeira porção – Processos 2.21 e 2.22

Adicione 0,05g de $NaNO_2$, vagarosamente, e depois, duas gotas de HCl 3,0 mol/L.

IMPORTANTE

Na solubilização do Sb_2S_5 em HCl concentrado, ocorre igualmente redução do Sb^{5+} a Sb^{3+} à custa do íon sulfeto:

$$Sb_2S_{5(s)} + 6\ H^+{}_{(aq)} \rightarrow 2\ Sb^{3+}{}_{(aq)} + 2\ S^0 + 3\ H_2S_{(aq)}$$

Às duas gotas dessa solução, colocadas na cavidade de uma placa de porcelana, adicione duas gotas de rodamina-B (RB).

IMPORTANTE

Para que o Sb seja identificado pela rodamina-B, ele deve ser previamente oxidado a Sb(V) por meio de $NaNO_2$:

$$Sb^{3+}{}_{(aq)} + 2\ NO_2^-{}_{(aq)} + 6\ Cl^-{}_{(aq)} + 4\ H^+{}_{(aq)} \rightleftharpoons SbCl_6^-{}_{(aq)} + 2\ NO_{(g)} + 2\ H_2O$$

O excesso de nitrito não deve ser demasiado para evitar que o teste seja positivo, independentemente da presença de antimônio.

$$RB_{(aq)} + H_3O^+_{(aq)} \rightleftharpoons RBH^+_{(aq)} + H_2O$$

$$SbCl_6^-{}_{(aq)} + RBH^+_{(aq)} \rightleftharpoons [SbCl_6^-RBH^+]_{(aq)}$$

Em presença de antimônio, surge uma delgada suspensão de cristais de um sal de cátion orgânico do corante e do ânion $SbCl_6^-$, sal que, por transparência, tem uma coloração violeta. Na ausência de antimônio, a solução tem uma coloração verde-amarelada.

tetraetilrodamina

O aparecimento de cor violeta identifica o antimônio.

▶ Segunda porção – Processo 2.23

Dobre o volume da porção com HCl 3,0 mol/L. Coloque uma tira de magnésio de 2 cm de comprimento no fundo do tubo, conservando-o nessa posição com o bastão de vidro até a dissolução completa. Divida em duas porções.

IMPORTANTE

O magnésio é usado para reduzir o Sn^{4+} a Sn^{2+}. Nas mesmas condições, o Sb^{3+} reduz-se a Sb metálico.

$$Sn^{4+}_{(aq)} + Mg_{(s)} \rightarrow Sn^{2+}_{(aq)} + Mg^{2+}_{(aq)}$$

$$2\,Sb^{3+}_{(aq)} + 3\,Mg_{(s)} \rightarrow 2\,Sb_{(s)} + 3\,Mg^{2+}_{(aq)}$$

▶ Primeira porção – Processo 2.24

Adicione três gotas de cloreto mercúrico. Um precipitado branco ou cinzento identifica o estanho.

As reações envolvidas são:

$$Sn^{2+}_{(aq)} + 2\,Hg^{2+}_{(aq)} + 2\,Cl^{2+}_{(aq)} \to Hg_2Cl_{2\,(s)} + Sn^{4+}_{(aq)}$$

$$Sn^{2+}_{(aq)} + Hg_2Cl_{2\,(s)} \to 2\,Hg^0 + Sn^{4+}_{(aq)} + 2\,Cl^-_{(aq)}$$

▶ **Segunda porção – Processo 2.25**

Adicione 5 gotas de água e uma gota de ácido fosfomolíbdico. A formação de uma coloração azul indica o estanho.

As reações que ocorrem são:

$$Sn^{2+}_{(aq)} + H_3[P(Mo_{12}O_{40})] \cdot x\,H_2O \to Sn^{4+}_{(aq)} + \text{óxidos azuis de molibdênio}$$

Análise sistemática dos cátions do Grupo III

Esse grupo contém os cátions que não precipitam como cloretos ou sulfetos em HCl 0,3 mol/L, mas são precipitados como sulfetos de soluções amoniacais de seus sais com NH_4Cl/NH_3 seguido de tioacetamida. São eles: Al^{3+}, Cr^{3+}, Zn^{2+}, Mn^{2+}, Fe^{2+} (Fe^{3+}), Co^{2+} e Ni^{2+}.

A maioria dos íons metálicos dos Grupos I e II também forma precipitados com íon sulfeto em meio amoniacal. A separação dos Grupos II e III está na diferença nos valores das constantes do produto de solubilidade (K_{PS}) de seus respectivos sulfetos. O pH da solução é que possibilita a separação dos grupos pelo controle da concentração de íons sulfeto. O sal de cloreto de amônio costuma ser adicionado antes da precipitação do grupo para aumentar a concentração de íons NH_4^+. Dessa forma, pelo efeito do íon comum, diminui a concentração de íons OH^-, prevenindo a dissolução dos hidróxidos de alumínio e/ou de cromo, bem como a coprecipitação do Grupo IV na forma de hidróxido ou carbonato de magnésio. Alumínio e cromo podem precipitar como hidróxidos que apresentam menor K_{PS}, no entanto, o fator determinante da composição do precipitado é a relação entre os íons OH^- e S^{2-}. Precipita o composto cujo K_{PS} for alcançado primeiro.

Se cromo e manganês ocorrem como ânions CrO_4^{2-} e MnO_4^-, eles são reduzidos por íons sulfeto, diminuindo o seu estado de oxidação de 6+ para 3+ para o cromo e de 7+ para 2+ para o manganês, sendo precipitados como $Cr(OH)_3$ e MnS, respectivamente.

Cromo, manganês, ferro, cobalto e níquel são elementos de transição, portanto, pode-se esperar que mostrem propriedades daqueles elementos que possuem a camada interna de elétrons incompleta, isto é, estado de oxidação variável, íons coloridos e forte tendência a formar íons complexos. Além disso, como esses cinco elementos estão no terceiro período da Tabela Periódica e possuem uma variação progressiva na configuração eletrônica, são esperadas diferenças progressivas nas propriedades quando passamos do cromo para o manganês, depois para o ferro, cobalto e níquel.

Capítulo 1 ♦ Análise sistemática qualitativa 23

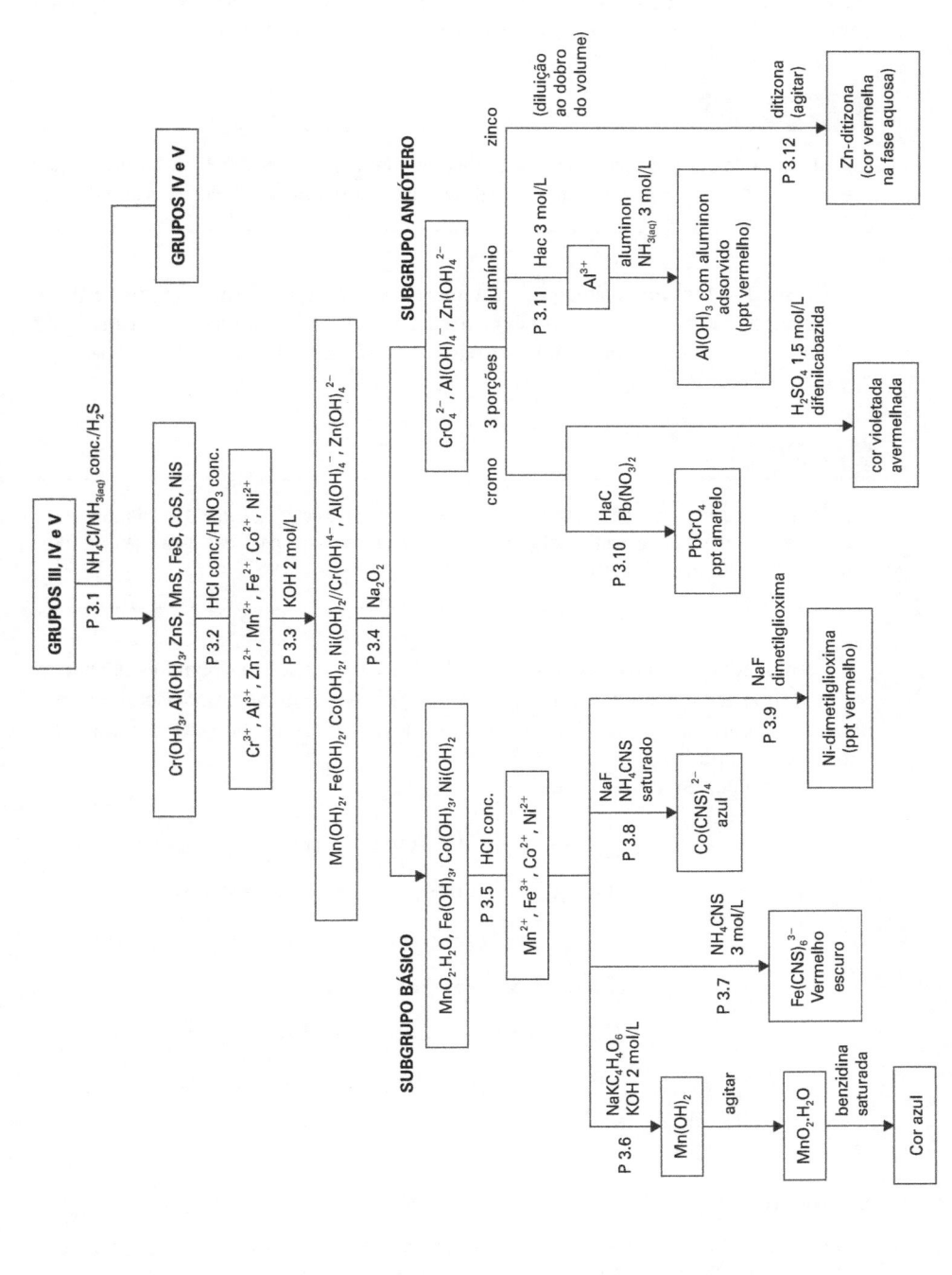

FIGURA 1.4 Fluxograma de análise sistemática dos cátions do Grupo III.

GRUPOS III, IV e V

P 3.1 — $NH_4Cl/NH_{3(aq)}$ conc./H_2S

→ **GRUPOS IV e V**

$Cr(OH)_3$, $Al(OH)_3$, ZnS, MnS, FeS, CoS, NiS

P 3.2 — HCl conc./HNO_3 conc.

Cr^{3+}, Al^{3+}, Zn^{2+}, Mn^{2+}, Fe^{2+}, Co^{2+}, Ni^{2+}

P 3.3 — KOH 2 mol/L

$Mn(OH)_2$, $Fe(OH)_2$, $Co(OH)_2$, $Ni(OH)_2$ // $Cr(OH)_4^{4-}$, $Al(OH)_4^{-}$, $Zn(OH)_4^{2-}$

P 3.4 — Na_2O_2

SUBGRUPO BÁSICO

$MnO_2 \cdot H_2O$, $Fe(OH)_3$, $Co(OH)_3$, $Ni(OH)_2$

P 3.5 — HCl conc.

Mn^{2+}, Fe^{3+}, Co^{2+}, Ni^{2+}

- P 3.6 — $NaKC_4H_4O_6$, KOH 2 mol/L → $Mn(OH)_2$ → agitar → $MnO_2 \cdot H_2O$ → benzidina saturada → Cor azul
- P 3.7 — NH_4CNS 3 mol/L → $Fe(CNS)_6^{3-}$ Vermelho escuro
- P 3.8 — NaF, NH_4CNS saturado → $Co(CNS)_4^{2-}$ azul
- P 3.9 — NaF, dimetilglioxima → Ni-dimetilglioxima (ppt vermelho)

SUBGRUPO ANFÓTERO

CrO_4^{2-}, $Al(OH)_4^{-}$, $Zn(OH)_4^{2-}$

3 porções: cromo, alumínio, zinco

- cromo — P 3.10 — HaC, $Pb(NO_3)_2$ → $PbCrO_4$ ppt amarelo
  - H_2SO_4 1,5 mol/L, difenilcabazida → cor violetada avermelhada
- alumínio — P 3.11 — HaC 3 mol/L → Al^{3+} → aluminon, $NH_{3(aq)}$ 3 mol/L → $Al(OH)_3$ com aluminon adsorvido (ppt vermelho)
- zinco — (diluição ao dobro do volume) — P 3.12 — ditizona (agitar) → Zn-ditizona (cor vermelha na fase aquosa)

▶ **Processo 3.1 – Precipitação**

Adicione ao centrifugado do Grupo II quatro gotas de NH_4Cl saturado e alcalinize com NH_4OH concentrado até o meio tornar-se nitidamente básico.

IMPORTANTE

A adição de cloreto de amônio permite a formação de uma mistura tampão NH_3/NH_4Cl que limita a formação de íons OH^- e, com isso, evita a precipitação do $Mg(OH)_2$ junto com o Grupo III.

Junte 10 gotas de tioacetamida e aqueça por 3 minutos. Centrifugue e verifique se a precipitação foi completa. O centrifugado contém os cátions dos Grupos IV e V. O precipitado, compreendendo sulfetos e hidróxidos do Grupo III, é analisado segundo o Processo 3.2.

IMPORTANTE

É fácil testar se a precipitação foi completa: basta centrifugar a solução, tratar o líquido sobrenadante com algumas gotas de tioacetamida e aquecer ligeiramente, cuidando para que o líquido não se misture com o precipitado separado.

Acidifique o centrifugado com ácido acético e aqueça em banho-maria para expulsar o H_2S excedente. Centrifugue a solução. No caso de formar-se algum precipitado, separe-o. O centrifugado límpido deve ser reservado para a análise dos cátions do Grupo IV.

As reações envolvidas são:

$$Al^{3+}_{(aq)} + 3\ OH^-_{(aq)} \rightleftharpoons Al(OH)_{3\,(s)} \quad \text{(branco)}$$

$$Cr^{3+}_{(aq)} + 3\ OH^-_{(aq)} \rightleftharpoons Cr(OH)_{3\,(s)} \quad \text{(verde-acinzentado)}$$

$$Zn^{2+}_{(aq)} + S^{2-}_{(aq)} \rightleftharpoons ZnS_{(s)} \quad \text{(branco)}$$

$$Fe^{2+}_{(aq)} + S^{2-}_{(aq)} \rightleftharpoons FeS_{(s)} \quad \text{(preto)}$$

$$Co^{2+}_{(aq)} + S^{2-}_{(aq)} \rightleftharpoons CoS_{(s)} \quad \text{(preto)}$$

$$Ni^{2+}_{(aq)} + S^{2-}_{(aq)} \rightleftharpoons NiS_{(s)} \quad \text{(preto)}$$

$$Mn^{2+}_{(aq)} + S^{2-}_{(aq)} \rightleftharpoons MnS_{(s)} \quad \text{(preto)}$$

▶ **Processo 3.2**

Lave o precipitado do Processo 3.1, constituído pelos hidróxidos de Cr e Al, e pelos sulfetos de Zn, Fe, Co e Mn, com 10 gotas de água contendo duas gotas de NH_4Cl saturado. Centrifugue e despreze o líquido de lavagem. Dissolva o precipitado em duas gotas de HCl$_{concentrado}$, sob aquecimento, por 1 minuto. Adicione, então, uma gota de HNO$_3$ concentrado. As reações envolvidas são:

$$Cr(OH)_{3\,(s)} + 3\,H^+_{(aq)} \rightleftharpoons Cr^{3+}_{(aq)} + 3H_2O$$

$$Al(OH)_{3\,(s)} + 3\,H^+_{(aq)} \rightleftharpoons Al^{3+}_{(aq)} + 3H_2O$$

$$ZnS_{(s)} + 2\,H^+_{(aq)} \rightleftharpoons Zn^{2+}_{(aq)} + H_2S_{(g)}$$

$$MnS_{(s)} + 2\,H^+_{(aq)} \rightleftharpoons Mn^{2+}_{(aq)} + H_2S_{(g)}$$

$$FeS_{(s)} + 2\,H^+_{(aq)} \rightleftharpoons Fe^{2+}_{(aq)} + H_2S_{(g)}$$

$$3\,CoS_{(s)} + 2\,NO_3^-{}_{(aq)} + 8\,H^+_{(aq)} \rightleftharpoons 3\,Co^{2+}_{(aq)} + 3\,S^0 + 2\,NO_{(g)} + 4\,H_2O$$

$$3\,NiS_{(s)} + 2\,NO_3^-{}_{(aq)} + 8\,H^+_{(aq)} \rightleftharpoons 3\,Ni^{2+}_{(aq)} + 3\,S^0 + 2\,NO_{(g)} + 4\,H_2O$$

IMPORTANTE

A adição de HNO$_3$ tem por finalidade dissolver os sulfetos de Ni e Co insolúveis em HCl.

▶ Separação dos subgrupos – Processo 3.3

Continue o aquecimento até completar a dissolução. Alcalinize fortemente com KOH 2,0 mol/L. Haverá formação de subgrupos básicos e anfóteros.

As reações envolvidas são:

$$Cr^{3+}_{(aq)} + 3OH^-_{(aq)} \rightleftharpoons Cr(OH)_{3\,(s)} + OH^-_{(exc)} \rightleftharpoons Cr(OH)_4^-{}_{(aq)} \text{ íon cromito}$$

$$Al^{3+}_{(aq)} + 3OH^-_{(aq)} \rightleftharpoons Al(OH)_{3\,(s)} + OH^-_{(exc)} \rightleftharpoons Al(OH)_4^-{}_{(aq)} \text{ íon aluminato}$$

$$Zn^{2+}_{(aq)} + 2OH^-_{(aq)} \rightleftharpoons Zn(OH)_{2\,(s)} + 2\,OH^-_{(exc)} \rightleftharpoons Zn(OH)_4^{2-}{}_{(aq)} \text{ íon zincato}$$

⎫ Subgrupo anfótero

$$Mn^{2+}_{(aq)} + 2OH^-_{(aq)} \rightleftharpoons Mn(OH)_{2\,(s)}$$

$$Fe^{2+}_{(aq)} + 2OH^-_{(aq)} \rightleftharpoons Fe(OH)_{2\,(s)}$$

$$Co^{2+}_{(aq)} + 2OH^-_{(aq)} \rightleftharpoons Co(OH)_{2\,(s)}$$

$$Ni^{2+}_{(aq)} + 2OH^-_{(aq)} \rightleftharpoons Ni(OH)_{2\,(s)}$$

⎫ Subgrupo básico

▶ Processo 3.4

Lentamente, adicione 0,1-0,2g de Na$_2$O$_2$; aqueça por 3 minutos em banho-maria e centrifugue. Lave o resíduo com 10 gotas de água e centrifugue. Junte a água de lavagem ao centrifugado anterior.

As reações envolvidas são:

$$2Cr(OH)_4^-{}_{(aq)} + 3\,O_2^{2-}{}_{(aq)} \rightleftharpoons 2\,CrO_4^{2-}{}_{(aq)} + 4\,OH^-_{(aq)} + 2\,H_2O$$

$$Mn(OH)_{2(s)} + O_2^{2-}{}_{(aq)} + H_2O \rightleftharpoons MnO_2 \cdot H_2O_{(s)} + 2\,OH^-_{(aq)}$$

$$2\,Fe(OH)_{2(s)} + O_2^{2-}{}_{(aq)} + H_2O \rightleftharpoons 2\,Fe(OH)_{3(s)} + 2\,OH^-_{(aq)}$$

$$2\,Co(OH)_{2\,(s)} + O_2^{2-}{}_{(aq)} + 2\,H_2O \rightleftharpoons 2\,Co(OH)_{3(s)} + 2\,OH^-_{(aq)}$$

> **IMPORTANTE**

A adição de peróxido de sódio, Na_2O_2, visa especialmente a oxidar os íons cromito a cromato e Mn(II) a Mn(IV) pela ação oxidante do íon peróxido, O_2^{2-}. Concomitantemente, Fe(II) e Co(II) são oxidados ao estado trivalente.

O precipitado será analisado mediante Processos 3.5 a 3.9. O centrifugado será analisado mediante os Processos 3.10 a 3.12.

▶ Análise do subgrupo básico – Processo 3.5

Dissolva o precipitado resultante dos Processos 3.3. e 3.4 em duas gotas de HCl concentrado a quente. Dilua ao dobro do volume, homogeneize e divida em quatro porções.

As reações envolvidas são:

$$MnO_2 \cdot H_2O_{(s)} + 4\,H^+_{(aq)} + 2\,Cl^- \rightleftharpoons Mn^{2+}_{(aq)} + Cl_{2(g)} + 3\,H_2O$$

$$Co(OH)_{3\,(s)} + 3\,H^+_{(aq)} + Cl^- \rightleftharpoons Co^{2+}_{(aq)} + 1/2\,Cl_{2(g)} + 3\,H_2O$$

$$Fe(OH)_{3\,(s)} + 3\,H^+_{(aq)} \rightleftharpoons Fe^{3+}_{(aq)} + 3\,H_2O$$

$$Ni(OH)_{2\,(s)} + 2\,H^+_{(aq)} \rightleftharpoons Ni^{2+}_{(aq)} + 2\,H_2O$$

▶ Primeira porção – Processo 3.6

Adicione duas gotas de tartarato de sódio e potássio. Alcalinize fortemente com KOH e agite com bastão de vidro por 1 minuto. Adicione 3 gotas de benzidina. Uma cor azul indica o manganês.

$$H_2N-\bigcirc-\bigcirc-NH_2 \xrightarrow{oxi} \left[\begin{array}{c} H_2N-\bigcirc-\bigcirc-NH_2 \\ HN=\bigcirc=\bigcirc=NH \end{array} \right] 2HX$$

Segundo Feigl (1949), a benzidina incolor é oxidada pelo $MnO_2.H_2O$ a azul de benzidina levando à formação de um composto molecular meriquinoide (semiquinona de oxidação) constituído pelo conjunto formado por uma molécula de p-quinonaimida (amina), uma molécula de benzidina não modificada e dois mols de ácido monoprótico.

> **IMPORTANTE**

Na execução do teste de Mn, adiciona-se tartarato duplo de sódio e potássio com a finalidade de complexar o Fe(III), impedindo que este precipite sob a forma de hidróxido quando se acrescenta KOH.

$$Fe^{3+}_{(aq)} + 3\,C_4H_4O_6^{2-}_{(aq)} \rightleftharpoons Fe(C_4H_4O_6)_3^{3-}_{(aq)}$$

$$Mn^{2+}_{(aq)} + 2\,OH^-_{(aq)} \rightleftharpoons Mn(OH)_{2\,(s)}$$

Desse modo, precipita somente $Mn(OH)_2$ branco que, sob agitação, permite a incorporação de O_2 do ar, formando-se um precipitado marrom de $Mn(OH)_4$.

$$Mn(OH)_{2(s)} + 1/2\ O_{2(g)} \rightarrow Mn(OH)_{4(s)}$$

O hidróxido de Mn (IV) desidrata-se parcialmente, convertendo-se em $MnO_2.xH_2O$. Este oxida a benzidina a um produto azul. A cor não é permanente, devido à decomposição.

$$MnO_2 \cdot H_2O_{(s)} + \text{benzidina}_{(aq)} \rightleftharpoons Mn^{2+}_{(aq)} + \text{azul benzidina}$$

▶ Segunda porção – Processo 3.7

Adicione uma gota de tiocianato de amônio 3,0 mol/L. O aparecimento de uma coloração vermelha indica o ferro.

IMPORTANTE

Em presença de sulfocianeto em meio ácido, o Fe^{3+} forma um íon complexo vermelho $FeCNS^{2+}$. O teste é muito sensível.

$$Fe^{3+}_{(aq)} + 6\ CNS^-_{(aq)} \rightleftharpoons Fe(CNS)_6^{3-}_{(aq)}$$

▶ Terceira porção – Processo 3.8

Adicione uma pequena porção de NaF sólido.

IMPORTANTE

A reação de identificação do Co^{2+} é similar à do Fe^{3+}. Para possibilitar a identificação de Co^{2+} sem interferência do Fe^{3+}, adiciona-se NaF, que forma com o íon férrico um complexo incolor muito estável, $[FeF_6]^{3-}$.

$$Fe^{3+}_{(aq)} + 6\ F^-_{(aq)} \rightleftharpoons FeF_6^{3-}_{(aq)}$$

Acrescente 5 a 10 gotas de solução de tioacianato de amônio saturado em álcool. A cor azul indica o cobalto.

IMPORTANTE

A reação pela qual o Co^{2+} é identificado é a seguinte:

$$Co^{2+}_{(aq)} + 4\ CNS^-_{(aq)} \rightleftharpoons Co(CNS)_4^{2-}_{(aq)}$$

A coloração azul do $Co(CNS)_4^{2-}$ não é muito estável; por isso, usa-se solução saturada de sulfocianeto de amônio em álcool, caso contrário, a cor nem chega a aparecer.

▶ Quarta porção – Processo 3.9

Adicione uma pequena porção de NaF sólido. Alcalinize com NH_4OH 3,0 mol/L. Junte duas gotas de dimetilglioxima. Um precipitado vermelho indica o níquel.

IMPORTANTE

A adição de NaF tem por finalidade formar o complexo $[FeF_6]^{3-}$, impedindo a interferência do Fe^{3+} na identificação de Co^{2+} e Ni^{2+}. No teste do Mn, costuma-se empregar o tartarato como complexante por tornar o teste um pouco mais sensível.

As reações envolvidas são:

$$Fe^{3+}_{(aq)} + 6\ F^-_{(aq)} \rightleftharpoons FeF_6^{3-}_{(aq)}$$

$$2\ \begin{array}{c}CH_3-C=NOH \\ | \\ CH_3-C=NOH\end{array} + Ni^{2+}_{(aq)} \longrightarrow [\text{complexo Ni(dmg)}_2] + 2\ H^+_{(aq)}$$

▶ Análise do subgrupo anfótero – Processo 3.10

O centrifugado resultante dos Processos 3.3 e 3.4 contém $Al(OH)_4^-$ CrO_4^{2-}, $Zn(OH)_4^{2-}$. Divida o centrifugado em três porções. Cada porção se destinará para a identificação de um elemento: cromo, alumínio e zinco. Tome uma porção para a identificação do cromo e divida-a em duas partes.

▶ Processo 3.10

Primeira parte

Aqueça durante 1 minuto. Adicione igual volume de água e acidifique fracamente com H_2SO_4 1,5 mol/L.

IMPORTANTE

Na hipótese de haver cromo presente, a solução tem cor amarela (devido à presença do cromato).

Adicione duas gotas de difenilcarbazida. O aparecimento de cor violeta avermelhada identifica o cromo.

As reações envolvidas são:

$$2 \ CrO_4^{2-}{}_{(aq)} + 2 \ H^+{}_{(aq)} \rightleftharpoons Cr_2O_7^{2-}{}_{(aq)} + H_2O$$
cromato dicromato
(amarelo) (laranja)

$$3 \ O=C\begin{matrix}NH-NH-C_6H_5\\NH-NH-C_6H_5\end{matrix}_{(org)} + 2 \ CrO_4^{2-}{}_{(aq)} + 10 \ H^+{}_{(aq)} \longrightarrow (Cr^{3+})_2 \left[O=C\begin{matrix}NH-NH-C_6H_5\\N=N-C_6H_5\end{matrix}\right]_{3\,(aq)} + 8 \ H_2O$$

Difenilcarbazida Cr^{3+}-difenilcarbazona

▶ Processo 3.10
Segunda parte

Acidifique com ácido acético 3,0 mol/L e adicione nitrato de chumbo. Um precipitado amarelo indica a presença de cromo.

IMPORTANTE

A acidificação com ácido acético tem por objetivo evitar a precipitação dos íons Pb^{2+} na forma de $Pb(OH)_2$.

A reação que ocorre é:

$$Pb^{2+}{}_{(aq)} + CrO_4^{2-}{}_{(aq)} \rightleftharpoons PbCrO_{4\,(s)}$$

▶ Processo 3.11

Tome a segunda porção para a identificação do alumínio. Acidifique com ácido acético 3,0 mol/L. Adicione duas gotas de aluminon. Alcalinize fracamente com NH_4OH 3,0 mol/L e aqueça.

IMPORTANTE

O hidróxido de alumínio é facilmente solúvel em bases fortes e muito pouco solúvel em hidróxido de amônio, que é base fraca.

A formação de flocos vermelhos de $Al(OH)_3$ com aluminon adsorvido indica a presença de alumínio.

As reações envolvidas são:

$$Al(OH)_{4(aq)}^{-} + 4\ CH_3COOH_{(aq)} \rightleftharpoons Al^{3+}_{(aq)} + 4\ CH_3COO^{-}_{(aq)} + 4\ H_2O$$

$$Al^{3+}_{(aq)} + 3\ OH^{-}_{(aq)} \rightleftharpoons Al(OH)_{3(s)} \qquad \text{com aluminon adsorvido superficialmente}$$

▶ Processo 3.12

Tome a última porção e dilua com igual volume de água. Adicione 20 gotas de ditizona. Vede o tubo de ensaio e agite vigorosamente. A mudança para vermelho na fase aquosa (superior) indica a presença de zinco, conforme a Figura 1.5.

A reação que ocorre é :

$$2\ S=C\begin{array}{c}N=N-C_6H_5\\\\NHNH-C_6H_5\end{array} + Zn^{2+}_{(aq)} \rightleftharpoons Zn\left[S=C\begin{array}{c}N=N-C_6H_5\\\\NH-N-C_6H_5\end{array}\right]_2 + 2\ H^{+}_{(aq)}$$

quelato vermelho

Análise sistemática dos cátions do Grupo IV

Esse grupo é constituído pelos cátions que não precipitam pelo íon cloreto, nem pelo íon sulfeto em meio ácido ou alcalino, mas precipitam como fosfatos pelo íon fosfato em solução amoniacal. São eles: Mg^{2+}, Ba^{2+}, Sr^{2+} e Ca^{2+}.

Os membros desse grupo configuram uma situação incomum em relação aos outros grupos da análise sistemática, pois pertencem a um mesmo grupo da Tabela Periódica. Esta relação é uma desvantagem para a química analítica, já que é muito difícil separá-los e identificá-los. Os produtos de solubilidade têm valores muito próximos e torna-se necessário recorrer a testes de chama, os quais, sendo propriedade dos átomos, são absolutamente específicos e confiáveis.

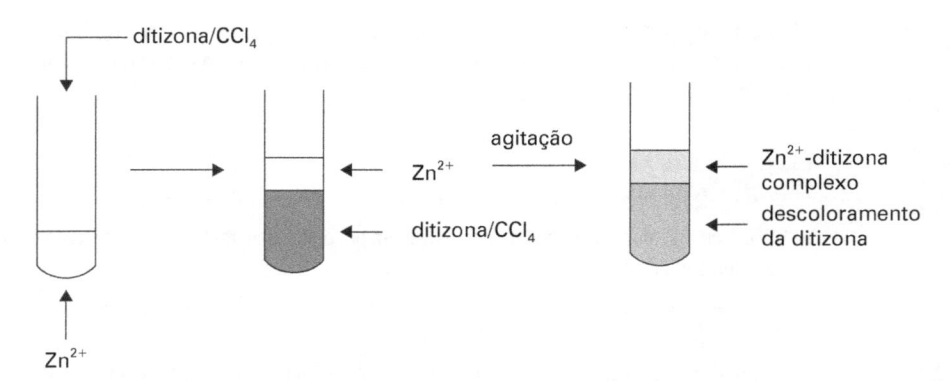

FIGURA 1.5 Procedimento experimental para a identificação de íons Zn^{2+} com ditizona.

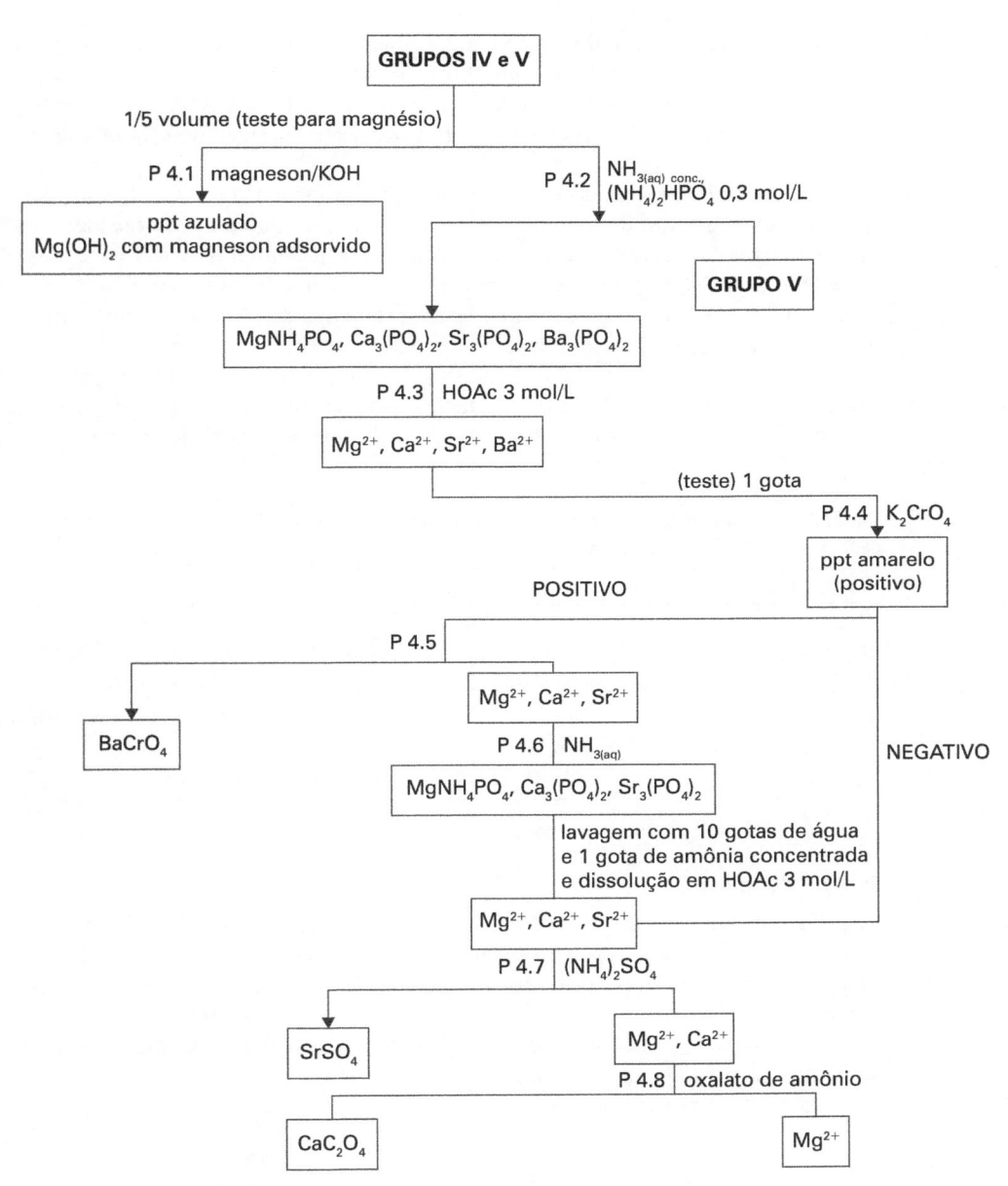

```
                        ┌─────────────────┐
                        │  GRUPOS IV e V  │
                        └────────┬────────┘
    1/5 volume (teste para magnésio)
                ┌────────────────┴────────────────┐
         P 4.1 │ magneson/KOH       P 4.2 │ NH₃(aq) conc.,
               ▼                          │ (NH₄)₂HPO₄ 0,3 mol/L
        ┌──────────────────┐              ▼
        │ ppt azulado      │        ┌──────────┐
        │ Mg(OH)₂ com      │        │ GRUPO V  │
        │ magneson adsorvido│        └──────────┘
        └──────────────────┘
```

Flowchart (systematic analysis of Group IV cations):

- **GRUPOS IV e V** → 1/5 volume (teste para magnésio)
  - **P 4.1** magneson/KOH → ppt azulado Mg(OH)₂ com magneson adsorvido
  - **P 4.2** $NH_{3(aq)\,conc.}$, $(NH_4)_2HPO_4$ 0,3 mol/L → **GRUPO V**
- $MgNH_4PO_4$, $Ca_3(PO_4)_2$, $Sr_3(PO_4)_2$, $Ba_3(PO_4)_2$
- **P 4.3** HOAc 3 mol/L → Mg^{2+}, Ca^{2+}, Sr^{2+}, Ba^{2+}
- (teste) 1 gota — **P 4.4** K_2CrO_4 → ppt amarelo (positivo)
  - POSITIVO — **P 4.5**
    - BaCrO₄
    - NEGATIVO → Mg^{2+}, Ca^{2+}, Sr^{2+}
- **P 4.6** $NH_{3(aq)}$ → $MgNH_4PO_4$, $Ca_3(PO_4)_2$, $Sr_3(PO_4)_2$
  - lavagem com 10 gotas de água e 1 gota de amônia concentrada e dissolução em HOAc 3 mol/L
  - Mg^{2+}, Ca^{2+}, Sr^{2+}
- **P 4.7** $(NH_4)_2SO_4$
  - $SrSO_4$
  - Mg^{2+}, Ca^{2+}
    - **P 4.8** oxalato de amônio
      - CaC_2O_4
      - Mg^{2+}

FIGURA 1.6 Fluxograma de análise sistemática dos cátions do Grupo IV.

A reação entre hidróxido de magnésio e para-nitro-azobenzeno-alfa-naftol (magneson II) é uma aplicação da propriedade e também uma reação específica. A identificação por meio dessa reação é mais sensível antes da precipitação do grupo, pois o fosfato duplo de magnésio e amônio, insolúvel em meio alcalino, produz interferência.

Após a precipitação do grupo e a dissolução em ácido acético, o bário pode ser separado dos outros componentes como cromato de bário. A separação é efetuada em meio acético por causa do equilíbrio entre H^+ e CrO_4^{2-}, que mantém baixa a concentração de íon cromato e impede a precipitação do cromato de estrôncio.

O estrôncio é separado do cálcio pela precipitação do sulfato de estrôncio pela adição de sulfato de amônio à solução. O sulfato de cálcio é consideravelmente mais solúvel que o sulfato de estrôncio; é provável que se forme o íon complexo $[Ca(SO_4)_2^{2-}]$. O cálcio é precipitado do centrifugado como oxalato de cálcio. A Tabela 1.1 a seguir resume as propriedades dos íons Ca^{2+}, Sr^{2+}, Ba^{2+} e Mg^{2+} em presença de determinados reagentes.

As propriedades dos três elementos – bário, estrôncio e cálcio – são tão semelhantes que os testes de precipitação não são totalmente confiáveis; cada precipitado precisa ser examinado com fio de platina nos testes de chama.

TABELA 1.1 Constantes do produto de solubilidade (K_{PS}) de compostos pouco solúveis dos cátions Mg^{2+}, Ba^{2+}, Sr^{2+} e Ca^{2+} a 25°C

Composto	Mg^{2+}	Ba^{2+}	Sr^{2+}	Ca^{2+}
NH_4OH	10^{-9}	–	–	–
$(NH_4)_2CO_3$	$1,0 \times 10^{-5}$	$8,0 \times 10^{-9}$	$1,6 \times 10^{-9}$	$4,8 \times 10^{-9}$
Na_2SO_4	–	$1,0 \times 10^{-10}$	$2,8 \times 10^{-7}$	$6,1 \times 10^{-5}$
$(NH_4)_2C_2O_4$	–	$1,6 \times 10^{-7}$	$5,8 \times 10^{-8}$	$2,6 \times 10^{-9}$
$K_2Cr_2O_7$ em meio de ácido acético	–	$2,4 \times 10^{-10}$	–	–
K_2CrO_4	–	$2,4 \times 10^{-10}$	$3,5 \times 10^{-5}$	–

▶ Processo 4.1

Recolha, em um tubo de centrífuga, 5 gotas do centrifugado do Processo 3.1 (o restante deve ser reservado para ser utilizado no Processo 4.2), adicione 2 gotas de p-nitro-azo-benzeno-alfa naftol (magneson II) e, a seguir, 5 gotas de KOH 2,0 mol/L.

Agite com bastão de vidro durante 1 minuto e centrifugue. A formação de um precipitado azulado identifica o magnésio.

As reações envolvidas são:

$$Mg^{2+}_{(aq)} + 2\ OH^-_{(aq)} \rightleftharpoons Mg(OH)_{2(s)} \quad \text{ppt branco}$$

$$Mg(OH)_{2(s)} + \text{magneson} \rightleftharpoons Mg(OH)_{2(s)} \text{ com magneson adsorvido superficialmente}$$

▶ Processo 4.2 – Precipitação

Alcalinize o resto da solução separada no Processo 4.1 com NH_4OH concentrado. Adicione 5 gotas de hidrogenofosfato de amônio 0,3 mol/L. Centrifugue e teste a precipitação completa por meio da adição de uma gota extra de hidrogenofostato de amônio.

O precipitado contém os fosfatos de Ba, Sr, Ca e Mg e é analisado segundo o Processo 4.3.

O centrifugado contém o Grupo V e é reservado para o Processo 5.1.

As reações envolvidas são:

$$Mg^{2+}_{(aq)} + NH_{3(aq)} + HPO_4^{2-}{}_{(aq)} \rightleftharpoons MgNH_4PO_{4(s)} \quad \text{branco}$$

$$3\,Ca^{2+}_{(aq)} + 2\,NH_{3(aq)} + 2\,HPO_4^{2-}{}_{(aq)} \rightleftharpoons Ca_3(PO_4)_{2(s)} + 2\,NH_4^+{}_{(aq)} \quad \text{branco}$$

$$3\,Sr^{2+}_{(aq)} + 2\,NH_{3(aq)} + 2\,HPO_4^{2-}{}_{(aq)} \rightleftharpoons Sr_3(PO_4)_{2(s)} + 2\,NH_4^+{}_{(aq)} \quad \text{branco}$$

$$3\,Ba^{2+}_{(aq)} + 2\,NH_{3(aq)} + 2\,HPO_4^{2-}{}_{(aq)} \rightleftharpoons Ba_3(PO_4)_{2(s)} + 2\,NH_4^+{}_{(aq)} \quad \text{branco}$$

▶ Processo 4.3

Lave o precipitado do Processo 4.2 com 10 gotas de água acrescida de 1 gota de NH_4OH 3,0 mol/L. Centrifugue e despreze o líquido de lavagem. Dissolva o resíduo em 5 a 10 gotas de ácido acético 3,0 mol/L.

As reações envolvidas são:

$$Ca_3(PO_4)_{2(s)} \rightleftharpoons 3\,Ca^{2+}_{(aq)} + 2\,PO_4^{3-}{}_{(aq)}$$
$$+$$
$$2\,CH_3COOH_{(aq)} \rightleftharpoons 2\,CH_3COO^-_{(aq)} + 2\,H^+_{(aq)} \quad \Rightarrow \quad 2\,HPO_4^{2-}{}_{(aq)}$$

Observação: Reações ocorrem da mesma maneira para os íons Mg^{2+}, Sr^{2+} e Ba^{2+}.

▶ Processo 4.4

Recolha 1 gota da solução em um tubo de ensaio e adicione uma gota de cromato de potássio. Caso não se forme um precipitado amarelo, passe imediatamente para a operação relativa ao tratamento do centrifugado que pode conter somente Sr^{2+} e Ca^{2+} (Processo 4.7).

▶ Processo 4.5

Havendo formação de um precipitado pelo tratamento com cromato de potássio, faça as seguintes operações: no restante da solução obtida do tratamento com ácido acético, acrescente cromato de potássio em quantidade suficiente para garantir a precipitação completa (comumente 5 gotas). Deixe em repouso durante 1 minuto e centrifugue (c1). Lave o precipitado uma vez com 3 gotas de água, centrifugue, junte o líquido de lavagem (c2) ao centrifugado anterior (c1). O precipitado pode ser cromato de bário, indicando a presença de bário. Confirme com o teste de chama: leve uma pequena quantidade de material à zona de redução da chama do bico de Bunsen com o auxílio do fio de Pt por 1 minuto.

Retire o fio de Pt, mergulhe-o em HCl e leve novamente à chama, porém na zona de oxidação. O aparecimento de uma coloração verde confirma a presença de bário. Caso a cor não apareça, repita a operação 4-5 vezes.

A reação que ocorre é:

$$Ba^{2+}_{(aq)} + CrO_4^{2-} \rightleftharpoons BaCrO_{4\,(s)}$$

▶ Processo 4.6

O centrifugado pode conter Sr, Ca e Mg. Alcalinize com hidróxido de amônio 3,0 mol/L e centrifugue. Despreze o centrifugado. Lave o precipitado, contendo os fosfatos de Sr, Ca e Mg, com 10 gotas de água e uma gota de NH_4OH concentrado. Centrifugue, desprezando o líquido de lavagem. Repita a operação de lavagem até o descoramento do precipitado.

> **IMPORTANTE**
>
> Realcalinizando a solução com hidróxido de amônio, reprecipitam os fosfatos de Sr, Ca e Mg, podendo-se, então, remover o excesso de cromato de potássio. O precipitado deverá ser lavado repetidas vezes até que desapareça a coloração amarela.

As reações envolvidas são:

$$2\,NH_{3\,(aq)} + 2\,HPO_4^{2-}{}_{(aq)} \rightleftharpoons 2\,NH_4^{+}{}_{(aq)} + 2\,PO_4^{3-}{}_{(aq)}$$

$$3\,Ca^{2+}{}_{(aq)} + 2\,PO_4^{3-}{}_{(aq)} \rightleftharpoons Ca_3(PO_4)_{2\,(s)}$$

Dissolva o precipitado em 5 a 10 gotas de ácido acético 3,0 mol/L e dilua ao dobro do volume.

As reações envolvidas são:

$$Ca_3(PO_4)_{2(s)} \rightleftharpoons 3\,Ca^{2+}{}_{(aq)} + 2\,PO_4^{3-}{}_{(aq)}$$

$$+ \quad\Rightarrow\quad 2\,HPO_4^{2-}{}_{(aq)}$$

$$2\,CH_3COOH_{(aq)} \rightleftharpoons 2\,CH_3COO^{-}{}_{(aq)} + 2\,H^{+}{}_{(aq)}$$

Observação: Reações ocorrem da mesma maneira para os íons Mg^{2+} e Sr^{2+}.

▶ Processo 4.7

Adicione 6 gotas de sulfato de amônio 1,0 mol/L e deixe em repouso por 3 minutos. Centrifugue. Teste para verificar se a precipitação foi completa. O precipitado pode conter sulfato de estrôncio, indicando a presença de estrôncio. Confirme com o teste de chama. O estrôncio é revelado por um vermelho-carmim rápido e fugaz.

> **IMPORTANTE**
>
> A presença de precipitado branco neste ponto não significa necessariamente que o Sr esteja presente, pois a precipitação do Ba^{2+} como cromato poderá não ter sido completa, precipitando, então, sulfato de bário, muito pouco solúvel.

A reação que ocorre é:

$$Sr^{2+}_{(aq)} + SO_4^{2-}_{(aq)} \rightleftharpoons SrSO_{4(s)}$$

▶ **Processo 4.8**

O centrifugado pode conter Ca^{2+} e Mg^{2+}+. Adicione 4 gotas de oxalato de amônio e centrifugue. O precipitado pode conter oxalato de cálcio, indicando a presença de cálcio.

IMPORTANTE

A presença de precipitado neste ponto não é característica exclusiva do Ca^{2+}, pois algum Sr^{2+} não precipitado no teste anterior poderá precipitar neste momento. É conveniente executar o teste de chama, no qual o Ca^{2+} torna a chama vermelha, de cor menos intensa do que o Sr^{2+}.

Confirme com teste à chama. A cor vermelho-tijolo identifica o cálcio. Efetue um teste comparativo com uma solução contendo cálcio.

A reação que ocorre é:

$$Ca^{2+}_{(aq)} + C_2O_4^{2-}_{(aq)} \rightleftharpoons CaC_2O_{4(s)}$$

DICA

Os testes de chama para esses três elementos podem, por vezes, ser executados no material original, obedecendo à seguinte ordem de aparecimento da coloração: Sr, Ca e Ba.

O centrifugado pode conter magnésio, cuja identificação já foi processada em prova à parte.

Análise sistemática dos cátions do Grupo V

O Grupo V é constituído pelos cátions cujos sais são solúveis em solução aquosa. São eles: Na^+, K^+ e NH_4^+. Esses íons não são precipitados sob as condições requeridas para a precipitação dos Grupos I, II, III e IV. Portanto, todos os compostos de sódio, potássio e amônio são solúveis, e esse grupo não apresenta um reagente precipitante.

Como nos grupos anteriores da análise sistemática, usam-se diversos reagentes sob a forma de compostos de amônio, por isso, o teste de íons amônio deve ser feito na solução original.

Na remoção dos sais de amônio, por causa da volatilidade desses sais, é necessário converter cloretos de potássio e sódio em sulfatos pela adição de ácido sulfúrico. Os cloretos de sódio e potássio podem ser perdidos por aquecimento.

> **DICA**
>
> Os testes de chama são particularmente importantes para a identificação de íons Na^+ e K^+ e são preferidos em relação às reações de precipitação.

▶ Processo 5.1

Ao centrifugado do Processo 4.2 contendo o Grupo V, adicione nitrato de magnésio até que a precipitação do $MgNH_4PO_4$ seja completa. Centrifugue e despreze o precipitado.

> **IMPORTANTE**
>
> O propósito deste ataque é remover o excesso de íons fosfatos que foram usados para precipitar os cátions do Grupo IV. Como sua presença interfere no teste de precipitação para o sódio, todos os íons fosfatos devem ser removidos.

O centrifugado contém sais de sódio, potássio e amônio, e é analisado de acordo com o Processo 5.2, remoção dos sais de amônio.

▶ Processo 5.2

Transfira o centrifugado do Processo 5.1 para um pequeno cadinho, adicione 4 gotas de ácido sulfúrico 1,5 mol/L e evapore a seco.
Continue a aquecer um pouco abaixo do rubro, até cessar o desprendimento de fumos. Trate o resíduo conforme o Processo 5.3.

> **IMPORTANTE**
>
> Todos os sais de amônio devem ser removidos porque interferem no teste de precipitação para o potássio. Sódio e potássio permanecem no resíduo como sulfatos.

▶ Processo 5.3

Esfrie o resíduo do Processo 5.2, acrescente uma gota de água e execute o teste de chama para Na e K.

> **IMPORTANTE**
>
> O sódio confere cor amarela brilhante à chama, que dura algum tempo. Na ausência de sódio, a chama de potássio, vista a olho nu, é violeta pálido. Os compostos de potássio são voláteis e suas chamas têm curta duração. Em presença de sódio, a chama de potássio fica mascarada. O vidro de cobalto consegue transmitir as raias de comprimento de onda muito curto do violeta e as de comprimento de onda longo do vermelho do potássio, porém é opaco às raias intermediárias amarelas do sódio. Portanto, é possível observar através desse vidro a chama violeta-avermelhada do potássio em presença de chama de sódio.

Com o auxílio de um fio de Pt previamente limpo, transfira uma porção do material para a parte inferior da zona de oxidação da chama do bico de Bunsen. Se o material contiver sódio em concentração superior à que corresponde às impurezas, a chama adquire uma coloração amarelo brilhante.

IMPORTANTE

O teste à chama é decisivamente mais sensível do que o de precipitação.

Em ausência do sódio, o potássio será identificado pelo aparecimento de uma cor violeta pálida na chama, de curta duração devido à volatilidade dos sais de potássio. Em presença do sódio, a coloração do potássio é mascarada, o que prejudica o teste. Nesse caso, interpõe-se entre a chama e o olho do observador um pedaço de vidro de cobalto, o qual, sendo opaco às radiações amarelas do sódio, permite a passagem das radiações do potássio de cor violeta (as muito curtas) e de cor violeta-avermelhada (as mais longas). Assim, é possível identificar o potássio junto com o sódio.

IMPORTANTE

A formação de um precipitado amarelo não deve ser tomada como um teste para o potássio. Se o potássio está presente, é possível ter cristais vermelho-alaranjados cintilantes em suspensão no líquido, e a cor da solução poderá tornar-se brilhante quando ocorre a precipitação.

Para confirmar a presença desses dois metais, empregamos o seguinte processo: trate o restante do material contido no cadinho com 5 gotas de água.

Identificação do sódio

Recolha duas gotas da solução em um tubo de centrífuga. Junte quatro gotas de acetato de zinco e uranila. Deixe em repouso por 2 ou 3 minutos. O aparecimento de um precipitado amarelo esverdeado indica o sódio.

A reação que ocorre é:

$$Na^{+}_{(aq)} + Zn^{2+}_{(aq)} + 3\ UO_2^{2+}_{(aq)} + 9\ C_2H_3O_2^{-}_{(aq)} \rightleftharpoons NaZn(UO_2)_3(C_2H_3O_2)_{9\,(s)}$$

Identificação do potássio

Coloque diversas gotas do restante da solução em um tubo de ensaio. Trate com uma gota de dipicrilamina e deixe em repouso por alguns minutos. O aparecimento de cristais vermelho-alaranjados, com consequente enfraquecimento da cor da solução, indica o potássio.

$$K^{+}_{(aq)} + [C_6H_2(NO_2)_3]_2\ NNa_{(aq)} \rightleftharpoons [C_6H_2(NO_2)_3]\ NK_{(s)} + Na^{+}_{(aq)}$$

▶ **Processo 5.4**

Identificação dos íons amônio

Coloque duas gotas da solução original em um pequeno tubo de ensaio. Adicione KOH 2,0 mol/L em excesso. Coloque um pedaço de papel de tornassol vermelho, umedecido com água, na boca do tubo, sem tocar nas paredes, e aqueça a solução. A mudança de cor do papel tornassol, do vermelho para o azul, indica a presença de sais de amônio.

A reação que ocorre é :

$$NH_{3(aq)} + H_2O \rightleftharpoons NH_4^+{}_{(aq)} + OH^-{}_{(aq)}$$

$$\Updownarrow$$

$$KOH_{(aq)} \rightleftharpoons K^+{}_{(aq)} + OH^-{}_{(aq)}$$

As tabelas a seguir são úteis para consulta e compreensão dos tópicos envolvendo a análise sistemática de cátions.

TABELA 1.2 Efeito da concentração de hidrônio sobre a precipitação de diferentes sulfetos metálicos (supondo concentração do cátion do metal igual a 10^{-2} mol/L)

Sulfeto	K_{PS}	$[S^{2-}]_{máx}$, mol/L	$[H_3O^+]_{mín}$, mol/L
HgS	$1,6 \times 10^{-54}$	$1,6 \times 10^{-52}$	$2,3 \times 10^{14}$
CuS	$8,0 \times 10^{-37}$	$8,0 \times 10^{-35}$	$2,9 \times 10^{5}$
PbS	$1,2 \times 10^{-28}$	$1,2 \times 10^{-26}$	$2,4 \times 10$
SnS	$1,2 \times 10^{-27}$	$1,2 \times 10^{-25}$	$7,5$
CdS	$8,0 \times 10^{-27}$	$8,0 \times 10^{-25}$	$2,9$
ZnS	$1,6 \times 10^{-23}$	$1,6 \times 10^{-21}$	$6,5 \times 10^{-2}$
CoS	$5,0 \times 10^{-22}$	$5,0 \times 10^{-20}$	$1,2 \times 10^{-2}$
NiS	$3,0 \times 10^{-21}$	$3,0 \times 10^{-19}$	$4,8 \times 10^{-3}$
FeS	$4,0 \times 10^{-19}$	$4,0 \times 10^{-17}$	$4,1 \times 10^{-4}$
MnS	$7,0 \times 10^{-16}$	$7,0 \times 10^{-14}$	$9,9 \times 10^{-6}$

TABELA 1.3 Efeito da concentração do íon amônio sobre a precipitação de hidróxidos metálicos (supondo concentração do cátion do metal igual a 10^{-2} mol/L e a concentração de amônia livre igual a 10^{-1} mol/L)

Hidróxido	K_{PS}	$[OH^-]_{máx}$, mol/L	$[NH_4^+]_{mín}$, mol/L
$Mg(OH)_2$	$1,1 \times 10^{-11}$	$3,3 \times 10^{-5}$	$0,054$
$Mn(OH)_2$	$2,0 \times 10^{-13}$	$4,5 \times 10^{-6}$	$0,40$
$Fe(OH)_2$	$1,8 \times 10^{-15}$	$4,2 \times 10^{-7}$	$4,3$
$Ni(OH)_2$	$1,6 \times 10^{-16}$	$1,3 \times 10^{-7}$	14
$Zn(OH)_2$	$4,5 \times 10^{-17}$	$6,7 \times 10^{-8}$	25
$Cr(OH)_3$	$6,7 \times 10^{-31}$	$4,1 \times 10^{-9}$	$4,4 \times 10^{3}$
$Al(OH)_3$	$5,0 \times 10^{-33}$	$7,9 \times 10^{-11}$	$2,3 \times 10^{4}$
$Fe(OH)_3$	$6,0 \times 10^{-38}$	$1,8 \times 10^{-12}$	$1,0 \times 10^{6}$

TABELA 1.4 Constantes do produto de solubilidade de sais pouco solúveis

Composto pouco solúvel	K_{PS}	Composto pouco solúvel	K_{PS}
AgCl	$1,8 \times 10^{-10}$	$Fe(OH)_2$	$8,0 \times 10^{-16}$
AgBr	$5,0 \times 10^{-13}$	$Fe(OH)_3$	$6,0 \times 10^{-38}$
$Al(OH)_3$	$5,0 \times 10^{-33}$	HgS	$1,6 \times 10^{-54}$
$BaCO_3$	$5,5 \times 10^{-10}$	$Mg(OH)_2$	$1,1 \times 10^{-11}$
$Ca_3(PO_4)_2$	$1,0 \times 10^{-26}$	$Mn(OH)_2$	$4,5 \times 10^{-14}$
CdS	$8,0 \times 10^{-27}$	MnS	$7,0 \times 10^{-16}$
$Ce(IO_3)_3$	$3,2 \times 10^{-10}$	$PbCrO_4$	$1,17 \times 10^{-10}$
$Cr(OH)_3$	$1,0 \times 10^{-30}$	PbS	$1,2 \times 10^{-28}$
CoS	$5,0 \times 10^{-22}$	SnS	$1,2 \times 10^{-27}$
$Cu(OH)_2$	$1,6 \times 10^{-19}$	$SrCrO_4$	$3,6 \times 10^{-5}$
CuS	$8,0 \times 10^{-37}$	ZnS	$1,6 \times 10^{-23}$
Cu_2S	$2,5 \times 10^{-48}$		

Capítulo 2

Identificação dos ânions mais comuns

Neste capítulo você estudará:

- Os procedimentos para identificar os ânions mais comuns.
- Comparativos das reações entre fluoreto, cloreto, brometo e iodeto, bem como entre sulfeto, sulfito e tiossulfato.
- Os valores dos efeitos das diferentes concentrações de hidrônio e do íon amônio na precipitação de sulfetos e de hidróxidos, respectivamente.

Carbonato (CO_3^{2-})

Coloque uma porção de carbonato sólido em um tubo de ensaio. Verta um pequeno volume de água de barita em outro tubo de ensaio. Ligue os dois tubos com uma conexão de vidro, conforme a figura a seguir. Adicione uma porção de HCl 3,0 mol/L ao tubo contendo carbonato e feche-o imediatamente.

A reação que ocorre é

$$CO_3^{2-}{}_{(aq)} + 2\,H^+{}_{(aq)} \rightleftharpoons CO_{2(g)} + H_2O$$

O CO_2 liberado difunde para o outro tubo e turva a água de barita (solução saturada de $Ba(OH)_2$) pela formação de um precipitado branco de $BaCO_3$.

Nota do editor: Este capítulo tem como base o livro DIAS, S. L. P. et al. *Análise qualitativa em escala semimicro*. Porto Alegre: Bookman, 2016.

$$CO_3^{2-}$$

$$CO_{3\,(aq)}^- + 2\,H_{(aq)}^+ \rightleftharpoons H_2O + CO_{2(g)}$$

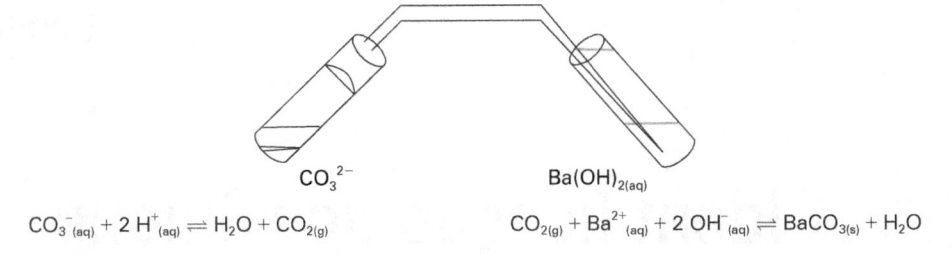

$$Ba(OH)_{2(aq)}$$

$$CO_{2(g)} + Ba_{(aq)}^{2+} + 2\,OH_{(aq)}^- \rightleftharpoons BaCO_{3(s)} + H_2O$$

FIGURA 2.1 Determinação de carbonato com água de barita.

Cromato (CrO_4^{2-})

Adicione algumas gotas de solução de Pb^{2+} ($Pb(NO_3)_2$, por exemplo), ou de Ba^{2+} ($BaCl_2$, por exemplo) a uma solução neutra ou amoniacal de cromato. Verifique a formação de precipitados amarelos dos respectivos sais.

$$Pb_{(aq)}^{2+} + CrO_{4\,(aq)}^{2-} \rightleftharpoons PbCrO_{4(s)}$$

$$Ba_{(aq)}^{2+} + CrO_{4\,(aq)}^{2-} \rightleftharpoons BaCrO_{4(s)}$$

Nitrato (NO_3^-)

Recolha duas a três gotas de uma solução de nitrato em um tubo de ensaio. Adicione 1 mL (aproximadamente 20 gotas) de H_2SO_4 concentrado. Em um segundo tubo, prepare uma solução saturada de sulfato ferroso, $FeSO_4$. Verta vagarosamente o conteúdo do segundo tubo no primeiro. Verifique a formação de um anel marrom de $Fe(H_2O)_5NO^{2+}$, que comprova a presença de NO_3^-.

A presença do íon nitrato é confirmada pela redução do ácido nítrico pelo íon ferroso em elevadas concentrações de ácido sulfúrico. O óxido nítrico, proveniente da redução do HNO_3, combina-se com o excesso de íon ferroso para produzir o complexo marrom instável $Fe(H_2O)_5NO^{2+}$.

$$3\,Fe(H_2O)_6^{2+}{}_{(aq)} + NO_{3\,(aq)}^- + 4\,H_{(aq)}^+ \rightleftharpoons 3\,Fe(H_2O)_6^{3+}{}_{(aq)} + NO_{(g)} + 2\,H_2O$$

$$Fe(H_2O)_6^{2+}{}_{(aq)} + NO_{(g)} \rightleftharpoons Fe(H_2O)_5NO^{2+}{}_{(aq)} + H_2O$$

Fluoreto, cloreto, brometo e iodeto (F^2, Cl^2, Br^2, I^2)

Reação com cátion prata

Separe quatro tubos de centrífuga. Use um tubo para cada solução: 3 gotas de solução contendo F^-, 3 gotas de solução com Cl^-, 3 gotas de solução com Br^- e 3 gotas de solução com I^-. Adicione 3 gotas de solução de $AgNO_3$ em cada tubo e verifique:

- a não formação de precipitado com F^-;
- a formação de precipitado com Cl^-, Br^- e I^-.

$$Ag^+_{(aq)} + Cl^-_{(aq)} \rightleftharpoons AgCl_{(s)} \quad \text{(branco)}$$

$$Ag^+_{(aq)} + Br^-_{(aq)} \rightleftharpoons AgBr_{(s)} \quad \text{(branco amarelado)}$$

$$Ag^+_{(aq)} + I^-_{(aq)} \rightleftharpoons AgI_{(s)} \quad \text{(amarelo pálido)}$$

Centrifugue as soluções que contêm AgCl, AgBr e AgI e despreze os centrifugados. Adicione 5 gotas de amônia concentrada a cada precipitado (use a capela!) e verifique a solubilização de AgCl e AgBr pela formação do cátion complexo diaminprata.

$$AgX_{(s)} + 2\,NH_{3(aq)} \rightleftharpoons [Ag(NH_3)_2]^+_{(aq)} + X^-_{(aq)}$$

Reação com MnO_2 e H_2SO_4 concentrado

Separe 3 tubos de ensaio. Use um tubo para cada uma das seguintes soluções: 5 gotas de solução de Cl^-, 5 gotas de solução de Br^- e 5 gotas de solução de I^-. Adicione uma pitada de MnO_2 aos tubos contendo Cl^- e Br^-. Prepare duas tiras de papel de filtro umedecidas em KI e amido para colocar na boca dos tubos contendo Cl^- e Br^-.

Agora trabalhe na capela! Adicione 5 gotas de H_2SO_4 concentrado aos dois primeiros tubos e 10 gotas no terceiro (I^-). Em seguida, coloque os papéis de filtro na boca dos dois primeiros tubos, e aqueça todos em banho d'água. Observe:

- a mistura com Cl^- desprende vapores (Cl_2) que tornam azul o papel de filtro (umedecido com KI e amido):

$$MnO_{2(s)} + 2\,Cl^-_{(aq)} + 4\,H^+_{(aq)} \rightleftharpoons Mn^{2+}_{(aq)} + Cl_{2(g)} + 2\,H_2O$$

- a mistura com Br^- desprende vapores pardo-avermelhados e torna azul o papel de KI e amido:

$$MnO_{2(s)} + 2\,Br^-_{(aq)} + 4\,H^+_{(aq)} \rightleftharpoons Mn^{2+}_{(aq)} + Br_{2(aq)} + 2\,H_2O$$

- a mistura com I^- desprende vapores violáceos de $I_{2(g)}$.

Reação com sais de chumbo

Separe 3 tubos de centrífuga. Use um tubo para cada solução: 3 gotas de solução de Cl^-, 3 gotas de solução de Br^- e 3 gotas de solução de I^-. Adicione a cada tubo 5 gotas de uma solução de Pb^{2+}. Verifique a formação de um precipitado branco nos tubos que contêm Cl^- e Br^- e de um precipitado amarelo no que contém I^-.

$$Pb^{2+}_{(aq)} + 2\,Cl^-_{(aq)} \rightleftharpoons PbCl_{2(s)} \quad \text{(branco)}$$

$$Pb^{2+}_{(aq)} + 2\,Br^-_{(aq)} \rightleftharpoons PbBr_{2(s)} \quad \text{(branco)}$$

$$Pb^{2+}_{(aq)} + 2\,I^-_{(aq)} \rightleftharpoons PbI_{2(s)} \quad \text{(amarelo)}$$

Sulfeto, sulfito, tiossulfato (S^{2-}, SO_3^{2-}, $S_2O_3^{2-}$)

Reação com ácido clorídrico (concentrado)

Separe 5 tubos de ensaio. Coloque uma pitada de PbS ou FeS no primeiro tubo, uma espátula rasa de Na_2SO_3 em cada um dos dois tubos seguintes e uma de $Na_2S_2O_3$ em cada um dos dois últimos tubos. Separe uma tira de papel de acetato de chumbo para colocar na boca do tubo contendo S^{2-}. Prepare duas tiras de papel de filtro umedecidas com $K_2Cr_2O_7$ e H_2SO_4 3,0 mol/L, uma delas para colocar na boca de um dos tubos contendo sulfito e a outra na boca de um dos tubos contendo tiossulfato. Prepare duas tiras de papel de filtro umedecidas com $KMnO_4$ e H_2SO_4 3,0 mol/L, uma para adaptar no último tubo contendo sulfito e a outra para o último tubo contendo tiossulfato.

Trabalhe na capela! Coloque 5 gotas de HCl concentrado sobre cada um dos cristais, adaptando os papéis nas bordas dos tubos, como explicado anteriormente. Aqueça em banho d'água.

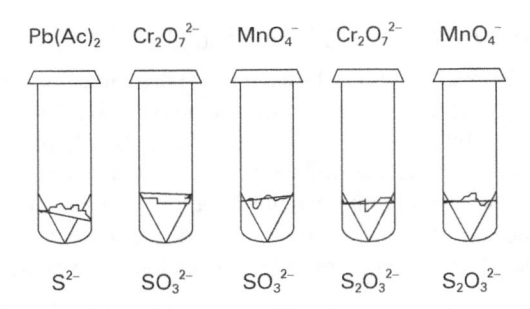

FIGURA 2.2 Teste em papel para íons sulfeto, sulfito e tiossulfato.

Verifique:

Sulfetos, S^{2-}: Há desprendimento de H_2S, reconhecível pelo cheiro e pelo escurecimento do papel de acetato de chumbo.

$$S^{2-}_{(aq)} + 2\,H^+_{(aq)} \rightleftharpoons H_2S_{(aq)}$$

$$H_2S_{(aq)} + Pb^{2+}_{(aq)} \rightleftharpoons PbS_{(s)} + 2\,H^+_{(aq)}$$
$$\text{(papel)} \quad \text{(preto)}$$

Sulfitos, SO_3^{2-}: Há desprendimento de SO_2 reconhecível por imprimir uma coloração verde ao papel de dicromato e descorar o papel de permanganato.

$$SO_3^{2-}_{(aq)} + 2\,H^+_{(aq)} \rightleftharpoons SO_{2(g)} + H_2O$$

$$3\,SO_{2(g)} + Cr_2O_7^{2-}_{(aq)} + 2\,H^+_{(aq)} \rightleftharpoons 2\,Cr^{3+}_{(aq)} + 3\,SO_4^{2-}_{(aq)} + H_2O$$
$$\text{(papel)} \qquad\qquad\qquad \text{(verde)}$$

$$5\,SO_2 + MnO_4^-_{(aq)} + 4\,H_2O \rightleftharpoons 5\,SO_4^{2-}_{(aq)} + 2\,Mn^{2+}_{(aq)} + 8\,H^+_{(aq)}$$
$$\text{(papel)} \qquad\qquad\qquad \text{(incolor)}$$

Tiossulfatos, $S_2O_3^{2-}$: Há desprendimento de SO_2, reconhecível da mesma maneira que no caso anterior, a não ser pela turvação da solução pela presença de enxofre elementar.

$$S_2O_3^{2-}{}_{(aq)} + 2\,H^+{}_{(aq)} \rightleftharpoons SO_{2(g)} + S_{(s)} + H_2O$$

Remova os papéis de filtro e trabalhe com as soluções contidas nos tubos. Adicione 2 gotas de solução de dicromato aos tubos que tinham as tiras de papel com o mesmo reagente. Observe que as soluções tornam-se esverdeadas.

$$3\,SO_3^{2-}{}_{(aq)} + Cr_2O_7^{2-}{}_{(aq)} + 8\,H^+{}_{(aq)} \rightleftharpoons 3\,SO_4^{2-}{}_{(aq)} + 2\,Cr^{3+}{}_{(aq)} + 4\,H_2O$$

$$3\,S_2O_3^{2-}{}_{(aq)} + 4\,Cr_2O_7^{2-}{}_{(aq)} + 26\,H^+{}_{(aq)} \rightleftharpoons 6\,SO_4^{2-}{}_{(aq)} + 8\,Cr^{3+}{}_{(aq)} + 13\,H_2O$$

Adicione algumas gotas de solução de permanganato aos tubos que tinham as tiras de papel com o mesmo reagente. Observe que a solução de permanganato descora ao entrar em contato com a solução contida nos tubos.

Capítulo 3

Química analítica quantitativa

Neste capítulo você estudará:

- A classificação dos métodos analíticos, facilitando a delimitação dos critérios de escolha para realizar uma análise.
- Os procedimentos para obter amostras representativas.
- Considerações importantes acerca dos algarismos significativos.
- As estimativas de confiabilidade, os conceitos de exatidão e de precisão e os modos de representá-los.
- Aplicação do teste Q.

A química analítica quantitativa compreende o conjunto de ensaios, métodos e técnicas que possibilitam avaliar as quantidades relativas dos componentes presentes em uma determinada amostra de material.

Classificação dos métodos analíticos

Os métodos analíticos são classificados em duas grandes categorias, conforme a natureza da medida desejada. A natureza da medida desejada é uma grandeza que pode ser uma propriedade física proporcional à quantidade ou concentração da espécie desejada (analito) que se encontra presente na amostra, como massa, volume, absorção de radiação eletromagnética ou carga elétrica.

> **DEFINIÇÃO**
>
> Natureza da medida desejada é uma grandeza que pode ser uma propriedade física proporcional à quantidade ou concentração da espécie desejada (analito) que se encontra presente na amostra, como massa, volume, absorção de radiação eletromagnética ou carga elétrica.

Os métodos clássicos ou estequiométricos subdividem-se em métodos volumétricos baseados em medidas de volumes e gravimétricos baseados em medidas de massas. Os métodos instrumentais, ou não estequiométricos, subdividem-se em métodos eletroanalíticos baseados em medidas de propriedades elétricas (como potencial, corrente, resistência e quantidade de carga elétrica), espectroscópicos baseados em medidas de interação entre a radiação eletromagnética e os átomos ou moléculas do analito, termoanalíticos baseados na relação massa e temperatura, cromatográficos baseados em propriedades como solubilidade, massa e tamanho do componente químico, métodos analíticos baseados em medidas de razão massa-carga, calor de reação, condutividade térmica, atividade óptica, índice de refração. Nos métodos estequiométricos, uma quantidade exatamente equivalente da espécie de interesse reage com outra substância de concentração conhecida segundo uma equação química bem definida. Nos métodos não estequiométricos, a quantidade ou concentração da espécie de interesse é determinada com base em uma propriedade física que pode ser mensurada.

TABELA 3.1 Classificação geral dos métodos analíticos

Classificação	Método analítico	Propriedade física
Clássicos ou estequiométricos	Volumetria Gravimetria	Volume Massa
Instrumentais ou não estequiométricos	Eletroanalíticos Espectroscópicos Termoanalíticos Cromatográficos Outros métodos	Propriedades elétricas Radiações eletromagnéticas Relação massa-temperatura Solubilidade, massa e tamanho do componente químico Razão massa-carga; calor de reação; condutividade térmica, entre outros.

Etapas da análise quantitativa

A análise quantitativa é um processo analítico que visa à determinação da quantidade do analito de interesse presente em uma amostra de material. O processo envolve diversas etapas ou operações que obedecem uma sequência bem definida, denominada procedimento ou protocolo.

Escolha do método quantitativo

A escolha do método quantitativo adequado a ser utilizado dependerá fundamentalmente da definição do problema a ser investigado. Os fatores a serem considerados nessa etapa são:

- quantidade de amostra disponível
- quantidade relativa de componente desejado

- número de amostras a analisar
- exatidão requerida
- composição química da amostra determinada por uma análise qualitativa prévia
- tempo disponível
- recursos disponíveis (reagentes, equipamentos e pessoal treinado)

Obtenção de uma amostra representativa

O processo de coleta de uma pequena massa de material cuja composição média seja representativa do todo do material original é denominada amostragem.

DEFINIÇÃO

Amostragem é o processo de coleta de uma pequena massa de material cuja composição média seja representativa do todo do material original.

A amostragem envolve a coleta de um material homogêneo ou heterogêneo. Material homogêneo é aquele que apresenta uma composição invariável em toda a sua estrutura. Na amostragem homogênea, o processo é simples e consiste na coleta de um sistema material, como uma mistura gasosa ou solução verdadeira ou homogênea, em que qualquer fração do material coletado reflete a composição média do sistema material original.

DEFINIÇÃO

Material homogêneo é aquele que apresenta uma composição invariável em toda a sua estrutura.

Já na amostragem heterogênea, o processo de coleta é mais trabalhoso, exigindo uma sistemática definida. Por exemplo, a obtenção de uma amostragem representativa de 1 kg de material heterogêneo a ser enviado para análise laboratorial a partir de uma carga de 50 toneladas de minério de ferro utiliza um processo planificado denominado quarteamento, em que porções do material original são sucessivamente combinadas e reduzidas até um tamanho adequado.

IMPORTANTE

A amostragem homogênea é mais simples porque envolve a coleta de um sistema material em que qualquer fração do material coletado reflete a composição média do sistema material original. A amostragem heterogênea é mais trabalhosa porque exige uma sistemática mais definida.

Preparo da amostra laboratorial

Com mais frequência, as amostras que chegam ao laboratório são sólidas ou líquidas. Em geral, as amostras sólidas envolvem processos analíticos que visam à obtenção de um material mais homogêneo, como trituração e moagem, peneiração, redução de volume e homogeneização final. Para o preparo das amostras líquidas, pode ser necessário concentrar a amostra por aquecimento, sem que ocorra a perda dos constituintes voláteis de interesse.

Definição do número de análises

A massa de amostra laboratorial a ser utilizada dependerá do número de análises a serem efetuadas.

Solubilização da amostra

A maioria das análises químicas exige a preparação de uma solução da amostra a ser analisada pela dissolução dessa amostra em água (extrato aquoso) ou em um meio ácido ou alcalino, por exemplo, HCl (extrato clorídrico), HNO_3 (extrato nítrico), KOH(extrato alcalino) e água-régia. Qualquer material residual insolúvel em ácidos pode ser tratado por meio de técnicas de fusão ácida ou alcalina, que possibilitam a obtenção de produtos sólidos solúveis em água e ácidos diluídos, como nos exemplos a seguir:

fusão alcalina:
$$Al_2O_{3(S)} + Na_2CO_{3(S)} \xrightarrow{\Delta} 2NaAlO_{2(S)} + CO_{2(g)}$$

$$SiO_{2(S)} + Na_2CO_{3(S)} \xrightarrow{\Delta} Na_2SiO_{3(S)} + CO_{2(g)}$$

fusão ácida:
$$CaO_{(S)} + 2\,KHSO_{4(S)} \xrightarrow{\Delta} CaSO_{4(S)} + K_2SO_{4(S)} + H_2O_{(vap)}$$

$$Fe_2O_{3(S)} + 6\,KHSO_{4(S)} \xrightarrow{\Delta} Fe_2(SO_4)_{3(S)} + 3\,K_2SO_{4(S)} + 3\,H_2O_{(vap)}$$

Eliminação de interferentes

Geralmente, as reações químicas ou propriedades físicas são compartilhadas por mais de uma espécie química. Os interferentes são substâncias indesejáveis que respondem ao método analítico escolhido. Existem três maneiras de eliminar uma espécie interferente transformando-a em uma espécie inerte:

- por processos redox
- por reações de complexação
- pelo isolamento físico da substância como uma fase separada

A eliminação de interferentes é uma técnica muito utilizada na análise qualitativa, envolvendo a identificação dos cátions do Grupo III, contendo os elementos Cr^{3+}, Al^{3+}, Zn^{2+}, Mn^{2+}, Fe^{3+}, Co^{2+}, Ni^{2+}.

Medição da propriedade selecionada

Nas medições volumétricas, a propriedade selecionada a ser medida é o volume. Quando um líquido é confinado em um tubo estreito, por exemplo, em uma bureta, esse líquido exibe uma superfície curva bem característica denominada menisco. O volume lido em uma bureta de 25 mL (volume nominal) deve ser expresso com quatro algarismos significativos, sendo três algarismos conhecidos e um algarismo significativo incerto, estimado ou duvidoso.

Cálculos e expressão dos resultados

A expressão dos resultados finais deve respeitar os seguintes requisitos:

- a estequiometria da reação utilizada
- a exatidão requerida (número de algarismos significativos)

Algarismos significativos

Os algarismos significativos não dependem do número de casas decimais. Assim

$$2146,5 \text{ mm}$$
$$214,65 \text{ cm}$$
$$21,465 \text{ dm}$$
$$2,1465 \text{ m}$$

todos apresentam cinco algarismos significativos.

Zero é um algarismo significativo quando está no meio do número entre dígitos não zeros (por exemplo, 1,8076 g) ou no fim de um número e à direita do ponto decimal (por exemplo 1,8760 g e 1,8700 g).

> **IMPORTANTE**
>
> A grandeza 100 pode ser expressa com 1, 2 e 3 algarismos significativos. Por exemplo:
>
> $1 \times 10^2 = 1$ algarismo significativo
> $1,0 \times 10^2 = 2$ algarismos significativos
> $1,00 \times 10^2 = 3$ algarismos significativos
>
> A massa de 72 mg pode ser expressa como 0,072 g; por conveniência: $7,2 \times 10^{-2}$ g.

Nos cálculos com algarismos significativos, pode-se assumir como regra que, se o dígito que segue o último algarismo significativo for maior ou igual a 5, ele é aumentado de uma unidade (arredondamento). Caso este dígito seja menor que 5, o último algarismo significativo é mantido.

Quando o cálculo é uma soma e subtração, o resultado deve conter o mesmo número de casas decimais que o termo com o menor número de casas decimais.

Exemplo: 12,56   7,5
        + 0,2675   − 4,208
         ‾‾‾‾‾‾‾   ‾‾‾‾‾‾‾
          12,8275   3,292

Expressão do resultado: 12,83   3,3

Na multiplicação e divisão, o resultado deve conter tantos algarismos significativos quantos estiverem contidos no termo com o menor número de algarismos significativos.

Exemplo: $4,3179 \times 10^{12} \times 3,6 \times 10^{-19} = 15,5444 \times 10^{-7} = 1,55444 \times 10^{-6}$

Expressão do resultado: $1,6 \times 10^{-8}$

Nos cálculos de logaritmos, o número de algarismos significativos da grandeza numérica determina o número de casas decimais do resultado.

Exemplos: log 0,0339 = − 1,470
           log 5,8 = 0,76
           log 58 = 1,76   log 5803 = 3,7636
           log 580 = 2,760   log 0,00058031 = 4,76366

Estimativa de confiabilidade

Erro determinado ou sistemático são erros que podem ser minimizados com a calibração adequada da aparelhagem utilizada. Ex.: calibração de balão volumétrico, bureta e pipeta volumétrica.

Erros indeterminados ou aleatórios são inevitáveis e residem na dificuldade do ser humano de reproduzir comportamentos idênticos em momentos diferentes, por exemplo, efetuando a mesma medida. O tratamento para esse caso é essencialmente estatístico e depende da obtenção de um grande número de resultados para a sua determinação.

Exatidão é a diferença entre o valor experimental e o valor considerado verdadeiro (proximidade entre o valor considerado verdadeiro e o valor medido). Erro absoluto, E_A, e erro relativo, $\overline{E}_R$, são modos de expressar exatidão.

EXEMPLO

Uma bureta de valor exato 25,00 mL foi aferida por um operador que obteve 24,50 mL. Qual é o erro absoluto e o erro relativo percentual cometido pelo operador?

$$E_A = 25,00 \text{ mL} - 24,50 \text{ mL} = 0,50 \text{ mL}$$
$$\overline{E}_R = 0,50 / 25,00 \times 100\% = 2\%$$

Precisão é a concordância dos valores experimentais entre si (reprodutibilidade da medida). Média, desvio médio, desvio-padrão, variância e faixa são os modos de expressar precisão.

A diferença entre exatidão e precisão está ilustrada a seguir.

EXEMPLO

Dois analistas, utilizando a mesma técnica, analisaram uma liga padrão que apresenta 37,47 ± 0,03% do elemento titânio. Indique qual analista apresentou resultados mais exatos e/ou precisos.

Analista 1
Resultados: 37, 42; 37, 59; 37, 52
Média: 37,51%

$$E_{R\,médio} = [(37,51 - 37,47) / 37,47] \times 100 = 0,11\%$$
$$D_{M\,relativo} = [(0,9 + 0,8 + 0,1) / 3] \times 100/37,47 = 0,16\%$$

Analista 2
Resultados: 49,40; 49,44; 49,42
Média: 49,42%

$$E_R = [(49,42 - 37,47) / 37,47] \times 100 = 31,89\%$$
$$D_R = [(0,02 + 0,02 + 0,00) / 3] \times 100 / 49,42 = 0,03\%$$

Conclusão: Com base nos resultados obtidos, conclui-se que o analista 1 é mais exato e o analista 2 é mais preciso.

Teste Q

O teste Q, também conhecido como teste de Dixon, é um teste estatístico simplificado aplicável a um número pequeno de observações experimentais em que $N \leq 10$. Inicialmente, os dados numéricos são ordenados do menor valor para o maior. A razão Q é calculada pela diferença entre o valor mais próximo do suspeito e o valor

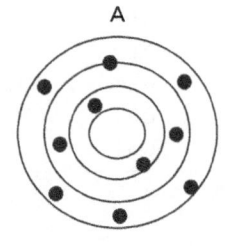

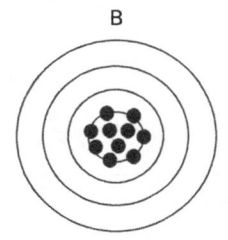

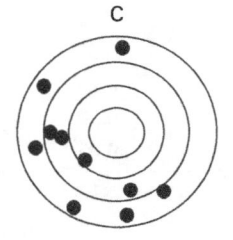

A Exata e não precisa
B Exata e precisa
C Não exata e não precisa
D Não exata e precisa

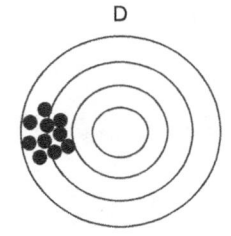

FIGURA 3.1 Ilustração da diferença entre exatidão e precisão.

suspeito dividido pela faixa ou amplitude, isto é, pela diferença entre o valor maior e o valor menor. A razão calculada é comparada com valores tabulados de Q. Se o valor calculado for igual ou maior que o valor tabulado considerando o número total de observações experimentais e o nível de confiança desejável, o valor suspeito é rejeitado. É recomendável o uso da mediana, em vez da média, para os casos em que o teste Q não conduz à rejeição de um valor duvidoso, já que a mediana é menos sensível a valores discrepantes (BACCAN et al., 2001; CHRISTIAN; DASGUPTA; SCHUG, 2014; DEAN; DIXON, 1954; HARRIS, 2011; OHLWEILER, 1985; SKOOG et al., 2011).

> **DICA**
>
> É recomendável o uso da mediana, em vez da média, para os casos em que o teste Q não conduz à rejeição de um valor duvidoso, já que a mediana é menos sensível a valores discrepantes.

A mediana, M, é o valor central do número de medidas, n.

A amplitude ou faixa: $w = X_{máx} - X_{min}$ (número de observações)

Critério de rejeição: Q = [valor mais próximo do suspeito – valor suspeito] / [valor maior – valor menor]

Se o valor de Q for maior que o tabulado, o valor suspeito deve ser desprezado.

Expressão do resultado: $R = M + tw \cdot w$

A Tabela 3.2 dá os valores críticos de Q para os níveis de 90, 95 e 99% de confiança.

TABELA 3.2 Valores críticos do quociente de rejeição Q para diferentes níveis de confiança

Nº de observações	Fator de confiança usando a faixa tw = 0,95	Fator de confiança usando a faixa tw = 0,99	Teste Q de rejeição para 90%
2	6,4	31,83	–
3	1,3	3,01	0,94
4	0,72	1,32	0,76
5	0,51	0,84	0,64
6	0,40	0,63	0,56
7	0,33	0,51	0,51
8	0,29	0,43	0,47
9	0,26	0,37	0,44
10	0,23	0,33	0,41

EXEMPLO

Uma amostra de NaCl foi analisada para a determinação do percentual de cloretos por titulção com solução de nitrato de prata, obtendo-se os seguintes resultados: 47,27; 47,08; 47,31; 47,41; 47,29 e 47,38%. Aplique o teste Q aos dados obtidos e expresse o resultado com o limite de confiança correspondente para uma série com 6 observações experimentais.

Aplicando a equação para o cálculo de Q, temos:

$$Q = 47,27 - 47,08 / 47,41 - 47,08 = 0,19 / 0,33 = 0,58$$

47,08

47,27 $\qquad$ $Q_{90\%} = 0,56$ (para 6 observações experimentais)

47,29

47,31 $\qquad$ $Q_{calc} > Q_{90\%}$ ou $0,58 > 0,56$

47,38

47,41 $\qquad$ valor 47,08 é rejeitado

Série com 5 observações experimentais (um valor experimental foi rejeitado)
Aplicando o cálculo de Q para testar o valor menor, temos:

47,27

47,29 $\qquad$ $Q = 47,27 - 47,29 / 47,41 - 47,27 = 0,02 / 0,14 = 0,14$

47,31 $\qquad$ $Q_{90\%} = 0,64$ $Q < Q_{90\%}$ ou $0,14 < 0,64$

47,38 $\qquad$ valor 47,27 não é rejeitado

47,41

47,27

47,29 $\qquad$ $Q = 47,41 - 47,38 / 47,41 - 47,27 = 0,03 / 0,14 = 0,21$

47,31 $\qquad$ $Q_{90\%} = 0,64$ $Q < Q_{90\%}$ ou $0,21 < 0,64$

47,38 $\qquad$ valor 47,41 não é rejeitado

47,41

Resultado: $R = 47,31 \pm 0,51.0,14$
$\qquad$ $R = 47,31 \pm 0,07$ (usando a faixa com 95% de confiança)

Capítulo 4

Aferição e calibração de vidrarias

Neste capítulo você estudará:

- As principais rotinas de laboratório envolvendo os procedimentos de pesagem, aferição de equipamentos de vidraria e padronização de soluções.
- As informações necessárias para a realização das atividades práticas, com a exemplificação de fórmulas e conceitos.
- Os cuidados a serem tomados com os equipamentos.

Este capítulo apresenta informações básicas sobre as principais rotinas de laboratório envolvendo os procedimentos de pesagem, aferição de equipamentos de vidraria e padronização de soluções. As rotinas de laboratório se limitam às informações necessárias à realização das atividades práticas, não se prendendo à descrição dos princípios de funcionamento dos equipamentos a serem utilizados. Para isso, recomenda-se a consulta da bibliografia recomendada.

A química analítica quantitativa compreende os métodos, os ensaios e as técnicas que possibilitam determinar as quantidades relativas dos componentes que constituem uma determinada amostra de material. A análise quantitativa pode ser dividida em duas grandes áreas: métodos clássicos e métodos instrumentais. Os métodos clássicos se subdividem em métodos volumétricos (utilizados para medir volumes) e métodos gravimétricos (utilizados para medir massas).

A preparação de uma amostra material para análise quantitativa por via úmida, na forma de uma solução, deve ser precedida por uma sequência de pelo menos quatro procedimentos básicos:

- **amostragem**: o material coletado a ser enviado ao laboratório deve apresentar uma composição mais próxima possível do material original, sendo, por isso, considerado representativo do todo;
- **moagem**: trituração para redução das dimensões quando forem amostras sólidas e homogeneização;
- **secagem a peso constante e pesagem**;

- **solubilização** da amostra em solução aquosa, ácidos ou por técnicas de fusão ácida ou alcalina.

Após a solubilização ou dissolução do material, a amostra pode ser analisada quantitativamente por métodos volumétricos, gravimétricos ou instrumentais.

Pesagem ou medidas de massa

A pesagem, ou medidas de massas, é um procedimento rotineiro na análise quantitativa que utiliza como instrumento de medida uma balança, seja para medir a quantidade de um material ou amostra, seja para preparar soluções padrão.

Embora o usual seja dizer que, na determinação de uma quantidade de massa em uma balança, foi feita uma pesagem, massa e peso apresentam significados diferentes. Massa é a quantidade de matéria fixa contida em um corpo, portanto, invariável, e que não sofre ação da força gravitacional. Peso de um corpo é o efeito da força de atração gravitacional sentida por esse corpo material e que depende da localização na superfície do planeta. Essa força gravitacional que age sobre o corpo material é denominada peso e pode ser expressa por:

$$F = m \times g,$$

em que:

F = força gravitacional, expressa em Newtons (N) ou kgf
m = massa, expressa em gramas (g)
g = aceleração da gravidade, igual a 9,80665 m/s²

> **DEFINIÇÃO**
>
> Massa é a quantidade de matéria fixa contida em um corpo, portanto, invariável, e que não sofre ação da força gravitacional.
>
> Peso é o efeito da força de atração gravitacional sentida por um corpo material e que depende da localização na superfície do planeta.

O princípio para a determinação da massa de um corpo material consiste basicamente na comparação da massa desse corpo com massas exatamente conhecidas utilizando como instrumento de medida uma balança mecânica.

A balança mecânica tradicional é um aparelho que consiste em um travessão rígido, um ponto de apoio central ligado a uma haste oscilante (fiel) que percorre uma escala de fundo graduada, e dois pratos, conforme a Figura 4.1. Considerando que dois corpos materiais com massas M_1 (massa desconhecida) e M_2 (massa exatamente conhecida) estão sujeitos à mesma ação da força gravitacional (g), teremos:

$$F_1 = M_1 \times g$$
$$F_2 = M_2 \times g$$

resultando em uma proporcionalidade entre $F_1/F_2 = M_1/M_2$.

Portanto, se $F_1 = F_2$, então $M_1 = M_2$.

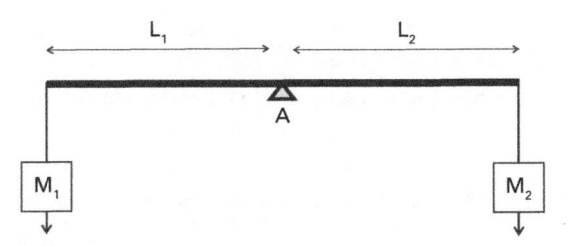

FIGURA 4.1 Princípio da balança mecânica.

NA HISTÓRIA

As origens da balança de dois pratos remontam ao Antigo Egito há cerca de 4.000 anos. Em 1747, Leonhard Euler descreveu a teoria completa da balança. Em 1946, Erhart Mettler introduziu o primeiro modelo comercial de balança de um prato ou eletromecânica, ao substituir um dos pratos da balança e sua suspensão por um contrapeso.

Atualmente, as balanças eletrônicas são instrumentos de pesagem mais empregados em laboratórios, pois oferecem diversas vantagens, conforme o Quadro 4.1 (AFONSO; SILVA, 2004; BACCAN et al., 2001; CHRISTIAN; DASGUPTA; SCHUG, 2014; HARRIS, 2011; OHLWEILER, 1985; SKOOG et al., 2006). Elas também eliminam as operações usuais de uma balança mecânica, como as operações de seleção e remoção de pesos, a liberação lenta do travessão e do suporte do prato, a anotação das leituras das escalas de pesos e da escala ótica, o retorno do travessão ao repouso e a recolocação dos pesos que foram removidos.

Basicamente, a operação de pesagem em uma balança eletrônica ocorre da seguinte forma:

1. Colocação do material no centro de um prato de aço inoxidável.

QUADRO 4.1 Vantagens das balanças eletrônicas

- menor possibilidade de falha mecânica;
- redução da sensibilidade à vibração;
- sistemas internos de calibração de peso;
- a leitura da massa do objeto utilizando um visor digital;
- recurso da tara, que permite a leitura direta da massa do material adicionado compensando a massa do recipiente;
- eliminação das operações de seleção e remoção de pesos.

Fonte: Afonso e Silva (2004), Baccan et al. (2001), Christian, Dasgupta e Schug (2014), Harris (2011), Ohlweiler (1985) e Skoog et al. (2011).

2. O prato contendo o material exerce uma compressão sobre uma célula de carga, que funciona como um transdutor.
3. A intensidade da compressão é convertida em um sinal elétrico proporcional à compressão sofrida pela célula de carga.

TABELA 4.1 Classificação de balanças eletrônicas

Equipamento	Legibilidade
Ultramicrobalança	0,0001 mg ou 0,1 µg
Microbalança	0,01 – 0,001 mg
Semimicrobalança	0,1 – 0,01 mg
Analítica	0,1 mg
Semianalítica	0,001 g
Precisão	0,1 – 0,01 g

As balanças eletrônicas disponíveis atualmente são digitais e classificadas em seis categorias, conforme a legibilidade do equipamento (ver Tabela 4.1). Sua legibilidade de leitura normalmente exibe uma relação inversa com a capacidade máxima do aparelho de pesagem, isto é, quanto maior for a legibilidade (ou menor for a diferença de massa que pode ser exibida em uma balança), menor será a capacidade máxima do aparelho. Por exemplo, a ultramicrobalança apresenta uma legibilidade de 0,1 µg para uma capacidade máxima de pesagem da ordem de 2,1 g, já uma balança de precisão pode apresentar uma legibilidade de 0,1 a 0,01 g para uma capacidade máxima de pesagem muitas vezes superior a 2,0 kg.

IMPORTANTE

Quanto maior for a legibilidade (ou menor for a diferença de massa que pode ser exibida em uma balança), menor será a capacidade máxima do aparelho.

Em diferentes laboratórios clínicos, industriais e de ensino, as balanças eletrônicas mais encontradas ainda hoje são as balanças analíticas, semianalíticas e de precisão, pois, além de dispensarem o uso de salas especiais para a pesagem, delas dependem basicamente todos os resultados analíticos.

As pesagens por adição geralmente são realizadas em balanças semianalíticas e de precisão quando se deseja preparar soluções com concentrações aproximadas. As pesagens por diferença são feitas em balanças analíticas quando se deseja preparar soluções com concentração exatamente conhecida ou quando se deseja pesar uma quantidade conhecida de um determinado reagente para ser utilizado diretamente em um processo de titulação. Nas pesagens por adição, o material ou reagente é pesado diretamente em um frasco de pesagem (pesa-filtro, béquer, erlenmeyer ou vidro de relógio) após, realizado ou não, o procedimento de tara. Nas pesagens por diferença, o processo é iniciado pela pesagem do conjunto formado pelo frasco de pesagem (pesa-filtro) e amostra contida no pesa-filtro. Em seguida, inicia-se, por um método de tentativa e erro, a transferência de pequenas porções de amostra do pesa-filtro para outro recipiente. A remoção de amostra do frasco de pesagem é um processo controlado que envolve batidas suaves na parte externa do pesa-filtro. O recipiente que receberá a amostra transferida geralmente é um erlenmeyer (quando o material pesado for utilizado diretamente em um processo de titulação) ou para um béquer (quando o material pesado for utilizado no preparo de uma solução de concentração conhecida). A cada transferência de amostra de material, o conjunto é pesado novamente até que após uma série de novas pesagens a quantidade de material transferido se situe dentro de um intervalo de 0,2 a 1,0 grama, dependendo da massa molar do material.

DICA

Quanto maior for a massa molar do material desejado, menor será a quantidade em mol a ser pesada.

A utilização de balanças eletrônicas em um laboratório envolve cuidados gerais para que sejam mantidas as suas boas condições de funcionamento. Por isso, são recomendados os seguintes procedimentos:

- Antes de ligar uma balança eletrônica, faça uma inspeção geral do aparelho para verificar se ele está limpo, nivelado e estabilizado. A limpeza do aparelho geralmente é realizada com um pincel para a remoção de material particulado sobre o prato ou base da balança. O nivelamento da balança é alcançado por meio de um dispositivo de bolha de ar que deve ser colocado no centro de um círculo e que é ajustado por parafusos de nivelamento que encontram-se nos pés de apoio do aparelho. Após, liga-se o equipamento e aguarda-se de 5-10 minutos para que o sinal digital do mostrador seja estabilizado.

- Somente pese os materiais em recipientes adequados, como pesa-filtros, béqueres e vidros de relógio. Nunca pese diretamente no prato da balança.

- É aconselhável utilizar luvas, pinça ou tira de papel para a pesagem de vidraria e de reagentes, evitando o toque direto com as mãos.

A secagem a massa constante é um processo que envolve um ciclo de etapas constituído por aquecimento, resfriamento e pesagem até que a pesagem de um material sólido se torne constante ao redor de 0,2 a 0,3 mg. O processo global visa a livrar o material sólido da umidade que pode ser absorvida na sua superfície e alterar a sua massa verdadeira no processo de pesagem. O processo de aquecimento normalmente é realizado em estufas com temperaturas variando de 100 a 300°C por um período de uma a duas horas, principalmente quando se deseja preparar soluções padrão a partir da pesagem de padrões primários (substâncias com características muito bem definidas). Substâncias lábeis (de fácil degradação) necessitam de aquecimento em menores temperaturas, na faixa de 60-70°C. O processo de resfriamento dos materiais sólidos em geral é realizado em dessecadores, os quais apresentam agentes químicos secantes em seu interior, sendo os mais comuns sílica-gel e sulfato de cálcio.

Medições de volume

Em um laboratório, são encontrados três tipos de materiais volumétricos:

- aparelhos para medidas precisas de volumes líquidos, como buretas, pipetas e balões volumétricos (ilustrados na Figura 4.2);
- aparelhos para medidas aproximadas de volumes líquidos, como provetas e pipetas graduadas;
- aparelhos para medidas grosseiras de volumes líquidos, como béqueres e erlenmeyers.

Os balões volumétricos são classificados como aparelhos capazes de conter determinados volumes de líquidos, as buretas e pipetas volumétricas livram ou escoam determinados volumes líquidos. Esses aparelhos volumétricos são calibrados pelo fabricante para uma temperatura de 20°C, por ser considerada uma temperatura média padrão de um laboratório. Os balões volumétricos são utilizados na preparação de soluções conhecidas; as pipetas volumétricas, ou de transferência, são utilizadas para escoar ou livrar um único volume de líquido fixo e bem definido; as pipetas graduadas e as buretas escoam ou livram volumes variáveis de líquidos. Com exceção do balão volumétrico (que deve estar seco no momento da sua calibração), a utilização de todos esses equipamentos não impõe a necessidade de estarem secos, mas, sim, limpos. No entanto, atualmente existe a possibilidade de esses aparelhos volumétricos serem adquiridos com calibração certificada por órgãos metrológicos. Apesar de sua praticidade, esses equipamentos apresentam um elevado valor quando comparados com aparelhos não certificados.

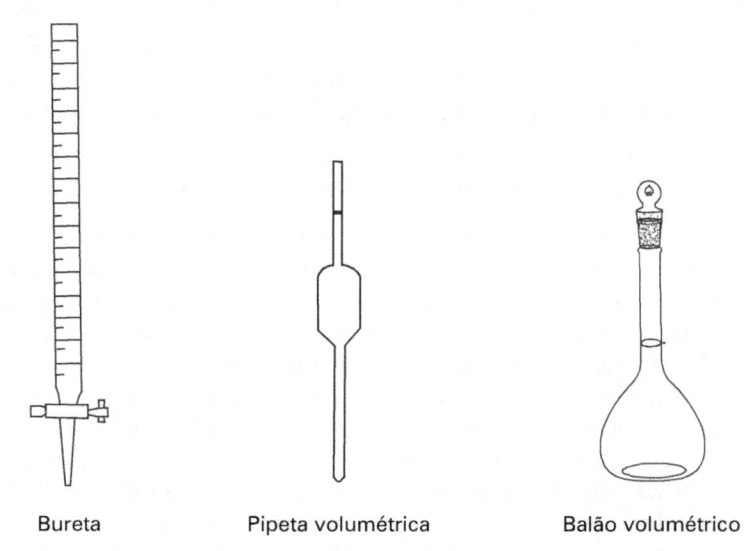

Bureta   Pipeta volumétrica   Balão volumétrico

FIGURA 4.2 Aparelhos para medição de volumes líquidos.

Limpeza da vidraria

É importante verificar as condições de limpeza da vidraria antes da sua utilização para que se tenha um filme (película) uniforme de água na superfície interna desses aparelhos, conforme descrito a seguir:

- Para a remoção de sujeiras leves, como gorduras, pós e pequenos materiais particulados facilmente removíveis, utiliza-se uma solução detergente fria ou a quente.
- Quando há a necessidade de condições mais drásticas para a limpeza da vidraria, utiliza-se hidróxido de potássio em etanol ou KOH alcoólico 3% (no máximo por um minuto), água-régia (1 volume $HNO_{3\ concentrado}$: 3 volumes $HCl_{concentrado}$). Para a remoção de materiais orgânicos coloridos, use uma mistura de H_2O_2 30% : $H_2SO_{4\ concentrado}$.
- Por último, enxaguar com água corrente da torneira e, em seguida, com duas a três pequenas porções de água destilada.

Erro de paralaxe

Quando um líquido é confinado em um tubo bastante estreito, ele exibe uma curvatura superficial côncava em virtude da tensão superficial, denominada menisco.

DEFINIÇÃO

Menisco é a curvatura superficial côncava que um líquido exibe quando confinado em um tubo bastante estreito, em virtude da tensão superficial.

Nessas condições, uma pequena variação de volume do líquido corresponde a um deslocamento razoável no nível do líquido, efeito facilmente observável e controlável. Para a leitura correta do volume em um aparelho volumétrico, deve-se olhar na altura da marca de calibração estabelecida pelo fabricante, de modo a estabelecer uma linha perpendicular tangente ao nível mais baixo da superfície côncava do líquido. Chama-se de erro de paralaxe quando a leitura do volume é feita acima dessa linha perpendicular imaginária, resultando em um valor menor do que o valor correto, ou quando a leitura do volume é feita abaixo dessa linha perpendicular imaginária, resultando em um valor maior do que o valor correto (Figura 4.3).

DEFINIÇÃO

Erro de paralaxe é quando a leitura do volume é feita acima da linha perpendicular imaginária tangente ao nível mais baixo da superfície côncava do líquido, resultando em um valor menor do que o valor correto, ou quando a leitura do volume é feita abaixo dessa linha perpendicular imaginária, resultando em um valor maior do que o valor correto.

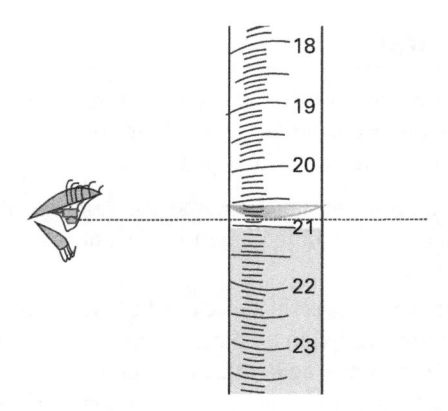

FIGURA 4.3 Erro de paralaxe.

Aferição ou calibração de aparelhos volumétricos

A aferição de aparelhos volumétricos consiste em verificar se os valores e as nominações das graduações estabelecidas pelo fabricante correspondem aos valores verdadeiros, dentro dos limites de tolerância admitidos, e fazer a respectiva correção, se for o caso. O procedimento consiste em medir a quantidade de líquido (massa de água) que o aparelho pode conter ou livrar (transferir) correspondente à graduação estabelecida pelo fabricante no aparelho volumétrico. A massa de água (contida ou livrada) em uma dada temperatura é convertida para volume para uma temperatura padrão (20 °C) (OHLWEILER, 1985). Como a capacidade dos aparelhos volumétricos e o volume de uma dada massa de líquido variam com a temperatura, é possível calcular que quantidade de água deveria ser pesada ao ar e a uma temperatura qualquer para que um aparelho sob calibração apresente uma capacidade de exatamente 1 litro (1.000 mL) a 20°C utilizando a seguinte expressão:

$$m (g) = V [1 + 0{,}000025 (t' - t) D - d / 1 - d / D'$$

em que
$m (g)$ = massa em gramas
V = volume, no caso 1 litro ou 1000 mL exatos
$0{,}000025$ = coeficiente de expansão do vidro/°C
t' = temperatura de trabalho em °C (variável)
t = temperatura padrão de 20°C (fixa)
D = densidade da água no vácuo na temperatura de trabalho (variável) em g/mL
d = densidade do ar igual a 0,00120 g/mL
D' = densidade dos pesos de latão igual a 8,4 g/mL

EXEMPLO

Calcule a massa de água em gramas que deveria ser pesada à temperatura de trabalho de 22 °C para graduar um aparelho de vidro de 1 litro (1.000 mL) exatamente à temperatura padrão de 20°C.

Dados: $D^{22°C}_{\text{água no vácuo}} = 0{,}99780$ g/mL

Solução: Aplicando a expressão $m (g) = V [1 + 0{,}000025 (t' - t) D - d /1 - d / D'$

em que

$V = 1000$ mL
$t' = 22$ °C
$t = 20$ °C
$D = 0{,}99780$ g/mL
$d = 0{,}00120$ g/mL
$D' = 8{,}4$ g/mL

temos que

$m (g) = 1000 [1 + 0{,}000025 (22 - 20)] 0{,}99780 - 0{,}00120 / 1 - 0{,}00120 / 8{,}4$

resulta em uma massa = 996,80 gramas

A Tabela 4.2 apresenta as massas de água pesadas ao ar que devem ser pesadas em diferentes temperaturas para graduar um aparelho volumétrico para a capacidade de 1 litro exatamente a 20°C.

TABELA 4.2 Massas de água pesadas ao ar a serem pesadas em diferentes temperaturas para graduação (1 litro ou 1000 mL exatamente a 20°C)

Temperatura (°C)	Massa de água (g)	Volume de 1 grama água (mL)	Temperatura (°C)	Massa de água (g)	Volume de 1 grama água (mL)
10	998,39	1,0016	23	996,60	1,0034
11	998,32	1,0017	24	996,38	1,0036
12	998,23	1,0018	25	996,17	$1{,}0038_5$
13	998,14	$1{,}0018_5$	26	995,93	1,0041
14	998,04	1,0019	27	995,69	1,0043
15	997,93	1,0021	28	995,44	1,0046
16	997,80	1,0022	29	995,18	1,0048
17	997,66	1,0023	30	994,91	1,0051
18	997,51	1,0025	31	994,64	1,0054
19	997,35	1,0026	32	994,35	1,0057
20	997,18	1,0028	33	994,06	1,0060
21	997,00	1,0030	34	993,75	1,0063
22	996,80	1,0032	35	993,45	1,0066

São necessários alguns cuidados para a aferição dos aparelhos volumétricos; são eles:

- o aparelho a ser calibrado deve estar limpo;
- a água destilada deve estar à temperatura constante;
- a água destilada e o aparelho a ser calibrado devem estar em equilíbrio térmico com a sala de trabalho ou de pesagem;
- luvas ou tiras de papel devem ser utilizadas para eliminar o contato das mãos com o aparelho a ser calibrado.

Balão volumétrico

A técnica de aferição deste aparelho prevê os seguintes passos:

1. Pese o balão volumétrico vazio e com tampa com exatidão de 0,1 mg, podendo utilizar opcionalmente o procedimento de tara na balança analítica.
2. Adicione água até a marca do balão volumétrico usando, de preferência, funil de vidro de haste longa, cuidando para que o nível mínimo do menisco tangencie a marca do balão com a ajuda de uma pipeta de pasteur ou pipeta plástica.
3. Coloque a tampa e pese novamente o conjunto balão volumétrico mais água destilada.
4. Calcule a capacidade do balão volumétrico, utilizando a tabela de massas de água ao ar requerida para graduar a diferentes temperaturas um aparelho de vidro para a capacidade de 1 litro a 20°C.

EXEMPLO

Qual é a capacidade de um balão volumétrico de valor nominal 100 mL a 20°C, se a aferição realizada a 23°C resultou em uma massa de 99,9878 g?

Solução: A partir dos dados da Tabela 4.2, à temperatura de 23 °C seriam necessários pesar 996,60 g de massa de água para o aparelho apresentar uma capacidade de 1 litro exatamente a 20 °C.

Portanto, se

$$996,60 \text{ g} \longrightarrow 1000 \text{ mL}$$
$$99,9878 \text{ g} \longrightarrow x$$

$$x = 100,33 \text{ mL}$$

Pipeta volumétrica

A técnica de aferição deste aparelho prevê os seguintes passos:

1. Pese um erlenmeyer, de preferência com tampa, com precisão de 0,1mg.

2. Pipete, com pipeta volumétrica a ser aferida, água destilada (em equilíbrio térmico com o ambiente de trabalho) e transfira-a para o erlenmeyer, utilizando a técnica de pipetagem adequada.
3. Pese novamente na balança analítica o conjunto erlenmeyer e massa de água destilada.
4. Repita o procedimento mais duas vezes.
5. Calcule a capacidade da pipeta, utilizando a tabela de pesos de água ao ar requeridos para graduar a diferentes temperaturas um aparelho de vidro para a capacidade de 1 litro a 20°C.

EXEMPLO

Verifique a capacidade de uma pipeta volumétrica graduada para um valor nominal de 10 mL a 20°C que foi aferida a 24°C e cuja massa de água pesada foi de 9,6843 g.

Solução: A partir dos dados da Tabela 4.2, à temperatura de 24°C seria necessário pesar 996,38 g de massa de água para o aparelho apresentar uma capacidade de 1 litro exatamente a 20°C.

Portanto, se

$$996{,}38 \text{ g} \longrightarrow 1000 \text{ mL}$$
$$9{,}6843 \text{ g} \longrightarrow x$$

$$x = 9{,}72 \text{ mL}$$

Bureta

A técnica de aferição deste aparelho prevê os seguintes passos:

1. Fixe uma bureta limpa no suporte apropriado.
2. Preencha a bureta com água destilada (equilibrada termicamente com a sala de trabalho) até acima do zero da escala menisco. Observe para que não tenha nenhuma bolha de ar no corpo da bureta, na ponta abaixo da torneira, e também para que não ocorram vazamentos, verificando a lubrificação da torneira.
3. Em seguida, coincida o nível mínimo do menisco com o zero da escala da bureta, tocando a ponta da bureta com outro recipiente para remover qualquer excesso ou gota aderida. A aferição pode ser iniciada, transferindo volumes de 5 ou 10 mL para um erlenmeyer, de preferência com tampa, que é pré-pesado em um intervalo de 30 a 60 segundos (1 minuto), respectivamente. A cada transferência de volume de água destilada, o conjunto erlenmeyer e massa de água é pesado novamente até completar o volume total da bureta. A massa de água destilada correspondendo a cada intervalo graduado da bureta é determinada por diferença.
4. Repita o procedimento pelo menos três vezes. A correção do volume lido na bureta é realizada conforme procedimento descrito a seguir.

Correção do volume lido na bureta

Suponha que uma bureta de 50 mL teve a sua calibração verificada, resultando na seguinte tabela de aferição:

$V_{nominal}$ (mL)	$V_{aferido}$ (mL)
10	9,99
20	20,01
30	29,98
40	40,01
50	49,99

Considere um volume gasto em uma titulação (volume lido na bureta) igual a 32,45 mL. Do volume nominal lido na bureta de 32,45 mL, deve-se corrigir 2,45 mL no intervalo correspondente ao volume nominal entre 30 e 40 mL, já que 30 mL de volume inicial correspondem a 29,98 mL.

Portanto,

Volume nominal (mL)	corresponde a	$V_{aferido}$ (mL)
40 − 30 = 10		29,98 − 20,01 = 9,97

então, se

$$10 \longrightarrow 9,97$$
$$2,45 \longrightarrow x$$

$$x = 2{,}44 \text{ mL}$$

O volume corrigido (total livrado pela bureta) será igual a 29,98 + 2,44 = 32,42 mL. Esse volume corrigido deverá ser utilizado nos cálculos envolvendo as soluções padronizadas.

AGORA É A SUA VEZ!

1. O que se entende por pesagem?
2. Qual é a diferença entre uma pesagem por adição e uma pesagem por diferença?
3. Quais são os equipamentos volumétricos utilizados para a medição de volumes em um laboratório?
4. O que é erro de paralaxe?

Capítulo 5

Princípios da análise volumétrica

Neste capítulo você estudará:

- Os principais conceitos do processo titulométrico.
- Os requisitos necessários para que uma reação possa ser utilizada em titulometria.
- As características e a faixa de mudança de coloração dos indicadores ácido-base empregados em titulometria.

A análise volumétrica corresponde a um conjunto de métodos analíticos em que um reagente com propriedade de valor conhecido (o titulante) reage com o analito (substância com propriedade de valor desconhecido) até que ocorra uma reação completa.

DEFINIÇÃO

Volumetria é um método titulométrico no qual se medem volumes de soluções das espécies envolvidas na reação química.
Titulação corresponde à adição do reagente padrão no analito até que se julgue completa a reação.
Reagente padrão é uma solução da substância cujo valor de concentração é conhecido com certeza.

Define-se como padrão primário um reagente de elevada pureza utilizado diretamente para a preparação da solução-padrão. Seus requisitos são:
- apresentar elevado grau de pureza;
- ser estável ao ar;
- preferencialmente não conter água de hidratação e, se o composto apresentar-se hidratado, ser completamente estável nas condições da titulação;

- estar disponível a baixo custo;
- ter boa solubilidade no meio reativo;
- possuir massa molar elevada para minimizar os erros de pesagem.

O ponto de equivalência da titulação é um ponto teórico no qual o titulante reage com uma quantidade estequiometricamente equivalente do analito.

O ponto final de titulação é um momento do processo em que ocorre uma variação brusca de uma propriedade do meio reativo, indicando que a reação está próxima do término. Essa variação brusca de propriedade pode ser detectada por instrumento ou por meio do uso de um indicador adequado.

Eis os requisitos de uma reação para ser utilizável em titulometria:

- ser rápida;
- ser quantitativa (com constante de equilíbrio muito elevada);
- apresentar estequiometria definida e invariável;
- ter sistema indicador adequado.

Indicadores ácido-base

Os indicadores ácido-base são substâncias orgânicas com caráter ácido ou básico muito fraco cujas formas ácido conjugado e base conjugada apresentam colorações diferentes. O equilíbrio químico envolvendo um indicador ácido é representado pela seguinte equação química:

$$HInd_{(aq)} = H^+_{(aq)} + Ind^-_{(aq)}$$
forma ácida forma básica
(cor A)   (cor B)

HInd representa a forma ácida (não dissociada e de cor A), e Ind^- representa a forma básica ou aniônica (dissociada e de cor B). A forma que irá predominar depende do pH. Em meio ácido, predomina a forma ácida e, em meio alcalino ou básico, predomina a forma básica. A constante de equilíbrio para o indicador ácido é expressa pela seguinte equação:

$$K_{IND} = [H^+][Ind^-]/[HInd]$$

ou, rearranjando,

$$[H^+] = K_{IND}[HInd]/[Ind^-]$$

ou, logaritmando,

$$\log[H^+] = \log K_{IND} + \log[HInd]/[Ind^-] \quad (x-1)$$
$$-\log[H^+] = -\log K_{IND} - \log[HInd]/[Ind^-]$$
$$pH = pK_{ind} + \log[Ind^-]/[HInd]$$

Faixa de mudança de coloração do indicador

Quando [Ind⁻] / [Hind] = 1/10   cor A $pH = pK_{IND} - 1$
Quando [Ind⁻] / [Hind] ≈ 1   cor mista A + B $pH = pK_{IND}$
Quando [Ind⁻] / [Hind] = 10/1   cor B $pH = pK_{IND} + 1$

Portanto, o intervalo de viragem de cor envolve uma variação teórica de pH de 2 unidades, indo de uma cor A para a cor B, a partir de $pK_{IND} - 1$ para $pK_{IND} + 1$ ou $pK_{IND} \pm 1$. Dentro dessa zona de transição, é observada uma cor mista das duas cores (A + B). Na prática, o intervalo de viragem de cor de um indicador depende do indicador e da limitação visual de cada operador em observar mudanças de cores.

Escolha do indicador

Para um processo de titulação alcalimétrico, o indicador adequado deve ter o limite superior da faixa de viragem situado no intervalo de pH calculado para o erro máximo permitido. Para o processo de titulação acidimétrico, o indicador adequado deve ter o limite inferior da faixa de viragem situado no intervalo de pH calculado para o erro máximo permitido.

IMPORTANTE

O indicador ideal é aquele que apresenta um pK_{IND} o mais próximo possível do pH do ponto de equivalência.

O erro máximo permitido é determinado a partir da observação de que a mudança de coloração do indicador ocorre em um pH diferente do pH do ponto de equivalência, o que resulta em um erro determinado denominado erro de titulação (E_T) expresso matematicamente por:

$$E_T = V_{PF} - V_{PE} / V_{PE}$$

que, em termos percentuais, fica

$$E_{T\%} = E_T \times 100\%$$

em que V_{PF} é o volume do titulante no ponto de final de titulação e V_{PE} é o volume do titulante no ponto de equivalência. Geralmente, o erro de titulação máximo permitido aceitável gira ao redor de 0,1 a 0,3%.

IMPORTANTE

Geralmente, o erro de titulação máximo permitido aceitável gira ao redor de 0,1 a 0,3%.

Para a titulação de 50,00 mL de HCl 0,1000 mol/L com NaOH 0,1000 mol/L, o volume teórico do ponto de equivalência é 50,00 mL. Considerando um erro máximo permitido em torno do ponto de equivalência de ± 0,10%, os volumes resultantes seriam 49,95 e 50,05 mL, que correspondem aos pHs de 4,30 a 9,70, respectivamente.

Para calcular os volumes correspondentes ao erro máximo permitido, é realizado o seguinte procedimento:

$$\text{se } 50,00 \text{ mL} \longrightarrow 100\%$$
$$x \text{ mL} \longrightarrow 0,1\%$$

$$x = 0,05 \text{ mL}$$

Para um erro máximo permitido de − 0,1%: (50,00 − 0,05) mL = 49,95 mL
Para um erro máximo permitido de + 0,1%: (50,00 + 0,05) mL = 50,05 mL

Capítulo 6

Preparação e padronização de soluções

Neste capítulo você estudará:

- Os principais métodos para a preparação e padronização de soluções.
- A descrição detalhada para a correta realização dos procedimentos.

Dentre os métodos de análise quantitativa clássica, os ensaios volumétricos estão entre os mais conhecidos e aplicados na determinação de quantidades relativas de constituintes de interesse (analito) em termos de massa ou concentração em uma amostra de material. Nos ensaios volumétricos, o analito é colocado na forma de uma solução para reagir com outra substância, também na forma de uma solução, porém, com concentração conhecida. O processo envolvido na reação entre o analito e a solução de concentração conhecida é denominado titulação.

DEFINIÇÃO

Titulação é o processo envolvido na reação entre o analito e a solução de concentração conhecida.

No processo de titulação, comumente a solução de concentração conhecida é colocada na bureta (titulante) e a solução do analito (titulado) é colocada no erlenmeyer. Uma solução cuja concentração é conhecida com grande exatidão é denominada solução padrão.

DEFINIÇÃO

Solução padrão é uma solução cuja concentração é conhecida com grande exatidão.

As soluções padrão são preparadas a partir de substâncias consideradas padrão primário uma vez que apresentam importantes características, como alto grau de pureza, estabilidade ao ar e no meio reacional, fácil obtenção, purificação e manuseio, além de, preferencialmente, possuírem alta massa molar. Comumente, tais soluções são utilizadas para a determinação da concentração de soluções de ácidos e bases fortes, sendo, a partir de então, consideradas soluções padrão secundário, e assim por diante. A determinação da massa ou concentração do analito de interesse envolve o conhecimento da reação entre as duas espécies reagentes, analito e solução padrão, bem como a concentração e o volume gasto de solução padrão para reagir completamente com o analito.

TABELA 6.1 Algumas das principais substâncias sólidas consideradas padrão primário

Volumetria	Padrão primário	Aplicação – Padronização de
Neutralização	Na_2CO_3 anidro	soluções ácidas
	$Na_2B_4O_7.10 H_2O$	soluções ácidas
	HgO	soluções ácidas
	$KHC_8H_4O_4$	soluções alcalinas
	$KH(IO_3)_2$	soluções alcalinas
Precipitação	NaCl	soluções de prata
Complexação	$Na_2H_2Y.2H_2O$	solução de EDTA
Óxido-redução	$Na_2C_2O_4$	solução de $KMnO_4$
	$K_2Cr_2O_7$	soluções de $Na_2S_2O_3$

Preparação de solução padrão de HCl 0,1 mol/L

1. Calcule o volume necessário de HCl concentrado (d = 1,19 g/mL; 37% m/m, MM = 36,5 g/mol, massa molar do HCl) para preparar 500 mL de solução de HCl 0,1 mol/L.
2. Adicione lentamente o volume de HCl concentrado calculado para dentro de um béquer contendo 100 mL de água destilada e complete com água destilada para um volume final de 500 mL.
3. Homogeneize a solução com agitação utilizando um bastão de vidro.
4. Transfira a solução para um frasco com tampa para posterior padronização.

Cálculo

1 litro de HCl concentrado teria 1190 g se fosse 100%, mas como é 37% em HCl, temos:

$$1190 \text{ g} \longrightarrow 100\%$$
$$x \longrightarrow 37\%$$

$$x = 440,3 \text{ g/L de HCl}$$

$M_{HCL} = m \text{ (g)} / MM_{HCl}(\text{g/mol}) \times V \text{ (L)} = 440,3 \text{ g} / 36,5 \text{ g/mol} \times 1 \text{ L} = 12,1 \text{ mol/L}$

Portanto, o volume necessário para preparar 500 mL de solução de HCl 0,1 mol/L é

12 mol/L × V = 0,1 mol/L × 500 mL   V ≈ 4,1 mL devem ser coletados do HCl concentrado

Padronização da solução de HCl 0,1 mol/L

Utilizando carbonato de sódio anidro (Na_2CO_3)

O carbonato de sódio anidro é uma substância padrão primário de pureza ao redor de 99,95% que deve ser aquecida a uma temperatura ao redor de 270 a 300°C por 1 hora e, antes de ser utilizada, deve ser resfriada em dessecador.

1. Pese, por diferença, em balança analítica, cerca de 0,15 a 0,20 g de carbonato de sódio anotando a massa com exatidão de 0,1 mg. Transfira a massa para dentro de um erlenmeyer de 250 mL.
2. Adicione aproximadamente 25 mL de água destilada, uma gota de alaranjado de metila ou verde de bromocresol e proceda à titulação com agitação vagarosa do erlenmeyer até que ocorra uma mudança de coloração de amarelo para laranja róseo (tendendo ao vermelho).
3. Nesse ponto, deve-se ferver brevemente a solução durante 2 minutos até que a coloração retorne ao amarelo ou alaranjado, obtendo, assim, um ponto final mais nítido.
4. Em seguida, resfrie o erlenmeyer contendo a solução à temperatura ambiente e complete a titulação. Se for necessário, repita o ciclo de aquecimento-resfriamento e complete a titulação. Anote o volume.
5. Repita o procedimento, no mínimo, mais uma vez, de forma que os resultados de pelo menos duas determinações não difiram em mais do que 0,3%.

Comentários

A secagem do carbonato de sódio anidro tem por finalidade eliminar a umidade e transformar o bicarbonato ou hidrogenocarbonato de sódio em carbonato segundo a reação química:

$$2NaHCO_{3(aq)} \underset{\Delta}{\rightleftharpoons} Na_2CO_{3(aq)} + H_2O + CO_{2(g)}$$

A titulação de carbonato de sódio com ácido clorídrico envolve a seguinte equação global:

$$2Na^+_{(aq)} + CO_3^{2-}_{(aq)} + 2 H^+_{(aq)} + 2 Cl^-_{(aq)} \rightleftharpoons 2 Na^+_{(aq)} + 2 Cl^-_{(aq)} + CO_{2(g)} + H_2O$$

Essa reação é descrita simplificadamente pelas seguintes etapas:

- **antes da adição de ácido clorídrico**: o pH da solução é determinado pela reação ácido-base entre os íons carbonato e a água;
- **após a adição de ácido clorídrico até o primeiro ponto de equivalência**: ocorre a formação da solução-tampão CO_3^{2-}/HCO_3^-;
- **no primeiro ponto de equivalência**: solução de HCO_3^-, pH ≈ 8,4;
- **após o primeiro ponto de equivalência**: ocorre a formação da solução-tampão HCO_3^-/H_2CO_3;
- **no segundo ponto de equivalência**: solução de H_2CO_3, pH ≈ 3,8

Os indicadores ácido-base mais adequados para a titulação são:

- **no primeiro ponto de equivalência**: fenolftaleína (8,0 – 10,0)
- **no segundo ponto de equivalência**: amarelo de metila (2,9 – 4,0); alaranjado de metila (3,1 – 4,4); azul de bromofenol (3,0 – 4,6) e verde de bromocresol (4,0 – 5,6)

O aquecimento próximo do segundo ponto de equivalência tem por objetivo provocar a remoção do CO_2 que se encontra dissolvido em grande quantidade na água, de forma que o equilíbrio descrito a seguir é rompido:

$$H_2O + CO_{2(g)} \rightleftharpoons H_2CO_{3\,(aq)} \rightleftharpoons H^+_{(aq)} + HCO_3^-_{(aq)}$$

Com a remoção do CO_2, a solução torna-se novamente alcalina devido à presença do HCO_3^-.

Se, após o aquecimento, a cor da solução não voltar ao amarelo ou alaranjado, é porque um excesso de ácido foi adicionado na solução, sendo necessário reiniciar todo o procedimento de padronização.

Dados:

$m_{1\,carbonato}$ ——— $V_{1\,lido\,na\,bureta}$ ——— $V_{1\,corrigido}$ ——— M_{HCl1}

$m_{2\,carbonato}$ ——— $V_{2\,lido\,na\,bureta}$ ——— $V_{2\,corrigido}$ ——— M_{HCl2}

Os resultados não devem diferir de 0,3%.

Cálculo

Dados de uma titulação para a padronização de HCl com carbonato de sódio. Calcule a concentração molar do HCl.

$MM_{Na_2CO_3} = 105,99$ g/mol

$m_{Na_2CO_3} = 0,1676$ g

Volume corrigido de HCl na bureta: $31,60 \text{ mL} = 31,60 \times 10^{-3}$ mL

Reação: $\qquad CO_3^{2-} + 2 H_3O^+ \rightleftharpoons CO_{2(g)} + H_2O$

Estequiometria: $\qquad$ 1 mol —— 2 mols

$$m_{Na_2CO_3}/MM_{Na_2CO_3} \text{ ———— } M_{HCl} \cdot V_{HCl \text{ corrigido}}$$

Substituindo os valores na equação estequiométrica, obtem-se:

$M_{HCl} = 2 (m\ CO_3^{2-} / MM\ CO_3^{2-}) / V_{HCl \text{ corrigido}} = 2\ (0,1676 / 105,99) / 31,60 \times 10^{-3} =$
$\qquad\qquad\qquad 0,1001$ mol/L

Obs: Supondo que uma segunda padronização do HCl cuja $C_{HCl} = 0,1005$ mol/L

$$E_{r\%} = 0,1005 - 0,1001 / 0,1005 \times 100 = 0,4\%$$

Como o erro relativo percentual é maior que 0,3%, é necessário proceder uma terceira titulação.

Utilizando tetraborato de sódio

O sal de tetraborato de sódio deve estar condicionado em um ambiente saturado de umidade, por exemplo, em um frasco dessecador (sem agente secante) contendo uma solução saturada de sacarose.

1. Pese, por diferença, em balança analítica, cerca de 0,7 a 0,8 g de tetraborato de sódio (bórax; $Na_2B_4O_7.10\ H_2O$; $M_1 = 381,37$ g/mol) com exatidão de 0,1 mg e transfira a massa pesada para dentro de um erlenmeyer de 250 mL.
2. Dissolva o sal de $Na_2B_4O_7.10\ H_2O$ em aproximadamente 50 mL de água destilada e adicione três gotas do indicador misto (verde de bromocresol + vermelho de metila).
3. Proceda à titulação da solução de HCl e padronize até a solução tornar-se incolor.
4. Repita o procedimento duas vezes e calcule a concentração molar da solução de HCl.

    Dados:

    $m_{1 \text{ bórax}}$ ———— $V_{1 \text{ lido na bureta}}$ ———— $V_{1 \text{ corrigido}}$ ———— M_{HCl1}
    $m_{2 \text{ bórax}}$ ———— $V_{2 \text{ lido na bureta}}$ ———— $V_{2 \text{ corrigido}}$ ———— M_{HCl2}

    Os resultados não devem diferir de 0,3%.

Cálculo

Reação: $\qquad B_4O_7^{2-}{}_{(aq)} + 2 H_3O^+{}_{(aq)} + 3 H_2O \rightleftharpoons 4 H_3BO_{3(aq)}$

Estequiometria: $\qquad$ 1 mol —— 2 mols

$$m_{bórax} / MM_{bórax} \text{ ———— } M_{HCl} \cdot V_{HCl \text{ corrigido}}$$

A expressão para o cálculo da concentração molar do ácido clorídrico fica:

$$M_{HCl} = 2\ (m_{B_4O_7^{2-}} / MM_{B_4O_7^{2-}}) / V_{HCl \text{ corrigido}}$$

Preparação da solução padrão de hidróxido de sódio 0,1 mol/L

Dissolva cerca de 2,0 g de hidróxido de sódio p.a, MM = 40,00 g/mol, em 0,5 litro de água deionizada. Transfira para um frasco de plástico.

Cálculo

m_{NaOH} (g) = M (mol/L) × MM (g/mol) × V (L) = 0,1 mol/L × 40,00 g/mol × 0,5 L = 2,0 g

Padronização da solução de NaOH

Utilizando hidrogenoftalato de potássio

1. Pese, por diferença, em balança analítica, cerca de 0,7 a 0,9 g de hidrogenoftalato de potássio ($KHC_8H_4O_4$; MM = 204,23 g/mol), previamente dessecado a 110-120°C durante 1-2 h, para dentro de um erlenmeyer de 250 mL, dissolvendo com água destilada fervida e resfriada.
2. Adicione duas gotas de fenolftaleína e titule com a solução de NaOH e padronize até o aparecimento de coloração rósea permanente por 30 segundos.
3. Repita o procedimento uma vez e calcule a concentração molar da solução de NaOH.

Cálculo

Dados de uma titulação para a padronização de NaOH com hidrogenoftalato de potássio. Calcule a concentração molar do NaOH.

$MM_{Na_2CO_3}$ = 204,23 g/mol

$m_{KHC_8H_4O_4}$ = 0,6732 g

Volume corrigido de HCl na bureta: 30,45 mL = 30,45 × 10^{-3} L

Reação: $HC_8H_4O_4^-{}_{(aq)} + OH^-{}_{(aq)} \rightleftharpoons HC_8H_4O_4^{2-}{}_{(aq)} + H_2O$

Estequiometria: 1 mol —— 1 mol

$m_{biftalato\ de\ potássio}$ / $MM_{biftalato\ de\ potássio}$ —————— $M_{OH^-} \cdot V_{OH^-\ corrigido}$

M_{OH^-} = $m_{KHC_8H_4O_4}$ / $MM_{KHC_8H_4O_4}$ × $V_{OH^-\ corrigido}$

M_{OH^-} = (0,6732/204,23) / 30,45 × 10^{-3} = 0,1083 mol/L

Supondo a utilização de uma solução padrão secundário de HCl 0,1010 mol/L

1. Com a pipeta volumétrica aferida, pipete 10 mL de solução padrão de HCl 0,1010 mol/L preparada anteriormente e transfira para um erlenmeyer limpo com três gotas de fenolftaleína. A fenolftaleína em meio ácido fica incolor, enquanto em meio alcalino adquire coloração rósea.

2. Titule o conteúdo do erlenmeyer, colocando o NaOH na bureta. O ponto final é evidenciado pelo aparecimento de uma leve cor rósea persistente por mais de 30 segundos. Caso seja obtida uma coloração muito forte, despreze a amostra.
3. Anote o volume de NaOH gasto e calcule a concentração molar da solução de NaOH.

Cálculo

Suponha os seguintes dados utilizando uma bureta de 25 mL:

$M_{HCl} = 0{,}1010$ mol/L

Volume de HCl pipeta volumétrico aferido: 10,02 mL

Volume corrigido de OH^- na bureta: 16,31 mL

Reação: $\quad H_3O^+_{(aq)} + OH^-_{(aq)} \rightleftharpoons H_2O$

Estequiometria: $\quad$ 1 mol — 1 mol

Como a relação molar é 1:1, temos que $M_{H_3O^+} \times V_{H_3O^+} = M_{OH^-} \times V_{OH^-}$

$$M_{OH^-} = M_{H_3O^+} \times V_{H_3O^+} / V_{OH^-} = 0{,}1010 \times 10{,}02 / 16{,}31 = 0{,}06205 \text{ mol/L}$$

O resultado de três determinações não deve diferir de 0,3%.

Algumas aplicações

Determinação da % de NaOH e Na_2CO_3 em soda comercial – Método de Warder

A soda cáustica comercial (NaOH) e as sodas com alta pureza apresentam uma pequena quantidade de carbonato devido à adsorção de CO_2 do ar. O método de Warder pode ser utilizado para a determinação de NaOH na presença de carbonato.

Procedimento

1. Pipete 25 mL da solução problema para um balão volumétrico de 250 mL, levando à marca com água destilada recém fervida.
2. Pipete uma alíquota de 50 mL para um frasco erlenmeyer de 250 mL. Adicione uma gota de fenolftaleína e titule, vagarosamente e com agitação, com a solução padronizada de HCl até que a solução se torne incolor. Anote o volume V_1 gasto.
3. Adicione 3 gotas de indicador verde de bromocresol e continue a titulação até que a solução se torne verde-amarelada, anotando o volume gasto V_2. Repita o procedimento com mais duas alíquotas e anote os volumes obtidos. Determine as porcentagens de NaOH (40,00 g/mol) e Na_2CO_3 (105,99 g/mol) na amostra. Determine a porcentagem total das duas espécies.

H_2CO_3 : $\quad K_1 = 4{,}45 \times 10^{-7} \quad K_2 = 4{,}7 \times 10^{-11}$

Dados resultantes da titulação:

V_1 = Volume do ponto final da fenolftaleína – corrigir o volume

V_2 = Volume do ponto final do indicador verde de bromocresol – corrigir o volume

$V_{2\,cor} - V_{1\,cor}$ = Volume gasto de HCl para titular HCO_3^-
$V_{2\,cor}$ = Volume gasto para titular $OH^- + CO_3^{2-}$ = Volume total

onde $2V_1 > V_2$.

Portanto,

$2(V_{2cor} - V_{1cor}) = V_{1HCl}$ = Volume gasto de HCl para titular todo o CO_3^{2-} a H_2CO_3
$V_{1cor} - (V_{2cor} - V_{1cor}) = V_{2HCl}$ = Volume gasto de HCl para titular o $OH^- = V_{OH^-}$

Cálculo

Reação 1: $\quad\quad\quad\quad CO_3^{2-}{}_{(aq)} + 2\,H_3O^+{}_{(aq)} \rightleftharpoons CO_{2(g)} + H_2O$

Estequiometria: $\quad\quad 2 \times n°\,mols_{carbonato} = n°\,mols_{HCl}$

Fica que:

$$2 \times (m_{carbonato} / MM_{carbonato}) = M_{HCl} \cdot V_{1HCl} \text{ ou}$$

$$2 \times (m_{carbonato} / 105{,}99) = M_{HCl} \cdot V_{1HCl} \text{ ou}$$

$$m_{carbonato}\,(g) = M_{HCl} \cdot V_{HCl1} \cdot 105{,}99 / 2$$

$$\%\,Na_2CO_3 = m_{carbonato} \cdot 250 \cdot 100 / (V_{sp} \cdot V_{al})$$

em que

V_{sp} = volume da pipeta volumétrica aferida da solução problema ≈ 25 mL
V_{al} = volume da pipeta volumétrica aferida da alíquota ≈ 50 mL
Volume do balão volumétrico = 250 mL

Reação 2: $\quad\quad\quad\quad OH^-{}_{(aq)} + H_3O^+{}_{(aq)} \rightleftharpoons 2\,H_2O$

Estequiometria: $\quad\quad n°\,mols_{OH^-} = n°\,mols_{H_3O^+}$

Fica que:

$$m_{hidróxido} / MM_{hidróxido} = M_{HCl} \cdot V_{2HCl} \text{ ou}$$

$$m_{hidróxido} / 40{,}00 = M_{HCl} \cdot V_{2HCl} \text{ ou}$$

$$m_{hidróxido}\,(g) = M_{HCl} \cdot V_{2HCl} \cdot 40{,}00$$

$$\%\,NaOH = m_{hidróxido} \cdot 250 \cdot 100 / (V_{sp} \cdot V_{al})$$

em que

V_{sp} = volume da pipeta volumétrica aferida da solução problema ≈ 25 mL
V_{al} = volume da pipeta volumétrica aferida da alíquota ≈ 50 mL

Volume do balão volumétrico = 250 mL

Determinação do teor de ácido acético em vinagre comercial

O vinagre resulta da transformação do álcool em ácido acético por bactérias acéticas. É considerado um condimento da indústria alimentícia que atribui gosto e aroma aos alimentos, estimulando a digestão. O teor de acidez mínimo aceitável é da ordem de 3,0 a 5,0% m/v. Os vinagres naturais também contêm pequenas quantidades de ácido cítrico e ácido tartárico.

Procedimento

1. Pipete, com uma pipeta volumétrica, 10 mL de vinagre para dentro de um balão volumétrico de 250 mL, complete até a marca com água destilada e homogeneíze.
2. Pipete uma alíquota de 10 mL e transfira para um erlenmeyer de 125 mL acrescentando aproximadamente 20 mL de água destilada.
3. Adicione de duas a três gotas do indicador fenolftaleína. Titule com uma solução padrão de NaOH contida em uma bureta, até que o aparecimento de um leve róseo persistente na solução do erlenmeyer indique o ponto final da titulação.
4. Repita o procedimento para outras duas alíquotas de vinagre, calculando seu teor médio de ácido acético, CH_3COOH, MM = 60,06 g/mol.

Cálculo

Reação: $\quad CH_3COOH_{(aq)} + OH^-_{(aq)} \rightleftharpoons CH_3COO^-_{(aq)} + H_2O$

Estequiometria: $\quad n°\ mols_{CH_3COO^-} = n°\ mols_{OH^-}$

Fica que:

$$m_{CH_3COOH} / MM_{CH_3COOH} = M_{OH^-} \cdot V_{OH^-\ corrigido}\ \text{ou}$$

$$m_{CH_3COOH} / 60,06 = M_{OH^-} \cdot V_{OH^-\ corrigido}\ \text{ou}$$

$$m_{CH_3COOH}\ (g) = M_{OH^-} \cdot V_{OH^-\ corrigido} \cdot 60,06$$

$$\%\ CH_3COOH = m_{CH_3COOH} \cdot 250 \cdot 100 / (V_{sp} \cdot V_{al})$$

em que

V_{sp} = volume da pipeta volumétrica aferida da solução problema ≈ 10 mL
V_{al} = volume da pipeta volumétrica aferida da alíquota ≈ 10 mL

Volume do balão volumétrico = 250 mL

Determinação da acidez total em vinhos comerciais (branco e tinto)

O vinho é um produto alimentar produzido a partir de uvas que apresenta elevada complexidade química. Os três tipos mais consumidos são o branco, o tinto e o *rosé* (ou rosado). Os vinhos apresentam em sua constituição quantidades relativas consideráveis de ácidos orgânicos dissociados e não dissociados, os quais determinam o pH e o grau de acidez total do produto, podendo ser divididos em dois grandes grupos:

acidez fixa: constituída pelos ácidos orgânicos que não são arrastados pelo vapor da água (tartárico, málico, cítrico, lático, succínico, sulfúrico e fosfórico); e

acidez volátil: constituída pelos ácidos orgânicos arrastados pelo vapor da água (acético, fórmico, propiônico e butírico).

A acidez total de um vinho pode ser expressa por qualquer um dos ácidos orgânicos, sendo o mais utilizado o ácido tartárico, por ser o mais forte, influir muito no pH, aumentar a resistência ao ataque bacteriano e contribuir para as características sensoriais dos vinhos.

A legislação brasileira determina um grau de acidez total para os diferentes tipos de vinhos no intervalo aceitável de 55 a 130 mEq/L (miliequivalentes por litro). Essa unidade de concentração está em desuso e corresponde a 0,41 a 0,98% (expresso como a quantidade de ácido tartárico em gramas por 100 mL de vinho). A unidade de concentração em massa/volume é hoje a mais usual e recomendada pela IUPAC (BRASIL, 1988).

> **IMPORTANTE**
>
> A unidade de concentração mEq/L (miliequivalentes por litro) está em desuso, sendo recomendada pela IUPAC a unidade de concentração massa/volume.

Uma maneira usual de eliminar a contribuição do gás carbônico (CO_2) e do dióxido de enxofre (SO_2), normalmente presentes no vinho, para a sua acidez total é diluir a amostra de vinho com água destilada fervida, resfriar a solução e proceder à titulação alcalimétrica.

Durante a fabricação do vinho, é importante verificar a acidez titulável do mosto a fim de determinar qual é a quantidade correta de dióxido de enxofre que deve ser adicionada para corrigir a acidez do produto.

Procedimento

1. Transfira, com uma pipeta volumétrica aferida, 25 mL de um vinho branco seco para um erlenmeyer de 250 mL. Adicione 100 mL de água destilada fervida e resfriada e, em seguida, 3 gotas de solução de fenolftaleína 1%.
2. Titule com uma solução padrão de NaOH contida em uma bureta, até que o aparecimento de um leve róseo persistente na solução do erlenmeyer indique o ponto final da titulação.
3. Repita o procedimento para outras duas alíquotas de vinagre, calculando seu teor médio de ácido tartárico (massa molar do $C_2H_4O_2(COOH)_2$ = 150,087 g/mol).

Para uma amostra de vinho tinto, deve-se repetir o procedimento, observando que o ponto final será evidenciado pelo aparecimento de uma cor cinza-esverdeada. A acidez titulável do vinho normalmente é expressa em termos de ácido tartárico % m/v.

Ácido tartárico ($C_4H_6O_6$)

Cálculo

Reação: $C_2H_4O_2(COOH)_{2(aq)} + 2OH^-_{(aq)} \rightleftharpoons C_2H_4O_2(COO)_2^{2-}{}_{(aq)} + 2\ H_2O$

Estequiometria: $2 \times n\ mols_{\text{ácido tartárico}} = n\ mols_{OH^-}$

Fica que

$$2 \cdot (m_{\text{ácido tartárico}} / MM_{\text{ácido tartárico}}) = M_{OH^-} \cdot V_{OH^-\ \text{corrigido}}\ ou$$

$$2 \cdot (m_{\text{ácido tartárico}} / 150{,}087) = M_{OH^-} \cdot V_{OH^-\ \text{corrigido}}\ ou$$

$$m_{\text{ácido tartárico}}\ (g) = M_{OH^-} \cdot V_{OH^-\ \text{corrigido}} \cdot 150{,}087 / 2$$

$$\%\ \text{ácido tartárico} = m_{\text{ácido tartárico}} \cdot 100 / V_{sp}$$

em que

V_{sp} = volume da pipeta volumétrica aferida da solução problema ≈ 25 mL

Determinação da acidez total titulável em refrigerantes de limão

Os acidulantes são ácidos orgânicos ou inorgânicos que desempenham quatro funções básicas no refrigerante: regulam o açúcar, realçam o sabor, ajustam o pH (ação tamponante) e inibem a proliferação de micro-organismos. A acidez dos refrigerantes se encontra na faixa de pH de 2,7 a 3,5, conforme a bebida. Os principais acidulantes usados em refrigerantes são o ácido cítrico (componente natural do limão e da laranja), o ácido tartárico (componente natural da uva) e o ácido fosfórico (inorgânico) utilizado em refrigerantes do tipo cola. O ácido cítrico é o responsável pelo sabor refrescante nos refrigerantes de limão.

IMPORTANTE

A legislação brasileira determina um grau de acidez da ordem de 0,25% (expresso como a quantidade de ácido cítrico em gramas por 100 mL de refrigerante) (BRASIL, 1988).

Procedimento

1. Agite mecanicamente ou aqueça a amostra de refrigerante para eliminação do $CO_{2(g)}$ e deixe esfriar.
2. Pipete, com pipeta volumétrica aferida, 25 mL do refrigerante para um erlenmeyer de 250 mL, adicione 20 mL de água destilada medida em proveta e 3 gotas de fenolftaleína 1%.
3. Titule com uma solução padrão de NaOH contida em uma bureta aferida de 25 mL até que o aparecimento de um leve róseo persistente na solução do erlenmeyer por 30 segundos indique o ponto final da titulação.
4. Repita o procedimento para outras duas alíquotas de refrigerante à base de limão, calculando seu teor médio de ácido cítrico (massa molar do $C_6H_8O_7$ = 192,123 g/mol). A acidez titulável do refrigerante de limão normalmente é expressa em termos de ácido cítrico % m/v.

ácido cítrico ($C_6H_8O_7$)

Cálculo

Reação: $\quad C_6H_8O_{7(aq)} + 3\ OH^-_{(aq)} \rightleftharpoons C_6H_5O_7^{3-}_{(aq)} + 3\ H_2O$

Estequiometria: $\quad 3 \times n°\ mols_{\text{ácido cítrico}} = n°\ mols_{OH^-}$

Fica que:

$$3 \cdot (m_{\text{ácido cítrico}} / MM_{\text{ácido cítrico}}) = M_{OH^-} \cdot V_{OH^-\ \text{corrigido}} \text{ ou}$$

$$3 \cdot (m_{\text{ácido cítrico}} / 192{,}123) = M_{OH^-} \cdot V_{OH^-\ \text{corrigido}} \text{ ou}$$

$$m_{\text{ácido cítrico}}\ (g) = M_{OH^-} \cdot V_{OH^-\ \text{corrigido}} \cdot 192{,}123 / 3$$

$$\%\ \text{ácido cítrico} = m_{\text{ácido cítrico}} \cdot 100 / V_{sp}$$

em que

V_{sp} = volume da pipeta volumétrica aferida contendo a solução problema ≈ 25 mL

Determinação da acidez total titulável em sucos de frutas cítricas

O método é aplicável à determinação da acidez em soluções claras ou levemente coloridas de frutas cítricas, como laranja, limão, abacaxi, tangerina (mexerica ou bergamota), caju, acerola, jabuticaba, lima, marmelo, nêspera, pêssego, romã, tamarindo. A acidez total titulável deve ser expressa em gramas de ácido cítrico por 100 mL de suco.

> **IMPORTANTE**
>
> Uma faixa de 0,5-1,5% de acidez total é considerada adequada para o processamento industrial do suco de frutas cítricas.

Procedimento

1. Obtenha um líquido límpido do suco a partir do fruto natural espremido ou processado em um liquidificador e, em seguida, filtre-o ou coe-o.
2. Pipete, com pipeta volumétrica aferida, 20 mL do suco de fruta límpido para um erlenmeyer de 250 mL, adicione 10 mL de água destilada medidos em proveta e 3 gotas de fenolftaleína 1%.
3. Titule com uma solução padrão de NaOH contida em uma bureta aferida de 25 mL até que o aparecimento de um leve róseo persistente na solução do erlenmeyer por 30 segundos indique o ponto final da titulação.
4. Repita o procedimento para outras duas alíquotas de refrigerante à base de limão, calculando seu teor médio de ácido cítrico (massa molar do $C_6H_8O_7$ = 192,123 g/mol). A acidez titulável do refrigerante de limão normalmente é expressa em termos de ácido cítrico %m/v.

Cálculo

Reação: $\quad C_6H_8O_7 + 3\ OH^- \rightleftharpoons C_6H_5O_7^{3-} + 3H_2O$

Estequiometria: $\quad 3 \times n°\ mmols_{\text{ácido cítrico}} = n°\ mmols_{OH^-}$

Fica que:

$$3 \cdot (m_{\text{ácido cítrico}} / MM_{\text{ácido cítrico}}) = M_{OH^-} \cdot V_{OH^-\ \text{corrigido}}\ \text{ou}$$

$$3 \cdot (m_{\text{ácido cítrico}} / 192,123) = M_{OH^-} \cdot V_{OH^-\ \text{corrigido}}\ \text{ou}$$

$$m_{\text{ácido cítrico}}\ (mg) = M_{OH^-} \cdot V_{OH^-\ \text{corrigido}} \cdot 192,123\ /\ 3$$

$$m_{\text{ácido cítrico}}\ (g) = m_{\text{ácido cítrico}}\ (mg)\ /\ 1000$$

$$\%\ \text{ácido cítrico} = m_{\text{ácido cítrico}} \cdot 100\ /\ V_{sp}$$

em que

V_{sp} = volume da pipeta volumétrica aferida contendo a solução problema ≈ 20 mL

Determinação da acidez do ácido acetilsalicílico em comprimidos comerciais

1. Pese 0,2 grama de ácido acetilsalicílico (AAS) triturado e moído em balança analítica e transfira quantitativamente para um erlenmeyer de 125 mL.
2. Adicione, com proveta, 20 mL de álcool comercial (adicione primeiro) e, em seguida, 20 mL de água destilada. Agite a suspensão contida no erlenmeyer

por aproximadamente 2 a 3 minutos, para a completa solubilização do ASS, e adicione 2 gotas de fenolftaleína.

3. Titule com uma solução padrão de NaOH contida em uma bureta até que o aparecimento de um leve róseo persistente na solução do erlenmeyer indique o ponto final da titulação.
4. Repita o procedimento para outras duas alíquotas de AAS, calculando o teor médio de ácido acetilsalicílico (massa molar do $CH_3COOC_6H_4COOH = 180,13$ g/mol) na droga comercial.

ácido acetilsalicílico (AAS): $CH_3COOC_6H_4COOH$

Cálculo

Reação: $CH_3COOC_6H_4COOH_{(aq)} + OH^-_{(aq)} \rightleftharpoons CH_3COOC_6H_4COO^-_{(aq)} + H_2O$

Estequiometria: $n°\,mols_{AAS} = n°\,mols_{OH^-}$

Fica que:

$$m_{AAS} / MM_{AAS} = M_{OH^-} . V_{OH^-\,corrigido} \text{ ou}$$

$$m_{AAS} / 180,13 = M_{OH^-} . V_{OH^-\,corrigido} \text{ ou}$$

$$m_{AAS}\,(g) = M_{OH^-} . V_{OH^-\,corrigido} . 180,13$$

$$\% AAS = m_{AAS} . 100 / m_{amostra}$$

Determinação de cloreto – Método de Mohr

Preparação

A solução padrão de $AgNO_3$ (MM = 169,88 g/mol) pode ser preparada a partir do reagente sólido p.a. considerado padrão primário quando seco em estufa a 150°C por 1 a 2 horas.

1. Pese, em balança analítica com exatidão de 0,1 mg, cerca de 4,3 gramas, dissolva em água destilada, transfira quantitativamente para um balão volumétrico de 250 mL aferido e complete o volume até a marca.
2. Finalmente, transfira a solução para um frasco âmbar para proteger a solução de nitrato de prata de poeira e matéria orgânica, impedir a redução química a $Ag°$ e proteger da ação da luz para evitar a fotodecomposição com formação de $Ag°$.
3. Calcule a concentração molar a partir da massa pesada e do volume do balão volumétrico aferido.

$$M_{AgNO_3}\,(mol/L) = m_{AgNO_3} . 169,88 . V_{BV250\,aferido}$$

Padronização

Pode-se padronizar uma solução de $AgNO_3$ que tenha sido preparada com concentração aproximada utilizando NaCl (MM = 58,44 g/mol) como padrão primário previamente pesado e dessecado a 120°C a peso constante.

1. Pese, em balança analítica com exatidão de 0,1 mg, cerca de 0,09 grama e transfira para um erlenmeyer de 250 mL.
2. Adicione 25 mL de água destilada, 1 mL de solução indicadora de cromato de potássio a 5% e titule vagarosamente com solução de nitrato de prata contida em uma bureta, agitando constantemente o frasco de erlenmeyer até que uma mudança de cor tendendo ao avermelhado persista na solução por 30 segundos.
3. Repita o procedimento para outras duas alíquotas, calculando a concentração molar de nitrato de prata.

Cálculo

Reação: $\quad\quad\quad\quad\quad\quad Cl^-_{(aq)} + Ag^+_{(aq)} \rightleftharpoons AgCl_{(s)}$

Estequiometria: $\quad\quad\quad\quad n°\ mols_{Cl^-} = n°\ mols_{Ag^+}$

Fica que:

$$m_{NaCl} / MM_{NaCl} = M_{Ag^+} \cdot V_{Ag^+\ corrigido}$$

$$m_{NaCl} / 58,44 = M_{Ag^+} \cdot V_{Ag^+\ corrigido}$$

$$M_{AgNO_3} = m_{NaCl} / 58,44 \cdot V_{Ag^+\ corrigido}$$

Correção do branco do indicador

A correção do branco do indicador é realizada quando as concentrações de cloreto são muito baixas, determinando um erro de leitura do volume que não deve ser ignorado. Nessas situações, define-se a quantidade de nitrato de prata necessária para titular somente o indicador. Esta prova em branco é feita usando uma suspensão de um sólido branco inerte, em geral carbonato de cálcio, livre de cloreto.

1. Em um erlenmeyer, adicione 0,5 g de carbonato de cálcio e 1 mL do indicador a um volume de água destilada igual ao volume final das titulações anteriores.
2. Titule com a solução de nitrato de prata até que uma mudança de cor tendendo ao avermelhado persista na solução por 30 segundos. A correção do branco não deve ser muito maior que 0,1 mL, e esse volume deve ser deduzido do volume gasto na titulação.

Determinação de cloreto em amostra comercial de soro fisiológico

1. Transfira, com pipeta volumétrica aferida, 10 mL de uma solução de soro fisiológico (0,9%) para um erlenmeyer de 250 mL.
2. Adicione 10 mL de água destilada medidos em proveta, 1 mL de solução indicadora de cromato de potássio a 5% e titule vagarosamente com solução

padrão de nitrato de prata contida em uma bureta, agitando constantemente o frasco de erlenmeyer até que uma mudança de cor tendendo ao avermelhado persista na solução por 30 segundos.

3. Repita o procedimento para outras duas alíquotas, calculando a concentração em % m/v de íons cloreto (massa molar do cloreto = 35,453 g/mol) na amostra de soro fisiológico.

Cálculo

Reação: $Cl^-_{(aq)} + Ag^+_{(aq)} \rightleftharpoons AgCl_{(s)}$ precipitado branco

Estequiometria: $n°_{Cl^-} = n°_{Ag^+}$

Fica que:

$$m_{NaCl} / MM_{Cl^-} = M_{Ag^+} \cdot V_{Ag^+ \text{ corrigido}}$$

$$m_{NaCl} / 35,453 = M_{Ag^+} \cdot V_{Ag^+ \text{ corrigido}}$$

$$m_{Cl^-}(g) = 58,453 \cdot M_{Ag^+} \cdot V_{Ag^+ \text{ corrigido}}$$

$$\% \ Cl^- = m_{Cl^-}(g) \cdot 100 / V_{sp}$$

em que

V_{sp} = volume da pipeta volumétrica aferida da solução problema ≈ 10 mL

Preparação direta de solução de EDTA aproximadamente 0,01 mol/L

A solução padrão de EDTA (MM = 372,24 g/mol) pode ser preparada a partir do reagente sólido dissódico, $Na_2H_2Y \cdot 2H_2O$, considerado um padrão primário quando seco em estufa a 70-80°C por 2 horas. Nessa temperatura, as duas águas de hidratação não são perdidas pela molécula.

1. Pese, em balança analítica com exatidão de 0,1 mg, cerca de 3,8 gramas do reagente, dissolva em água destilada, transfira quantitativamente para um balão volumétrico de 250 mL aferido e complete até a marca.
2. Finalmente, transfira a solução para um frasco plástico. Calcule a concentração molar a partir da massa pesada e do volume do balão volumétrico aferido. Deve ser levado em conta que o sal dissódico contém 0,3% de umidade.

M_{EDTA} (mol/L) = $m_{EDTA} \cdot 372,24 \cdot V_{BV250 \text{ aferido}}$

Padronização da solução de EDTA utilizando CaCO₃

Pode-se padronizar uma solução de EDTA que tenha sido preparada com concentração aproximada utilizando $CaCO_3$ (MM = 100,09 g/mol) como padrão primário previamente pesado e dessecado a 120°C a peso constante.

1. Pese, em balança analítica com exatidão de 0,1 mg, cerca de 0,25 grama para um béquer, adicione 1 mL de HCl 1:1 para dissolver o sal sólido e transfira

quantitativamente para um balão volumétrico aferido de 250 mL, completando com água destilada até a marca.
2. Pipete, com uma pipeta volumétrica aferida, uma alíquota de 20 mL da solução de $CaCO_3$ para um erlenmeyer de 250 mL, adicione 1 mL de solução-tampão pH = 10 ($NH_4OH + NH_4Cl$) e 3 gotas ou uma pitada de negro de eriocromo-T (no momento da titulação).
3. Proceda à titulação com solução padrão de EDTA a partir da bureta até a mudança de coloração da solução de vermelho-vinho para uma coloração azul puro (não violeta) no erlenmeyer.
4. Repita o procedimento para outras duas alíquotas, calculando a concentração molar do EDTA.

Cálculo

Reação: $\quad Ca^{2+}_{(aq)} + H_2Y^{2-}_{(aq)} \rightleftharpoons CaY^{2-}_{(aq)} + 2\,H^+_{(aq)}$

Estequiometria: $\quad n°\,mols_{Ca^{2+}} = n°\,mols_{H_2Y^{2-}}$

Fica que:

$$m_{CaCO_3} / MM_{CaCO_3} = M_{EDTA} \cdot V_{EDTA\,corrigido}$$

$$m_{CaCO_3} / 100{,}09 = M_{EDTA} \cdot V_{EDTA\,corrigido}$$

$$M_{CaCO_3} = m_{CaCO_3} / 100{,}09 \cdot V_{EDTA\,corrigido}$$

Preparação da solução-tampão de pH 10 (NH_3/NH_4Cl)

Dissolva 70 g de NH_4Cl em água, adicione 570 mL de uma solução de NH_3 concentrado e dilua para 1 litro. Esse tampão é melhor armazenado em frasco de polietileno, para evitar a passagem de íons metálicos do vidro para a solução-tampão.

Solução de negro de eriocromo-T

Dissolva 0,2 g do corante em 15 mL de trietanolamina e 5 mL de etanol p.a.

Determinação da dureza em uma amostra de água

Um parâmetro importante de avaliação da qualidade da água é a determinação da sua dureza, que é atribuída à presença de cátions metálicos, principalmente os íons Ca^{2+} e Mg^{2+}, por serem os mais abundantes (BACCAN, et al., 2001; OHLWEILER, 1985).

DEFINIÇÃO

A dureza da água é atribuída à presença de cátions metálicos, principalmente os íons Ca^{2+} e Mg^{2+}, por serem os mais abundantes.

TABELA 6.2 Classificação da água de acordo com a dureza, em mg/L $CaCO_3$

Mole	0 – 75 mg/L
Moderada	75 – 150 mg/L
Dura	150 – 300 mg/L
Muito dura	acima de 300 mg/L

O cálcio e o magnésio estão presentes na água, principalmente como bicarbonatos e sulfatos de cálcio e de magnésio. Os bicarbonatos de cálcio e de magnésio são responsáveis pela alcalinidade, causam a dureza chamada temporária e, pela ação de calor ou de outras substâncias com caráter alcalino, originam precipitados de $CaCO_3$ e $MgCO_3$. Os sulfatos e outros compostos (cloretos, por exemplo) dão à água a dureza denominada permanente. A Tabela 6.2 mostra a classificação da água de acordo com a dureza. Rosa, Gauto e Gonçalves (2013).

A água dura ou muito dura pode ser aplicada em diversas situações, como no combate a incêndios, na lavagem de ruas, na irrigação de jardins e flutuação de barcos. No entanto, a água dura ou muito dura é inadequada para uso doméstico ou industrial, por exemplo, para a alimentação, a lavagem de roupas e a alimentação de caldeiras a vapor (em que pode provocar o surgimento de incrustações nas tubulações). A remoção parcial ou total dos íons Ca^{2+} e Mg^{2+} (denominada amaciamento) para minimizar a dureza da água pode ser realizada por precipitação química ou permutação iônica.

DEFINIÇÃO

Amaciamento é a remoção parcial ou total dos íons Ca^{2+} e Mg^{2+} para minimizar a dureza da água.

Na precipitação química ocorre a formação de compostos insolúveis desses dois cátions metálicos (hidróxidos e carbonatos) por adição à água dura de cal ou cal misturada com soda. Na permutação iônica são utilizadas resinas permutadoras que trocam seus cátions com os cátions Ca^{2+} e Mg^{2+} presentes na água.

Determinação da dureza total (Ca^{2+} e Mg^{2+})

1. Pipete, com pipeta volumétrica aferida de 25 mL, uma alíquota de amostra de água dura para um erlenmeyer de 250 mL, adicione 1,0 mL de solução-tampão pH 10 (NH_3/NH_4Cl) e 3 gotas ou uma pitada de negro de eriocromo-T (no momento da titulação).
2. Proceda à titulação com solução padrão de EDTA a partir da bureta até a mudança de coloração da solução de vermelho-vinho para azul puro (não violeta) no erlenmeyer.
3. Repita o procedimento para outras duas alíquotas e calcule a dureza da água expressando em mg/L de $CaCO_3$.

Cálculo

Reação: $Ca^{2+}_{(aq)} + H_2Y^{2-}_{(aq)} \rightleftharpoons CaY^{2-}_{(aq)} + 2\,H^+_{(aq)}$

Estequiometria: $n°\,mols_{Ca^{2+}} = n°\,mols_{H_2Y^{2-}}$

Fica que:

$$m_{CaCO_3} / MM_{CaCO_3} = M_{EDTA} \cdot V_{EDTA\,corrigido}$$

$$m_{CaCO_3} / 100{,}09 = M_{EDTA} \cdot V_{EDTA\,corrigido}$$

$$m_{CaCO_3}\,(g) = 100{,}09 \cdot M_{CaCO_3} \cdot V_{EDTA\,corrigido}$$

$$m_{CaCO_3}\,(mg/L) = m_{CaCO_3}\,(g) \cdot 1000 / V_{sp}$$

em que

V_{sp} = volume da pipeta volumétrica aferida da solução problema ≈ 25 mL

Determinação da dureza parcial (Ca^{2+})

1. Pipete, com pipeta volumétrica aferida de 25 mL, uma alíquota de amostra de água dura para um erlenmeyer de 250 mL, adicione 4 mL de solução de NaOH 4,0 mol/L – solução de pH 12, ocorre a precipitação do $Mg(OH)_2$ – e 5 gotas ou uma pitada de indicador murexida (no momento da titulação).
2. Proceda à titulação com solução padrão de EDTA a partir da bureta até a mudança de coloração da solução de vermelho-vinho para violeta.
3. Repita o procedimento para outras duas alíquotas e calcule a dureza da água expressando em mg/L de $CaCO_3$.

DICA

Pode-se visualizar com maior nitidez a mudança de coloração no ponto final, repetindo a titulação com um branco (solução sem Ca^{2+}) para a comparação de cor.

Cálculo

Reação: $Ca^{2+}_{(aq)} + H_2Y^{2-}_{(aq)} \rightleftharpoons CaY^{2-}_{(aq)} + 2\,H^+_{(aq)}$

Estequiometria: $n°\,mols_{Ca^{2+}} = n°\,mols_{H_2Y^{2-}}$

Fica que:

$$m_{CaCO_3} / MM_{CaCO_3} = M_{EDTA} \cdot V_{EDTA\,corrigido}$$

$$m_{CaCO_3} / 100{,}09 = M_{EDTA} \cdot V_{EDTA\,corrigido}$$

$$m_{CaCO_3}\,(g) = 100{,}09 \cdot M_{EDTA} \cdot V_{EDTA\,corrigido}$$

$$m_{CaCO_3}\,(mg/L) = m_{CaCO_3}\,(g) \cdot 1000 / V_{sp}$$

em que

V_{sp} = volume da pipeta volumétrica aferida da solução problema ≈ 25 mL

A dureza da água devido aos íons Mg^{2+} é calculada fazendo a diferença entre a dureza total e a dureza parcial em termos ppm de $CaCO_3$.

Indicador murexida

Agite 0,5 g do corante com água e deixe decantar a porção sólida; use o líquido sobrenadante. Renove diariamente o sobrenadante, tratando o resíduo com água destilada, para preparar uma nova solução do indicador.

Alternativamente, misture 99,0 g de NaCl p.a., 1,0 g do indicador murexida e, com o auxílio de almofariz e pistilo, triture bem até uma granulometria fina. Guarde o indicador assim preparado em frasco limpo e seco.

Determinação de cálcio no leite líquido

1. Pipete, com pipeta volumétrica aferida de 25 mL, uma alíquota de amostra de leite líquido para um erlenmeyer de 250 mL, adicione 1,0 mL de solução-tampão pH 10 (NH_3/NH_4Cl), uma pitada de KCN (reagente sólido que complexa e elimina a interferência dos íons Zn^{2+}, Cu^{2+}, Fe^{3+} que podem bloquear a ação do indicador), 20 gotas de solução de magnésio e 3 gotas ou uma pitada de negro de eriocromo-T (no momento da titulação).
2. Proceda à titulação com solução padrão de EDTA a partir da bureta até a mudança de coloração da solução de vermelho-vinho para azul puro (não violeta) no erlenmeyer.
3. Repita o procedimento para outras duas alíquotas e calcule o teor de Ca na amostra de leite líquido, expressando o resultado em mg/100 mL.

Cálculo

Reação: $\qquad Ca^{2+}_{(aq)} + H_2Y^{2-}_{(aq)} \rightleftharpoons CaY^{2-}_{(aq)} + 2\,H^{+}_{(aq)}$

Estequiometria: $\qquad n°\,mols_{Ca^{2+}} = n°\,mols_{H_2Y^{2-}}$

Fica que:

$$m_{Ca} / MM_{Ca} = M_{EDTA} \cdot V_{EDTA\,corrigido}$$

$$m_{Ca} / 40,078 = M_{EDTA} \cdot V_{EDTA\,corrigido}$$

$$m_{Ca}\,(g) = 40,078 \cdot M_{EDTA} \cdot V_{EDTA\,corrigido}$$

$$m_{Ca}\,(mg/L) = m_{CaCO_3}\,(g) \cdot 100 / V_{sp}$$

em que

V_{sp} = volume da pipeta volumétrica aferida da solução problema ≈ 25 mL

Determinação de cálcio no leite em pó

1. Pese ao redor de 2,0 g em balança analítica com exatidão de 0,1 mg, transfira quantitativamente a massa pesada para um erlenmeyer de 250 mL e acrescente 25 mL de água destilada para dissolver completamente o leite em pó. Caso necessário, aqueça levemente a solução para a dissolução completa do leite em pó e resfrie antes de continuar a análise.
2. Adicione 1,0 mL de solução-tampão pH 10 (NH_3/NH_4Cl), uma pitada de KCN (reagente sólido que complexa e elimina a interferência dos íons Zn^{2+}, Cu^{2+}, Fe^{3+}, bloqueadores da ação do indicador), 20 gotas de solução de magnésio e 3 gotas ou uma pitada de negro de eriocromo-T (no momento da titulação).
3. Proceda à titulação com solução padrão de EDTA a partir da bureta até a mudança de coloração da solução de vermelho-vinho para azul puro (não violeta) no erlenmeyer.
4. Repita o procedimento para outras duas alíquotas e calcule o teor de Ca na amostra de leite em pó, expressando o resultado em termos de mg/g.

IMPORTANTE

Para garantir uma ação satisfatória do indicador negro de eriocromo-T, adicione uma pequena quantidade de solução de magnésio à solução contendo cálcio, ou prepare uma solução titulante padrão de Mg-EDTA. No primeiro caso, faz-se uma correção do volume gasto de EDTA para titular os íons Mg^{2+} adicionados à solução de cálcio. No segundo caso, não há necessidade de correção do volume, pois os íons Mg^{2+} são levados em consideração na padronização da solução de EDTA. A padronização da solução Mg-EDTA é feita do mesmo modo que a padronização da solução de EDTA utilizando $CaCO_3$.

Cálculo

Reação: $\quad Ca^{2+}_{(aq)} + H_2Y^{2-}_{(aq)} \rightleftharpoons CaY^{2-}_{(aq)} + 2\,H^+_{(aq)}$

Estequiometria: $\quad n°\,mols_{Ca^{2+}} = n°\,mols_{H_2Y^{2-}}$

Fica que:

$$m_{Ca} / MM_{Ca} = M_{EDTA} \cdot V_{EDTA\,corrigido}$$

$$m_{Ca} / 40{,}078 = M_{EDTA} \cdot V_{EDTA\,corrigido}$$

$$m_{Ca}\,(g) = 40{,}078 \cdot M_{EDTA} \cdot V_{EDTA\,corrigido}$$

$$m_{Ca}\,(mg/g) = m_{CaCO_3}\,(g) / m_{amostra}\,(g)$$

em que

$m_{amostra}$ = massa de amostra pesada na balança analítica $\approx$ 2 g

Preparação de uma solução de $KMnO_4$ aproximadamente 0,02 mol/L

A preparação da solução de permanganato de potássio (MM = 158,04 g/mol) pode ser feita de duas maneiras:

- para uso imediato, com aquecimento para acelerar as reações de redução do íon MnO_4^- por contaminantes redutores; ou
- preparada com antecedência e repouso no mínimo de 24 horas.

Em ambos os casos, a solução deve ser filtrada em meio poroso não redutível (lã de vidro ou vidro sinterizado). Em seguida, pese aproximadamente 1,6 g de $KMnO_4$ (em balança semianalítica) para um copo de 800 mL. Dilua a 500 mL com água destilada e, após a dissolução, transfira para um frasco âmbar com tampa de vidro esmerilhada. Deixe a solução em repouso por uma semana. Filtre através de funil de vidro sinterizado para dentro de um kitassato seco. Transfira a solução para o frasco original previamente limpo e ambientado.

Cálculo

$$m_{KMnO_4} (g) = M (mol/L) \times MM (g/mol) \times V (L) =$$
$$0,02 \text{ mol/L} \times 158,04 \text{ g/mol} \times 0,5 \text{ L} = 1,6 \text{ g}$$

Padronização da solução de $KMnO_4$ aproximadamente 0,02 mol/L

1. Pese, em balança analítica com exatidão de 0,1 mg, cerca de 0,2 a 0,3 g de oxalato de sódio (MM = 134,00 g/mol) (previamente dessecado a 110°C por uma hora e resfriado em dessecador) para dentro de um erlenmeyer de 250 mL.
2. Dissolva em 10 mL de H_2SO_4 1:1, dilua com aproximadamente 100 mL de água destilada, agitando até a completa dissolução do oxalato.
3. Aqueça a 80-90°C e titule rapidamente com a solução de $KMnO_4$ até a primeira coloração rósea permanente por 30 segundos.
4. Repita este procedimento por mais 2 vezes.

IMPORTANTE

O mecanismo da reação entre o permanganato e o oxalato em meio ácido é considerado complicado. Pode ocorrer que, durante a adição das primeiras gotas de permanganato à solução de oxalato, a coloração do permanganato leve algum tempo para desaparecer, indicando que a reação inicialmente é lenta. Isso vem da necessidade de ocorrer a formação de pequenas quantidades de íons Mn^{2+} que agem como catalisadores da reação. Após essa etapa, a reação prossegue instantaneamente em soluções a quente (80-90°C). A temperatura não pode ser superior a 90°C devido à decomposição do ácido oxálico:

$$H_2C_2O_{4(aq)} \rightleftharpoons H_2O + CO_{2(g)} + CO_{(g)}$$

Reação: $2\ MnO_4^-{}_{(aq)} + 5\ C_2O_4^{2-}{}_{(aq)} + 16\ H^+{}_{(aq)} \rightleftharpoons 2\ Mn^{2+}{}_{(aq)} + 10\ CO_{2(g)} + 8\ H_2O$

Estequiometria: $\quad 5 \times n^\circ\ mols\ MnO_4^- = 2 \times n^\circ\ mols\ C_2O_4^{2-}$

Fica que:

$$5 \times M_{MnO_4^-} \cdot V_{MnO_4^-\ corrigido} = 2 \times (m_{C_2O_4^{2-}} / MM_{C_2O_4^{2-}})$$

$$M_{MnO_4^-} = 2 \times m_{C_2O_4^{2-}} / 5 \times 134{,}00\ g/mol \times V_{MnO_4^-\ corrigido}$$

Determinação do percentual de peróxido de hidrogênio em solução de água oxigenada

O peróxido de hidrogênio frente ao permanganato (oxidante forte) comporta-se como agente redutor:

$MnO_4^- + 8\ H^+ + 5\ e^- \rightleftharpoons Mn^{2+} + 4\ H_2O \qquad E^\circ = 1{,}51\ V$

$O_{2(g)} + 2\ H^+ + 2\ e^- \rightleftharpoons H_2O_2 \qquad E^\circ = 0{,}682\ V$

Na titulação de peróxido de hidrogênio com permanganato, as primeiras gotas descoram de modo lento, mas, depois de iniciada, a reação prossegue normalmente até o ponto final da titulação. As soluções de peróxido de hidrogênio não são estáveis e, por isso, recebem a adição de estabilizantes orgânicos, como acetanilida, ureia e ácido úrico. Com exceção da ureia, as outras duas substâncias respondem ao método, consumindo o permanganato.

Procedimento

1. Pipete 10 mL da amostra com pipeta volumétrica aferida para um balão volumétrico aferido de 200 mL, complete até a marca com água deionizada e homogeneíze.
2. Pipete 20 mL dessa solução para um frasco erlenmeyer de 250 mL, dilua até aproximadamente 30 mL de água, adicione 10 mL de ácido sulfúrico 3,0 mol/L e titule com solução padrão de permanganato de potássio até o aparecimento de uma coloração rósea persistente por 30 segundos.
3. Repita o processo com mais duas alíquotas e expresse o resultado em % m/v de H_2O_2 (MM = 34,02 g/mol) na amostra.

Cálculo

Reação: $2\ MnO_4^-{}_{(aq)} + 5\ H_2O_{2\ (aq)} + 6\ H^+{}_{(aq)} \rightleftharpoons 2\ Mn^{2+}{}_{(aq)} + 5\ O_{2(g)} + 8\ H_2O$

Estequiometria: $\quad 5 \times n^\circ\ mols\ MnO_4^- = 2 \times n^\circ\ H_2O_2$

Fica que:

$$n\ mols\ _{MnO_4^-} = M_{MnO_4^-} \cdot V_{MnO_4^-\ corrigido}$$

$$n\ mols\ _{H_2O_2} = 5 \times n\ mols\ _{MnO_4^-} / 2$$

$$m_{H_2O_2}(g) = n\ mols_{H_2O_2} \times 34{,}02\ g/mol$$

$$\%\ H_2O_2 = m_{H2O2} \cdot 200 \cdot 100\ /(V_{sp} \cdot V_{al})$$

em que

V_{sp} = volume da pipeta volumétrica aferida da solução problema ≈ 10 mL
V_{al} = volume da pipeta volumétrica aferida da alíquota titulada ≈ 20 mL

Cálculo da concentração de H_2O_2 em volumes

As concentrações das soluções de peróxido de hidrogênio são comercialmente expressas em volumes de oxigênio – 10, 20, 30, 40 e 100 volumes.

A concentração de água oxigenada vendida comercialmente refere-se a volumes de oxigênio que são gerados considerando a decomposição completa do peróxido de hidrogênio, conforme a equação

$$2\ H_2O_{2(aq)} \rightleftharpoons 2\ H_2O + O_{2(g)}$$

Assim, uma água oxigenada 10 volumes é aquela que, ao se decompor completamente, libera uma quantidade de gás oxigênio (O_2) 10 vezes maior do que da água usada em volume. Isso significa que a decomposição completa de 1 mL de solução de água oxigenada a 10 volumes (3% m/m) produz 10 mL de $O_{2(g)}$ nas CNTP. De forma análoga, a decomposição completa de 1 mL de uma solução de água oxigenada de concentração a 20 volumes 6% (m/m) libera 20 mL de $O_{2(g)}$ nas CNTP.

Cálculo

Reação: $\quad H_2O_{2(aq)} \rightleftharpoons 2\ H_2O + \tfrac{1}{2}\ O_{2(g)}$

Como $\quad$ 34,02 g/mol ———— 11,2 L

$m_{H_2O_2}$ (g/L) ———— x $\quad\quad$ x = volumes de H_2O_2 (V)

Preparação e padronização de solução de tiossulfato de sódio aproximadamente 0,05 mol/L

1. Pese, em balança semianalítica, 5 gramas de $Na_2S_2O_3 \cdot 5H_2O$ p.a. (MM = 248,18 g/mol) para um béquer de 500 mL.
2. Dissolva em água destilada fervida e resfriada e complete o volume a 400 mL, adicionando em seguida 0,1 grama de carbonato de sódio.
3. Transfira a solução obtida para um frasco escuro provido de rolha de borracha e homogeneíze. Deixe em repouso por 24 horas antes de padronizar.

Cálculo

$$m_{Na_2S_2O_3}\ (g) = M\ (mol/L) \times MM\ (g/mol) \times V\ (L) =$$
$$0{,}05\ mol/L \times 248{,}18\ g/mol \times 0{,}4\ L = 5\ g$$

Padronização da solução de tiossulfato de sódio com padrão primário dicromato de potássio

1. Pese, em balança analítica com 0,1 mg de exatidão, cerca de 0,14 a 0,17 g de dicromato de potássio puro (MM = 294,192 g/mol) e seco em estufa a 120°C

por 2 a 3 horas dentro de um erlenmeyer, e dissolva em 50 mL de água destilada fervida e resfriada.

2. Adicione, no erlenmeyer, 2 gramas de iodeto de potássio e 5 mL de HCl concentrado. Homogeneíze e titule a solução resultante com tiossulfato de sódio, sob agitação constante, até que a cor castanha mude para verde-amarelado. Nesse ponto, adicione 2 a 3 mL de solução de amido e continue a titulação até brusca mudança de cor azul para verde-claro, indicando a formação de íons Cr^{3+}.

4. Repita o procedimento com mais duas alíquotas e expresse o resultado em termos de molaridade.

Cálculo

Reação 1: $\quad Cr_2O_7^{2-}{}_{(aq)} + 6\,I^-{}_{(aq)} + 14\,H^+{}_{(aq)} \rightleftharpoons 2\,Cr^{3+}{}_{(aq)} + 3\,I_{2(aq)} + 7\,H_2O$

O iodo formado é titulado com a solução de $Na_2S_2O_3$ conforme a reação 2:

Reação 2: $\quad 2S_2O_3^{2-}{}_{(aq)} + I_{2(aq)} \rightleftharpoons S_4O_6^{2-}{}_{(aq)} + 2I^-{}_{(aq)}$

Relações estequiométricas

Reação 1: 1 mol de $Cr_2O_7^{2-}$ reage com 6 mols de I^- originando 3 mols de I_2
Reação 2: aparentemente 3 mols I_2 reagem com 6 mols de $S_2O_3^{2-}$
Na realidade, a reação quantitativa é 1 mol de I_2 reage com 2 mols de $S_2O_3^{2-}$
Portanto, indiretamente, 1mol de $Cr_2O_7^{2-}$ consome 6 mols de $S_2O_3^{2-}$

Fica que:

$$1\text{mol de } Cr_2O_7^{2-} = 3 \text{ mol } I_2 = 6 \text{ mol de } S_2O_3^{2-} = 6\,e^-$$

então

$$6 \times n°\text{mols}_{Cr_2O_7^{2-}} = n°\text{mols}_{S_2O_3^{2-}}$$

$$6 \times (m_{Cr_2O_7^{2-}} / MM_{Cr_2O_7^{2-}}) = M_{S_2O_3^{2-}} \cdot V_{S_2O_3^{2-}\,\text{corrigido}}$$

$$M_{S_2O_3^{2-}}\,(\text{mol/L}) = 6 \times m_{Cr_2O_7^{2-}} / MM_{Cr_2O_7^{2-}} \times V_{S_2O_3^{2-}\,\text{corrigido}}\,(L)$$

IMPORTANTE

O mesmo raciocínio se for utilizado como padrão primário KIO_3.

Reação: $\quad IO_3^-{}_{(aq)} + 5\,I^-{}_{(aq)} + 6\,H^+{}_{(aq)} \rightleftharpoons 3\,I_{2(aq)} + 2\,I_{2(aq)} + 2\,H_2O$

O iodo liberado é então titulado com a solução de tiossulfato de sódio, resultando na relação estequiométrica:

$$1\text{mol de } IO_3^- = 3 \text{ mol } I_2 = 6 \text{ mol de } S_2O_3^{2-} = 6\,e^-$$

Preparação e padronização de solução de iodo aproximadamente 0,05 mol/L

1. Pese, em balança analítica comum, 3,81 g de I_2 (MM = 126,90 g/mol) em um béquer de 400 mL (seco).
2. Pese, em béquer pequeno de 100 mL, 12 g de iodeto de potássio e dissolva em 50 mL de água destilada.
3. Adicione a solução de iodeto de potássio no béquer contendo o iodo e agite para dissolver totalmente o iodo. Só então complete com água até 300 mL e transfira para um frasco escuro com rolha de vidro esmerilhado.
4. Pipete, com pipeta volumétrica aferida, 25 mL de solução de tiossulfato de sódio para um erlenmeyer, acrescente 3 mL de solução de amido e titule com iodo até o aparecimento de cor azul-violeta.

Cálculo

$$m\ I_2\ (g) = M\ (mol/L) \times MM\ (g/mol) \times V\ (L) = $$
$$0,05\ mol/L \times 126,90\ g/mol \times 0,3\ L = 1,9\ g$$

Determinação de vitamina C

A vitamina C ($C_6H_8O_6$), ou ácido ascórbico (MM = 176,13 g/mol), pode ser determinada pelos dois métodos envolvendo as reações de iodo.

Procedimento

1. Pese 2,5 g de produto comercial para dentro de um erlenmeyer de 250 mL.
2. Adicione, no erlenmeyer, 40 mL de solução padrão de iodo 0,05 mol/L e, a seguir, 5 mL de solução de amido, e titule o excesso de iodo com tiossulfato de sódio 0,050 mol/L.

Cálculo

Reação 1: A reação envolvida na iodimetria entre a vitamina C ($C_6H_8O_6$) e a solução de iodo (I_2) é:

$$C_6H_8O_{6(aq)} + I_{2(aq)} \rightleftharpoons C_6H_6O_{6(aq)} + 2HI_{(aq)}$$

O iodo em excesso é titulado com a solução de $Na_2S_2O_3$, conforme a reação 2:

Reação 2: $\qquad 2S_2O_3^{2-}{}_{(aq)} + I_{2(aq)} \rightleftharpoons S_4O_6^{2-}{}_{(aq)} + 2I^-{}_{(aq)}$

Relações estequiométricas

Reação 1: 1 mol de $C_6H_8O_6$ reage com 1 mol de I_2
Reação 2: 1 mol I_2 reage com 2 mols de $S_2O_3^{2-}$
Na prática, a reação quantitativa é 1 mol de I_2 reagindo com 2 mols de $S_2O_3^{2-}$

Portanto, indiretamente, 1mol de $Cr_2O_7^{2-}$ consome 6 mols de $S_2O_3^{2-}$

Fica que:

$$1\text{mol de } Cr_2O_7^{2-} = 3 \text{ mol } I_2 = 6 \text{ mol de } S_2O_3^{2-} = 6 \text{ e}^-$$

Então:

$$6 \times n° \text{ mols}_{Cr_2O_7^{2-}} = n° \text{ mols}_{S_2O_3^{2-}}$$

$$6 \times (m_{Cr_2O_7^{2-}} / MM_{Cr_2O_7^{2-}}) = M_{S_2O_3^{2-}} \cdot V_{S_2O_3^{2-} \text{corrigido}}$$

$$M_{S_2O_3^{2-}} (\text{mol/L}) = 6 \times m_{Cr_2O_7^{2-}} / MM_{Cr_2O_7^{2-}} \times V_{S_2O_3^{2-} \text{corrigido}} (L)$$

IMPORTANTE

O mesmo raciocínio ser for utilizado como padrão primário KIO_3.

Reação: $\quad IO_3^-{}_{(aq)} + 5\, I^-{}_{(aq)} + 6\, H^+{}_{(aq)} \rightleftharpoons 3\, I_{2(aq)} + 2\, I_{2(aq)} + 2\, H_2O$

O iodo liberado é então titulado com a solução de tiossulfato de sódio resultando na relação estequiométrica:

$$1 \text{ mol de } IO_3^- = 3 \text{ mols } I_2 = 6 \text{ mols de } S_2O_3^{2-} = 6 \text{ e}^-$$

Determinação da porcentagem de cloro ativo em alvejante

As soluções de alvejante (soluções de Milton) apresentam uso farmacêutico como desinfetante, com teores da ordem de 1% em NaOCl.

Procedimento

1. Pipete 25 mL de amostra para dentro de um balão volumétrico de 250 mL, dilua com água destilada até a marca e homogeneize.
2. Pipete 3 alíquotas de 50 mL para dentro de frascos erlenmeyer de 250 mL.
3. Adicione, somente no momento de titular e na ordem, 2,0 g de iodeto de potássio, 5 mL de H_2SO_4 2,0 mol/L, e titule com a solução padrão de $Na_2S_2O_3$ até a coloração amarelo-pálido.
4. Adicione 2 mL da solução de amido 0,2% e continue a titulação até o desaparecimento da cor azul por consumo da espécie I_3^-.
5. Determine a porcentagem (massa/volume) de hipoclorito no alvejante.

Cálculo

Reação 1: $\quad OCl^-{}_{(aq)} + 2 I^-{}_{(aq)} + 2\, H^+{}_{(aq)} \rightleftharpoons Cl^-{}_{(aq)} + I_{2(aq)} + H_2O$

Reação 2: $\quad I_{2(aq)} + 2\, S_2O_3^{2-}{}_{(aq)} \rightleftharpoons 2\, I^-{}_{(aq)} + S_4O_6^{2-}{}_{(aq)}$

O iodo formado é titulado com a solução de $Na_2S_2O_3$ conforme a reação 2.

Relações estequiométricas

Reação 1: 1 mol de OCl^- reage com 2 mols de I^- originando 1 mol de I_2
Reação 2: a reação quantitativa é 1 mol de I_2 reagindo com 2 mols de $S_2O_3^{2-}$
Portanto, indiretamente, 1 mol de OCl^- consome 2 mols de $S_2O_3^{2-}$

Fica que:

$$1 \text{mol de } OCl^- = 1 \text{ mol } I_2 = 2 \text{ mols de } S_2O_3^{2-} = 2\ e^-$$

A relação estequiométrica é: $OCl^- \equiv I_2 \equiv 2\ S_2O_3^{2-}$

Fica que:

$$2 \times n^o \text{ mols}_{OCl^-} = n^o \text{ mols}_{S_2O_3^{2-}}$$

$$2 \times (m_{OCl^-} / MM_{OCl^-}) = M_{S_2O_3^{2-}} \cdot V_{S_2O_3^{2-} \text{ corrigido}}$$

$$m_{OCl^-} = MM_{OCl^-} \cdot M_{S_2O_3^{2-}} \cdot V_{S2O32- \text{ corrigido}} / 2$$

$$\% (m/v)\ OCl^- = m_{OCl^-} \cdot 250 \cdot 100 / (V_{sp} \cdot V_{al})$$

em que

V_{sp} = volume da pipeta volumétrica aferida da solução problema ≈ 25 mL
V_{al} = volume da pipeta volumétrica aferida da alíquota titulada ≈ 50 mL

Determinação de níquel com dimetilglioxima

Reação de precipitação: $Ni^{2+}_{(aq)} + 2(C_4H_8O_2N_2)_{(aq)} \rightleftharpoons Ni(C_4H_7O_2N_2)_{2(s)} + 2\ H^+_{(aq)}$

1. Pese, exatamente, cerca de 0,3 a 0,4 grama de amostra para dentro de um copo de béquer de 400 mL.
2. Dissolva com 50 mL de água, adicione 5 mL de HCl 6 mol/L, dilua a 200 mL com água destilada e aqueça a 70-80°C.
3. Adicione 30 a 35 mL de dimetilglioxima a 1% e acrescente imediatamente, gota a gota, solução diluída de NH_4OH 3 mol/L com constante agitação até perceber o desprendimento de amônia.
4. Adicione, então, um pequeno excesso da solução de amônia (2 mL), deixando em banho de vapor por 20 a 20 minutos. Verificar se a precipitação foi completa, adicionando dimetilglioxima na parte clara da solução.
5. Retire o copo de béquer do banho de vapor e deixe em repouso durante uma hora.
6. Filtre a solução através de um cadinho filtrante de vidro sinterizado de fina porosidade (G-3), previamente aquecido a 110-120°C durante uma hora e pesado após seu resfriamento em dessecador por 30 minutos.
7. Lave o precipitado com água até que esteja livre de cloreto (teste com $AgNO_3$).
8. Seque em estufa durante 60 minutos a 110-120°C, deixe esfriar em dessecador por 30 minutos e pese.
9. Expresse o resultado em porcentagem (m/m) de níquel na amostra.

Calcule o teor de níquel na amostra considerando o fator gravimétrico:
$fg = MM_{Ni} / MM_{Ni(C_4H_7O_2N_2)2} = 0,2032$

$\% \, Ni = (m_{Ni} \cdot fg \cdot 100) / m_{amostra}$

Determinação gravimétrica de sulfato como $BaSO_4$

Reação de precipitação: $SO_4^{2-}{}_{(aq)} + Ba^{2+}{}_{(aq)} \rightleftharpoons BaSO_{4\,(s)}$

1. Pese exatamente, em balança analítica, entre 0,2 a 0,3 grama de amostra para um béquer de 600 mL. Adicione 50 mL de água destilada e dissolva sob agitação com bastão de vidro, que deverá permanecer no béquer até o final do trabalho. Em seguida, adicione 2 mL de HCl concentrado e dilua com água a 250 mL.
2. Dilua 20 mL de uma solução 5% de $BaCl_2$ para 75 mL com água destilada em um pequeno béquer e aqueça até próximo ao ponto de ebulição. Ao mesmo tempo, aqueça a solução com a amostra.
3. Adicione a solução de $BaCl_2$, rapidamente e sob agitação, à solução da amostra. Deixe sedimentar o precipitado e adicione ao líquido sobrenadante algumas gotas da solução de $BaCl_2$. Caso forme-se ainda precipitado, adicione mais solução de $BaCl_2$, deixe sedimentar e repita o teste para verificar se a precipitação foi completa.
4. Cubra o béquer com um vidro de relógio e deixe digerir em banho de vapor por 30 minutos. Paralelamente a isso, coloque um cadinho de porcelana com tampa na mufla por 60 minutos a 800°C, retire, deixe resfriar em dessecador até a temperatura ambiente por, no mínimo, 30 minutos, e pese o cadinho em balança analítica anotando a sua massa.
5. Filtre o precipitado através de um papel-filtro faixa azul. Transfira o precipitado para o papel-filtro com o auxílio de um jato de água quente.
6. Atrite as partículas do precipitado que estão aderidas à parede do béquer com um bastão de vidro provido de uma ponteira de borracha e passe essas partículas para o papel-filtro.
7. Lave o precipitado com pequenas porções de água quente, testando o líquido resultante com $AgNO_3$ (teste para verificar a presença de íons cloreto).
8. Retire o papel-filtro do funil, dobre-o e coloque-o no cadinho de porcelana, previamente pesado.
9. Coloque o cadinho na mufla com a tampa entreaberta e aqueça a mufla até 800°C, deixando, então, mais 60 minutos.
10. Retire o cadinho e coloque em um dessecador por, pelo menos, 30 minutos, até atingir a temperatura ambiente e, então, faça a pesagem.
11. Expresse o resultado em porcentagem (m/m) de cálcio na amostra.

    Calcule o teor de sulfato na amostra considerando o fator gravimétrico:
    $fg = MM_{SO4-2} / MM_{BaSO4} = 0,4116$

    $\% \, SO_4 = (m_{BaSO4} \cdot fg \cdot 100) / m_{amostra}$

Capítulo 7

Volumetria de neutralização

Neste capítulo você estudará:

- A titulação de ácido forte com base forte.
- A titulação de ácido fraco com base forte.
- A titulação de base fraca com ácido forte.
- A titulação de ácidos polipróticos com base forte.
- Os momentos envolvidos no cálculo do pH nos diferentes processos de titulação.
- Os indicadores apropriados e sua faixa de pH.

A volumetria de neutralização fundamenta-se na medição de volumes de soluções cujos solutos promovem uma reação ácido-base.
Na acidimetria, o titulante é uma base.
Na alcalimetria, o titulante é um ácido.

Titulação de ácido forte com base forte

O cálculo de pH durante o processo de titulação entre um ácido forte e uma base forte envolve quatro momentos distintos, conforme descritos a seguir.

Cálculo do pH antes da adição de base forte

O pH é calculado a partir da concentração molar do ácido forte conforme a expressão pH = − log [H_3O^+] ou pH = − log [H^+]. A expressão da concentração molar é dada pela molaridade, M, ou por colchetes, [ ], e sua unidade é expressa em mol/L.

Cálculo do pH antes do ponto de equivalência

O pH é determinado pela espécie que estiver em excesso, levando em consideração a reação estequiométrica. No caso de o titulante ser uma base forte, a espécie em excesso no sistema reacional até o ponto de equivalência é o ácido forte. Portanto, calcula-se a concentração molar do ácido forte em excesso fazendo a subtração do número de mols ou milimols de ácido forte em excesso do número de mols ou milimols de base forte adicionado e dividindo a quantidade em mols ou milimols de ácido forte resultante pelo volume total da solução.

IMPORTANTE

Calcula-se a concentração molar do ácido forte em excesso fazendo a subtração do número de mols ou milimols de ácido forte em excesso do número de mols ou milimols de base forte adicionado e dividindo a quantidade em mols ou milimols de ácido forte resultante pelo volume total da solução.

Determina-se a concentração hidrogeniônica da solução e, subsequentemente, o pH, conforme as seguintes expressões:

$$[H^+]_{excesso} = n_{mmols\ H^+} - n_{mmols\ OH^-} / V_{H^+} + V_{OH^-} \text{ ou}$$

$$[H^+]_{excesso} = [H^+].V_{H^+} - [OH^-].V_{OH^-} / V_{H^+} + V_{OH^-}$$

$$pH = -\log[H^+]_{excesso} = -\log[H_3O^+]_{excesso}$$

O número de mols pode ser determinado pelas seguintes expressões: $n_{mols} = [H^+].V_{H^+}$ e $n_{mols} = [OH^-].V_{OH^-}$, sendo a concentração molar expressa em mol/L e o volume em litros.

O número de milimols, n_{mmols}, usualmente é determinado pela mesma expressão, usando o volume em mililitros (mL)

$$\text{Volume total} = V_{\text{ácido}} + V_{\text{base}}, \text{ ou } Vt = V_{H^+} + V_{OH^-}.$$

Cálculo do pH no ponto de equivalência

O pH é neutro, pois reagem quantidades exatamente equivalentes de ácido forte e base forte. Neste caso, o número de mols ou milimols de ácido é exatamente igual ao número de mols ou mmols de base adicionado e, portanto,

$$n_{mmols\ ácido} = n_{mmols\ básico}$$

que resulta em

$$[H_3O^+] = [OH^-]$$

Aplicar o produto iônico da água resulta em:

$$[H_3O^+]^2 = [OH^-]^2 = (K_w)^{1/2}$$

$$[H_3O^+]^2 = [OH^-]^2 = (1,0.10^{-14})^{1/2}$$

$$[H_3O^+] = [OH^-] = 1,0.10^{-7}\ mol/L^{-1}$$

$$pH = pOH = 7,0$$

Cálculo do pH após o ponto de equivalência

O pH é determinado pela espécie que estiver em excesso levando em consideração a reação estequiométrica. No caso do titulante ser uma base forte, a espécie em excesso no sistema reacional após o ponto de equivalência será a base forte. Então, calcula-se a concentração molar da base forte em excesso fazendo a subtração do número de mols ou milimols de base forte em excesso do número de mols ou milimols de ácido forte, e dividindo a quantidade em mols ou milimols de base forte resultante pelo volume total da solução.

IMPORTANTE

Calcula-se a concentração molar da base forte em excesso fazendo a subtração do número de mols ou milimols de base forte em excesso do número de mols ou milimols de ácido forte, e dividindo a quantidade em mols ou milimols de base forte resultante pelo volume total da solução.

Determina-se a concentração hidrogeniônica da solução e, subsequentemente, o pH, conforme as seguintes expressões:

$$[OH^-]_{excesso} = n_{mmols\ OH^-} - n_{mmol\ H^+} / V_{OH^-} + V_{H^+} \text{ ou}$$

$$[OH^-]_{excesso} = [OH^-].V_{OH^-} - [H^+].V_{H^+} / V_{OH^-} + V_{H^+}$$

Substituindo no produto iônico da água, temos $[H^+] = 1,0.10^{-14} / [OH^-]_{excesso}$

$$pH = - \log [H^+] = - \log [H_3O^+]$$

Exemplo 1 – Titulação de 50,00 mL de HCl 0,0001 mol/L com NaOH 0,1000 mol/L

Reação estequiométrica: $\quad H_3O^+_{(aq)} + OH^-_{(aq)} \rightleftharpoons 2\ H_2O$

ou simplificadamente: $\quad H^+_{(aq)} + OH^-_{(aq)} \rightleftharpoons H_2O$

$$[H_3O^+][OH^-] = K_w = 1,0.10^{-14} \text{ a } 25°C, \text{ em que}$$

K_w é o produto iônico da água ou constante de ionização da água.

Cálculo do pH em diferentes momentos da titulação

Antes da adição da base forte:

$$HCl_{(aq)} + H_2O \longrightarrow H^+_{(aq)} + Cl^-_{(aq)}$$

$$0 \qquad\qquad\qquad 0,1000 \quad 0,1000 \quad \text{mol/L}$$

$$pH = - \log [H_3O^+] = - \log [H^+] = 0,1000\ \text{mol/L} = 1,00$$

Após a adição de 10,00 mL de base:

$$n_{mmolsH^+} = 50,00 \text{ mL} \times 0,1000 \text{ mol/L} = 5,000 \text{ mmol}$$

$$n_{mmolsH^-} = 10,00 \text{ mL} \times 0,1000 \text{ mol/L} = 1,000 \text{ mmol}$$

Reação estequiométrica: $H^+_{(aq)}$ + $OH^-_{(aq)}$ $\rightleftharpoons$ H_2O

início :	5,000	1,000	0
reage:	1,000	1,000	
sobra:	4,000	≈ 0	1,000

$$[H^+] = 4,000 \text{ mmol}/60,00 \text{ mL} = 0,0667 \times 10^{-2} \text{ mol/L}$$

$$pH = 1,18$$

Após a adição de 20,00 mL da base: pH = 1,37

Após a adição de 30,00 mL da base: pH = 1,60

Após a adição de 40,00 mL da base: pH = 1,95

Após a adição de 49,00 mL da base: pH = 3,00

Após a adição de 49,90 mL da base (erro de –0,20%):

$$n_{mmolsH^+} = 50,00 \text{ mL} \times 0,1000 \text{ mol/L} = 5,000 \text{ mmol}$$

$$n_{mmolsH^-} = 49,90 \text{ mL} \times 0,1000 \text{ mol/L} = 4,990 \text{ mmol}$$

sobram 0,0100 mmols de H^+ em um volume de 99,90 mL de solução.

$$[H^+] = 0,0100 \text{ milimol}/99,90 \text{ mL} = 1,00 \times 10^{-4} \text{ mol/L} \quad pH = 4,00$$

Após a adição de 49,95 mL de base (erro de –0,10%): pH = 4,30

Após a adição de 50,00 mL de base (ponto de equivalência):

$$n_{mmolsH^+} = n_{mmolsH^-} = 50,00 \text{ mL} \times 0,1000 \text{ mol/L} = 5,000 \text{ mmol}$$

$$pH = 7,00$$

Após a adição de 50,05 mL de base (erro de +0,10%):

$$n_{mmolsH^+} = 5,000 \text{ mmol} \qquad n_{mmolsH^-} = 5,005 \text{ mmol}$$

sobram 0,005 mmols de OH^- em 100,05 mL de solução.

$$[OH^-] = 0,005 \text{ mmol}/100,05 \text{ mL} = 4,998 \times 10^{-5} \text{ mol/L}$$

$$pH = 9,70$$

Após a adição de 50,10 mL de base (erro de +0,20%): pH = 10,0

Após a adição de 51,00 mL de base: pH = 11,0

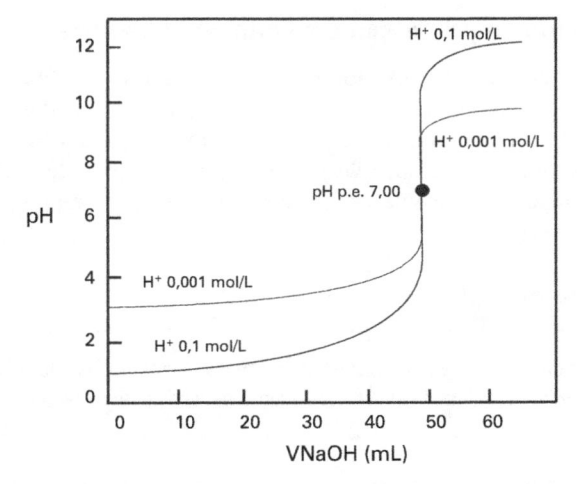

FIGURA 7.1 Efeito da concentração no perfil da curva de titulação de um ácido forte com uma base forte.

Escolha dos indicadores

Na alcalimetria, o limite superior da faixa de viragem do indicador deve situar-se no intervalo de pH calculado para o erro máximo permitido.

Considerando um erro máximo permitido de ±0,10%, cujo intervalo de pH calculado é 4,30 a 9,70, os indicadores mais adequados estão listados na tabela a seguir:

Indicadores	Intervalo de transição de pH (mudança de cor)
alaranjado de metila	3,1 a 4,4
p-etoxicrisoidina	3,5 a 5,5
púrpura de bromocresol	5,2 a 6,8
vermelho de bromofenol	5,4 a 6,8
azul de bromotimol	6,0 a 7,6
azolitmina	5,0 a 8,0
ácido rosólico	6,8 a 8,0
vermelho de fenol	6,4 a 8,0
vermelho de cresol	7,2 a 8,8
azul de timol	8,0 a 9,6
fenolftaleína	8,0 a 10,0

Titulação de ácido fraco com base forte

O cálculo de pH durante o processo de titulação entre um ácido fraco e uma base forte envolve quatro momentos distintos, conforme descritos a seguir.

Cálculo do pH antes da adição de base forte

O pH é calculado levando em consideração o equilíbrio de dissociação do ácido fraco. Segundo o conceito de Brønsted-Lowry, os ácidos fracos são substâncias protonadas que se ionizam parcialmente em solução aquosa podendo apresentar um ou mais hidrogênios ionizáveis. A dissociação parcial de um ácido fraco monoprótico, designado genericamente HA, em meio aquoso, é representada por $HA_{(aq)} + H_2O \rightleftharpoons A^-_{(aq)} + H_3O^+_{(aq)}$.

> **DEFINIÇÃO**
>
> Segundo o conceito de Brønsted-Lowry, os ácidos fracos são substâncias protonadas que se ionizam parcialmente em solução aquosa podendo apresentar um ou mais hidrogênios ionizáveis.

A constante de equilíbrio ou constante de ionização do ácido fraco (K_a) para a reação de dissociação parcial é expressa matematicamente por $K_a = [A^-][H_3O^+] / [HA]$. Rearranjando a expressão, obtém-se $[H_3O^+] = K_a \cdot [HA] / [A^-]$. O pH é então calculado a partir da concentração molar do ácido fraco aplicando a expressão $pH = -\log[H_3O^+]$ ou $pH = -\log[H^+]$.

Cálculo do pH antes do ponto de equivalência

A partir do início da adição da base forte até o ponto de equivalência, a espécie HA em solução é paulatinamente convertida em A^-, formando um sistema tampão, HA/A^-. Nessa região do processo de titulação, o pH aumenta lentamente devido às pequenas variações na proporção $[A^-]/[HA]$. Portanto, o pH da solução é calculado a partir da reação estequiométrica, considerando que a solução resultante é uma mistura da espécie HA que não reagiu com a forma A^- que se formou da reação de ácido fraco com base forte.

Calcula-se a concentração hidrogeniônica da solução e, subsequentemente, o pH da solução, conforme as seguintes expressões:

$[HA] = n_{mmolsHA} - n_{mmols\,OH^-} / V_{HA} + V_{OH^-} = [HA] \cdot V_{HA} - [OH^-] V_{OH^-} / V_{HA} + V_{OH^-}$

$[A^-] = n_{mmols\,OH^-} / V_{HA} + V_{OH^-} = [OH^-] \cdot Vo_{H^-} / V_{HA} + V_{OH^-}$

A condição de equilíbrio iônico que governa o comportamento de um sistema tampão do tipo HA e A^- é dada por K_a,

$$HA_{(aq)} + H_2O \rightleftharpoons H_3O^+_{(aq)} + A^-_{(aq)}$$

$$K_a = [H_3O^+] A^-]/[HA]$$

em que

$[A^-]$ = concentração molar do sal
$[HA]$ = concentração molar do ácido

que, ao serem substituídos na expressão do K_a, resulta em:

$$K_a = [H_3O^+] [A^-] / [HA] \text{ ou}$$

$[H_3O^+] = K_a [HA] / [A^-]$, expressão para calcular o pH da solução do início da titulação até o ponto de equivalência.

Logaritmando a expressão, temos:

$$\log [H_3O^+] = \log K_a + \log [HA] / [A^-] \quad (x-1)$$

$$-\log [H_3O^+] = -\log K_a - \log [HA] / [A^-]$$

$$pH = pK_a + \log [A^-] / [HA]$$

Cálculo do pH no ponto de equivalência

No ponto de equivalência, quantidades exatamente equivalentes de ácido fraco e de base forte adicionada reagem resultando em uma solução salina de acetato de sódio em que $n_{mmols\ HA\ inicial} = n_{mmols\ OH^-\ adicionado} = n_{mmolsA^-\ formado}$. A forma A^- é uma base de Brønsted-Lowry que promove uma reação ácido-base com a água, tornando o pH da solução alcalino. Quanto maior for a concentração salina da forma A^-, mais alcalino será o pH da solução.

DICA

Quanto maior for a concentração salina da forma A^-, mais alcalino será o pH da solução.

Calcula-se a concentração hidrogeniônica da solução e, subsequentemente, o pH da solução, conforme as seguintes expressões:

$$[A^-] = n_{mmols\ HA} = n_{mmols\ OH^-} / V_{HA} + V_{OH^-}$$

$$[A^-] = [HA]. V_{HA} / V_{HA} + V_{OH^-} = [OH^-]. V_{OH^-} / V_{HA} + V_{OH^-}$$

A partir da interação ácido-base entre a espécie química A^- e a água, deduz-se que quantidades estequiométricas de ácido fraco e base forte são formadas, isto é, $[HA] = [OH^-]$. A condição de equilíbrio iônico que governa o comportamento de uma solução salina do tipo A^- é dada por uma constante básica, K_b ou $K_b = K_w / K_a$

$$A^-_{(aq)} + H_2O \rightleftharpoons HA_{(aq)} + OH^-_{(aq)}$$

$$K_b = [HA] [OH^-] / [A^-]$$

em que

$[A^-]$ = concentração molar do sal
$[HA]$ = concentração molar do ácido formado
$[OH^-]$ = concentração molar da base forte formada

que, ao serem substituídos na expressão do K_b, resultam em:

$$K_b = K_w / K_a = [OH^-]^2 / [A^-] \text{ ou}$$

$[OH^-]^2 = K_b [A^-]$ que, por substituição no produto iônico da água, $[H_3O^+][OH^-] = K_w = 1,0.10^{-14}$, determina o pH da solução no ponto de equivalência.

Cálculo do pH após o ponto de equivalência

Após o ponto de equivalência, o pH da solução é determinado pelo excesso de base forte adicionado que suprime a reação ácido-base promovida da forma A^- e a água. O perfil do processo de titulação é semelhante ao de um processo de titulação entre um ácido forte e uma base forte. Calcula-se a concentração molar da base forte em excesso fazendo a subtração do número de mols ou milimols de base forte em excesso do número de mols ou milimols de ácido fraco inicial, e dividindo a quantidade em mols ou milimols de base forte resultante pelo volume total da solução.

> **IMPORTANTE**
>
> Calcula-se a concentração molar da base forte em excesso fazendo a subtração do número de mols ou milimols de base forte em excesso do número de mols ou milimols de ácido fraco inicial, e dividindo a quantidade em mols ou milimols de base forte resultante pelo volume total da solução.

Determina-se a concentração hidrogeniônica da solução e, subsequentemente, o pH, conforme as seguintes expressões:

$$[OH^-]_{excesso} = n_{mmols\ OH^-} - n_{mmols\ HA} / V_{OH^-} + V_{HA} \text{ ou}$$

$$[OH^-]_{excesso} = [OH^-].V_{OH^-} - [HA].V_{HA} / V_{OH^-} + V_{HA}$$

Substituindo no produto iônico da água, temos $[H^+][OH^-]_{excesso} = 1,0.10^{-14}$

$$pH = -\log[H^+] = -\log[H_3O^+]$$

Exemplo 2 – Titulação de 50,00 mL de CH_3COOH 0,1000 mol/L com NaOH 0,1000 mol/L

Reação estequiométrica: $CH_3COOH_{(aq)}$ + $OH^-_{(aq)}$ ⇌ $CH_3COO^-_{(aq)}$ + H_2O
         0,1000 mol/L   0,1000 mol/L
              x x
          50,00 mL V_{PE}

Dados: CH_3COOH $K_a = 1,75 \times 10^{-5}$ $V_{PE} = 50,00$ mL $K_r = 1,75 \times 10^9$

Antes da adição da base:

Reação estequiométrica: $CH_3COOH_{(aq)} + H_2O = CH_3COO^-_{(aq)} + H_3O^+_{(aq)}$
no equilíbrio: $\quad\quad\quad\quad\quad 0,1000 - x \quad\quad\quad\quad x \quad\quad\quad x$

$K_a = [CH_3COO^-][H_3O^+] / [CH_3COOH]$

$1,75 \times 10^{-5} = \dfrac{x^2}{0,1000 - x} \quad\quad x = [H_3O^+] = 1,32 \times 10^{-3}$ mol/L

↓

| simplifica ! | pH = 2,88

Após a adição de 10,00 mL de NaOH 0,1000 mol/L:

$n_{mmolsCH_3COOH} = 50,00$ mL $\times 0,1000$ mol/L $= 5,000$ mmol
$n_{mmolsOH^-} = 10,00$ mL $\times 0,1000$ mol/L $= 1,000$ mmol

Reação estequiométrica: $\quad CH_3COOH \;+\; OH^- \;\rightleftharpoons\; CH_3COO^- + H_2O$

início:	5,000	1,000	
reage:	1,000	1,000	
sobra:	4,000	≈0	1,000

$[CH_3COOH] = 4,000$ mmol / $60,00$ mL $= 0,0667$ mol/L
$[CH_3COO^-] = 1,000$ mmol / $60,00$ mL $= 0,0167$ mol/L

$K_a = [CH_3COO^-][H_3O^+] / [CH_3COOH] \quad\quad 1,75 \times 10^{-5} = \dfrac{1,000 / 60,00 \, [H_3O^+]}{4,000 / 60,00}$

$[H_3O^+] = 7,00 \times 10^{-5}$ mol/L $\quad$ pH = 4,15

Após a adição de 25,00 mL de base:

$[H^+] = K_a \quad$ pH = pK_a $\quad$ pH = 4,76

Após a adição de 40,00 mL de base: pH = 5,36

Após a adição de 49,00 mL de base: pH = 6,45

Após a adição de 49,95 mL de base (erro de –0,10%): pH = 7,76

Após a adição de 50,00 mL de base (ponto de equivalência)

$n_{mmolsCH_3COOH} = n_{mmolsOH^-} = 50,00$ mL $\times 0,1000$ mol/L $= 5,000$ mmol

Reação estequiométrica: $\quad CH_3COOH \;+\; OH^- \;\rightleftharpoons\; CH_3COO^- \;+\; H_2O$

início:	5,000	5,000	0	0
reage:	5,000	5,000		
sobra:	≈ 0	≈ 0	5,000	

Solução resultante: $[CH_3COO^-] = 5{,}000$ mmol/100,00 mL $= 0{,}05000$ mol/L

Reação estequiométrica: $\quad CH_3COO^- + H_2O \rightleftharpoons CH_3COOH + OH^-$

no equilíbrio: $\quad 0{,}0500 - x \quad\quad\quad\quad x \quad\quad\quad x$

$K_r = K_w / K_a = 1{,}00 \times 10^{-14} / 1{,}76 \times 10^{-5} \quad K_r = 5{,}71 \times 10^{-10}$

$K_r = [CH_3COOH][OH^-] / [CH_3COO^-]$

$K_r = 1{,}00 \times 10^{-14} / 1{,}75 \times 10^{-5} = x^2 / 0{,}0500 - x$

$x = [OH^-] = 5{,}34 \times 10^{-6}$ mol/L $\quad$ pOH = 5,27 $\quad$ pH = 8,73

Após a adição de 50,05 mL de base (erro de +0,10%)

$[OH^-] = 0{,}05000$ mL $\times 0{,}1000$ mol/L $= 100{,}05$ mL $= 5{,}00 \times 10^{-5}$ mol/L

pOH = 4,30 $\quad$ pH = 9,70

Após a adição de 51,00 mL de base: pH = 11,00

Escolha dos indicadores

Na alcalimetria, o limite superior da faixa de viragem do indicador deve situar-se no intervalo de pH calculado para o erro máximo permitido.

Erro máximo permitido: ± 0,10 %

Faixa de pH: 7,76 a 9,70

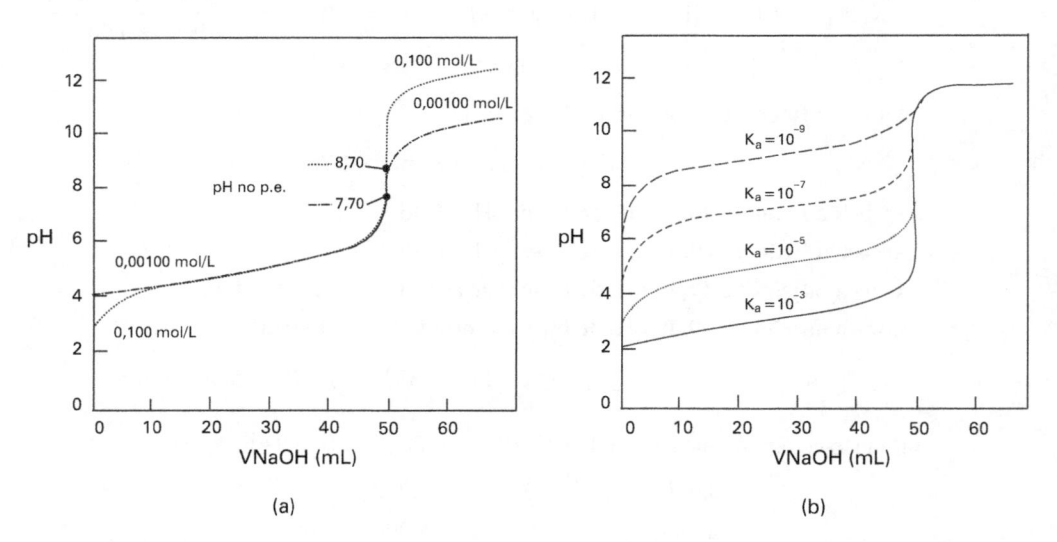

FIGURA 7.2 (a) Efeito da concentração no perfil da curva de titulação de um ácido fraco com uma base forte. (b) Efeito da força ácida no perfil da curva de titulação de diferentes ácidos fracos de mesma concentração com uma base forte.

Indicadores	Faixa de pH
vermelho de fenol	6,4 a 8,0
vermelho de cresol	7,2 a 8,8
azul de timol	8,0 a 9,6
fenolftaleína	8,0 a 10,0

Titulação de base fraca com ácido forte

O cálculo de pH durante o processo de titulação entre uma base fraca e um ácido forte envolve quatro momentos distintos, conforme descritos a seguir.

Cálculo do pH antes da adição do ácido forte

O pH é calculado levando em consideração o equilíbrio de dissociação da base fraca. Segundo a definição de Brønsted-Lowry, as bases são espécies químicas moleculares ou iônicas capazes de fixar prótons ou hidrogênios.

DEFINIÇÃO

As bases são espécies químicas moleculares ou iônicas capazes de fixar prótons ou hidrogênios, segundo a definição de Brønsted-Lowry.

A dissociação parcial de uma base fraca, designada genericamente de B, em meio aquoso, é representada por $B_{(aq)} + H_2O \rightleftharpoons BH^+_{(aq)} + OH^-_{(aq)}$. A constante de equilíbrio, ou constante de ionização da base fraca (K_b), para a reação de dissociação parcial é expressa matematicamente por $K_b = [BH^+][OH^-]/[B]$. Rearranjando a expressão, obtém-se $[OH^-] = K_b \cdot [B]/[BH^+]$.

O pH é então calculado aplicando a concentração molar de íons hidroxila no produto iônico da água, $1,0 \times 10^{-14} = [H^+][OH^-]$, seguido da determinação do $pH = -\log[H_3O^+]$ ou $pH = -\log[H^+]$.

Cálculo do pH antes do ponto de equivalência

Do início da adição de ácido forte até o ponto de equivalência, a base fraca em solução é paulatinamente convertida em íon amônio, formando um sistema tampão base fraca (B) e forma protonada da base fraca (BH^+). Nessa região do processo de titulação, o pH aumenta lentamente devido às pequenas variações na proporção $[BH^+]/[B]$. Portanto, o pH da solução é calculado a partir da reação estequiométrica, considerando que a solução resultante é uma mistura de base fraca B que não reagiu com a forma BH^+ que se formou da reação de base fraca com ácido forte. Calcula-se a concentração hidrogeniônica da solução e, subsequentemente, o pH da solução, conforme as seguintes expressões:

$$[B] = n_{mmolsB} - n_{mmol\,H^+} / V_B + V_{H^+} = [B] \cdot V_B - [H^+] \cdot V_{H^+} / V_B + V_{H^+}$$

$$[BH^+] = n_{mmol\,H^+} / V_B + V_{H^+} = [H^+] \cdot V_{H^+} / V_B + V_{H^+}$$

A condição de equilíbrio iônico que governa o comportamento de um sistema tampão do tipo amônia e íon amônio é dada por K_b,

$$B_{(aq)} + H_2O \rightleftharpoons BH^+_{(aq)} + OH^-_{(aq)}$$

$$K_b = [BH^+][OH^-] / [B]$$

em que

[BH$^+$] = concentração molar do sal
[B] = concentração molar da base

rearranjando a expressão, resulta em:

$$[OH^-] = K_b [B] / [BH^+],$$

expressão que possibilita calcular o pH da solução do início da titulação até o ponto de equivalência por substituição de [OH$^-$] no produto iônico da água, [H$^+$] = [OH$^-$]/K_w. Logaritmando a expressão, temos:

$$\log [OH^-] = \log K_b + \log [B] / [BH^+] \,(x-1)$$

$$-\log [OH^-] = -\log K_b - \log [B] / [BH^+]$$

$$pOH = + \log[BH^+]/[B]$$

e, finalmente, pH = pK_w – pOH

Cálculo do pH no ponto de equivalência

No ponto de equivalência, quantidades exatamente equivalentes de base fraca e de ácido fraco adicionado reagem resultando em uma solução salina de BH$^+$ em que $n_{mmol\,BH^+\,inicial}$ = $n_{mmol\,H^+\,adicionado}$ = $n_{mmolBH^+\,formado}$. A espécie química BH$^+$ é um ácido de Brønsted-Lowry que promove uma reação ácido-base com a água, tornando o pH da solução ácido.

DICA

Quanto maior for a concentração salina da forma BH$^+$, mais ácido será o pH da solução.

Calcula-se a concentração hidrogeniônica da solução e, subsequentemente, o pH da solução, conforme as seguintes expressões:

$$[BH^+] = n_{mmol\,B} = n_{mmol\,H^+} / V_B + V_{H^+}$$

$$[BH^+] = [B] \cdot V_B / V_B + V_{H^+} = [H^+] \cdot V_{H^+} / V_B + V_{H^+}$$

A partir da interação ácido-base entre a espécie BH^+ e a água, deduz-se que quantidades estequiométricas de base fraca e ácido forte são formadas, isto é, $[B] = [H^+]$. A condição de equilíbrio iônico que governa o comportamento de uma solução salina do tipo BH^+ é dada por uma constante ácida, K_a ou $K_a = K_w / K_b$.

$$BH^+_{(aq)} + H_2O \rightleftharpoons B_{(aq)} + H_3O^+_{(aq)}$$

$$K_a = [B][H_3O^+] / [BH^+]$$

em que

$[BH^+]$ = concentração molar do sal
$[B]$ = concentração molar da base formada
$[H_3O^+]$ = concentração molar do ácido forte formado

que, ao serem substituídos na expressão de K_a, resulta em

$$K_a = K_w / K_b = [H_3O^+]^2 / [BH^+] \text{ ou}$$

$[H_3O^+]^2 = K_a [BH^+]$ que possibilita calcular o pH da solução através da expressão $pH = -\log[H_3O^+]$.

Cálculo do pH após o ponto de equivalência

Após o ponto de equivalência, o pH da solução é determinado pelo excesso de ácido forte adicionado que suprime a reação ácido-base promovida pelos íons BH^+ e a água. O perfil do processo de titulação é semelhante ao de um processo de titulação em que uma base forte é titulada com um ácido forte.

IMPORTANTE

Calcula-se a concentração molar do ácido forte em excesso fazendo a subtração do número de mols ou milimols do ácido forte em excesso do número de mols ou milimols de base fraca inicial, e dividindo a quantidade em mols ou milimols de ácido forte resultante pelo volume total da solução.

Determina-se a concentração hidrogeniônica da solução e, subsequentemente, o pH, conforme as seguintes expressões:

$$[H_3O^+]_{excesso} = [H^+]_{excesso} = n_{mmols\ H^+} - n_{mmol\ B} / V_{H^+} + V_B \text{ ou}$$

$$[H^+]_{excesso} = [H^+].V_{H^+} - [B].V_B / V_{H^+} + V_B$$

$$pH = -\log[H^+]_{excesso} = -\log[H_3O^+]_{excesso}$$

Exemplo 3 – Titulação de 50,00 mL de NH_3 0,1000 mol/L com HCl 0,1000 mol/L

Reação estequiométrica: $NH_{3(aq)}$ + $H_3O^+_{(aq)}$ ⇌ $NH_{4(aq)}^+$ + H_2O
                                   0,1000 mol/L   0,1000 mol/L
                                      x   x
                                   50,00 mL V_{PE}

Dados: NH_3 $K_b = 1,76 \times 10^{-5}$ $V_{PE} = 50,00$ mL $K_r = 1,76 \times 10^9$

Antes da adição do ácido:

Reação estequiométrica: NH_3 + H_2O ⇌ NH_4^+ + OH^-
     no equilíbrio: $0,100 - x$ x   x

$$K_b = [NH_4^+][OH^-] / [NH_3]$$

$$1,76 \times 10^{-5} = \frac{x^2}{0,1000 - x} \qquad x = [OH^-] = 1,33 \times 10^{-3} \text{ mol/L}$$

↓ simplifica !   pOH = 2,88   pH = 11,12

como $x < 5\%$ da concentração inicial da base, x pode ser simplificado

Após a adição de 10,00 mL de ácido: pH = 9,85

$n_{mmolsNH3}$ = 50,00 mL × 0,1000 mol/L = 5,000 mmol
$n_{mmolsH3O^+}$ = 10,00 mL × 0,1000 mol/L = 1,000 mmol

Reação estequiométrica: NH_3 + H_3O^+ ⇌ NH_4^+ + H_2O
         início: 5,000   1,000
   no equilíbrio: 4,000   1,000   1,000

$[NH_3]$ = 4,000 mmol / 60,00 mL = 0,0667 mol/L
$[NH_4^+]$ = 1,000 mmol / 60,00 mL = 0,0167 mol/L

$$K_b = [NH_4^+][OH^-] / [NH_3] \qquad 1,76 \times 10^{-5} = \frac{1,000 / 60,00 \, [OH^-]}{4,000 / 60,00}$$

$[OH^-] = 7,00 \times 10^{-5}$ mol/L   pOH = 4,15   pH = 9,85

Após a adição de 25,00 mL de ácido:

$$pOH = pK_{NH_3} \qquad pH = 9,24$$

Após a adição de 40,00 mL de ácido: pH = 8,64
Após a adição de 49,00 mL de ácido: pH = 7,56
Após a adição de 49,95 mL de ácido: pH = 6,25 (erro de –0,10 %)
Após a adição de 50,00 mL de ácido:

$$n_{mmol\ NH3} = n_{mmol\ H3O^+} = 0,1000\ mol/L \times 50,00\ mL = 5,000\ mmol$$

Reação estequiométrica: $NH_{3(aq)}$ + $H_3O^+_{(aq)}$ ⇌ $NH_4^+_{(aq)}$ + H_2O
início: 5,000   5,000   0
no equilíbrio: ≈ 0   ≈ 0   5,000

$$K_r = K_b/K_w = 1,76 \times 10^{-5}/1,0 \times 10^{-14} = 1,76 \times 10^9$$

Solução resultante: $[NH_4^+]$ = 5,000 mmol/100,00 mL = 0,0500 mol/L

Reação estequiométrica: $NH_4^+_{(aq)}$ + H_2O ⇌ $NH_{3(aq)}$ + H_3O^+
no equilíbrio: 0,0500 – x x x

$$K_r = K_w/K_b = 1,00 \times 10^{-14}/1,76 \times 10^{-5} \qquad K_r = 5,68 \times 10^{-10}$$

$$K_r = [NH_3][H_3O^+]/[NH_4^+] \qquad K_r = \frac{1,00 \times 10^{-14}}{1,76 \times 10^{-5}} = \frac{x^2}{0,0500 - x}$$

$$x = [H_3O^+] = 5,33 \times 10^{-6}\ mol/L \qquad pH = 5,27$$

Após a adição de 50,05 mL de ácido: pH = 4,30 (erro de +0,10%)
Após a adição de 51,00 mL de ácido: pH = 3,00

Escolha dos indicadores

Na acidimetria, o limite inferior da faixa de viragem do indicador deve estar dentro do intervalo calculado para o erro máximo permitido.

Erro máximo permitido: ± 0,10%

Faixa de pH: 6,25 a 4,30

Indicadores	Faixa de pH
Vermelho de metila	4,4 a 6,2
Púrpura de bromocresol	5,2 a 6,8
Azul de bromotimol	6,0 a 7,6
Azolitmina	5,0 a 8,0

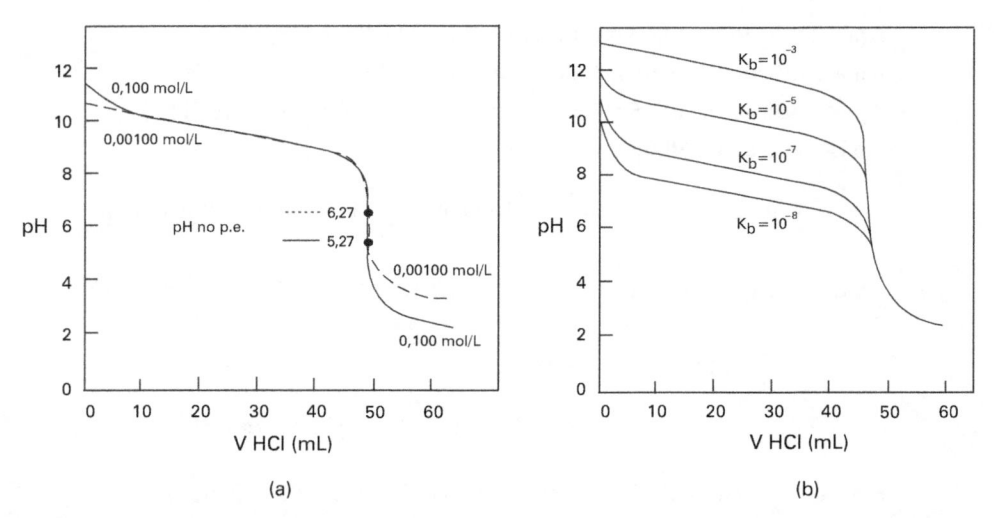

FIGURA 7.3 (a) Efeito da concentração no perfil da curva de titulação de um base fraca com um ácido forte. (b) Efeito da força básica no perfil da curva de titulação de diferentes bases fracas de mesma concentração com um ácido forte.

Titulação de ácidos polipróticos com base forte

O processo de titulação de ácidos polipróticos assemelha-se à titulação de vários ácidos monopróticos de forças ácidas diferentes. Os ácidos polipróticos são espécies químicas que apresentam mais de um átomo de hidrogênio ionizável por molécula.

DEFINIÇÃO

Os ácidos polipróticos são espécies químicas que apresentam mais de um átomo de hidrogênio ionizável por molécula.

Para ocorrer uma inflexão no processo de titulação associada a cada átomo de hidrogênio ionizável de um ácido poliprótico, é necessário que duas condições sejam obedecidas:

1. que a relação entre as constantes de ionização do ácido poliprótico, por exemplo, K_{a1}/K_{a2}, seja maior que quatro, ou $pK_1 - pK_2 \geq 4$;
2. que preferencialmente a constante de ionização mais fraca do ácido poliprótico não seja de um ácido extremamente fraco, isto é, $K_a \leq 10^{-7}$.

Os cálculos de pH durante o processo de titulação entre um ácido poliprótico e uma base forte é semelhante aos processos de titulação envolvendo ácidos monopróticos e base forte.

Processo de titulação para um ácido diprótico H_2A

Cálculo do pH antes da adição de base forte

O pH é calculado levando em consideração o equilíbrio da primeira constante de dissociação do ácido diprótico. A primeira dissociação de um ácido diprótico, do tipo H_2A, em meio aquoso, é representada genericamente por $H_2A_{(aq)} + H_2O \rightleftharpoons HA^-_{(aq)} + H_3O^+_{(aq)}$. A constante de equilíbrio, ou constante de ionização, do ácido diprótico (K_{a1}) para a reação de dissociação parcial é expressa matematicamente por $K_{a1} = [HA^-][H_3O^+]/[H_2A]$. Considerando que a constante de equilíbrio, ou constante de ionização, do ácido diprótico (K_{a1}) tem magnitude de um ácido intermediário (K_a ao redor de 10^{-4} a 10^{-3}), o pH é calculado a partir da solução quadrática para a expressão rearranjada, $[H_3O^+] = K_{a1} \cdot [H_2A]/[HA^-]$.

Cálculo do pH antes do primeiro ponto de equivalência

Do início da adição da base forte até o ponto de equivalência, a espécie H_2A em solução é paulatinamente convertida a HA^-, formando um primeiro sistema tampão, H_2A / HA^-. Nessa região do processo de titulação, o pH aumenta lentamente devido às pequenas variações na proporção $[HA^-]/[H_2A]$. Portanto, o pH da solução é calculado a partir da reação estequiométrica considerando que a solução resultante é uma mistura de H_2A que não reagiu com a forma A^- originada da reação de ácido diprótico com base forte.

Calcula-se a concentração hidrogeniônica da solução e, subsequentemente, o pH da solução, conforme as seguintes expressões:

$$[H_2A] = n_{mmols H_2A} - n_{mmol\,OH^-} / V_{H_2A} + V_{OH^-} = [H_2A] \cdot V_{H_2A} - [OH^-] \cdot V_{OH^-} / V_{H_2A} + V_{OH^-}$$

$$[HA^-] = n_{mmol\,OH^-} / V_{H_2A} + V_{OH^-} = [OH^-] \cdot V_{OH^-} / V_{H_2A} + V_{OH^-}$$

A condição de equilíbrio iônico que governa o comportamento de um sistema tampão do tipo H_2A e HA^- por K_{a1},

$$H_2A_{(aq)} + H_2O \rightleftharpoons HA^-_{(aq)} + H_3O^+_{(aq)}$$

$$K_{a1} = [H_3O^+][HA^-]/[H_2A]$$

em que

$[HA^-]$ = concentração molar do sal
$[H_2A]$ = concentração molar do ácido

que, ao serem substituídos na expressão do K_{a1}, resulta em:

$$K_{a1} = [H_3O^+][HA^-]/[H_2A] \text{ ou}$$

$[H_3O^+] = K_{a1} [H_2A]/[HA^-]$, expressão para calcular o pH da solução do início da titulação até o ponto de equivalência.

Logaritmando a expressão, temos:

$$\log [H_3O^+] = \log K_{a1} + \log [H_2A]/[HA^-] \quad (x-1)$$

$$-\log [H_3O^+] = -\log K_{a1} - \log [H_2A]/[HA^-]$$

$$pH = pKa1 + \log [HA^-]/[H_2A]$$

Cálculo do pH no primeiro ponto de equivalência

No ponto de equivalência, quantidades exatamente equivalentes da forma H_2A e de base forte reagem resultando em uma solução salina contendo a espécie HA^- em que $n_{mmol\ H_2A\ inicial} = n_{mmol\ OH^-\ adicionado} = n_{mmol\ HA^-\ formado}$. A concentração da forma HA^- em solução aquosa pode ser determinada pela seguinte expressão:

$$[HA^-] = n_{mmol\ H_2A\ inicial} = n_{mmol\ OH^-\ adicionado} = n_{mmol\ HA^-\ formado} / V_{H_2A} + V_{OH^-}$$

DEFINIÇÃO

Espécie anfiprótica é uma espécie que age como um ácido ou uma base, ganhando ou perdendo hidrogênios ionizáveis.

A forma HA^- é uma espécie anfiprótica (espécie que age como um ácido ou uma base, ganhando ou perdendo hidrogênios ionizáveis) que promove dois equilíbrios simultaneamente em solução aquosa: uma reação de interação ácido-base com a água, ou reação de hidrólise, com formação das espécies H_2A e OH^- (1); e outra reação de ionização parcial com formação das espécies A^{2-} e H_3O^+ (2). A força relativa dessas duas reações determina o valor exato de $[H_3O^+]$ no ponto de equivalência.

A condição de equilíbrio iônico que governa o comportamento de uma solução do tipo HA^- e que determina se o pH da solução é ácido ou básico é descrita por três processos:

$$(1) \quad HA^-_{(aq)} + H_2O \rightleftharpoons H_2A_{(aq)} + OH^-_{(aq)} \quad K_{a2}$$
$$(2) \quad HA^-_{(aq)} + H_2O \rightleftharpoons A^{2-}_{(aq)} + H_3O^+_{(aq)} \quad K_w / K_{a1}$$
$$(3) \quad \underline{H^+ + OH^- \rightleftharpoons H_2O \quad 1/K_w}$$
$$2HA^-_{(aq)} \rightleftharpoons H_2A_{(aq)} + A^{2-}_{(aq)} \quad K_r$$

Somando membro a membro as equações de 1 a 3, obtém-se a reação global para a dissociação da forma HA^- e é possível calcular a constante reacional global (K_r) conforme descrito a seguir.

$$K_r = K_{a2} \cdot K_w / K_{a1} \cdot 1/K_w = [A^{2-}][H_2A] / [HA^-]^2$$

Considerando que, no equilíbrio, $[A^{2-}] \approx [H_2A]$, temos que $[A^{2-}]^2 \approx [H_2A]^2$.

Portanto, $K_r = K_{a2}/K_{a1} = [H_2A]^2 / [HA^-]^2$.

Rearranjando a equação de equilíbrio, $K_{a1} = [H^+][HA^-] / [H_2A]$, temos:

$$[H^+] / K_{a1} = [HA^-] / [H_2A]$$

Elevando todos os membros ao quadrado, obtém-se:

$$[H^+]^2 / K_{a1}^2 = [HA^-]^2 / [H_2A]^2$$

que, substituindo na expressão do K_r, resulta em:

$$K_{a2}/K_{a1} = [H^+]^2 / K_{a1}^2$$

Reagrupando, temos

$$[H^+]^2 = K_{a1}^2 \cdot K_{a2}/K_{a1} \text{ ou}$$

$$[H^+]^2 = K_{a1} \cdot K_{a2} \text{ ou } [H^+] = (K_{a1} \cdot K_{a2})^{1/2}$$

Logaritmando, temos:

$$pH = pK_{a1} + pK_{a2}/2$$

Cálculo do pH após o primeiro ponto de equivalência

A partir do primeiro ponto de equivalência até o segundo ponto de equivalência, a espécie HA^- em solução é paulatinamente convertida a A^{2-}, formando um segundo sistema tampão, HA^-/A^{2-}. Nessa região do processo de titulação, o pH aumenta lentamente devido às pequenas variações na proporção $[A^{2-}]/[HA^-]$. Portanto, o pH da solução é calculado a partir da reação estequiométrica, considerando que a solução resultante é uma mistura da forma HA^- que não reagiu com a espécie A^{2-} formada da reação de ácido diprótico com base forte.

Calcula-se a concentração hidrogeniônica da solução e, subsequentemente, o pH da solução, conforme as seguintes expressões:

$$[HA^-] = n_{mmolsHA^- \text{ formado}} - n_{mmol\ OH^-\ \text{adicionado}}/V_{H^2A} + V_{OH^-} =$$
$$[H^2A] \cdot V_{H2A} - [OH^-] \cdot V_{OH^-}/V_{H2A} + V_{OH^-}$$

$$[A^{2-}] = n_{mmol\ OH^-}/V_{H^2A} + V_{OH^-} = [OH^-] \cdot V_{OH^-}/V_{H^2A} + V_{OH^-}$$

A condição de equilíbrio iônico que governa o comportamento de um sistema tampão do tipo HA^- e A^{2-} por K_{a2},

$$HA^- + H_2O \rightleftharpoons A^{2-} + H_3O^+$$

$$K_{a2} = [H_3O^+][A^{2-}]/[HA^-]$$

em que

$[A^{2-}]$ = concentração molar do sal
$[HA^-]$ = concentração molar do ácido

Reagrupando, temos a expressão para calcular o pH da solução nessa região do processo de titulação:

$$[H_3O^+] = K_{a2}[HA^-]/[A^{2-}],$$

Logaritmando a expressão, temos:

$$\log[H_3O^+] = \log K_{a2} + \log[HA^-]/[A^{2-}]\ (x-1)$$
$$-\log[H_3O^+] = -\log K_a - \log[HA^-]/[A^{2-}]$$
$$pH = pK_{a2} + \log[A^{2-}]/[HA^-]$$

Cálculo do pH no segundo ponto de equivalência

No segundo ponto de equivalência, quantidades exatamente equivalentes de ácido diprótico e de base forte adicionada reagem, resultando em uma solução salina da forma A^{2-} em que $n_{mmols\ H_2A\ inicial} = n_{mmols\ OH^-\ adicionado} = n_{mmols\ A^{2-}\ formado}$. A forma A^{2-} é uma base de Brønsted-Lowry que promove uma reação ácido-base com a água, tornando o pH da solução alcalino. Quanto maior for a concentração salina da forma A^{2-}, mais alcalino será o pH da solução.

> **DICA**
>
> Quanto maior for a concentração salina da forma A^{2-}, mais alcalino será o pH da solução.

Calcula-se a concentração hidrogeniônica da solução e, subsequentemente, o pH da solução, conforme as seguintes expressões:

$$[A^{2-}] = n_{mmol\ HA-\ formado} = n_{mmol\ OH-\ adicionado} / V_{H_2A} + V_{OH^-} =$$
$$[H_2A] \cdot V_{H_2A} / V_{H_2A} + V_{OH^-} = [OH^-] \cdot V_{OH^-} / V_{H_2A} + V_{OH^-}$$

A partir da interação ácido-base entre a forma A^{2-} e a água, deduz-se que quantidades estequiométricas da forma HA^- e base forte são formadas, isto é, $[HA^-] = [OH^-]$.

A condição de equilíbrio iônico que governa o comportamento de uma solução salina do tipo A^{2-} é dada por uma constante básica, K_b ou $K_b = K_w / K_{a2}$

$$A^{2-}_{(aq)} + H_2O \rightleftharpoons HA^-_{(aq)} + OH^-_{(aq)}$$

$$K_b = [HA^-][OH^-] / [A^{2-}]$$

em que:

$[A^{2-}]$ = concentração molar do sal
$[HA^-]$ = concentração molar do ácido formado
$[OH^-]$ = concentração molar da base forte formada

em que, no equilíbrio,

$$[HA^-] \approx [OH^-]$$

que, ao serem substituídos na expressão do K_b, resulta em:

$$K_b = K_w / K_a = [OH^-]^2 / [A^{2-}] \text{ ou}$$

$[OH^-]^2 = K_b [A^{2-}]$ que, por substituição no produto iônico da água, $[H_3O^+][OH^-] = K_w = 1,0 \cdot 10^{-14}$, determina-se o pH da solução no segundo ponto de equivalência.

Cálculo do pH após o segundo ponto de equivalência

Após o ponto de equivalência, o pH da solução é determinado pelo excesso de base forte adicionada que suprime a reação ácido-base promovida pela forma A^{2-} e a água. O perfil do processo de titulação nesse momento é semelhante ao de um processo de titulação entre um ácido forte e uma base forte. Calcula-se a concentração molar da base forte em excesso fazendo a subtração do número de mols ou milimols de base forte em excesso do número de mols ou milimols da forma HA⁻, e dividindo a quantidade em mols ou milimols de base forte resultante pelo volume total da solução.

IMPORTANTE

Calcula-se a concentração molar da base forte em excesso fazendo a subtração do número de mols ou milimols de base forte em excesso do número de mols ou milimols da forma HA⁻, e dividindo a quantidade em mols ou milimols de base forte resultante pelo volume total da solução.

Determina-se a concentração hidrogeniônica da solução e, subsequentemente, o pH, será determinada conforme as seguintes expressões:

$$[OH^-]_{excesso} = n_{mmols\ OH^-} - n_{mmol\ HA^-} / V_{OH^-} + V_{H2A} =$$
$$[OH^-].V_{OH^-} - [H_2A] \cdot V_{H2A} / V_{OH^-} + V_{H2A}$$

Substituindo no produto iônico da água, temos $[H^+][OH^-]_{excesso} = 1,0.10^{-14}$

$$pH = -\log[H^+] = -\log[H_3O^+]$$

Exemplo 4 – Titulação de 20,00 mL de ácido diprótico, H_2A, 0,1000 mol/L com NaOH 0,1000 mol/L

Dados: $H_2A_{(aq)} + H_2O \rightleftharpoons H_3O^+_{(aq)} + HA^-_{(aq)}$ $K_1 = 1,00 \times 10^{-3}$

$HA^-_{(aq)} + H_2O \rightleftharpoons H_3O^+_{(aq)} + A^{2-}_{(aq)}$ $K_2 = 1,00 \times 10^{-7}$

Reação estequiométrica: $H_2A_{(aq)}$ + $2\ OH^-_{(aq)}$ $\rightleftharpoons$ $A^{2-}_{(aq)}$ + $2\ H_2O$
  0,1000 mol/L   0,1000 mol/L
  x   x
  20,00 mL V_{PE}

$$V_{PE} = 40,00\ mL$$

Antes da adição de base:

  $H_2A_{(aq)}$ + H_2O $\rightleftharpoons$ $HA^-_{(aq)}$ + $H_3O^+_{(aq)}$
no equilíbrio: $0,100 - x$ x   x

$1,00 \times 10^{-3} = x^2 / 0,1000 - x$ $x = [H_3O^+] = 0,031\ mol/L$ pH = 1,51

o alto valor de x indica que não deve ser desprezado

Após a adição de 10,00 mL de base:

Reação estequiométrica: $H_2A + OH^- \rightleftharpoons HA^- + H_2O$

início: 2,000   1,000   0
reage: 1,000   1,000
sobra: 1,000   ≈ 0   1,000

$$K_r = K_1 / Kw = 1,00 \times 10^{11}$$

Resulta tampão H_2A/HA^- de concentrações iguais

$$H_2A = \frac{1,000 \text{ mmol/L}}{30,00 \text{ mL}} \qquad HA^- = \frac{1,000 \text{ mmol/L}}{30,00 \text{ mL}}$$

$$[H_3O^+] = \frac{K_1 [H_2A]}{[HA^-]} \qquad [H_3O^+] = \frac{1,00 \times 10^{11} \, 1,000 / 30,00}{1,000 / 30,00}$$

Após 20,00 mL de base (primeiro ponto de equivalência):

$$n_{\text{mmols H2A}} = n_{\text{mmolsOH}^-} = 0,1000 \text{ mol/L} \times 20,00 \text{ mL} = 2,000 \text{ mmols}$$

Reação estequiométrica: $H_2A_{(aq)} + OH^-_{(aq)} \rightleftharpoons HA^-_{(aq)} + H_2O$

início: 2,000   2,000   0
reage: 2,000   2,000
sobra: ≈ 0   ≈ 0   2,000

$$K_r = K_1 / K_w = 1,00 \times 10^{11}$$

Resulta $HA^- = \dfrac{2,000 \text{ mmol}}{40,00 \text{ mL}} = 0,0500$ mol/L

HA^- é uma espécie anfiprótica

Como NAHA é um eletrólito forte, temos que $[HA^-] \approx C_{sal}$

$$- \log [H^+] = - 1/2 \log K_1 - ½ \log K_2$$

$$pH \approx \frac{pK_1 + pK_2}{2} \qquad [H^+] = 9,90 \times 10^{-6} \text{ mol/L} \qquad pH = 5,00$$

Após 30,00 mL de base:

$$n_{\text{mmols HA}^-} = 2,000 \text{ mmols}$$

$$n_{\text{mmols OH}^-} = 0,1000 \text{ mol/L} \times 10,00 \text{ mL} = 1,000 \text{ mmol}$$

Reação estequiométrica: $HA^-_{(aq)} + OH^-_{(aq)} \rightleftharpoons A^{2-} + H_2O$

início: 2,000   1,000   0
reage: 1,000   1,000
sobra: 1,000   ≈ 0   1,000

$$K_r = K_2 = 1,00 \times 10^7$$

Resulta tampão HA^-/A^{2-} de concentrações iguais

$$[HA^-] = \frac{1,000 \text{ mmol}}{50,00 \text{ mL}} \qquad [A^{2-}] = \frac{1,000 \text{ mmol}}{50,00 \text{ mL}}$$

$$pH = pK_1 + \log \frac{[A^{2-}]}{[HA^-]} \qquad pH = 7,00$$

Após 40,00 mL de base:

$$n_{\text{mmols } HA^-} = n_{\text{mmols } OH^-} = 2,000 \text{ mmols}$$

Reação estequiométrica: $HA^-_{(aq)} + OH^-_{(aq)} \rightleftharpoons A^{2-} + H_2O \quad K_r = K_2/K_w = 1,00 \times 10^7$

    início: 2,000   2,000   0

    reage: 2,000   2,000

    sobra: ≈ 0 ≈ 0 2,000

Resulta A^{2-} = 2,000 mmols / 60,00 mL = 0,03333 mol/L
(base de Brønsted-Lowry)

$$A^{2-}_{(aq)} + H_2O = HA_{(aq)} + OH^-_{(aq)}$$
no equilíbrio: $0,0333 - x$ x x

$$K_r = K_w/K_{a1} \qquad K_r = \frac{1,00 \times 10^{-14}}{1,00 \times 10^{-7}} = 1,00 \times 10^{-7}$$

$$K_r = [HA][OH^-]/[A^{2-}] \qquad \frac{1,00 \times 10^{-14}}{1,00 \times 10^{-7}} = \frac{x^2}{0,0333 - x}$$

$$x = [OH^-] = 5,77 \times 10^{-5} \text{ mol/L} \qquad pOH = 4,24 \qquad pH = 9,76$$

Escolha do indicador

O segundo salto é mais apropriado para a determinação do ponto final de titulação.
Faixa de pH: 9,0 a 11,0

Indicadores	Faixa de pH
Azul de timol	8,0 a 9,6
Fenolftaleína	8,0 a 10,0
μ-Naftolbenzeína	9,0 a 11,0

O limite superior do intervalo pode ser visto no gráfico da Figura 7.4.

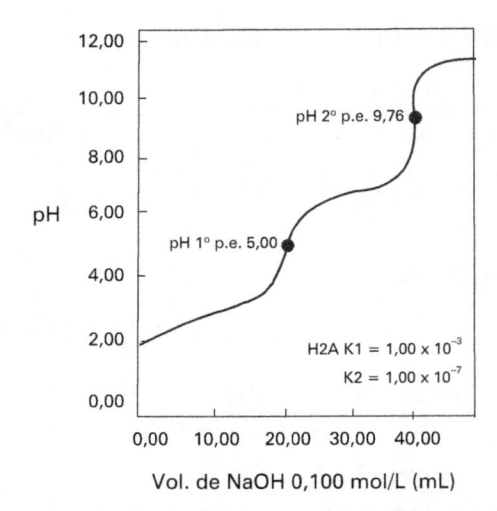

FIGURA 7.4 Curva característica da titulação de 20,00 mL de um ácido diprótico, H_2A, 0,1000 mol/L com NaOH 0,1000 mol/L.

Exemplos de ácidos polipróticos

Ácidos dipróticos

H_2SO_4 $K_1 = \mu$ e $K_2 = 1,2 \times 10^{-2}$

$H_2C_2O_4$ $K_1 = 5,6 \times 10^{-2}$ e $K_2 = 5,1 \times 10^{-5}$ $K_1 / K_2 = 10^3$

$C_4O_4H_4$ **maleico** $K_1 = 1,5 \times 10^{-2}$ e $K_2 = 2,6 \times 10^{-7}$

H_2CO_3 $K_1 = 4,3 \times 10^{-7}$ e $K_2 = 4,8 \times 10^{-11}$

Ácido triprótico

H_2CO_3 $K_1 = 6,9 \times 10^{-3}$, $K_2 = 6,2 \times 10^{-8}$ e $K_3 = 4,8 \times 10^{-13}$

Ácido tetraprótico

EDTA: $_2(HOOC)CH_2N(CH_2)_2N(CH_2)(COOH)_2$

$K_1 = 1,02 \times 10^{-2}, K_2 = 2,14 \times 10^{-3}, K_3 = 6,92 \times 10^{-7}, K_4 = 5,50 \times 10^{-11}$

Capítulo 8

Volumetria de complexação

Neste capítulo você estudará:

- Os requisitos e a utilidade da volumetria de complexação na química analítica.
- As características do EDTA.
- Os quatro momentos do cálculo de pCa durante a titulação entre o cátion metálico e o EDTA.

Na volumetria de complexação, medem-se os volumes de soluções cujos solutos estão envolvidos em uma reação de formação de complexos.

Eis os requisitos fundamentais para a reação:

- ser rápida;
- ser quantitativa (K_{eq} elevada);
- apresentar estequiometria bem definida e invariável. No caso da complexometria EDTA, o cátion metálico e o agente complexante reagem sempre na proporção 1:1;
- ter um sistema indicador adequado e confiável.

Características do EDTA

O EDTA (ácido etilenodiaminotetracético) é uma base de Lewis que apresenta a seguinte estrutura:

$$\begin{array}{c} HOOC-CH_2 \diagdown \qquad \qquad \diagup CH_2-COOH \\ N-CH_2-CH_2-N \\ HOOC-CH_2 \diagup \qquad \qquad \diagdown CH_2-COOH \end{array}$$

1. $H_4Y_{(aq)} + H_2O \rightleftharpoons H^+_{(aq)} + H_3Y^-_{(aq)}$ $K_1 = 1,0 \times 10^{-2}$
2. $H_3Y^-_{(aq)} + H_2O \rightleftharpoons H^+_{(aq)} + H_2Y^{2-}_{(aq)}$ $K_2 = 1,2 \times 10^{-3}$

3. $H_2Y^{2-}_{(aq)} + H_2O \rightleftharpoons H^+_{(aq)} + HY^{3-}_{(aq)}$ $K_3 = 6.9 \times 10^{-7}$
4. $HY^{3-}_{(aq)} + H_2O \rightleftharpoons H^+_{(aq)} + Y^{4-}_{(aq)}$ $K_4 = 5.5 \times 10^{-11}$

Suas características:

- Interage bem com ácidos de Lewis (cátions metálicos).
- É considerado um agente ligante hexadentado, que forma quelatos extremamente estáveis.
- Seu poder quelante é: $Y^{4-} > HY^{3-} > H_2Y^{2-} > H_3Y^-$;
- O maior concorrente dos cátions metálicos na formação de quelatos é a concentração hidrogeniônica do meio reativo (íon H^+) que pode inviabilizar a formação do complexo (conversão da forma Y^{4-} em H_4Y).
- Cátions metálicos que formam quelatos menos estáveis exigem soluções tamponadas em valores de pH acima de 8,0 (predominam as espécies HY^{3-} e Y^{4-}).

A reação entre cátions metálicos e EDTA é representada como

$$M^{n+}_{(aq)} + Y^{4-}_{(aq)} \rightleftharpoons MY^{(n-4)}_{(aq)} \quad K_f = \text{constante de formação}$$

$$K_f = [MY^{(n-4)}] / [M^{n+}].[Y^{4-}]$$

Como a $[Y^{4-}]$ depende do pH do meio reativo, é conveniente expressá-la como

$$[Y^{4-}] = \alpha_4 . C_T$$

em que α_4 é o alfa-valor da espécie Y^{4-} e C_T é a concentração total de EDTA não complexado.

Como

$$\alpha_4 = K_1K_2K_3K_4 / [H^+]^4 + [H^+]^3K_1 + [H^+]^2K_1K_2 + [H^+]K_1K_2K_3 + K_1K_2K_3K_4$$

cujos valores em vários pHs são tabelados. Dessa maneira, K_f pode ser expresso como:

$$K_f = [MY^{n-4}] / [M^{n+}] . \alpha_4 . C_T \text{ ou}$$

$$K_f . \alpha_4 = [MY^{n-4}] / [M^{n+}] . \alpha_4 . C_T = K_f'$$

em que

K_f' = constante de formação efetiva.

Titulação de solução de cálcio com solução de EDTA

O cálculo de pCa durante o processo de titulação entre o cátion metálico e o EDTA envolve quatro momentos distintos, conforme descritos a seguir.

Cálculo do pCa antes da adição de EDTA

O pCa é calculado a partir da concentração molar do cátion metálico conforme a expressão pCa = – log $[Ca^{2+}]$. Simbolicamente, a concentração molar em unidades de mol/L é representada por molaridade, M, ou por colchetes, [ ].

Cálculo do pCa antes do ponto de equivalência

O pCa é determinado pela espécie que estiver em excesso levando em consideração a reação estequiométrica. No caso de o titulante ser o EDTA, a espécie em excesso no sistema reacional até o ponto de equivalência é o cátion metálico Ca^{2+}. Portanto, calcula-se a concentração molar do cátion Ca^{2+} em excesso fazendo a subtração do número de mols ou milimols de Ca^{2+} em excesso do número de mols ou milimols de EDTA adicionado, e dividindo a quantidade em mols ou milimols do cátion Ca^{2+} resultante pelo volume total da solução.

IMPORTANTE

Calcula-se a concentração molar do cátion Ca^{2+} em excesso fazendo a subtração do número de mols ou milimols de Ca^{2+} em excesso do número de mols ou milimols de EDTA adicionado, e dividindo a quantidade em mols ou milimols do cátion Ca^{2+} resultante pelo volume total da solução.

Determina-se a concentração do cátion Ca^{2+} na solução e, subsequentemente, o pCa, conforme as seguintes expressões:

$$[Ca^{2+}]_{excesso} = n_{mmols\ Ca^{2+}} - n_{mmol\ EDTA} / V_{Ca^{2+}} + V_{EDTA}\ \text{ou}$$

$$[Ca^{2+}]_{excesso} = [C_{Ca^{2+}}].V_{Ca^{2+}} - [EDTA].\ V_{EDTA} / V_{Ca^{2+}} + V_{EDTA}$$

$$pCa = -\log [Ca^{2+}]_{excesso}$$

Volume total = $V_{Ca^{2+}} + V_{EDTA}$, ou

$$V_t = V_{Ca^{2+}} + V_{EDTA}$$

Cálculo do pCa no ponto de equivalência

No ponto de equivalência, quantidades exatamente equivalentes de cátion metálico e EDTA adicionado reagem, resultando em uma solução contendo essencialmente um complexo metálico em que $n_{mmol\ Ca^{2+}\ inicial} = n_{mmol\ EDTA\ adicionado} = n_{mmol\ Ca\text{-}EDTA\ formado}$.

Calcula-se a concentração de cátion metálico Ca^{2+} da solução e, subsequentemente, o pCa^{2+} da solução, conforme as seguintes expressões:

$$C_{[Ca\text{-}EDTA]} = n_{mmol\ Ca^{2+}\ inicial} = n_{mmol\ EDTA\ adicionado} = n_{mmol\ Ca\text{-}EDTA\ formado} / V_{Ca^{2+}} + V_{EDTA}$$

$$C_{[Ca\text{-}EDTA]} = [Ca^{2+}].\ V_{Ca^{2+}} / V_{Ca^{2+}} + V_{EDTA} = [EDTA].\ V_{EDTA} / V_{Ca^{2+}} + V_{EDTA}$$

A partir da dissociação do complexo metálico Ca-EDTA em solução aquosa, deduz-se que são produzidas quantidades estequiométricas de cátion metálico e EDTA, isto é, $[Ca^{2+}]_{equilíbrio} = [EDTA]_{equilíbrio} = [Y^{4-}]_{equilíbrio}$. A condição de equilíbrio iônico que governa o comportamento de uma solução de um complexo metálico Ca-EDTA é dada por uma constante de formação efetiva, K_{ef}'

$$Ca^{2+}_{(aq)} + Y^{4-}_{(aq)} \rightleftharpoons CaY^{2-}_{(aq)}$$

$$K_{ef}' = [CaY^{2-}] / [Ca^{2+}][Y^{4-}]$$

em que

[CaY^{2-}] = concentração molar do complexo metálico CaY^{2-}
[Ca^{2+}] = concentração molar do cátion metálico Ca^{2+} de equilíbrio
[Y^{4-}] = concentração molar de todas as formas de EDTA de equilíbrio

em que

$$[Ca^{2+}] \approx [Y^{4-}]$$

que, ao serem substituídos na expressão de K_{ef}', resulta em:

$$K_{ef}' = [CaY^{2-}] / [Ca^{2+}]^2$$

$[Ca^{2+}]^2 = (K_{ef}' / [CaY^{2-}])^{1/2}$ e determina-se o pCa da solução no ponto de equivalência.

Cálculo do pCa após o ponto de equivalência

O pCa é determinado pela espécie que estiver em excesso levando em consideração a reação estequiométrica. No caso de o titulante ser o EDTA, a espécie em excesso no sistema reacional após o ponto de equivalência será todas as formas de EDTA de equilíbrio. Calcula-se a concentração molar de EDTA em excesso fazendo a subtração do número de mols ou milimols de EDTA adicionado em excesso do número de mols ou milimols de cátion metálico Ca^{2+}, e dividindo a quantidade em mols ou milimols de EDTA resultante pelo volume total da solução.

> **IMPORTANTE**
>
> Calcula-se a concentração molar de EDTA em excesso fazendo a subtração do número de mols ou milimols de EDTA adicionado em excesso do número de mols ou milimols de cátion metálico Ca^{2+}, e dividindo a quantidade em mols ou milimols de EDTA resultante pelo volume total da solução.

Determina-se a concentração de cátion metálico da solução e, subsequentemente, o pCa, conforme as seguintes expressões:

$$[Y^{4-}]_{excesso} = n_{mmol\ EDTA} - n_{mmol\ Ca^{2+}} / V_{Ca^{2+}} + V_{EDTA}$$
$$= [EDTA] \cdot V_{EDTA} - [Ca^{2+}] \cdot V_{Ca^{2+}} / V_{Ca^{2+}} + V_{EDTA}$$

$$[CaY^{2-}] = n_{mmol\ Ca^{2+}\ inicial} / V_{Ca^{2+}} + V_{EDTA} = [Ca^{2+}] \cdot V_{Ca^{2+}} / V_{Ca^{2+}} + V_{EDTA}$$

que, ao serem substituídos na expressão de K_{ef}', resulta em:

$$K_{ef}' = [CaY^{2-}] / [Ca^{2+}][Y^{4-}],$$

e determina-se o pCa da solução no ponto de equivalência.

Exemplo 1 – Titulação de 50,00 mL de solução de cálcio 0,1000 mol/L com EDTA 0,1000 mol/L em uma solução de tampão de pH 10,0

Reação de estequiométrica: $Ca^{2+}_{(aq)} + Y^{4-}_{(aq)} \rightleftharpoons CaY^{2-}_{(aq)}$

 0,01000 mol/L   0,01000 mol/L

 x   x

 50,00 mL V_{PE} V_{PE} = 50,00 mL

Cálculo de K_f'

$$K_f' = \alpha_4 \cdot K_f = 0{,}35 \times 5{,}0 \times 10^{10} = 1{,}75 \times 10^{10} \qquad K_f' = 1{,}8 \times 10^{10}$$

Antes da adição de EDTA:

$$[Ca^{2+}] = 0{,}1000 \text{ mol/L} \qquad pCa = -\log[Ca^{2+}] = 2{,}00$$

Após a adição de 10,00 mL de EDTA:

$n_{\text{mmols } Ca^{2+}} = 0{,}01000 \text{ mol/L} \times 50{,}00 \text{ mL} = 5{,}000 \text{ mmol}$

$n_{\text{mmols } Y^{4-}} = 0{,}01000 \text{ mol/L} \times 10{,}00 \text{ mL} = 1{,}000 \text{ mmol}$

Reação estequiométrica: $Ca^{2+}_{(aq)} + Y^{4-}_{(aq)} \rightleftharpoons CaY^{2-}_{(aq)}$ $K_f' = 1{,}8 \times 10^{10}$

 início: 0,5000   0,1000   0

 no equilíbrio: 0,4000   ≈ 0   0,1000

$$pCa = -\log[Ca^{2+}] = -\log 0{,}4000 \text{ mmol}$$

Observação:
$$K_f = \frac{[CaY^{2-}]}{[Ca^{2+}] \cdot C_T} = 1{,}8 \times 10^{10}$$

$$K_f' = \frac{0{,}1000 \text{ mol/L} / 60{,}00 \text{ mL}}{0{,}4000 \text{ mmoL} / 60{,}00 \text{ mL} \times C_T} = 1{,}8 \times 10^{10}$$

$$C_T = 1{,}4 \times 10^{-11} \text{ mol/L EDTA}_{livre} \approx 0$$

Após 25,00 mL de EDTA: pCa = 2,477 ≈ 2,48

Após 49,00 mL de EDTA: pCa = 3,996 ≈ 4,00

Após 49,90 mL de EDTA: pCa = 4,999 ≈ 5,00

Após 49,95 mL de EDTA (erro de –0,10 %): pCa = 5,301 ≈ 5,30

Após 50,00 mL de EDTA (ponto de equivalência)

$n_{mmols\ Ca^{2+}} = n_{mmols\ Y^{4-}} = 0{,}01000\ mol/L \times 50{,}00\ mL = 5{,}000\ mmol$

Reação estequiométrica: $Ca^{2+}_{(aq)} + Y^{4-}_{(aq)} \rightleftharpoons CaY^{2-}_{(aq)}$ $K_f' = 1{,}8 \times 10^{10}$
início: 0,5000   0,5000   0
no equilíbrio: ≈ 0   ≈ 0   0,5000

Neste ponto:

$$[Ca^{2+}] = [Y^{4-}] = C_T \quad K_f' = \frac{[CaY^{2-}]}{[Ca^{2+}].C_T} = \frac{[CaY^{2-}]}{[Ca^{2+}]^2}$$

$$[Ca^{2+}] = \sqrt{\frac{0{,}5000/100{,}00}{1{,}8 \times 10^{-10}}} = 5{,}3 \times 10^{-7}\ mol/L$$

$$pCa = 6{,}28$$

Após 50,05 mL de EDTA (erro de +0,10%)

Reação estequiométrica: $Ca^{2+}_{(aq)} + Y^{4-}_{(aq)} \rightleftharpoons CaY^{2-}_{(aq)}$ $K_f' = 1{,}8 \times 10^{10}$
início: 0,5000   0,5005   0
no equilíbrio: ≈ 0   0,0005   0,5000

$$K_f = \frac{[CaY^{2-}]}{[Ca^{2+}].C_T} = 1{,}8 \times 10^{10} = \frac{0{,}5000/100{,}05}{[Ca^{2+}].\ 0{,}0005/100{,}05}$$

$$[Ca^{2+}] = 5{,}6 \times 10^{-8}\ mol/L \quad pCa = 7{,}26$$

Após 50,10 mL de EDTA: pCa = 7,53

Após 51,00 mL de EDTA: pCa = 8,53

Após 60,00 mL de EDTA: pCa = 9,53

Indicadores metalocrômicos

São substâncias orgânicas que formam quelatos com cátions metálicos, sendo que esses quelatos são menos estáveis do que os formados entre EDTA e o cátion. Como exemplo, citamos o Negro de Eriocromo-T (H_3Ind).

DEFINIÇÃO

Indicadores metalocrômicos são substâncias orgânicas que formam quelatos com cátions metálicos.

Seu comportamento em solução aquosa pode ser representado como:

$$H_2Ind^-_{(aq)} \rightleftharpoons H^+_{(aq)} + HInd^{2-}_{(aq)}$$
vermelho azul

$$HInd^{2-}_{(aq)} \rightleftharpoons H^+_{(aq)} + Ind^{3-}_{(aq)}$$
azul laranja

Em valores de pH abaixo de 6,0: vermelho
Em valores de pH entre 7,0 e 11,0: azul
Acima de pH 12: laranja

Exemplo 2 – Utilização do negro de eriocromo-T como indicador na titulação de íons Ca^{2+} com solução de EDTA em pH ≈ 10

Adicionam-se algumas gotas de solução de indicador

$$HInd^{2-}_{(aq)} + Ca^{2+}_{(aq)} \rightleftharpoons CaInd^-_{(aq)} + H^+_{(aq)}$$
azul vermelho

Adiciona-se o EDTA que complexa preferencialmente o Ca^{2+} livre

$$Ca^{2+}_{(aq)} + Y^{4-}_{(aq)} \rightleftharpoons CaY^{2-}_{(aq)}$$
incolor incolor

Esgotado o Ca^{2+} livre, o EDTA passa a complexar o Ca^{2+} do quelato $CaInd^-$, expulsando o indicador.

$$CaInd^-_{(aq)} + Y^{4-}_{(aq)} + H^+_{(aq)} \rightleftharpoons CaY^{2-}_{(aq)} + HInd^{2-}_{(aq)}$$
vermelho incolor incolor azul

A cor azul do indicador livre sinaliza o ponto final da titulação.

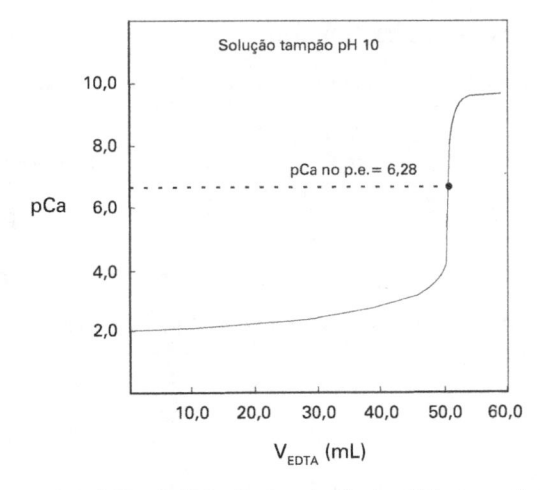

FIGURA 8.1 Curva característica da titulação de solução de cálcio com solução de EDTA.

Tipos de titulações complexométricas

Titulação direta

$$M^{n+}{}_{(aq)} + H_2Y^{2-}{}_{(aq)} \rightleftharpoons MY^{2-}{}_{(aq)} + 2\,H^{+}{}_{(aq)}$$

Agentes complexantes: citrato, tartarato, trietanolamina
Tampão usado: pH 9 – 10 (NH_4OH / NH_4Cl)
Aplicação: mais de 25 cátions

Titulação de retorno

Quando o cátion não possui um sistema indicador confiável

$$\text{excesso de EDTA}_{(aq)} \qquad Mg^{2+}{}_{(aq)} \text{ ou } Zn^{2+}{}_{(aq)\,padrão}$$

$$M^{n+}{}_{(aq)} \longrightarrow MY^{n-4}{}_{(aq)} + EDTA_{(aq)\,excedente}$$

Requisito básico: quelato MY^{n-4} mais estável do que MgY^{2-}
Indicador negro de eriocromo-T: azul para vermelho

Exemplo: $Co^{2+}{}_{(aq)}$ ou $Cr^{3+}{}_{(aq)} + H_2Y^{2-}{}_{(aq)\,exc.\,conhec}$ ⟶ reação lenta
$+\,Mg^{2+}{}_{(aq)}$ ou $Zn^{2+}{}_{(aq)\,padrão}$

Quando o metal se encontra na forma de precipitado:

$$PbSO_4,\ CaC_2O_4,\ MgNH_4PO_4$$

Quando o íon metálico responde aos indicadores convencionais: Tl^+

Titulação por substituição

Quando também não há um sistema indicador confiável

$$ZnY^{2-}{}_{(aq)} \text{ ou } MgY^{2-}{}_{(aq)\,excesso} \qquad EDTA_{(aq)} \text{ com negro de eriocromo-T}$$

$$M^{n+}{}_{(aq)} + ZnY^{2-}{}_{(aq)} \longrightarrow M\,Y^{n-4}{}_{(aq)} + Zn^{2+}{}_{(aq)\,liberado}$$

Requisito: MY^{n-4} mais estável do que ZnY^{2-} ou MgY^{2-}

Titulação alcalimétrica

$$M^{n+}_{(aq)} + H_2Y^{2-}_{(aq)} = MY^{n-4}_{(aq)} + 2\,H^{+}_{(aq)\,liberado} \quad \xleftarrow{OH^{-}_{(aq)\,padrão}}$$

Titulação indireta

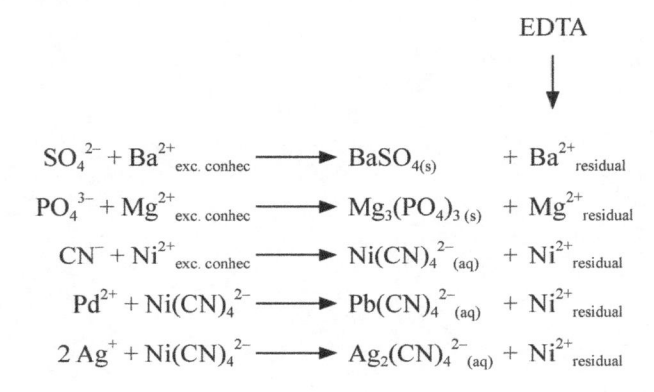

$$SO_4^{2-} + Ba^{2+}_{exc.\,conhec} \longrightarrow BaSO_{4(s)} + Ba^{2+}_{residual}$$

$$PO_4^{3-} + Mg^{2+}_{exc.\,conhec} \longrightarrow Mg_3(PO_4)_{3\,(s)} + Mg^{2+}_{residual}$$

$$CN^- + Ni^{2+}_{exc.\,conhec} \longrightarrow Ni(CN)_4^{2-}{}_{(aq)} + Ni^{2+}_{residual}$$

$$Pd^{2+} + Ni(CN)_4^{2-} \longrightarrow Pb(CN)_4^{2-}{}_{(aq)} + Ni^{2+}_{residual}$$

$$2\,Ag^+ + Ni(CN)_4^{2-} \longrightarrow Ag_2(CN)_4^{2-}{}_{(aq)} + Ni^{2+}_{residual}$$

(EDTA ↓)

Capítulo 9

Volumetria de precipitação

Neste capítulo você estudará:

- A volumetria (ou titulação) de precipitação, os requisitos para a reação e sua importância na química analítica.
- As etapas da titulação de íons Cl^- com $AgNO_3$ e de uma mistura de haletos com $AgNO_3$.
- Os diferentes métodos para determinar os pontos finais em reações de precipitação.

Na volumetria de precipitação, medem-se volumes de soluções cujos solutos promovem uma reação de formação de precipitado.
Eis os requisitos da reação:

- ser rápida;
- ser quantitativa (formação de precipitado muito pouco solúvel);
- apresentar estequiometria definida e invariável;
- ter algum sistema indicador confiável.

Aplicações

Reações que formam precipitados com Ag^+, Hg^{2+}, Hg_2^{2+}, Pb^{2+}, Zn^{2+} e ânions específicos.

Titulação de íons cloreto com solução de AgNO$_3$

O cálculo de pAg durante o processo de titulação entre o ânion cloreto com nitrato de prata envolve cinco momentos, descritos a seguir.

Cálculo do pAg antes da adição de AgNO$_3$

O pAg é indeterminado, não sendo possível calcular o pAg.

Cálculo do pAg antes do ponto de equivalência

O pAg é determinado levando em consideração a reação estequiométrica. A solução é saturada e a espécie em excesso no sistema reacional até o ponto de equivalência são os íons cloreto. Calcula-se a concentração molar do cátion Cl$^-$ em excesso fazendo a subtração do número de mols ou milimols de Cl$^-$ em excesso do número de mols ou milimols de Ag$^+$ adicionado, e dividindo a quantidade em mols ou milimols do cátion Cl$^-$ resultante pelo volume total da solução.

IMPORTANTE

Calcula-se a concentração molar do cátion Cl$^-$ em excesso fazendo a subtração do número de mols ou milimols de Cl$^-$ em excesso do número de mols ou milimols de Ag$^+$ adicionado, e dividindo a quantidade em mols ou milimols do cátion Cl$^-$ resultante pelo volume total da solução.

Determina-se a concentração em cátion Ag$^+$ da solução e, subsequentemente, o pAg, conforme as seguintes expressões:

$$[Cl^-]_{excesso} = n_{mmols\ Cl^-} - n_{mmols\ Ag^+} / V_{Cl^-} + V_{Ag^+} \text{ ou}$$

$$[Cl^-]_{excesso} = [C_{Cl^-}].V_{Cl^-} - [Ag^+]. V_{Ag^+} / V_{Cl^-} + V_{Ag^+}$$

Como a solução é saturada, temos:

$$K_{PS} = [Ag^+][Cl^-]_{excesso}$$

Calcula-se [Ag$^+$] e o pAg = – log [Ag$^+$]

Cálculo do pAg no ponto de equivalência

No ponto de equivalência, quantidades exatamente equivalentes de íons cloreto e de AgNO$_3$ adicionada reagem, resultando em uma solução saturada contendo essencialmente um sal pouco solúvel de AgCl em que $n_{mmols\ Cl^-\ inicial} = n_{mmols\ Ag^+\ adicionado} = n_{mmols\ AgCl\ formado}$. Considerando que reagem quantidades exatamente equivalentes de íons cloreto e de íons prata, resulta que quantidades iguais em número de mols ou milimols de íons cloreto e íons prata estão em equilíbrio no sistema. Como as concentrações são iguais, $[Ag^+] = [Cl^-]$, e a única fonte de íons cloreto e íons prata é o sal pouco solúvel de AgCl, substitui-se na expressão do K_{PS}

$$[Ag^+][Cl^-] = K_{PS} \text{ e}$$
$$[Ag^+]^2 = [Cl^-]^2 = K_{PS}$$

$[Ag^+]^2 = K_{PS}$, determina-se a $[Ag^+]$ e, subsequentemente, pAg.

Cálculo do pAg após o ponto de equivalência

O pAg é determinado pela espécie que estiver em excesso levando em consideração a reação estequiométrica. A espécie em excesso no sistema reacional após o ponto de equivalência será o $AgNO_3$. Calcula-se a concentração molar de Ag^+ em excesso fazendo a subtração do número de mols ou milimols de Ag^+ adicionado em excesso do número de mols ou milimols de cátion metálico Cl^-, e dividindo a quantidade em mols ou milimols de Ag^+ resultante pelo volume total da solução.

IMPORTANTE

Calcula-se a concentração molar de Ag^+ em excesso fazendo a subtração do número de mols ou milimols de Ag^+ adicionado em excesso do número de mols ou milimols de cátion metálico Cl^-, e dividindo a quantidade em mols ou milimols de Ag^+ resultante pelo volume total da solução.

Determina-se a concentração de Ag^+ da solução e, subsequentemente, o pAg, conforme as seguintes expressões:

$$[Ag^+] = n_{mmol\ Ag+\ adicionado} - n_{mmol\ Cl-\ inicial} / V_{Cl^-} + V_{Ag^+}$$
$$[Ag^+] = n_{mmol\ Ag+\ excesso} / V_{Cl^-} + V_{Ag^+}$$

e calcula-se $pAg = -\log[Ag^+]$

Exemplo 1 – Titulação de 50,00 mL de NaCl 0,1000 mol/L com $AgNO_3$ 0,1000 mol L

Dados: K_{PS} AgCl = $1,78 \times 10^{-10}$

$Cl^-_{(aq)} + Ag^+_{(aq)} \rightleftharpoons AgCl_{(s)}$ $T/K_{ps} = K_r = 5 \times 10$

Antes da adição de $AgNO_3$:
Não é possível calcular o pAg.

Após a adição da primeira gota de $AgNO_3$:
Nesse momento, $[Cl^-] \approx 0,1000$ mol/L

$$[Ag^+][Cl^-] = K_{PS}$$
$$[Ag^+]\ 0,1000\ mol/L^{-1} = 1,78 \times 10^{-10}$$
$$[Ag^+] = 1,78 \times 10^{-9}\ mol/L$$
$$pAg = 8,75$$

Após a adição de 10,00 mL de AgNO$_3$

$n_{mmols\,Cl^-}$ = 0,1000 mol/L × 50,00 mL = 5,000 mmol

$n_{mmols\,Ag^+}$ = 0,1000 mol/L × 10,00 mL = 1,000 mmol

Reação estequiométrica: $Ag^+_{(aq)}$ + $Cl^-_{(aq)}$ = $AgCl_{(s)}$
início: 1,0000   5,0000   0
no equilíbrio: ≈ 0   ≈ 4,0000   1,0000

Nesse momento, $[Cl^-] ≈ 4,000 / 60,00$ mol/L^{-1} = $6,667 × 10^{-2}$ mol/L
Como a solução é saturada

$$[Ag^+][Cl^-] = K_{PS}$$
$$[Ag^+]\,6,667 × 10^{-2}\,mol/L = 1,78 × 10^{-10}$$
$$[Ag^+] = 2,67 × 10^{-9}\,mol/L$$
$$pAg = 8,57$$

Após a adição de 25,00 mL de AgNO$_3$: pAg = 8,27

Após a adição de 49,90 mL de AgNO$_3$ (erro de –0,20%): pAg = 5,75

Após a adição de 50,00 mL de AgNO$_3$ (no ponto de equivalência):

$n_{mmols\,Cl^-}$ = $n_{mmols\,Ag^+}$ = 0,1000 mol/L × 50,00 mL = 5,000 mmol$_{(s)}$

Reação estequiométrica: $Ag^+_{(aq)}$ + $Cl^-_{(aq)}$ = $AgCl_{(s)}$
início: 5,0000   5,0000   0
no equilíbrio: ≈ 0   ≈ 0   5,0000

$$[Ag^+] = [Cl^-]$$
$$[Ag^+][Cl^-] = K_{PS}$$
$$[Ag^+]^2 = [Cl^-]^2 = K_{PS}$$
$$[Ag^+] = (1,78 × 10^{-10})^{1/2}$$
$$[Ag^+] = 1,33 × 10^{-5}\,mol/L$$
$$pAg = 4,87$$

Após a adição de 50,10 mL de AgNO$_3$ (erro de + 0,20%)

$n_{mmols\,Cl^-}$ = 0,1000 mol/L × 50,00 mL = 5,000 mmol

$n_{mmols\,Ag^+}$ = 0,1000 mol/L × 50,10 mL = 5,010 mmol

Reação estequiométrica: $Ag^+_{(aq)}$ + $Cl^-_{(aq)}$ = $AgCl_{(s)}$
início: 5,010   5,000   0
no equilíbrio: ≈ 0,010   ≈ 0   0

$$[Ag^+] = 0,010\,mmol / 100,10\,mL = 9,99 × 10^{-5}\,mol/L$$
$$[Ag^+] = 4,00$$

Após a adição de 60,00 mL de AgNO$_3$: pAg = 2,04

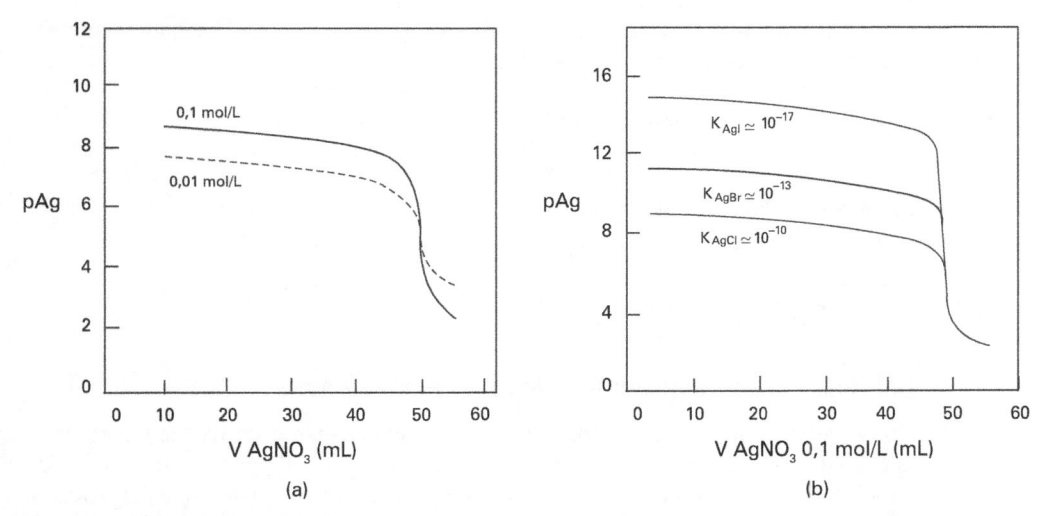

FIGURA 9.1 (a) Efeito da concentração no perfil da curva de titulação de uma solução de íons cloreto com solução de $AgNO_3$. (b) Efeito da solubilidade de diferentes sais pouco solúveis formados a partir da titulação de soluções dos ânions I^-, Br^- e Cl^- com solução de $AgNO_3$ de mesma concentração molar.

Titulação de uma mistura de haletos com $AgNO_3$

O cálculo de pAg durante o processo de titulação de uma mistura de haletos (íons Cl^-, Br^- e I^-) com nitrato de prata envolve a formação de precipitados com diferentes solubilidades, conforme descrito a seguir.

Cálculo do pAg antes da adição de $AgNO_3$

O pAg é indeterminado, não sendo possível calcular o pAg.

Cálculo do pAg antes do primeiro ponto de equivalência

O pAg é determinado levando em consideração a reação estequiométrica. A solução é saturada e a espécie em excesso no sistema reacional até o ponto de equivalência são os íons iodeto. Nessa região da curva de titulação, o AgBr ainda não começou a precipitar. Calcula-se a concentração molar do íon I^- em excesso fazendo a subtração do número de mols ou milimols de I^- em excesso do número de mols ou de Ag^+ adicionado, e dividindo a quantidade resultante em mols ou milimols de íons I^- pelo volume total da solução.

> **IMPORTANTE**
>
> Calcula-se a concentração molar do íon I^- em excesso fazendo a subtração do número de mols ou milimols de I^- em excesso do número de mols ou de Ag^+ adicionado, e dividindo a quantidade resultante em mols ou milimols de íons I^- pelo volume total da solução.

Determina-se a concentração em cátion Ag^+ da solução e, subsequentemente, o pAg, conforme as seguintes expressões:

$$[I^-]_{excesso} = n_{mmols\ I^-} - n_{mmol\ Ag^+} / V_{haletos} + V_{Ag^+}\ \text{ou}$$

$$[I^-]_{excesso} = [I^-].V_{haletos} - [Ag^+].V_{Ag^+} / V_{haletos} + V_{Ag^+}$$

Como a solução é saturada, temos:

$$K_{PS} = [Ag^+][I^-]_{excesso}$$

Calcula-se $[Ag^+]$ e o $pAg = -\log[Ag^+]$

Cálculo do pAg no primeiro ponto de equivalência

No primeiro ponto de equivalência, é interessante calcular as perdas de iodeto na titulação devido à formação de quantidades apreciáveis de sal pouco solúvel de AgBr. Para isso, determinam-se as quantidades de íons iodeto e de $AgNO_3$ que reagem com a formação de uma solução saturada contendo essencialmente um sal pouco solúvel de AgI, conforme as seguintes expressões:

$$n_{mmol\ I^-\ inicial} = n_{mmol\ Ag^+\ adicionado} = n_{mmol\ AgI\ formado} = [I^-] \times V_{haletos}$$

Como as concentrações são aproximadamente iguais, $[Ag^+] \approx [I^-]$, substitui-se na expressão do K_{PS} para o sal pouco solúvel de AgI

$$[Ag^+][I^-] = K_{PS}\ \text{e}$$

$$[Ag^+]^2 = [I^-]^2 = K_{PS}$$

$[Ag^+]^2 = K_{PS}$, determina-se a concentração de prata, aqui designada $[Ag^+]_1$ e, subsequentemente, o pAg no primeiro ponto de equivalência caso não houvesse a presença de brometo e cloreto na solução.

Nesse momento da precipitação, a concentração de íons brometo na solução é determinada como:

$$[Br^-] = n_{mmol\ Br^-\ inicial} = [Br^-] \times V_{haletos} / V_{haletos} \times V_{Ag^+}$$

Substituindo na expressão do K_{PS} para o sal pouco solúvel de AgBr, obtém-se

$$[Ag^+][Br^-] = K_{PS}\ \text{e}$$

$$[Ag^+]^2 = [I^-]^2 = K_{PS}$$

$[Ag^+]^2 = K_{PS}$, determina-se a concentração de prata, aqui designada $[Ag^+]_2$ e, subsequentemente, o pAg no primeiro ponto de equivalência na presença de brometo na solução.

Para calcular as perdas de iodeto na titulação, isto é, a quantidade de iodeto que não foi titulável, substitui-se a concentração de prata calculada, $[Ag^+]_2$, na expressão do K_{PS} do sal pouco solúvel AgI, determinando a concentração de iodeto não titulado na presença de brometo, aqui designado $[I^-]_2$, conforme a expressão:

$$[Ag^+]_2 [I^-]_2 = K_{PS}$$

O percentual de iodeto não titulado na presença de brometo é finalmente obtido pelas seguintes expressões:

$$n_{mmol\ I^-\ não\ titulado} = [I^-]_2 (V_{haletos} + V_{Ag^+})$$

$$\%\ de\ I^-\ não\ titulado = n_{mmol\ I^-\ não\ titulado} \times 100\ \%\ /\ n_{mmol\ I^-\ inicial}$$

Cálculo do pAg após o primeiro ponto de equivalência

O pAg é determinado levando em consideração a reação estequiométrica. A solução é saturada e a espécie em excesso no sistema reacional até o segundo ponto de equivalência são os íons brometo. Nessa região da curva de titulação até próximo do ponto de equivalência, o AgCl ainda não precipita. Calcula-se a concentração molar do íon Br^- em excesso fazendo a subtração do número de mols ou milimols de Br^- em excesso do número de mols ou de Ag^+ adicionado, e dividindo a quantidade resultante em mols ou milimols de íons Br^- pelo volume total da solução.

IMPORTANTE

Calcula-se a concentração molar do íon Br^- em excesso fazendo a subtração do número de mols ou milimols de Br^- em excesso do número de mols ou de Ag^+ adicionado, e dividindo a quantidade resultante em mols ou milimols de íons Br^- pelo volume total da solução.

Determina-se a concentração em cátion Ag^+ da solução e, subsequentemente, o pAg, conforme as seguintes expressões:

$$[Br^-]_{excesso} = n_{mmols\ Br^-} - n_{mmol\ Ag^+} / V_{haletos} + V_{Ag^+}\ ou$$

$$[Br^-]_{excesso} = [Br^-].V_{haletos} - [Ag^+].V_{Ag^+} / V_{haletos} + V_{Ag^+}$$

Como a solução é saturada, temos:

$$K_{PS} = [Ag^+][Br^-]_{excesso}$$

calcula-se $[Ag^+]$ e o $pAg = -\log[Ag^+]$

Cálculo do pAg no segundo ponto de equivalência

No segundo ponto de equivalência, é interessante calcular as perdas de brometo na titulação devido à formação de quantidades apreciáveis de sal pouco solúvel de AgCl. Para isso, determinam-se as quantidades de íons brometo e de $AgNO_3$ a partir da formação de uma solução saturada contendo essencialmente um sal pouco solúvel de AgBr, conforme as seguintes expressões:

$$n_{mmol\ Br^-} = (n_{mmol\ Ag^+\ total\ adicionado} - n_{mmol\ I^-\ inicial}) = n_{mmol\ AgBr\ formado} = [Br^-] \times V_{haletos}\ ou$$

$$n_{mmol\ Br^-\ inicial} = n_{mmol\ Ag^+\ adicionado} = [Br^-] \times V_{haletos} = [Ag^+] \times V_{Ag^+}$$

Como as concentrações são aproximadamente iguais, $[Ag^+] \approx [Br^-]$, substitui-se na expressão do K_{PS} para o sal pouco solúvel de AgBr

$$[Ag^+][Br^-] = K_{PS} \text{ e}$$
$$[Ag^+]^2 = [Br^-]^2 = K_{PS}$$

$[Ag^+]^2 = K_{PS}$, determina-se a concentração de prata, aqui designada $[Ag^+]_3$ e, subsequentemente, o pAg no primeiro ponto de equivalência caso não houvesse a presença de cloreto na solução.

Nesse momento da precipitação, a concentração de íons cloreto na solução é determinada como

$$[Cl^-] = n_{mmol\ Cl-\ inicial} = [Cl^-] \times V_{haletos} / V_{haletos} \times V_{Ag+}$$

Substituindo na expressão do K_{PS} para o sal pouco solúvel de AgCl, obtém-se

$$[Ag^+][Cl^-] = K_{PS} \text{ e}$$
$$[Ag^+]^2 = [Cl^-]^2 = K_{PS}$$

$[Ag^+]^2 = K_{PS}$, determina-se a concentração de prata, aqui designada $[Ag^+]_4$ e, subsequentemente, o pAg no primeiro ponto de equivalência na presença de cloreto na solução.

Para calcular as perdas de brometo na titulação, isto é, a quantidade de brometo não titulado, substitui-se a concentração de prata calculada, $[Ag^+]_4$, na expressão do K_{PS} do sal pouco solúvel AgBr, determinando a concentração de brometo não titulado na presença de cloreto, aqui designado $[Br^-]_4$, conforme a expressão

$$[Ag^+]_4 [I^-]_4 = K_{PS}$$

O percentual de brometo não titulado na presença de cloreto é finalmente obtido pelas seguintes expressões:

$$n_{mmol\ Br-\ não\ titulado} = [Br^-]_2 (V_{haletos} + V_{Ag+})$$

$$\% \text{ de } Br^- \text{ não titulado} = n_{mmol\ Br-\ não\ titulado} \times 100\ \% / n_{mmol\ Br-\ inicial}$$

Cálculo do pAg após o segundo ponto de equivalência

O pAg é determinado levando em consideração a reação estequiométrica. A solução é saturada e a espécie em excesso no sistema reacional até o terceiro ponto de equivalência são os íons cloreto. Determina-se a concentração em cátion Ag^+ da solução e, subsequentemente, o pAg, conforme as seguintes expressões:

$$[Cl^-]_{excesso} = n_{mmols\ Cl-} - (n_{mmol\ Ag+\ total\ adicionado} - (n_{mmol\ I-} + n_{mmol\ Br-})) / V_{haletos} + V_{Ag+} \text{ ou}$$

$$[Cl^-]_{excesso} = [Cl^-].V_{Cl-} - ([Ag^+].V_{Ag+} - ([I^-].V_{haletos} + [Br^-].V_{haletos})) / V_{haletos} + V_{Ag+}$$

Como a solução é saturada, temos:

$$K_{PS} = [Ag^+][Cl^-]_{excesso}$$

calcula-se $[Ag^+]$ e o $pAg = -\log[Ag^+]$

Cálculo do pAg no terceiro ponto de equivalência

No ponto de equivalência, quantidades exatamente equivalentes de íons cloreto e de $AgNO_3$ adicionado reagem, resultando em uma solução saturada contendo essencialmente um sal pouco solúvel de AgCl. Calcula-se a concentração de cátion metálico Ag^+ da solução e, subsequentemente, o pAg da solução, conforme as seguintes expressões:

$$n_{mmols\ Cl-} - (n_{mmol\ Ag+\ total\ adicionado} - (n_{mmol\ I-}+nmmol\ Br-))/V_{haletos} + V_{Ag+}\ ou$$

$$[Cl^-].V_{Cl-} - ([Ag^+].V_{Ag+} - ([I^-].V_{haletos} + [Br^-].V_{haletos}))/V_{haletos} + V_{Ag+}$$

Considerando que reagem quantidades exatamente equivalentes de íons cloreto e de íons prata, resulta que quantidades iguais em número de mols ou milimols de íons cloreto e íons prata estão em equilíbrio no sistema. Como as concentrações são iguais, $[Ag^+] = [Cl^-]$, e a única fonte de íons cloreto e íons prata é o sal pouco solúvel de AgCl, substitui-se na expressão do K_{PS}

$$[Ag^+][Cl^-] = K_{PS}\ e$$
$$[Ag^+]^2 = [Cl^-]^2 = K_{PS}$$

$[Ag^+]^2 = K_{PS}$, determina-se a $[Ag^+]$ e, subsequentemente, pAg.

Cálculo do pAg após o terceiro ponto de equivalência

O pAg é determinado pela espécie que estiver em excesso levando em consideração a reação estequiométrica. A espécie em excesso no sistema reacional após o ponto de equivalência será o $AgNO_3$. Calcula-se a concentração molar de Ag^+ em excesso fazendo a subtração do número de mols ou milimols de Ag^+ adicionado em excesso do número de mols ou milimols totais de íons Cl^-, Br^- e I^-, e dividindo a quantidade em mols ou milimols de Ag^+ resultante pelo volume total da solução.

IMPORTANTE

Calcula-se a concentração molar de Ag^+ em excesso fazendo a subtração do número de mols ou milimols de Ag^+ adicionado em excesso do número de mols ou milimols totais de íons Cl^-, Br^- e I^-, e dividindo a quantidade em mols ou milimols de Ag^+ resultante pelo volume total da solução.

Determina-se a concentração de Ag^+ da solução e, subsequentemente, o pAg, é determinada conforme as seguintes expressões:

$$[Ag^+] = n_{mmol\ Ag+\ adicionado} - n_{mmol\ totais\ Cl-,\ Br-,\ I-\ iniciais}/V_{Cl-} + V_{Ag+}$$

$$[Ag^+] = [Ag^+].V_{Ag+} - ([I^-].V_{haletos} + [Br^-].V_{haletos} + [Cl^-].V_{haletos})/V_{haletos} + V_{Ag+}$$

e calcula-se $pAg = -\log[Ag^+]$.

Exemplo 2 – Titulação de 50,00 mL de uma mistura contendo íons I^-, Br^- e Cl^-, todos na concentração 0,02000 mol/L com $AgNO_3$ 0,05000 mol/L

Dados
$K_{PS\ AgCl} = 1,78 \times 10^{-10}$
$K_{PS\ AgBr} = 5,25 \times 10^{-13}$
$K_{PS\ AgI} = 8,31 \times 10^{-17}$

relação quantitativa

$$n_{mmols\ Cl^-} + n_{mmol\ Br^-} + n_{mmol\ I^-} = n_{mmol\ Ag^+}\ \text{ou}$$

$$[Cl^-] \cdot V_{haletos} + [Br^-] V_{haletos} + [I^-] \cdot V_{haletos} = [Ag^+] \cdot V_{Ag^+}$$

$$(0,02000\ mol/L \times 50,00\ mL) + (0,2000\ mol/L \times 50,00\ mL) +$$
$$(0,2000\ mol/L \times 50,00\ mL) = 0,5000\ mol/L \times V_{Ag^+\ total}$$

$$V_{Ag^+\ total} = 60,00\ mL$$

Após a adição da primeira gota de $AgNO_3$:

$$[Ag^+][I^-] = K_{PS}$$
$$[Ag^+]\ 0,0200\ mol/L = 8,31 \times 10^{-17}$$
$$[Ag^+] = 4,16 \times 10^{-15}\ mol/L \qquad pAg = 14,38$$

Após a adição de 10,00 mL de $AgNO_3$: $pAg = 14,00$

Após a adição de 20,00 mL de $AgNO_3$: (1° PE)

$$n_{mmols\ I^-} = 50,00\ mL \times 0,02000\ mol/L = 1,000\ mmol$$
$$n_{mmols\ Ag^+} = 20,00\ mL \times 0,05000\ mol/L = 1,000\ mmol$$
$$[Ag^+] = [I^-] = (K_{PS})^{1/2} = (9,12 \times 10^{-9})^{1/2} \qquad pAg = 8,04$$

Nesse ponto,

$$[Br^-] = \frac{50,00\ ml \times 0,02000\ mol/L}{70,00\ mL} = 0,0143\ mol/L$$

$$[Ag^+][Br^-] = K_{PS}$$
$$[Ag^+]\ 0,0143 = 5,25 \times 10^{-13}$$
$$[Ag^+] = 3,68 \times 10^{-11}\ mol/L$$

$$pAg = 10,43 \qquad \text{(PE na presença de brometo)}$$

Perda de iodeto na titulação

$$[Ag^+][I^-] = K_{PS}$$
$$3,68 \times 10^{-11}\ [I^-] = 8,31 \times 10^{-17}$$
$$[I^-] = 2,26 \times 10^{-6}\ mol/L \quad \text{iodeto não titulado}$$

$$n_{mmols\ I^-\ não\ titulados} = 2,26 \times 10^{-6}\ mol/L \times 70,00\ mL = 1,58 \times 10^{-4}\ mmol$$

Porcentagem de I⁻ não titulado

$$\% \text{ I}^- \text{ não titulado} = \frac{1{,}580 \times 10^{-4} \times 100}{1{,}000} = 0{,}0158\%$$

Após a adição de 30,00 mL de AgNO$_3$:

(a partir de 20,00 mL, começa uma nova titulação de brometo de prata)

$$n_{mmols\ Ag^+} = 10{,}00\ mL \times 0{,}05000\ mol/L = 0{,}500\ mmol$$

$$n_{mmols\ Br^-} = 50{,}00\ mL \times 0{,}02000\ mol/L = 1{,}000\ mmol$$

	$Ag^+_{(aq)}$	+	$Br^-_{(aq)}$	=	$AgBr_{(s)}$	$K = 1/K_{PS}$
início:	0,500		1,000		0	
no equilíbrio:	≈ 0		0,500		0,500	

$$[Br^-] = 0{,}500\ mmol\ /\ 80{,}00\ mL = 6{,}25 \times 10^{-3}\ mol/L$$

$$[Ag^+] = 8{,}40 \times 10^{-11}\ mol/L \qquad pAg = 10{,}07$$

Após a adição de 39,00 mL de AgNO$_3$: pAg = 9,03

Após a adição de 40,00 mL de AgNO$_3$: (2° PE)

$$[Ag^+] = [Br^-] = K_{PS} = \sqrt{7{,}24 \times 10^{-7}}\ mol/L \qquad [pAg] = 6{,}14$$

Nesse ponto,

$$[Cl^-] = \frac{50{,}00\ mL \times 0{,}02000\ mol/L}{90{,}00\ mL} = 1{,}11 \times 10^{-2}\ mol/L$$

$$[Ag^+]\ 1{,}11 \times 10^{-2} = 1{,}78 \times 10^{-10}$$

$$[Ag^+] = 1{,}60 \times 10^{-8}\ mol/L$$

$$pAg = 7{,}79 \qquad (2°\ PE\ na\ presença\ de\ cloreto)$$

Perda de brometo na titulação

$$[Ag^+][Br^-] = K_{PS}$$

$$1{,}60 \times 10^{-8}\ [Br^-] = 5{,}25 \times 10^{-13}$$

$$[Br^-] = 3{,}28 \times 10^{-5}\ mol/L \quad \text{brometo não titulado}$$

$$n_{mmolsBr^-\ não\ titulados} = 3{,}28 \times 10^{-5}\ mol/L \times 90{,}00\ mL = 0{,}00295\ mmol$$

Porcentagem de Br⁻ não titulados

$$\% \text{ Br}^- \text{ não titulados} = \frac{0{,}00295 \times 100}{1{,}000} = 0{,}295\%$$

Após a adição de 50,00 mL de AgNO$_3$: pAg = 7,45
Após a adição de 59,00 mL de AgNO$_3$: pAg = 6,41
Após a adição de 60,00 mL de AgNO$_3$: (3° PE) pAg = 4,87
Após a adição de 61,00 mL de AgNO$_3$: pAg = 3,35

Determinação de pontos finais em reações de precipitação

Método de Fajans – indicadores de adsorção

Classificação

1. Tipo aniônico (ânions de ácidos fracos)
2. Tipo catiônico (cátions de bases fracas)

Mecanismo

$$\text{Ind (não adsorvido)} = \text{Ind (adsorvido)}$$
$$\text{coloração A} \qquad \text{coloração B}$$

Exemplos: Fluoresceína (indicador) $\quad HFl_{(aq)} = H^+_{(aq)} + Fl^-_{(aq)}$

reações: $\quad Ag^+_{(aq)} + Cl^-_{(aq)} = AgCl_{(s)}$
$\quad\quad\quad\; Ag^+_{(aq)} + Fl^-_{(aq)} = AgFl_{(s)}$

Antes do PE:

$Na^+ \{ Cl^- (AgCl) Cl^- \} Na^+$ $\quad + Fl^-_{(aq)} = $ não ocorre adsorção

Após o PE:

$NO_3^- \{ Ag^+ (AgCl) Ag^+ \} NO_3^-$ $\quad + Fl^- = (AgCl)Ag^+Fl^-$

há adsorção e o aparecimento de colotação

Os fatores que afetam o funcionamento dos indicadores de adsorção são:

1. O indicador aniônico, sendo derivado de um ácido fraco, sofre influência do pH do meio.
2. O precipitado deve possuir área superficial relativamente grande.
3. O poder de adsorção dos haletos frente aos seus sais pouco solúveis.

$$I^- (AgI) > Br^- (AgBr) > Cl^- (AgCl)$$

O poder de adsorção com relação aos indicadores:

$$\text{eritrosina} > \text{eosina} > \text{fluoresceína}$$

Exemplos: mistura de Cl^- e I^-
1. Diclorofluoresceína titula ambos os haletos.
2. Eosina ou Rosa de Bengala só o I^-.

Exemplos: mistura de Br^- e I^-
1. Eosina titula ambos os haletos.
2. Rosa de Bengala ou Diiododimetilfluoresceína dá só o I^-.

Método de Mohr – formação de um precipitado colorido

Esse método é utilizado para analisar cloreto em argentimetria empregando o cromato de prata como indicador em solução neutra. O ponto final é detectado pelo aparecimento de Ag_2CrO_4 vermelho-tijolo.

Espécies envolvidas

$$AgCl\ (K_{PS} = 1,78 \times 10^{-10})$$

$$AgCrO_4\ (K_{PS} = 2,45 \times 10^{-12})$$

Solubilidade

$$S_{AgCl} = 1,33 \times 10^{-5}\ mol/L \qquad S_{Ag2CrO4} = 8,50 \times 10^{-5}\ mol/L$$

O ponto de equivalência dessa titulação é

$$pAg = 4,87\ ou\ [Ag^+] = 1,33 \times 10^{-5}\ mol/L$$

Assim,

$$(1,33 \times 10^{-5})^2\ [CrO_4^{2-}] = 2,45 \times 10^{-12}$$

$$[CrO_4^{2-}] \approx 0,014\ mol/L$$

Na prática, usa-se CrO_4^{2-} em concentração inferior ($\approx 0,005$ mol/L) para visualizar o ponto final. Isso acarreta um erro de 0,018%.

As limitações do método são:

1. pH na faixa de 6,5 a 10,5
   < pH 6,5: $CrO_4^{2-}{}_{(aq)} + H^+{}_{(aq)} \rightleftharpoons HCrO_4^-{}_{(aq)}$
   > pH 10,5: $Ag^+{}_{(aq)} + 2\ OH^-{}_{(aq)} \rightleftharpoons Ag_2O_{(s)} + 2\ H^+{}_{(aq)}$
2. Ânions que podem precipitar com Ag^+: PO_4^{3-}, AsO_4^{3-}, CO_3^{2-}, F^-
3. Fenômenos de adsorção: I^-, SCN^-
4. pH $\approx$ 6,5: CrO_4^{2-} oxida I^- a I_2

Método de Volhard – formação de um composto pouco solúvel

É possível analisar diretamente Ag^+ e indiretamente ânions que formam precipitados com Ag^+. Usa-se como titulante uma solução-padrão de KCNS e Fe^{3+} como indicador. O ponto final é sinalizado pela cor vermelha do complexo $FeCNS^{2+}$.

Titulação direta de Ag^+ com KCNS

$Ag^+_{(aq)} + SCN^-_{(aq)} \longrightarrow AgSCN_{(s)}$

$Fe^{3+}_{(aq)} + SCN^-_{(aq)} \longrightarrow [FeSCN]^{2+}$

Observação: o castanho avermelhado do complexo formado, $[FeSCN]^{2+}_{(aq)}$, indica o ponto final da titulação.

Titulação indireta (para ânions que formam precipitado com Ag^+)

$$Ag^+_{(aq)} M_2, V_2 \quad\quad CNS^-_{(aq)} M_3, V_3$$
$$\text{em excesso} \quad (Fe^{3+}_{(aq)} \text{ como indicador})$$

$$\downarrow \quad\quad\quad \downarrow$$

$X^-_{(aq)}$ analito $M_1 V_1$? $\longrightarrow AgX_{(s)} + Ag^+_{(aq)}$ excedente

Concentração de X^- ?

$$M_2V_2 - M_3V_3 = M_1V_1 \quad e \quad M_1 = M_2V_2 - M_3V_3 / V_1$$

Reações

$Cl^-_{(aq)} + Ag^+_{(aq)\,padrão\,(excesso\,conhecido)} \xrightarrow{H^+} AgCl_{(s)} + Ag^+_{(aq)\,residual}$

$Ag^+_{(aq)\,residual} + SCN^-_{(aq)} \longrightarrow AgSCN_{(s)}$

$Fe^{3+} + SCN^- \longrightarrow [FeSCN]^{2+}$

Observação: o castanho avermelhado do complexo formado, $[FeSCN]^{2+}_{(aq)}$, indica o ponto final da titulação.

Capítulo 10

Volumetria de oxidação-redução

Neste capítulo você estudará:

- As características e os requisitos para a volumetria de óxido-redução.
- Um exemplo de titulação redox de Fe^{2+} com íons Ce^{4+}, com os cálculos do potencial do eletrodo indicador de platina em diferentes pontos da curva de titulação.
- Os sistemas indicadores empregados na volumetria de óxido-redução.

Os procedimentos analíticos de titulação de óxido-redução constituem uma das mais importantes classes de técnicas volumétricas baseadas em reações com transferência de elétrons aplicáveis na determinação de substâncias orgânicas e inorgânicas com caráter oxidante ou redutor.

As condições que devem ser satisfeitas para a aplicação adequada dessa técnica volumétrica são:

- Os sistemas reagentes oxidante e redutor (pares redox) devem apresentar potenciais que favoreçam a reação redox.
- A reação redox deve apresentar uma cinética rápida com constante de equilíbrio elevada e deslocada no sentido da formação dos produtos.
- Os sistemas reagentes oxidante e redutor devem ser estáveis no meio reacional, comumente a água.
- As espécies reagentes oxidante e redutor devem apresentar estados de oxidação definidos e conhecidos.
- Deve haver disponibilidade de padrões primários e substâncias titulantes padronizadas com propriedades que os tornem adequados para uma aplicação específica.
- A reação redox deve apresentar um sistema indicador adequado que sinalize o ponto final da reação redox, ou por uma mudança de cor na solução, ou por meio instrumental.

Os dois métodos de titulação redox mais importantes com um grande número de aplicações são os métodos permanganimétricos, que utilizam permanganato de potássio como agente titulante oxidante, e os métodos iodométricos, que utilizam as reações redox envolvendo o iodo: a iodometria ou método direto, em que o iodo é o agente titulante oxidante; e a iodimetria ou método indireto, que utiliza o íon iodeto como agente redutor adicionado em excesso.

DEFINIÇÃO

Métodos permanganimétricos utilizam permanganato de potássio como agente titulante oxidante.
Métodos iodométricos utilizam a iodometria (ou método direto), com o iodo como agente titulante oxidante; e a iodimetria (ou método indireto), com o íon iodeto como agente redutor adicionado em excesso.

Permanganimetria em meio ácido

A permanganimetria em meio ácido é considerada a mais importante técnica permanganimétrica baseada na reação de redução dos íons permanganato, MnO_4^- (coloração fortemente violeta), a íons manganês (II), Mn^{2+} (incolor), conforme a Equação 1. As principais vantagens de utilizar o permanganato de potássio são:

- baixo custo;
- elevada solubilidade em água;
- forte poder oxidante;
- capacidade de agir como autoindicador das suas reações, sem a necessidade de indicadores visuais para sinalizar o ponto final da titulação.

$$MnO_4^-{}_{(aq)} + 8\ H^+{}_{(aq)} + 5\ e^- \rightleftharpoons Mn^{2+}{}_{(aq)} + 4\ H_2O \quad E^\circ = 1,51\ V\ (H_2SO_4\ 0,5\ mol/L) \quad (1)$$

O ponto final de titulação é indicado por um pequeno excesso do titulante oxidante (permanganato) que confere à solução do analito redutor (incolor ou levemente colorido) uma coloração levemente rósea, demonstrando que a reação se completou. Em meio ácido, o ponto final de titulação não é permanente e a descolorização da solução ocorre conforme a Equação 2.

$$2\ MnO_4^-{}_{(aq)} + 3\ Mn^{2+}{}_{(aq)} + 4\ H_2O \rightleftharpoons 5\ MnO_{2(s)} + 4\ H^+ \quad K = 10^{47} \quad (2)$$

Entre as principais desvantagens do uso do permanganato de potássio, estão:

- o fato de não ser considerado um padrão primário, pois normalmente o reagente sólido encontra-se contaminado por MnO_2, o qual é capaz de catalisar a reação do íon permanganato com espécies redutoras presentes na água destilada usada na preparação da solução;
- as soluções de $KMnO_4$ não são estáveis e podem ser decompostas pela ação catalítica da luz e da temperatura. Por isso, é recomendável ferver as soluções de $KMnO_4$ preparadas ou deixá-las em repouso antes de utilizá-las; – a redução

dos íons MnO_4^- a íons Mn^{2+} é um processo complicado, envolvendo uma sequência de estados de oxidação intermediários – Mn^{6+}, Mn^{5+}, Mn^{4+}, Mn^{3+}–, mas que, sob condições ajustadas, apresenta uma estequiometria conhecida e bem definida.

DICA

Como as soluções de $KMnO_4$ não são estáveis e podem ser decompostas pela ação catalítica da luz e da temperatura, ferva as soluções de $KMnO_4$ preparadas ou deixe-as em repouso antes de utilizá-las.

Reações com iodo – tiossulfatometria

As reações com iodo apresentam um menor número de aplicações na análise volumétrica em comparação aos métodos permanganimétricos devido ao potencial padrão de eletrodo moderado ou intermediário, sendo baseadas na semirreação

$$I_{2(aq)} + 2e^-_{(aq)} \rightleftharpoons 2I^- \qquad E^\circ = 0{,}535_5 \text{ V}$$

ou, mais apropriadamente:

$$I_{3\ (aq)}^- + 2e^- \rightleftharpoons 3I^-_{(aq)} \qquad E^\circ = 0{,}536 \text{ V}$$

As reações com iodo podem ser aplicadas de duas maneiras na volumetria redox:

- **método iodométrico direto**, que consiste em titular uma espécie redutora com solução padrão de iodo como agente oxidante;
- **método iodométrico indireto (tiossulfatometria)**, que consiste em tratar a solução oxidante a ser titulada com excesso de iodeto de potássio e titular o iodo formado com uma solução de tiossulfato de sódio ($Na_2S_2O_3$).

Iodometria direta

As principais características da técnica de iodometria direta são:

- O iodo sólido apresenta baixa solubilidade em água, de modo que a sua solução saturada apresenta solubilidade igual a 0,335 g/L a 25°C, ou solubilidade molar de 0,00134 mol/L. As soluções aquosas de iodo são preparadas pela dissolução de iodo sólido em soluções concentradas de iodeto de potássio, resultando na espécie predominante, o íon triiodeto (I_3^-), conforme a Equação 3:

$$I_{2(s)} + I^-_{(aq)} \rightleftharpoons I_{3\ (aq)}^- \qquad K = 7{,}68 \times 10^2 \tag{3}$$

Portanto, as soluções deveriam ser chamadas de soluções de triiodeto, porém, do ponto de vista químico e estequiométrico, a solução se comporta como se fosse uma solução de iodo. As soluções de iodo devem ser conservadas em frascos de vidro escuros providos de rolha esmerilhada (o iodo ataca a borracha ou o plástico) e guardadas ao abrigo da luz e do calor. Além disso, são soluções muito instáveis, devendo ser repadronizadas periodicamente utilizando o padrão primário trióxido de arsênio na faixa de pH 5 a 11. A volatilidade do iodo em frascos abertos ocorre mesmo na presença de excesso de iodo.

IMPORTANTE

As soluções de iodo devem ser conservadas em frascos de vidro escuros providos de rolha esmerilhada (o iodo ataca a borracha ou o plástico) e guardadas ao abrigo da luz e do calor.

- Devido ao baixo potencial redox do par I_3^-/I^-, o I_2 atua como um oxidante bastante seletivo na determinação de substâncias fortemente redutoras. O agente redutor reage com triiodeto (iodo), formando iodeto como produto, segundo a reação:

$$\text{agente redutor}_{(aq)} + I_3^-{}_{(aq)} \rightleftharpoons 3I^-{}_{(aq)}$$

- A hidrólise do iodo é apreciável em pH maior do que 7, originando o ácido hipoiodoso e íons iodeto, segundo a reação:

$$I_{2(aq)} + H_2O \rightleftharpoons HIO_{(aq)} + I^-{}_{(aq)} + H^+{}_{(aq)}.$$

O HIO se desproporciona segundo a reação $3HIO \rightleftharpoons 2\,I^- + IO_3^- + 3\,H^+$, causando erros na titulação.

- As titulações em geral são realizadas em meio neutro, fracamente ácido ou levemente alcalino (pH ao redor de 8). As principais razões são: – em soluções neutras, a força redutora de vários agentes redutores aumenta e o equilíbrio tende a se deslocar para a formação dos produtos, como na reação $H_3AsO_3 + I_2 + H_2O \rightleftharpoons H_3AsO_4 + 2\,I^- + 2\,H^+$; – em soluções de pH alcalino, o I_2 se desproporciona nas espécies ânion hipoiodito e iodeto, promovendo erros na titulação, conforme a reação: $I_2 + 2\,OH^- \rightleftharpoons IO^- + H_2O + I^-$; – em soluções fortemente ácidas, além da solução indicadora de amido se decompor, o iodeto produzido na reação redox tende a ser oxidado pelo oxigênio dissolvido, provocando um aumento da concentração de iodo segundo a reação: $4\,I^- + O_{2(g)} + 4\,H^+ \rightleftharpoons 2\,I_2 + 2\,H_2O$. A reação é catalisada pela luz solar, pelo calor e por ácidos.

IMPORTANTE

A reação é catalisada pela luz solar, pelo calor e por ácidos.

- Embora a própria coloração das soluções de iodeto (amarelo a marrom) possa servir para indicar o ponto final de titulação, o mais comum é a utilização de uma suspensão aquosa de amido desde o início da titulação (3 a 5 mL), pois, na presença de traços de íon triiodeto, produz uma intensa coloração azul-escuro. A coloração azul-escuro ocorre devido à adsorção dos íons triiodeto pelas macromoléculas coloidais de amido. As soluções de amido consistem principalmente na fração β-amilose, que forma com o íon triiodeto um composto complexo de adsorção colorido com comportamento prontamente reversível. A fração α-amilose, ou amilopectina, é removida, pois o complexo de adsorção colorido formado com o íon triiodeto não é prontamente reversível. As soluções de amido possibilitam abaixar o limite de detecção em 10 vezes quando comparadas com a coloração proporcionada em solução somente pelos íons I_3^-.

Iodometria indireta ou tiossulfatometria

As principais características da técnica de iodometria indireta ou tiossulfatometria são:

- O tiossulfato de sódio pentaidratado sólido pode ser obtido como padrão primário após sucessivas recristalizações e mantido com o grau de hidratação especificado em dessecador com secante de cloreto de cálcio, ou na forma anidro após aquecimento do sal a 120°C e conservado em dessecador com secante de cloreto de cálcio. O mais comum é utilizar uma solução de tiossulfato de sódio pentaidratado padronizada com padrões primários oxidantes, como dicromato de potássio ($K_2Cr_2O_7$) ou iodato de potássio (KIO_3), ambos em meio ácido.

- O íon tiossulfato, $S_2O_3^{2-}$, é um agente redutor moderadamente forte aplicado na determinação de inúmeras substâncias fortemente oxidantes. O agente oxidante reage com iodeto de potássio adicionado em excesso, ocorrendo à formação de iodo como produto, segundo a reação: agente oxidante + $KI_{excesso}$ $\rightleftharpoons$ I_2 + 2 $S_2O_3^{2-}{}_{solução\ padrão}$. Essa quantidade de iodo formado, que é equivalente à quantidade de agente oxidante, é titulada com solução padrão de tiossulfato de sódio. A adição de excesso de iodeto de potássio às soluções neutras ou levemente ácidas não precisa ser medida.

- A reação do iodo com tiossulfato é a base da tiossulfatometria, sendo descrita pela equação: $2S_2O_3^{2-} + I_2 \rightleftharpoons S_4O_6^{2-} + 2I^-$, ou também $2S_2O_3^{2-} + I_3^- \rightleftharpoons S_4O_6^{2-} + 3I^-$. A reação é um caso único em meio neutro ou levemente ácido, pois somente o iodo é capaz de oxidar quantitativamente tiossulfato a tetrationato. Outros agentes oxidantes promovem reações de oxidação até sulfato ou misturas de sulfato e tetrationato.

- O ajuste de pH para meio neutro ou levemente ácido se faz necessário, pois, em pH maior que 7, forma-se o ânion hipoiodito, que tende a oxidar o tiossulfato, $S_2O_3^{2-}$, a sulfato, SO_4^{2-}. Além disso, a concentração elevada da hidroxila acelera a hidrólise do iodo. Em meio fortemente ácido, além de o tiossulfato, $S_2O_3^{2-}$, tender a se decompor, formando enxofre elementar, pode ocorrer oxidação de iodeto pelo ar.

- O mais comum é a utilização de uma suspensão aquosa de amido (3 a 5 mL) próxima do ponto final da titulação quando se tem uma baixa concentração de iodo, I_2, ou traços de triiodeto, I_3^-, o qual produz uma coloração azul-escuro. O ponto final é mais claramente detectável pela mudança da coloração azul-escuro para incolor, indicada pelo desaparecimento do iodo ou triiodeto.

- Os principais fatores que afetam a estabilidade das soluções padrão de tiossulfato de sódio são: acidez, CO_2, oxidação do ar (O_2), micro-organismos, impurezas e luz solar. Todas essas variáveis contribuem para a lenta decomposição das soluções de tiossulfato, conduzindo, de uma forma ou outra, a soluções turvas ou à formação de depósitos de enxofre elementar. A ação dos micro-organismos é considerada a mais importante causadora da instabilidade dessas soluções, ocorrendo um crescimento de bactérias pela transformação do íon tiossulfato em sulfito, sulfato e enxofre elementar.

> **DICA**
>
> Para manter as soluções de tiossulfato estáveis, é recomendado adicionar germicidas, como clorofórmio, benzoato de sódio ou iodeto de mercúrio (II).

Para manter as soluções de tiossulfato estáveis, é recomendado adicionar germicidas, como clorofórmio, benzoato de sódio ou iodeto de mercúrio (II). No entanto, é possível controlar a maioria dessas variáveis, e as soluções de tiossulfato de sódio, se convenientemente preparadas e conservadas, são relativamente estáveis por alguns meses.

Na volumetria redox, medem-se os volumes de soluções cujos solutos interagem segundo uma reação de transferência de elétrons rápida e quantitativa.

Eis os requisitos para a reação:

- ser rápida;
- ser quantitativa, ou seja, apresentar constante de equilíbrio elevado;
- apresentar estequiometria definida e invariável;
- ter um sistema indicador confiável.

Instrumentalmente, é possível acompanhar o desenrolar da reação pela variação do potencial de um eletrodo indicador de platina contra um eletrodo de referência (EPH, eletrodo padrão de hidrogênio, ou ESC, eletrodo saturado de calomelano). O potencial do eletrodo indicador varia com a mudança das concentrações dos componentes do par redox do analito.

Titulação redox de solução de íons Fe^{2+} com solução de íons Ce^{4+}

A seguir é apresentado um exemplo de titulação de 50,00 mL de solução de íons Fe^{2+} 0,1000 mol/L com solução de íons Ce^{4+} 0,1000 mol/L em meio ácido sulfúrico 1,0 mol/L

Dados $\quad \varepsilon^0_{Fe3+/Fe2+} = 0{,}68$ V (H_2SO_4 1,00 mol/L)

$\varepsilon^0_{Ce4+/Ce2+} = 1{,}44$ V (H_2SO_4 1,00 mol/L)

Reação $\quad Fe^{2+} + Ce^{4+} \rightleftharpoons Fe^{3+} + Ce^{3+} \quad K_{redox} = [Fe^{3+}][Ce^{3+}] / [Fe^{2+}][Ce^{4+}]$

$$Fe^{2+} \rightleftharpoons Fe^{3+} + e^- \quad \varepsilon^0_{Fe} = -0{,}68 \text{ V}$$

$$Ce^{4+} + e^- \rightleftharpoons Ce^{3+} \quad \varepsilon^0_{Ce} = 1{,}44 \text{ V}$$

$$Fe^{2+} + Ce^{4+} \rightleftharpoons Fe^{3+} + Ce^{3+} \quad \Delta\varepsilon^0 = (1{,}44 - 0{,}68) \text{ V} = 0{,}76 \text{ V}$$

$\log K = n \Delta\varepsilon^0 / 0{,}05916 = n (\varepsilon^0_{Ce^{4+}/Ce^{3+}} - \varepsilon^0_{Fe^{3+}/Fe^{2+}}) / 0{,}05916$ em que n = número de elétrons envolvidos

$$K_{redox} = 10^{n \Delta\varepsilon 0 / 0{,}05916} = 10^{1 \times 0{,}76 / 0{,}05916} = 7{,}0 \times 10^{12}$$

Conclui-se que a reação é quantitativa.

Cálculo do potencial do eletrodo indicador de platina em diferentes pontos da curva de titulação

Antes do ponto de equivalência: calcula-se o potencial por meio do par redox em excesso: analito ($\varepsilon^0_{Fe^{3+}/Fe^{2+}}$)

No ponto de equivalência:

$$\varepsilon^0_{p.e} = \varepsilon^0 \text{ par redox do analito } (\varepsilon^0_{Fe^{3+}/Fe^{2+}}) = \varepsilon^0 \text{ par redox do titulante } (\varepsilon^0_{Ce^{4+}/Ce^{3+}})$$

Após o ponto de equivalência: calcula-se o potencial por meio do par redox em excesso: titulante ($\varepsilon^0_{Ce^{4+}/Ce^{3+}}$)

Após a adição de 1,00 mL de Ce^{4+}:

$$n_{mmolFe^{3+}/Fe^{2+}} = 0{,}1000 \text{ mol/L} \times 50{,}00 \text{ mL} = 5{,}000 \text{ mmols}$$

$$n_{mmolCe^{4+}/Ce^{3+}} = 0{,}1000 \text{ mol/L} \times 1{,}00 \text{ mL} = 0{,}100 \text{ mmols}$$

Reação estequiométrica: $\quad Fe^{2+}_{(aq)} + Ce^{4+}_{(aq)} \rightleftharpoons Fe^{3+}_{(aq)} + Ce^{3+}_{(aq)}$
início: $\quad\quad\quad\quad\quad\quad\quad\quad$ 5,000 $\quad$ 0,1000 $\quad\quad$ 0 $\quad\quad$ 0
no equilíbrio: $\quad\quad\quad\quad\quad$ 4,900 $\quad$ ≈ 0 $\quad\quad\quad$ 0,100 $\quad$ 0,100

$$[Fe^{2+}] = 4{,}900 \text{ mmol} / 51{,}00 \text{ mL}$$

$$[Fe^{3+}] = 0{,}100 \text{ mmol} / 51{,}00 \text{ mL}$$

$$\varepsilon_{Fe^{3+}/Fe^{2+}} = \varepsilon^0_{Fe^{3+}/Fe^{2+}} - 0{,}05916 / n \log [Fe^{2+}] / [Fe^{3+}]$$

$$\varepsilon_{Fe^{3+}/Fe^{2+}} = 0{,}68 - 0{,}05916 / 1 \log (4{,}90 / 51{,}00) / (0{,}100 / 51{,}00) = 0{,}58 \text{ V}$$

Após 10,00 mL de Ce^{4+}: 0,64 V

Após 25,00 mL de Ce^{4+}: 0,68 V

Após 49,00 mL de Ce^{4+}: 0,78 V

Após 49,90 mL de Ce^{4+}: 0,84 V (erro de –0,20%)

Após 50,00 mL de Ce^{4+} (no ponto de equivalência):

$$n_{mmolFe^{3+}/Fe^{2+}} = 0,1000 \text{ mol/L} \times 50,00 \text{ mL} = 5,000 \text{ mmol}$$

$$n_{mmolCe^{4+}/Ce^{3+}} = 0,1000 \text{ mol/L} \times 50,00 \text{ mL} = 5,000 \text{ mmol}$$

Reação estequiométrica:	Fe$^{2+}_{(aq)}$	+	Ce$^{4+}_{(aq)}$	⇌	Fe$^{3+}_{(aq)}$	+	Ce$^{3+}_{(aq)}$
início	5,000		5,000		0		0
no equilíbrio:	≈ 0		≈ 0		5,000		5,000

Observação: No ponto de equivalência é impossível calcular o potencial do sistema utilizando as concentrações de equilíbrio de reagentes consumidos e produtos produzidos. Nesse ponto, ε^0p.e = $\varepsilon^0_{Fe^{3+}/Fe^{2+}}$ = $\varepsilon^0_{Ce^{4+}/Ce^{3+}}$, deve-se utilizar um artifício matemático somando membro a membro os termos de ambos os pares redox.

Assim,

$$\varepsilon_{p.e} = \varepsilon^0_{Fe^{3+}/Fe^{2+}} - 0,05916 / 1 \log [Fe^{2+}] / [Fe^{3+}]$$

$$\varepsilon_{p.e} = \varepsilon^0_{Ce^{4+}/Ce^{3+}} - 0,05916 / 1 \log [Ce^{3+}] / [Ce^{4+}] +$$

$$2 \varepsilon_{p.e} = \varepsilon^0_{Fe^{3+}/Fe^{2+}} + \varepsilon^0_{Ce^{4+}/Ce^{3+}} - 0,05916 / 1 \log [Fe^{2+}][Ce^{3+}] / [Fe^{3+}] / [Ce^{4+}]$$

Como no ponto de equivalência $[Fe^{2+}] = [Ce^{4+}]$ e $[Fe^{3+}] / [Ce^{3+}]$

$$2 \varepsilon_{p.e} = \varepsilon^0_{Fe^{3+}/Fe^{2+}} + \varepsilon^0_{Ce^{4+}/Ce^{3+}} - 0,05916 \log 1 \text{ e como } \log 1 = 0, \text{ então}$$

$$_{p.e} = \varepsilon^0_{Fe^{3+}/Fe^{2+}} + \varepsilon^0_{Ce^{4+}/Ce^{3+}} / 2$$

$$p.e = \varepsilon^0_{Fe^{3+}/Fe^{2+}} + \varepsilon^0_{Ce^{4+}/Ce^{3+}} / 2 = 0,68 + 1,44 / 2 = 1,06 \text{ V}$$

Após a adição de 50,10 mL de Ce^{4+}: 1,28 V (erro de +0,20%)

$$n_{mmolFe^{3+}/Fe^{2+}} = 0,1000 \text{ mol/L} \times 50,00 \text{ mL} = 5,000 \text{ mmol}$$

$$n_{mmolCe^{4+}/Ce^{3+}} = 0,1000 \text{ mol/L} \times 50,10 \text{ mL} = 5,010 \text{ mmol}$$

Reação estequiométrica:	Fe$^{2+}_{(aq)}$	+	Ce$^{4+}_{(aq)}$	⇌	Fe$^{3+}_{(aq)}$	+	Ce$^{3+}_{(aq)}$
início:	5,000		5,010		0		0
equilíbrio:	≈ 0		0,010		5,000		5,000

$$[Ce^{3+}] = 5,000 / 100,10$$

$$[Ce^{4+}] = 0,010 / 100,10$$

$$\varepsilon_{Ce^{4+}/Ce^{3+}} = \varepsilon^0_{Ce^{4+}/Ce^{3+}} - 0,05916 / 1 \log [Ce^{3+}] / [Ce^{4+}]$$

$$\varepsilon_{Ce^{4+}/Ce^{3+}} = 1,44 - 0,05916 / 1 \log (5,00 / 100,10) / 0,01 / 100,10 = 1,28 \text{ V}$$

Após 60,00 mL de Ce^{4+}: 1,40 V

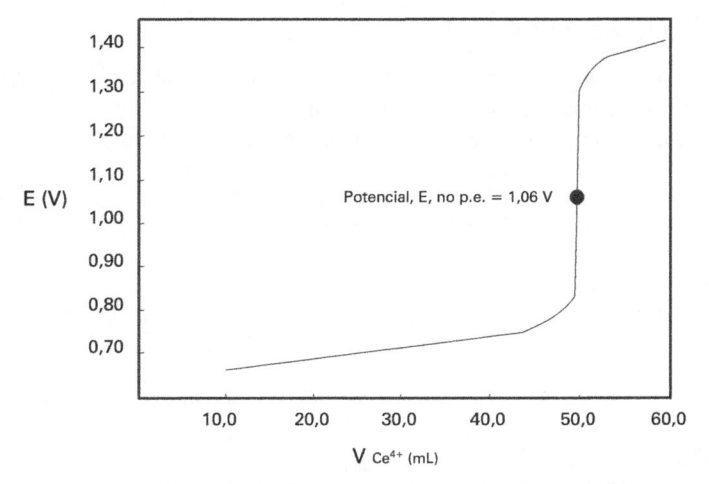

FIGURA 10.1 Curva característica de titulação de 50,00 mL de solução de íons Fe^{2+} 0,1000 mol/L com solução de íons Ce^{4+} 0,1000 mol/L em meio de ácido sulfúrico 1,0 mol/L.

Indicadores do ponto final de titulação

Autoindicador

É aplicável a permanganimetria, em que o íon MnO_4^- (coloração violeta) é reduzido a Mn^{2+} (praticamente incolor). O ponto final da titulação é determinado por um leve excesso de MnO_4^- que confere ao sistema uma fraca coloração rósea.

> **DICA**
>
> O ponto final da titulação é determinado por um leve excesso de MnO_4^- que confere ao sistema uma fraca coloração rósea.

Indicador iodo-amido

Empregado em iodometria. Utiliza-se a força oxidante do I_2 sobre analitos que apresentam força redutora. Nessas titulações, o ponto final da titulação é observado pela adição de um leve excesso de I_2 (titulante) ao sistema reacional, o que provoca o aparecimento de uma coloração azul intensa devido à formação de um complexo entre o iodo e o amido. Por exemplo:

$$I_{2(aq)} + S_2O_3^{2-}{}_{(aq)} \rightleftharpoons 2\, I^-{}_{(aq)} + S_4O_6^{2-}{}_{(aq)}$$

> **DICA**
>
> O ponto final da titulação é observado pela adição de um leve excesso de I_2 (titulante) ao sistema reacional, o que provoca o aparecimento de uma coloração azul intensa.

Indicadores redox

São substâncias orgânicas que funcionam como agentes oxidantes ou redutores fracos, cujas formas oxidadas e reduzidas apresentam cores diferentes com a mudança de coloração em um certo valor de potencial. Genericamente:

$$Ind_{OX} + n\ e^- \rightleftharpoons Ind_{RED}$$
$$\text{cor A} \qquad \text{cor B}$$

Quando $[Ind_{RED}] / [Ind_{OX}] = 1/10$

$$E_{IND} = E_{IND}^0 - \frac{0,05916}{n} \log \frac{[Ind_{RED}]}{[Ind_{OX}]} \quad \text{ou}$$

$$E_{IND} = E_{IND}^0 + 0,05916 / n \qquad \text{(limite superior)}$$

Quando $[Ind_{RED}] / [Ind_{OX}] = 10$

$$E_{IND} = E_{IND}^0 - \frac{0,05916}{n} \log 10 \quad \text{ou}$$

$$E_{IND} = E_{IND}^0 - 0,05916 / n \qquad \text{(limite inferior)}$$

Portanto, ΔE_{IND}

$$E_{IND} = E_{IND}^0 + 0,05916 / n \qquad \text{(cor A predomina)}$$

$$E_{IND} = E_{IND}^0 - 0,05916 / n \qquad \text{(cor B predomina)}$$

Intervalo do indicador redox $\qquad E_{IND} = E_{IND}^0\ 0,05916 / n$

Portanto: $\quad n = 1 \quad \Delta E_{IND} = \pm 0,05916$ V
$\qquad \qquad n = 2 \quad \Delta E_{IND} = \pm 0,02958$ V

Exemplo: Utilização da ferroína 1,10-fenantrolina ferro II ou ortofenantrolina ferro II como indicador do ponto final de titulação.

$$[Fe(C_{12}H_8N_2)_3]^{3+} + e^- \rightleftharpoons [Fe(C_{12}H_8N_2)_3]^{2+} \quad E^0 = 1,06\ V$$
$$(Fen)_3Fe^{3+} \qquad + e^- \rightleftharpoons \quad (Fen)_3Fe^{2+}$$
$$\text{azul claro} \qquad \qquad \text{vermelho intenso}$$

Para a ferroína cujo $n = 1$ e $E_{IND} = 1,06 \pm 0,05916$, a mudança de coloração ocorre entre 1,00 V a 1,12 V.

O ponto final é sinalizado quando cerca de 11% do indicador redox se encontra na forma de ferro II. O potencial de transição de 1,11 V corresponde ao potencial exato de troca da cor de azul claro (praticamente incolor) para vermelho.

Portanto,

$$E_{IND} = E_{IND}^0 - 0,05916 / 1 \log [(Fen)_3Fe^{2+}] / [(Fen)_3Fe^{3+}] =$$

$$E_{IND} = 1,06 - 0,05916 / 1 \log 0,11 / 0,89 = 1,11\ V$$

As reações que ocorrem em solução quando se utiliza a ferroína como indicador do ponto final de uma titulação entre íons Fe^{3+} e íons Ce^{4+} são as seguintes:

adição do indicador ferroína a solução de íons Fe^{2+}:

$$(Fen)_3Fe^{3+} + Fe^{2+} \rightleftharpoons (Fen)_3Fe^{2+} + Fe^{3+}$$

durante a titulação: $Fe^{2+} + Ce^{4+} \rightleftharpoons Fe^{3+} + Ce^{3+}$

após a titulação de todos os íons Fe^{2+} livre: $(Fen)_3Fe^{2+} + Ce^{4+} \rightleftharpoons (Fen)_3Fe^{3+} + Ce^{3+}$

Estrutura da ferroína: $C_{12}H_8N_2$

Capítulo 11

Gravimetria

Neste capítulo você estudará:

- As características, os principais conceitos e a utilidade da gravimetria na química analítica.
- A importância do fator gravimétrico, com exercícios resolvidos para exemplificar os conceitos aprendidos no capítulo.

Uma determinação gravimétrica consiste em uma série de operações que envolvem a precipitação de um determinado constituinte desejado (de modo a separá-lo quantitativamente da solução em que se encontra), a filtração do precipitado formado e o tratamento térmico a fim de obter uma substância química de composição conhecida, cuja massa pode ser calculada por pesagem. Com base na massa do material pesado, determina-se, por meio de relações estequiométricas, a quantidade do constituinte originalmente existente na amostra.

DEFINIÇÃO

Na gravimetria, medem-se as massas da amostra e de um produto final que contém a espécie desejada.

As principais etapas de uma análise gravimétrica são: preparação de uma solução do constituinte desejado, precipitação, digestão, filtração, lavagem do precipitado, secagem, calcinação ou ignição, pesagem e cálculos quantitativos (BACCAN et al., 2001; OHLWEILER, 1985; SKOOG et al., 2006).

Etapas da análise gravimétrica

Um precipitado deve apresentar as seguintes características desejáveis no produto final:

- Ser muito pouco solúvel.
- Não ser higroscópico, para que não ocorra mudança na sua constituição quando exposto ao ar.
- Ter composição conhecida e constante.
- Se o precipitado não for suficientemente estável, ele deve apresentar fácil conversibilidade em uma espécie estável por ignição (aquecimento a elevada temperatura).
- Ser formado de partículas suficientemente grandes para facilitar a filtração, isto é, não passar pelo filtro ou entupi-lo.

Condições de formação do precipitado

A formação de precipitados (ou cristais) envolve dois momentos: a nucleação e o crescimento do cristal.

A nucleação envolve a agregação aleatória de 4 ou 5 partículas (íons, átomos ou moléculas) para formar um minúsculo cristal.

No crescimento do cristal, mais partículas adicionam-se aos núcleos previamente formados para aumentar o tamanho dos agregados, tornando o cristal mais encorpado, isto é, com partículas maiores. Para a formação de um cristal adequado para a filtração, é necessário que a nucleação não seja excessiva, o que acarretaria a formação de partículas muito pequenas, de dimensão coloidal da ordem de 1 a 500 nm, que ainda não precipitam.

DICA

Para a formação de um cristal adequado para a filtração, é necessário que a nucleação não seja excessiva.

Para minimizar o processo de nucleação e otimizar o crescimento do cristal, é recomendável:

- trabalhar em temperaturas elevadas para aumentar a solubilidade e evitar a supersaturação no momento da adição do precipitante no analito (uma solução é considerada supersaturada quando contém mais soluto do que deve estar presente na condição de equilíbrio);

DEFINIÇÃO

Uma solução é considerada supersaturada quando contém mais soluto do que deve estar presente na condição de equilíbrio.

- adicionar vagarosamente o precipitante ao analito e sob vigorosa agitação para que o fluxo de precipitante não provoque supersaturação na reação com o analito;
- usar grandes volumes das soluções envolvidas para minimizar os efeitos da supersaturação.

Efeito da presença de eletrólito e da dupla camada iônica na precipitação

Exemplo: Formação de um precipitado de AgCl a partir da reação de $NaCl_{(aq)}$ com excesso de $AgNO_{3\,(aq)}$ em meio de ácido nítrico.

- **1º passo: Formação do núcleo de $AgCl_{(s)}$:** ocorre a formação de núcleos que se agregam (ou coagulam) para formar minúsculas partículas coloidais.

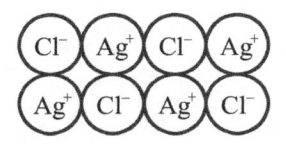

$$Cl^- \quad Ag^+ \quad Cl^- \quad Ag^+$$
$$Ag^+ \quad Cl^- \quad Ag^+ \quad Cl^-$$

AgCl

- **2º passo: Adsorção de cátions análogos ao precipitado:** as partículas coloidais se caracterizam por apresentar uma relação área superficial-massa muito elevada, o que facilita os processos de adsorção. Um leve excesso de prata adicionado à solução promove uma completa precipitação de AgCl com adsorção preferencial de íons prata (carga positiva) na superfície da partícula.

DICA

As partículas coloidais apresentam uma relação área superficial-massa muito elevada, o que facilita os processos de adsorção.

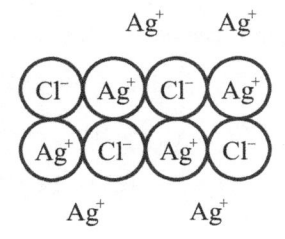

$$Ag^+ \quad Ag^+$$
$$Cl^- \quad Ag^+ \quad Cl^- \quad Ag^+$$
$$Ag^+ \quad Cl^- \quad Ag^+ \quad Cl^-$$
$$Ag^+ \quad Ag^+$$

- **3º passo: Formação da segunda camada iônica (de ânions):** a superfície carregada positivamente por íons prata repele cátions, porém atrai ânions nitrato provenientes do $AgNO_3$ e HNO_3, formando uma dupla camada elétrica.

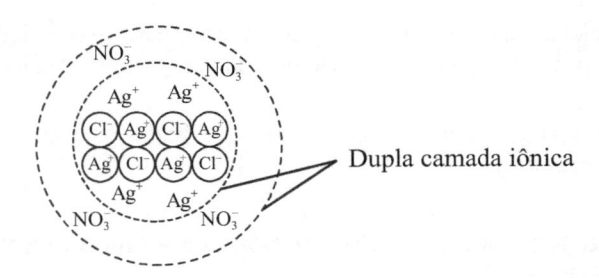

A formação da dupla camada iônica (elétrica) dificulta a coalescência dos núcleos ou o crescimento dos metais. Para evitar esse problema, usa-se agitação vigorosa e temperatura elevada para aumentar a energia cinética dos íons envolvidos. A presença do eletrólito adequado pode desestabilizar a dupla camada iônica (H^+ do HNO_3).

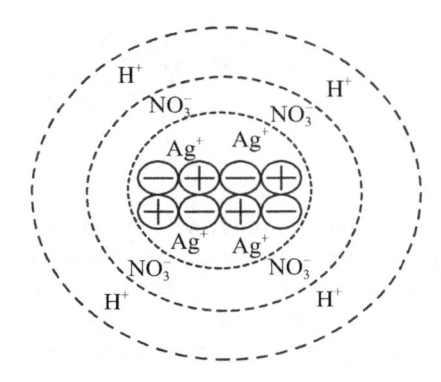

Precipitação em meio homogêneo

É a geração do agente precipitante no próprio meio reativo por meio de uma reação química. Esse procedimento otimiza o crescimento dos cristais, pois a formação do agente precipitante é lenta e gradual. Por exemplo, a formação de cristais grandes do precipitado de formiato férrico é favorecida a partir da lenta produção de íons OH^- resultante da decomposição da ureia em solução aquecida.

$$CO(NH_2)_{2(aq)} + 3\ H_2O \longrightarrow CO_{2(aq)} + 2\ NH_4^+{}_{(aq)} + 2\ OH^-{}_{(aq)}$$

$$HCOOH_{(aq)} + OH^-{}_{(aq)} \longrightarrow HCOO^-{}_{(aq)} + H_2O$$

$$Fe^{3+}{}_{(aq)} + HCOO^-{}_{(aq)} + n\ H_2O = Fe(HCOO)_3 \cdot nH_2O_{(s)} \quad \text{precipitado}$$

$$Fe(HCOO)_3 \cdot nH_2O_{(s)} \xrightarrow{\Delta} Fe_2O_{3(s)}$$

TABELA 11.1 Outras aplicações de precipitação homogênea

Precipitante	Reagente	Reação	Elementos analisados
OH^-	Ureia	$CO(NH_2)_2 + 3 H_2O \rightleftharpoons CO_2 + 2 NH_4^+ + 2 OH^-$	Al, Ga, Th, Bi, Fe, Sn
S^{2-}	Tioacetamida	$CH_3CSNH_2 + 2 H_2O \rightleftharpoons CH_3COO^- + NH_4^+ + H_2S$	Sb, Mo, Cu, Cd
SO_4^{2-}	Ácido sulfâmico	$NH_2SO_2OH + 2H_2O \rightleftharpoons NH_4^+ + SO_4^{2-} + H_3O^+$	Ba, Sr, Ca, Pb
PO_4^{3-}	Fosfato de trimetila	$(CH_3O)_3PO + 3 H_2O \rightleftharpoons PO_4^{3-} + 3 CH_3OH + 3 H^+$	Zr, Hf

Digestão ou envelhecimento

Digestão, ou envelhecimento, é a operação pela qual o precipitado é deixado em contato com a solução-mãe aquecida por um período de tempo e sem agitação. O objetivo é a obtenção de um precipitado com partículas grandes, fáceis de filtrar e com alto teor de pureza. O processo de digestão ou envelhecimento envolve um mecanismo de dissolução e recristalização do precipitado resultando na tendência do aumento do tamanho das partículas cristalinas e na remoção das impurezas retidas no interior do precipitado e superficiais para a solução-mãe.

DEFINIÇÃO

Digestão ou envelhecimento é a operação pela qual o precipitado é deixado em contato com a solução-mãe aquecida por um período de tempo e sem agitação para obter um precipitado com partículas grandes, fáceis de filtrar e com alto teor de pureza.

Filtração e lavagem

A filtração é uma operação que consiste em separar a fase sólida contendo o precipitado desejado da solução-mãe utilizando papel de filtro combinado com funil de vidro, ou, mais comumente, cadinhos filtrantes de vidro sinterizado.

DEFINIÇÃO

Filtração é a separação da fase sólida contendo o precipitado desejado da solução-mãe utilizando papel de filtro combinado com funil de vidro, ou, mais comumente, cadinhos filtrantes de vidro sinterizado.

A lavagem do precipitado é uma operação que visa à remoção do excesso de soluto que ainda se encontra presente no líquido retido mecanicamente nas partículas do precipitado.

DEFINIÇÃO

Lavagem é a operação que visa à remoção do excesso de soluto que ainda está presente no líquido retido mecanicamente nas partículas do precipitado.

Os principais fatores que devem ser levados em consideração na lavagem são solubilidade e a possibilidade de peptização do precipitado. Alguns precipitados com baixa solubilidade podem ser lavados com água, no entanto, outros precipitados pouco solúveis com características coloidais necessitam da presença de eletrólitos na solução de lavagem para evitar o efeito peptizante causado pela água. O efeito peptizante provoca a fragmentação e dispersão das partículas do precipitado para uma dimensão coloidal, permitindo a passagem dessas partículas pelo filtro. A presença de um eletrólito na solução de lavagem tem por objetivo neutralizar a carga superficial das partículas do precipitado, evitando, assim, a sua fragmentação.

DEFINIÇÃO

Efeito peptizante é responsável por provocar a fragmentação e dispersão das partículas do precipitado para uma dimensão coloidal, permitindo a passagem dessas partículas pelo filtro.

Secagem e calcinação

A secagem é aplicada a precipitados que já se encontram em uma forma de pesagem adequada e que necessitam apenas de remoção da água e de eletrólitos adsorvidos da água de lavagem. O processo de secagem envolve aquecimentos brandos em temperaturas da ordem de 110 a 120°C por 1 a 2 horas.

A calcinação ou ignição envolve um aquecimento forte em temperaturas usualmente acima de 800°C para modificar a composição química do precipitado, convertendo-o em uma forma adequada de pesagem – por exemplo, a conversão de $Mg(NH_4)PO_4 \cdot 6H_2O$ para $Mg_2P_2O_7$ entre 900 e 1100°C, ou a conversão de hidróxido de ferro hidratado na forma de $2Fe(OH)_{3(s)}$ ou $Fe_2O_3 \cdot xH_2O$ em Fe_2O_3 entre 800 e 1000°C.

Contaminações

A contaminação de um precipitado ocorre quando as impurezas normalmente solúveis no meio reacional são arrastadas pelo material constituinte do precipitado. São consideradas impurezas inclusas quando o íon contaminante apresenta tamanho e carga semelhante a um dos íons pertencentes ao cristal ou precipitado, sendo capaz de substituí-lo na rede cristalina do precipitado. É o caso da formação de cristais mistos de $BaSO_4$ e $PbSO_4$, ou entre $BaSO_4$ e $BaCrO_4$, os quais podem se misturar em qualquer proporção. São consideradas impurezas oclusas quando os íons contaminantes (cátions e ânions) são retidos no interior do cristal em crescimento na forma de imperfeições sem que haja a substituição dos cátions e ânions originais na estrutura cristalina do precipitado. Esse é o caso da formação do precipitado de $BaSO_4$ a partir de soluções de cloreto de bário e sulfato de sódio, o qual pode ser contaminado tanto por $BaCl_2$ como por Na_2SO_4, sais que apresentam alta solubilidade em água.

DICA

O maior ou menor grau de contaminação do precipitado dependerá de quem for o agente precipitante e se o crescimento dos cristais acontece de modo muito rápido, como é o usual na formação de precipitados pouco solúveis.

Dois processos estão envolvidos na contaminação de um precipitado durante a sua formação:

- **processos de absorção** em que a impureza inclusa ou oclusa se liga à superfície do cristal; e
- **processos de adsorção** em que a impureza solúvel inclusa ou oclusa é incorporada conjuntamente ao precipitado desejado, sem que seja ultrapassado o limite de solubilidade da impureza. Esses processos de adsorção são denominados processos de coprecipitação e ocorrem predominantemente em precipitados coloidais que apresentam alta área superficial, como $BaSO_4$ e $Al(OH)_3$.

DEFINIÇÃO

Coprecipitação é um processo de adsorção que ocorre predominantemente em precipitados coloidais que apresentam alta área superficial, como $BaSO_4$ e $Al(OH)_3$.

A contaminação de um precipitado também pode acontecer depois de completada a separação do precipitado da solução-mãe como uma fase sólida com alto teor de pureza. O processo denominado pós-precipitação ocorre quando a solução-mãe se torna supersaturada com relação às impurezas presentes que lentamente cristalizam sobre o precipitado desejado. O fenômeno se baseia nas diferenças de velocidade de cristalização ou de precipitação de espécies químicas que podem formar fases pouco solúveis. Por exemplo, na precipitação de íons Ca^{2+} com íons $C_2O_4^{2-}$ na presença de íons Mg^{2+}, o $Mg_2C_2O_4$ irá cristalizar lentamente ao longo de dias sobre o CaC_2O_4.

DEFINIÇÃO

Pós-precipitação é o processo em que a solução-mãe se torna supersaturada com relação às impurezas presentes que lentamente cristalizam sobre o precipitado desejado.

As principais técnicas utilizadas para minimizar os diferentes tipos de contaminações são: digestão; remoção prévia do contaminante ou interferente antes de precipitar o composto de interesse; inativação do contaminante ou interferente utilizando agentes mascarantes complexantes; controle da velocidade de precipitação; e dissolução-reprecipitação. A maneira mais eficiente de controlar qualquer tipo de contaminação é utilizando a técnica de dissolução-reprecipitação.

> **DICA**
>
> A maneira mais eficiente de controlar qualquer tipo de contaminação é utilizando a técnica de dissolução-reprecipitação.

Fator gravimétrico

No cálculo final em gravimetria, compara-se a massa da amostra com a massa da espécie desejada X. Assim,

massa de X / massa da amostra x 100 = % de X na amostra.

Na grande maioria dos casos, a espécie X não é obtida diretamente. Em vez disso, obtém-se um produto final que contenha a espécie desejada X. Para obter a porcentagem de X na amostra, é necessário aplicar um fator gravimétrico, para determinar a massa de X no produto final.

Exemplos:

Espécie desejada	Produto final	Fator gravimétrico
P	$Mg_2P_2O_7$	$\dfrac{2 \text{ mol P}}{1 \text{ mol } Mg_2P_2O_7} = 0{,}2783$
Fe	Fe_2O_3	$\dfrac{2 \text{ mol Fe}}{1 \text{ mol } Fe_2O_3} = 0{,}6994$
Ti	TiO_2	$\dfrac{1 \text{ mol Ti}}{1 \text{ mol } TiO_2} = 0{,}5995$
SO_4^{2-}	$BaSO_4$	$\dfrac{1 \text{ mol } SO_4^{2-}}{1 \text{ mol } BaSO_4} = 0{,}4120$
S	$BaSO_4$	$\dfrac{1 \text{ mol S}}{1 \text{ mol } BaSO_4} = 0{,}1372$
$Na_2B_4O_7$	KBF_4	$\dfrac{1 \text{ mol } Na_2B_4O_7}{1 \text{ mol } KBF_4} = 1{,}5983$
SiF_4	$SiO_2 \cdot 12MoO_3$	$\dfrac{12 \text{ mol Mo}}{1 \text{ mol } SiO_2 \cdot 12MoO_3} = 0{,}6442$

Capítulo 11 ♦ Gravimetria **171**

AGORA É A SUA VEZ!

1. Sabe-se que 8,4448 g de um resíduo sólido industrial oriundo de uma planta de refinamento de alumínio foram dissolvidos em ácido, tratados com ortohidroxiquinolina e ignificados para dar 0,8554 g de Al_2O_3. Calcule a porcentagem de Al na amostra.

   f. g. = 2 mol de Al / 1 mol de Al_2O_3 = 0,5292

   Reações: $Al_{(s)} + 3\ H^+_{(aq)} = Al^{3+}_{(aq)} + 3/2\ H_{2(g)}$

   $Al^{3+} + 3$ [oxine-OH] $\longrightarrow$ Al^{3+}[oxine]$_3$ $+ 3\ H^+$

   Al^{3+}[oxine]$_3$ $\xrightarrow{\Delta}$ Al_2O_3 produto final

   $m_{Al} / m_{Al2O3} = 0,5292\quad m_{Al} / 0,8554 = 0,5292$

   $m_{Al} = 0,5292 \times 0,8554 = 0,4527$ g

   % Al na amostra = 0,4527 / 8,4449 × 100 = 5,36 %

2. Que volume de solução de cloreto de bário 0,2000 mol/L é necessário para precipitar 0,500 g de sulfato de sódio? Que massa de sulfato de sódio será obtida?

   Dados: $MM_{Na_2SO_4}$ = 142 g/mol
   MM_{BaCl_2} = 208 g/mol

   Como 1 mol de $Na_2SO_4 \equiv$ 1 mol SO_4^{2-}

   $$142 \longrightarrow 96,06$$
   $$0,500 \longrightarrow x$$

   x = 0,3381 g de SO_4^{2-}

   Como 1 mol de $BaSO_4 \equiv$ 1 mol SO_4^{2-}

   $$233,40 \longrightarrow 96,06$$
   $$x \longrightarrow 0,338$$

   x = 0,8214 g de $BaSO_4$

   Como 1 mol de $SO_4^{2-} \equiv$ 1 mol Ba^{2+}

   0,3381 g / 96,06 g/mol ———— 0,2000 mol/L × volume (L)

   Volume = 0,0175 L ou 17,50 mL de $BaCl_2$

3. O nitrogênio amoniacal pode ser determinado com ácido cloroplatínico, conforme a reação:

$$H_2PtCl_{6(aq)} + 2NH_{4(aq)} \longrightarrow (NH_4)_2PtCl_{6(s)} + 2 H^+_{(aq)}$$

O precipitado decompõe-se sob ignição em platina metálica e produtos gasosos segundo a reação:

$$(NH_4)_2PtCl_{6(s)} \longrightarrow Pt_{(s)} + 2 Cl_{2(g)} + 2 NH_{3(aq)} + 2 HCl_{(aq)}$$

Qual é o percentual de amônia em uma amostra de 0,2213 g que gera 0,5851 g de Pt?

Dados: MM_{NH_3} = 17 g/mol
MM_{Pt} = 195,09 g/mol

f. g. = 2 mol de NH_3 / 1 mol de Pt = 2 × 17 / 195,09 = 0,1746

% NH_3 = 0,5881 × 0,1746 × 100 / 0,2213 = 46,32%

4. Uma amostra de Na_2SO_4 impuro de 1,5000 g fornece um precipitado de $BaSO_4$ que, depois de lavado, seco e calcinado, pesou 2,3900 g. Calcule o percentual de enxofre na amostra.

Dados: MM_{Na2SO4} = 142,06 g
MM_{BaSO4} = 233,40 g

f. g. = Na_2SO_4 / $BaSO_4$ = 142,06 / 233,40 = 0,6086

% S = 2,3900 × 0,6086 × 100 / 1,500 = 96,97%

5. Qual é a massa de $Cu(IO_3)_2$ que pode ser formada a partir de 0,4000g de $CuSO_4.5H_2O$?

Dados: $MM_{Cu(IO3)2}$ = 413,3488 g
$MM_{CuSO4.5H2O}$ = 249,604 g

Relação molar: 1 mol de $CuSO_4.5H_2O$ ≡ 1 mol $Cu(IO_3)_2$

249,604 ——————— 413,3488
0,4000 ——————— x

x = 0,6613 g de $Cu(IO_3)_2$

Capítulo 12

Fundamentos de eletroquímica

Neste capítulo você estudará:

- As reações de oxidação-redução, ou reações redox, e seu funcionamento.
- As características dos processos redox e suas especificidades.

As reações de oxidação-redução, ou reações redox, são reações químicas que envolvem a transferência de elétrons entre espécies químicas iônicas, moleculares ou entre ambas. Na prática, todas as reações redox são processos que ocorrem de maneira simultânea envolvendo duas reações parciais (semirreações ou pares redox) que ocorrem ao mesmo tempo. Isso significa que, se uma espécie química sofre um processo de oxidação com perda de elétrons, obrigatoriamente e no mesmo tempo decorrido, outra espécie química sofre um processo de redução com ganho de elétrons.

DEFINIÇÃO

As reações de oxidação-redução, ou reações redox, são reações químicas que envolvem a transferência de elétrons entre espécies químicas iônicas, moleculares ou entre ambas.

As espécies químicas capazes de se oxidarem perdendo ou cedendo elétrons são denominadas agentes redutores; as espécies químicas capazes de se reduzirem ganhando ou fixando elétrons são denominadas agentes oxidantes (CHRISTIAN; DASGUPTA; SCHUG, 2014; HARRIS, 2011; HAGE; CARR, 2012; OHLWEILER, 1985; SKOOG et al., 2006).

Um processo de oxidação-redução global genérico é descrito como

$$Ox_1 + Red_2 \rightleftharpoons Red_1 + Ox_2$$

que pode ser desdobrado em duas reações parciais, semirreações ou pares redox

$$Ox_1 + ne^- \rightleftharpoons Red_1 \text{ (forma oxidada se reduz)}$$

$$Red_2 \rightleftharpoons Ox_2 + ne^- \text{ (forma reduzida se oxida)}$$

Reações de óxido-redução ocorrem com transferência de elétrons

Os processos eletroquímicos de corrosão envolvendo metais ou ligas metálicas são fenômenos de óxido-redução visíveis e corriqueiros em que ocorre o fenômeno de transferência de elétrons entre dois sistemas redox. Por exemplo, o ferro em contato com a umidade sofre um processo de oxidação, enquanto o oxigênio presente no ar úmido sofre um processo de redução conforme as seguintes reações:

$$Fe_{(s)} \rightarrow Fe^{2+}_{(aq)} + 2e^- \text{ (oxidação do ferro)}$$

$$O_{2(g)} + 2 H_2O + 4 e^- \rightarrow 4 OH^-_{(aq)} \text{ (redução do oxigênio)}$$

$$2 Fe_{(s)} + O_{2(g)} + 2 H_2O \rightarrow 2 Fe(OH)_{2(s)} \text{ (reação global da formação da ferrugem envolvendo a transferência de 4 elétrons)}$$

Essa reação prossegue até uma forma oxidada mais estável, $Fe(OH)_3$, conforme a reação a seguir.

$$2 Fe(OH)_{2(s)} + O_{2(g)} + 2 H_2O \rightarrow 4 Fe(OH)_{3(s)}$$

Simultaneidade do fenômeno de oxidação-redução

Um processo de óxido-redução global sempre implica dois processos parciais que ocorrem ao mesmo tempo, conforme os dois exemplos a seguir, envolvendo uma reação redox entre duas espécies iônicas e outra reação redox envolvendo uma espécie iônica e uma espécie molecular:

$$Fe^{2+} \rightleftharpoons Fe^{3+} + e^- \text{ (semirreação de oxidação)}$$

$$Ce^{4+} + e^- \rightleftharpoons Ce^{3+} \text{ (semirreação de redução)}$$

$$Fe^{2+} + Ce^{4+} \rightleftharpoons Fe^{3+} + Ce^{4+} \text{ (reação de óxido-redução global)}$$

$$2 HNO_2 + 2 H^+ + 2 e^- \rightleftharpoons 2 NO + 2 H_2O \text{ (semirreação de redução)}$$

$$Hg \rightleftharpoons Hg^{2+} + 2e^- \text{ (semirreação de oxidação)}$$

$$2 HNO_2 + 2 H^+ + Hg \rightleftharpoons Hg^{2+} + 2 NO + 2 H_2O \text{ (reação de óxido-redução global)}$$

Relatividade do poder redox

O comportamento oxidante ou redutor de um determinado par redox depende do potencial do outro par redox com o qual constitui um processo de reação óxido-redução global. Considere os três pares redox a seguir:

$$Fe^{3+} + e^- \rightleftharpoons Fe^{2+} \qquad \varepsilon^0 = 0,771 \text{ V}$$

$$Cu^{2+} + 2 e^- \rightleftharpoons Cu \qquad \varepsilon^0 = 0,334 \text{ V}$$

$$Zn^{2+} + 2e^- \rightleftharpoons Zn \qquad \varepsilon^0 = -0,763 \text{ V}$$

Observando os potenciais padrão de redução dos três sistemas redox, verifica-se que o par redox Cu^{2+}/Cu tem caráter redutor em relação ao par redox Fe^{3+}/Fe^{2+} e caráter oxidante em relação ao par redox Zn^{2+}/Zn.

Balanço de massas e balanço de cargas

As reações de oxidação-redução se caracterizam pela existência de uma relação direta entre balanço de massas e o balanço de cargas das espécies químicas envolvidas na reação global. O balanço de massas corresponde à quantidade de matéria expressa em número de mols de espécies reagentes e de produtos, enquanto o balanço de cargas corresponde à quantidade de cargas expressa em número de elétrons envolvidos no processo de reação global.

DEFINIÇÃO

O balanço de massas corresponde à quantidade de matéria expressa em número de mols de espécies reagentes e de produtos, enquanto o balanço de cargas corresponde à quantidade de cargas expressa em número de elétrons envolvidos no processo de reação global.

Portanto, a relação estequiométrica entre o agente oxidante e o agente redutor deve ser ajustada de tal forma que o número de elétrons doados pelo agente redutor seja exatamente equivalente ao número de elétrons ganhos pelo agente oxidante. A reação de oxidação-redução global

$$Fe^{2+} + Ce^{4+} \rightleftharpoons Fe^{3+} + Ce^{2+}$$

apresenta um balanço de massas simétrico entre reagentes e produtos expresso pela relação estequiométrica, em número de mols, nmols, igual a 1:1 entre reagentes e produtos, pois

$$nmols_{Fe^{2+}} = nmols_{Ce^{4+}} = nmols_{Fe^{3+}} = nmols_{Ce^{2+}},$$

e o número de elétrons envolvidos na reação global é igual a 1, já que cada semirreação envolve a perda ou o ganho de um elétron:

$$Fe^{2+} \rightleftharpoons Fe^{3+} + e^- \text{ (sofre um processo de oxidação)}$$

$$Ce^{4+} + e^- \rightleftharpoons Ce^{3+} \text{ (sofre um processo de redução)}$$

Outro exemplo cuja relação entre reagentes e entre produtos não é de mesma simetria ocorre entre as soluções contendo íons Fe(III) com íons Sn(II), conforme descrito a seguir:

$$2\,Fe^{3+} + Sn^{2+} \rightleftharpoons 2\,Fe^{2+} + Sn^{4+}$$

Neste caso, a reação redox global apresenta uma relação estequiométrica igual a 2:1 entre reagentes e produtos

$$nmols_{Fe^{3+}} = 2.nmols_{Sn^{2+}} \quad \text{e} \quad nmols_{Fe^{2+}} = 2.nmols_{Sn^{4+}}$$

isto é, são necessários 2 mols de Fe^{3+} para reagir com 1 mol de Sn^{2+} produzindo 2 mols de Fe^{2+} e 1 mol de Sn^{4+}. O número de elétrons envolvidos na reação redox global é igual a 2. A reação redox global é a soma de duas semirreações, sendo assim desmembrada:

$$2\,Fe^{3+} + 2e^- \rightleftharpoons 2Fe^{2+} \text{ (sofre um processo de redução)}$$

$$Sn^{2+} \rightleftharpoons Sn^{4+} + 2e^- \text{ (sofre um processo de oxidação)}$$

Reações de óxido-redução podem ocorrer com ou sem o contato direto dos reagentes

A reação de óxido-redução

$$Zn_{(s)} + Cu^{2+}{}_{(aq)} \rightleftharpoons Zn^{2+}{}_{(aq)} + Cu(s)$$

conhecida como pilha de Daniell, cujas semirreações envolvidas são

$$Zn_{(s)} \rightleftharpoons Zn^{2+} + 2e^-$$

$$Cu^{2+} + 2e^- \rightleftharpoons Cu_{(s)}$$

ocorre espontaneamente, pois, ao colocar uma barra de zinco em uma solução de Cu^{2+}, esta se recobre rapidamente com uma camada de cobre metálico, isto é, existe uma tendência preferencial do agente redutor, Zn metálico, em transferir elétrons para o agente oxidante, íons Cu^{2+}, resultando na formação de íons Zn^{2+} e Cu metálico como produtos, conforme descrito na Figura 12.1. A reação redox depende somente da natureza e do estado dos reagentes, ou seja, enquanto houver condições para os elétrons se transferirem, ela continuará ocorrendo.

Por outro lado, as reações de oxidação-redução também podem acontecer espontaneamente com o contato direto dos reagentes e, neste caso, são utilizados dispositivos denominados células eletroquímicas ou pilhas de oxidação-redução.

Nas pilhas, as duas reações parciais ocorrem em compartimentos individuais separados por um material poroso, e a transferência de elétrons do agente redutor para o agente oxidante se dá através de um contato ou fio externo, conforme descrito na Figura 12.2. Na referida pilha, dois eletrodos metálicos de zinco e cobre estão

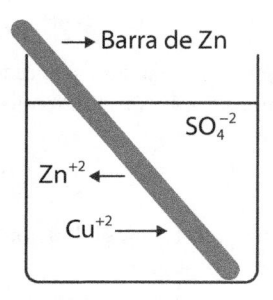

FIGURA 12.1 Tendência do agente redutor em transferir elétrons ao agente oxidante.

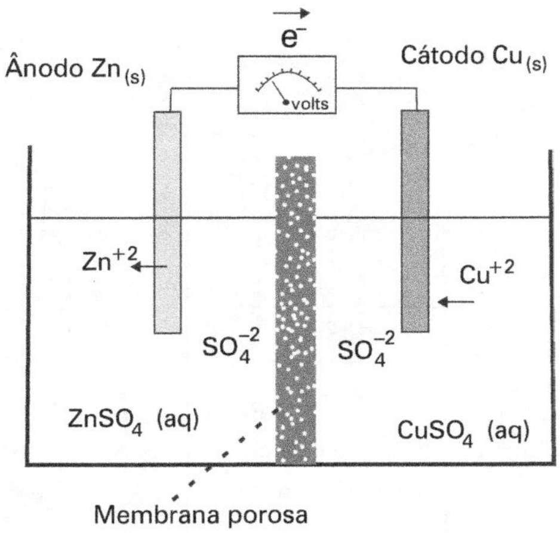

FIGURA 12.2 Pilha de Daniell com separação porosa.

mergulhados em soluções contendo $ZnSO_4$ e $CuSO_4$, respectivamente. Esta reação irá se desenrolar até que seja atingido um estado de equilíbrio, devido ao aumento da concentração de zinco e à diminuição da de cobre nas respectivas soluções. Os dois eletrodos metálicos da pilha são conectados externamente através de um contato ou fio elétrico a um dispositivo denominado voltímetro, que mede a diferença de potencial, ou a tensão, entre os dois eletrodos, isto é, a tendência dos elétrons se deslocarem ou a força que move o fluxo de elétrons (força eletromotriz da pilha). O eletrodo no qual ocorre o processo de oxidação é chamado ânodo, e o eletrodo no qual ocorre o processo de redução é denominado cátodo.

Essencialmente, as células eletroquímicas podem ser de dois tipos: galvânicas, voltaicas ou pilhas, quando as reações químicas que ocorrem nos eletrodos são espontâneas e produzem energia elétrica ou eletricidade; eletrolíticas, quando a energia elétrica ou eletricidade aplicada a partir de uma fonte externa (tensão externa) força uma reação química não espontânea a ocorrer na célula eletroquímica.

DEFINIÇÃO

Voltímetro é o dispositivo que mede a diferença de potencial, ou a tensão, entre os dois eletrodos, isto é, a tendência dos elétrons se deslocarem ou a força que move o fluxo de elétrons (força eletromotriz da pilha).
Ânodo é o eletrodo no qual ocorre o processo de oxidação.
Cátodo é o eletrodo no qual ocorre o processo de redução.

Outra possibilidade de construir uma pilha é utilizando uma ponte salina, conforme a Figura 12.3.

Nessa pilha, as duas semicélulas encontram-se totalmente separadas. Os elétrons fluem pelo circuito externo e a separação porosa foi substituída por uma ponte salina, constituída por um tubo em "U" contendo uma solução de cloreto de potássio.

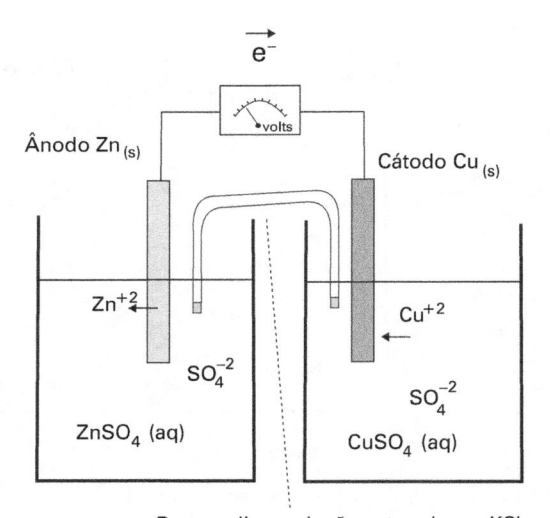

FIGURA 12.3 Pilha de Daniell com ponte salina.

Ao ligar externamente os dois eletrodos (cobre e zinco) através de um fio ou condutor externo a um medidor de corrente (por exemplo, um voltímetro), uma corrente vai fluir no circuito elétrico externo, do ânodo para o cátodo. O dispositivo assim configurado constitui uma célula galvânica na qual a energia liberada nas reações químicas envolvendo os dois eletrodos é convertida em energia elétrica.

IMPORTANTE

Ao ligar externamente os dois eletrodos (cobre e zinco) através de um fio ou condutor externo a um medidor de corrente (por exemplo, um voltímetro), uma corrente vai fluir no circuito elétrico externo, do ânodo para o cátodo. O dispositivo assim configurado constitui uma célula galvânica na qual a energia liberada nas reações químicas envolvendo os dois eletrodos é convertida em energia elétrica.

No eletrodo metálico de zinco (ânodo), o zinco metálico é oxidado a íons Zn^{2+} segundo a reação $Zn \rightleftharpoons Zn^{2+} + 2e^-$. Os elétrons assim liberados fluem pelo condutor externo para o eletrodo metálico de cobre (cátodo) no qual os íons Cu^{2+} são reduzidos a cobre metálico segundo a reação, $Cu^{2+} + 2e^- \rightleftharpoons Cu$. A tendência preferencial do par redox Zn/Zn^{2+} de doar elétrons e do par redox Cu/Cu^{2+} de ganhar elétrons é denominada potencial de eletrodo. A diferença de potencial entre esses eletrodos é observada experimentalmente por meio de um voltímetro e denominada força eletromotriz (f.e.m.) da reação química que constitui a célula eletroquímica. Quanto maior a diferença de potencial entre essas duas semirreações ou pares redox, maior será a tendência de ocorrer a reação.

A célula eletroquímica é descrita da seguinte forma:

$$Zn/Zn^{2+}_{(aq)}||Cu^{2+}_{(aq)}/Cu$$

> **IMPORTANTE**
>
> Quanto maior for a diferença de potencial entre essas duas semirreações ou pares redox, maior será a tendência de ocorrer a reação.

Aqui, cada símbolo ou fórmula tem o seu significado. O ânodo é escrito sempre na esquerda, e o cátodo, na direita. Assim, os elétrons vão da esquerda para a direita e cada traço representa uma diferença de potencial. Quando há uma ponte salina, ela é representada por dois traços paralelos. É possível incluir ainda as concentrações ou pressões das espécies envolvidas.

> **DICA**
>
> O ânodo é escrito sempre na esquerda, e o cátodo, na direita. Assim, os elétrons vão da esquerda para a direita e cada traço representa uma diferença de potencial. Quando há uma ponte salina, ela é representada por dois traços paralelos. É possível incluir ainda as concentrações ou pressões das espécies envolvidas

Na ponte salina, os íons cloreto migram em direção ao ânodo, e os íons potássio, em direção ao cátodo. A ponte tem tripla função: separa fisicamente os compartimentos dos eletrodos, possibilita a continuidade elétrica e reduz o potencial de junção líquida.

> **IMPORTANTE**
>
> Na ponte salina, os íons cloreto migram em direção ao ânodo, e os íons potássio, em direção ao cátodo. A ponte tem tripla função: separa fisicamente os compartimentos dos eletrodos, possibilita a continuidade elétrica e reduz o potencial de junção líquida.

O potencial de junção líquida (E_j) é uma diferença de potencial que aparece sempre que duas soluções diferentes são postas em contato entre si, através de uma separação ou junção porosa ou uma membrana semipermeável. Esse potencial tem origem na diferença de mobilidade dos íons ao migrarem através da junção ou membrana. Para minimizar o potencial de junção líquida, são utilizadas na ponte salina soluções concentradas de sais cujos íons tenham mobilidades semelhantes. O fenômeno do potencial de junção líquida é apresentado na Figura 12.4: em um recipiente contendo uma solução de HCl 1,0 mol/L, é colocada uma separação física dividindo o frasco em dois compartimentos. Há o surgimento de um potencial devido à diferença de mobilidade entre os íons H^+ e Cl^- ao migrarem através da junção permeável. O resultado líquido é a separação de cargas com a criação de um polo positivo e de um polo negativo, gerando o potencial de junção líquida. Por essa razão, procura-se usar na ponte salina soluções concentradas de sais cujos íons tenham mobilidades semelhantes, como cloreto de potássio, a fim de minimizar o potencial de junção líquida.

```
HCl 1,0 M    |    HCl 0,1 M
    H⁺  ─────▶
    Cl⁻ ───▶
 NEGATIVO    POSITIVO
```

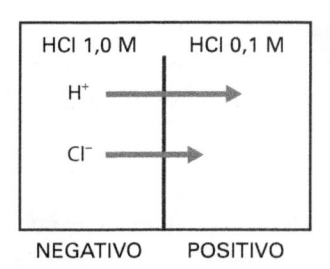

FIGURA 12.4 Potencial de junção líquida.

Aspectos termodinâmicos

A existência de uma diferença de potencial entre o agente doador de elétrons e o agente receptor de elétrons é a força motora para a reação ocorrer espontaneamente ou não. O valor absoluto da diferença de potencial que aparece na interface entre a superfície de um eletrodo e a sua solução constituída de um sal do seu cátion não pode e nunca poderá ser determinada diretamente. No entanto, medidas relativas dos potenciais de diferentes eletrodos, denominadas potenciais padrão de redução ($\mathcal{E}°$), são obtidas experimentalmente ao adotar um eletrodo de referência, ou padrão, que permanece inalterado durante as medições. O eletrodo de hidrogênio normal, ou eletrodo de hidrogênio padrão, foi adotado internacionalmente como eletrodo de referência auxiliar. A determinação do potencial de um eletrodo de interesse contra o eletrodo de hidrogênio padrão ($2H^+ + 2e^- \rightleftharpoons H_2$) é realizada em condições padrão, isto é, pressão parcial de 1 atmosfera no caso de gases, concentração em termos de atividade unitária para todas as espécies em solução, todos os sólidos puros e temperatura de 298 K. Nessas condições, o potencial padrão do eletrodo de hidrogênio é considerado arbitrariamente igual a 0,000 Volts. Os potenciais padrão de redução de diferentes sistemas redox são escritos na forma de um processo de redução conforme determinado pela IUPAC.

> **IMPORTANTE**
>
> O eletrodo normal de hidrogênio, ou eletrodo de hidrogênio padrão, foi adotado internacionalmente como eletrodo de referência auxiliar. A determinação do potencial de um eletrodo de interesse contra o eletrodo de hidrogênio padrão ($2H^+ + 2e^- \rightleftharpoons H_2$) é realizada em condições padrão, isto é, pressão parcial de 1 atmosfera no caso de gases, concentração em termos de atividade unitária para todas as espécies em solução, todos os sólidos puros e temperatura de 298 K.

Duas características das reações redox são verificadas nas tabelas de potenciais de redução:

1. Quanto mais positivo for o potencial padrão de eletrodo do par redox, maior será a tendência de a forma oxidada ser reduzida, e vice-versa: quanto mais negativo for o potencial de eletrodo, maior será a tendência de a forma reduzida ser oxidada.

2. Existem quatro possibilidades de reação de óxido-redução: duas reações permitidas e duas reações proibidas. Somente as reações cruzadas são permitidas e podem ocorrer, sendo uma de forma espontânea e a outra não espontânea ou forçada. As reações de óxido-redução proibidas são as reações entre duas espécies oxidantes ou entre duas espécies redutoras.

Vamos considerar, por exemplo, os valores tabelados de potenciais padrão de redução para os seguintes pares redox:

$$Cu^{2+} + 2\,e^- \rightleftharpoons Cu \qquad E^0 = 0,334\ V$$

$$Zn^{2+} + 2e^- \rightleftharpoons Zn \qquad E^0 = -0,763\ V$$

Observa-se, a partir dos valores dos potenciais para os dois sistemas, que o par redox Cu^{2+}/Cu apresenta o valor de potencial mais positivo do que o par Zn^{2+}/Zn, resultando em uma maior tendência de a forma oxidada ser reduzida, portanto, maior poder oxidante. Por outro lado, o par redox Zn^{2+}/Zn apresenta o valor de potencial mais negativo, resultando em uma maior tendência de a forma reduzida ser oxidada, portanto, maior poder redutor. A avaliação dos valores de potenciais padrão de redução dos dois pares redox permite deduzir que existem as duas reações de óxido-redução permitidas e possíveis de ocorrer envolvendo Cu^{2+} e Zn (reação espontânea) ou Zn^{2+} e Cu (reação não espontânea).

A força eletromotriz da reação redox em qualquer momento do desenrolar da reação é uma diferença de potencial entre os dois pares redox, isto é,

$$E = \varepsilon_1 - \varepsilon_2 = \varepsilon_{cátodo} - \varepsilon_{ânodo}\ (\text{sem junção líquida})$$

$$E = \varepsilon_1 - \varepsilon_2 = \varepsilon_{cátodo} - \varepsilon_{ânodo} + E_j\ (\text{com junção líquida})$$

Um valor positivo de f.e.m. indica que a reação ocorre espontaneamente, enquanto um valor negativo indica que a reação não é espontânea.

O potencial padrão da célula eletroquímica é calculado como:

$$E°_{Célula} = \varepsilon°_{cátodo} - \varepsilon°_{ânodo} = 0,337\ V - (-0,763\ V) = 1,100\ V$$

Dependência entre o potencial e a concentração

A equação de Nernst é uma relação matemática que expressa a dependência quantitativa entre o potencial de um eletrodo e a concentração das espécies que compõem um sistema redox. A equação pode ser aplicada a qualquer sistema redox, mesmo quando as concentrações de todas as espécies oxidadas e reduzidas não se encontram em condições padrão, isto é, condições em que a atividade é unitária. A partir de uma semirreação de redução genérica expressa como:

$$aOx + ne^- \rightleftharpoons bRed$$

a expressão da equação de Nernst que descreve essa semirreação é dada por

$$\varepsilon = \varepsilon^0 - 2,3026 RT/nF \log [Red]^b / [Ox]^a$$

em que

ε é o potencial em uma dada concentração específica
ε^0 é o potencial padrão de eletrodo para a forma geral do par redox Red/Ox
n é o número de elétrons envolvidos na semirreação
R é a constante dos gases (8,3143 V.C / K mol)
T é a temperatura absoluta (298,16 K)
F é a constante de Faraday (96487 C / mol)

Substituindo esses valores na expressão 2,3026RT/nF, obtém-se 0,05916/n e a equação simplificada fica

$$\varepsilon = \varepsilon^0 - 0,05916 / n \log [Red]^b / [Ox]^a$$

As expressões entre colchetes ([Red], [Ox]) são, na realidade, as atividades das espécies químicas, mas para efeitos práticos de cálculo utilizando a equação de Nernst, são consideradas como concentrações. Para semirreações contendo espécies gasosas, suas atividades devem ser expressas como pressões parciais em atmosferas; se estas espécies químicas são sólidos ou líquidos puros (H_2O), sua atividade é considerada igual a 1.

IMPORTANTE

Uma das aplicações mais importantes dos potenciais padrão de redução e, por consequência, da equação de Nernst, é a possibilidade de determinar a força eletromotriz de qualquer célula eletroquímica.

Considere uma reação de oxidação-redução global genérica descrita como

$$Ox_1 + Red_2 \rightleftharpoons Red_1 + Ox_2$$

Expressando as duas semirreações parciais em termos da equação de Nernst, temos:

CÁTODO: $Ox_1 + ne^- \rightleftharpoons Red_1$ $\varepsilon_1 = \varepsilon_1^0 - 0,05916 / 1 \log [Red_1]/[Ox_1]$

ÂNODO: $Ox_2 + ne^- \rightleftharpoons Red_2$ $\varepsilon_2 = \varepsilon_2^0 - 0,05916 / 1 \log [Red_2]/[Ox_2]$

e a força eletromotriz da reação global em qualquer momento do desenrolar da reação é uma diferença de potencial entre os dois pares redox, isto é,

$$E = \varepsilon_1 - \varepsilon_2 = \varepsilon_{cátodo} - \varepsilon_{ânodo} \text{ (sem junção líquida)}$$

$$E = \varepsilon_1 - \varepsilon_2 = \varepsilon_{cátodo} - \varepsilon_{ânodo} + E_j \text{ (com junção líquida)}$$

Um valor positivo para a f.e.m. indica que a reação ocorre espontaneamente, enquanto um valor negativo indica que a reação não é espontânea.

Buscando em tabelas os potenciais padrão de redução das reações envolvidas, encontramos:

$$Zn^{2+} + 2e^- \rightleftharpoons Zn \quad \mathcal{E}° = -0,763 \text{ V}$$

$$Cu^{2+} + 2e^- \rightleftharpoons Cu \quad \mathcal{E}° = 0,337 \text{ V}$$

Uma vez que o potencial padrão de redução do cobre é maior, esta é a reação que irá acontecer, como redução, no cátodo. A reação do zinco irá acontecer espontaneamente no sentido inverso, como oxidação, no ânodo.

O potencial da célula é dado por:

$$E°_{Célula} = \mathcal{E}°_{Cátodo} - \mathcal{E}°_{Ânodo}$$

Portanto:

$$E°_{Célula} = 0,337 \text{ V} - (-0,763 \text{ V})$$

$$E°_{Célula} = 1,100 \text{ V}$$

Aspectos termodinâmicos e a constante de equilíbrio

Quando uma reação de oxidação-redução tende para o equilíbrio, a reação redox vai esgotando a capacidade de reação dos reagentes, a célula eletroquímica vai se descarregando e, consequentemente, o potencial da célula vai diminuindo até chegar a zero, condição final de equilíbrio químico. Nessa condição, a diferença de potencial das duas semirreações que compõem o sistema redox é zero, os potenciais dos dois sistemas são iguais e, nessas condições, as equações de Nernst para os dois sistemas redox podem ser combinadas conforme descrito para a reação genérica a seguir:

$$n_2 Ox_1 + n_1 Red_2 \rightleftharpoons n_1 Ox_2 + n_2 Red_1$$

$$\mathcal{E}_1° - 0,05916 / n_1 \log [Red_1]/[Ox_1] = \mathcal{E}_2° - 0,05916 / n_2 \log [Red_2]/[Ox_2]$$

$$\mathcal{E}_1° - \mathcal{E}_2° = 0,05916 / n_1 \log [Red_1]/[Ox_1] - 0,05916 / n_2 \log [Red_2]/[Ox_2]$$

$$\mathcal{E}_1° - \mathcal{E}_2° = 0,05916 / n_1 \log [Red_1]/[Ox_1] + 0,05916 / n_2 \log[Ox_2][Red_2]$$

$$\mathcal{E}_1° - \mathcal{E}_2° = 0,05916 / n_1 \log [Red_1]/[Ox_1] + 0,05916 / n_2 \log[Ox_2][Red_2]$$

$$n_1 n_2 (\mathcal{E}_1° - \mathcal{E}_2°) = 0,05916 \log [Red_1] [Ox_2] /[Ox_1] [Red_2]$$

em que $[Red_1] [Ox_2] /[Ox_1] [Red_2] = K_{eq}$ ou K_{redox}, logo

$$n_1 n_2 (\mathcal{E}_1° - \mathcal{E}_2°) = 0,05916 \log K_{redox} \text{ ou}$$

$$\log K_{redox} = n_1 n_2 (\mathcal{E}_1° - \mathcal{E}_2°) / 0,05916$$

Conclui-se que se $\mathcal{E}_1° > \mathcal{E}_2°$, K é maior que a unidade e a reação tende a ocorrer no sentido direto; caso contrário, isto é, se $\mathcal{E}_1° < \mathcal{E}_2°$, K é menor que a unidade, a reação tende a ocorrer no sentido inverso.

Uma boa indicação qualitativa sobre a viabilidade da reação redox é obtida a partir do conhecimento do valor da diferença de potencial entre os dois pares redox e o valor da constante de equilíbrio. Quanto maior for a diferença de potencial, maior será o valor da constante de equilíbrio, indicando que a reação redox ocorre de maneira a apresentar grande quantidade de produto em relação à de reagente no estado de equilíbrio. Por outro lado, para uma reação não espontânea, quanto maior for a diferença de potencial entre dois pares redox, menor será o valor da constante de equilíbrio e maior será o gasto de energia elétrica para que ocorra a reação de óxido-redução.

Por exemplo, considerando a reação de óxido-redução entre soluções de Fe(II) e Ce (IV) envolvendo um elétron no processo global, obtém-se um valor de K igual a $2,03 \times 10^{11}$, indicando que a reação global está completamente deslocada no sentido da formação dos produtos, conforme as reações a seguir:

$$Fe^{2+} \rightleftharpoons Fe^{3+} + e^{-} \quad \varepsilon^{o} = 0,771 \text{ V}$$

$$Ce^{4+} + e^{-} \rightleftharpoons Ce^{3+} \quad \varepsilon^{o} = 1,44 \text{ V } (H_2SO_4 \text{ 1,0 mol/L})$$

$$Fe^{2+} + Ce^{4+} \rightleftharpoons Fe^{3+} + Ce^{4+} \text{ (reação redox)}$$

Calcula-se o valor da constante de equilíbrio a partir da expressão

$$\log K = n_1 . n_2 \, (\varepsilon_1^{o} - \varepsilon_2^{o}) / 0,05916$$

$$\log K = 1 \, (1,44 - 0,771) / 0,05916 = 11,308 \quad \text{e, assim,}$$

$$K = 10^{11,308} = 2,03 \times 10^{11}.$$

Fatores que afetam o potencial de óxido-redução

Alguns fatores podem afetar o potencial redox de uma célula eletroquímica: a variação da concentração hidrogeniônica (pH) quando faz parte da reação redox, a formação de espécies complexas e a formação de sais pouco solúveis.

Influência do pH nas equações redox

Quando o potencial do sistema redox é dependente da concentração hidrogeniônica ou do pH, conforme a semirreação a seguir:
Potencial padrão em função do pH

$$\text{Semirreação: Ox} + aH^{+} + ne^{-} \rightleftharpoons \text{Red} + a/2 \, H_2O$$

$\varepsilon = \varepsilon^{0} - 0,05916/n \, (\log [Red]/ [Ox] \, [H^{+}]^{a})$
$\varepsilon = \varepsilon^{0} - 0,05916/n \, (\log [Red]/ [Ox] + \log 1/[H^{+}]^{a})$
$\varepsilon = \varepsilon^{0} - 0,05916/n \, (\log [Red]/ [Ox] + \log 1 - \log [H^{+}]^{a})$
$\varepsilon = \varepsilon^{0} - 0,05916/n \, (\log [Red]/ [Ox] + \log 1 - a \log [H^{+}])$
$\varepsilon = \varepsilon^{0} - 0,05916/n \, (\log [Red]/ [Ox] - a \log [H^{+}])$

$\mathcal{E} = \mathcal{E}^0 - 0,05916/n\ (\log [\text{Red}]/[\text{Ox}] + a\ \text{pH})$

$\mathcal{E} = \mathcal{E}^0 - 0,05916/n\ (\log [\text{Red}]/[\text{Ox}]) - 0,05916/n \times a\ \text{pH})$

$\mathcal{E} = \mathcal{E}^0 - 0,05916/n\ (\log [\text{Red}]/[\text{Ox}]) - (0,05916) \times a/n\ \text{pH})$

Por exemplo, considerando o sistema redox

$$MnO_4^-{}_{(aq)} + 8\ H^+ + 5\ e^- \rightleftharpoons Mn^{2+}{}_{(aq)} + 4\ H_2O$$

A equação de Nernst fica

$$\mathcal{E} = \mathcal{E}^\circ - (0,05916/5) \log [Mn^{2+}]/[MnO_4^-][H^+]^8 \text{ ou}$$

$$\mathcal{E} = \mathcal{E}^\circ - (0,05916/5)(\log [Mn^{2+}]/[MnO_4^-]) - 0,05916 \times 8/5\ \text{pH}$$

Influência da formação de complexos no potencial redox

O potencial de um par redox pode ser modificado quando ocorre a formação de uma espécie denominada complexo ou íon complexo a partir da reação entre uma espécie química denominada ligante com uma das formas que constituem o par redox (oxidada, reduzida ou ambas). A reação de formação do complexo provoca a diminuição da concentração de uma das espécies que formam o par redox, sendo que a diminuição da concentração da forma oxidada diminui o potencial, enquanto a diminuição da concentração da forma reduzida aumenta o potencial. No caso em que ambas as formas geram espécies complexas, o potencial vai aumentar ou diminuir em função da espécie que forma o complexo ou das espécies complexas mais estáveis.

Sem considerar o efeito da complexação, o par redox e a equação de Nernst para um sistema genérico podem ser expressos como

$$Ox_1 + ne^- \rightleftharpoons Red_1$$

$$\mathcal{E} = \mathcal{E}^\circ - (0,05916/n) \log [Red_1]/[Ox_1]$$

Considerando o efeito da complexação, se a forma oxidada é complexada por uma espécie ligante L, ocorre uma redução da concentração da forma oxidada devido à formação de uma ou mais espécies complexas (OxLn), resultando em uma diminuição do potencial. Genericamente, essa reação é expressa como

$$Ox_t + nL \rightleftharpoons OxLn \qquad K_{formação} = K_f = [OxLn]/[Ox]_{eq}[L]^n$$

em que

$$C_t = [Ox]_t = [Ox]_{eq} + [OxLn]_{complexado}$$

em que

$C_t = [Ox]_t$ = concentração total de todas as espécies químicas em solução que contém a forma oxidada

$[Ox]_{eq}$ = concentração da forma oxidada livre ou de equilíbrio

$[OxLn]_{complexado}$ = concentração de todas as espécies que contém a forma oxidada complexada

Resolvendo a equação da constante de formação do complexo e substituindo na expressão de C_t, tem-se o seguinte:

$$K_f = [OxLn] / [Ox]_{eq}[L]^n \quad \text{ou} \quad [OxLn] = K_f [Ox]_{eq}[L]^n$$

$$[Ox]_t = [Ox]_{eq} + K_f [Ox]_{eq}[L]^n \quad \text{ou} \quad [Ox]_t = [Ox]_{eq} (1 + Kf[L]^n)$$

então $[Ox]_{eq} = [Ox]_t / (1 + Kf[L]^n)$

Substituindo na expressão do potencial $\mathcal{E} = \mathcal{E}° - 0{,}05916 / n \log [Red] / [Ox]$, obtém-se:

$$\mathcal{E} = \mathcal{E}° - 0{,}05916 / n \log [Red] / ([Ox]_t / (1 + Kf[L]^n))$$

$$\mathcal{E} = \mathcal{E}° - 0{,}05916 / n \log [Red] - 0{,}05916 / n \log ([Ox]_t - 0{,}05916 / n \log 1 - 0{,}05916 \log / n \, Kf[L]^n$$

$$\mathcal{E} = \mathcal{E}° - 0{,}05916 / n \log [Red] - 0{,}05916 / n \log ([Ox]_t - 0{,}05916 \log Kf[L]^n$$

O termo $-0{,}05916 \log Kf[L]^n$ é incluído em uma nova quantidade, denominada potencial formal, representada por $\mathcal{E}°'$, que é função da natureza e da concentração da espécie ligante, bem como das constantes de formação entre a forma oxidada e a espécie ligante. Assim, a expressão simplificada é:

$$\mathcal{E}°' = \mathcal{E}° - 0{,}05916 \log Kf[L]^n$$

$$\mathcal{E} = \mathcal{E}°' - 0{,}05916 / n \log [Red] / ([Ox]_t$$

cujas concentrações das formas reduzida e oxidada correspondem às concentrações totais de equilíbrio de todas as espécies químicas do par redox, Red_1 e Ox_1.

Por exemplo, o potencial de redução padrão em solução aquosa, $\mathcal{E}°$, para o par Fe^{3+}/Fe^{2+} em condições padrão é igual a 0,771 V. Na presença de solução de diferentes ácidos, o potencial do par redox assume outros valores e, nessas condições, é denominado potencial formal ou potencial condicional, $\mathcal{E}°'$. Em soluções de HCl 1,0 mol/L, os íons Fe^{3+} reagem com os íons cloreto e formam diversas espécies complexas, como $FeCl^{2+}$, $FeCl_2^+$, $FeCl_3$ e $FeCl_4^-$, cujo potencial formal é igual a 0,70 V. Nessas condições, pode-se considerar que a reação de complexação foi completa e todo Fe^{3+} foi convertido e estabilizado sob a forma de $FeCl_4^-$. O equilíbrio químico redox e a equação de Nernst para o sistema são:

$$FeCl_4^-{}_{(aq)} + e^- \rightleftharpoons Fe^{2+}{}_{(aq)} + 4\,Cl^-{}_{(aq)}$$

$$\mathcal{E} = \mathcal{E}°' - 0{,}05916 / 1 \log ([Fe^{2+}][Cl^-]^4 / [FeCl_4^-])$$

Influência da formação de compostos pouco solúveis

O potencial de um par redox pode ser modificado pela formação de um sal pouco solúvel envolvendo a precipitação de uma das formas do par redox (oxidada, reduzida ou ambas). O potencial diminui se ocorre a precipitação da forma oxidada e aumenta se ocorre a precipitação da forma reduzida. No caso em que ambas as formas geram sais pouco solúveis, o potencial vai aumentar ou diminuir em função da espécie que forma o precipitado mais estável.

Considere os seguintes sistemas redox:

1. $Ag^+ + e^- \rightleftharpoons Ag$ $\varepsilon = \varepsilon°_{Ag+/Ag} - 0,05916 \log 1/[Ag^+]$
   em que $\varepsilon° = 0,799$ V
2. $AgCl_{(s)} + e^- \rightleftharpoons Ag + Cl^-$ $\varepsilon = \varepsilon°_{AgCl/Ag} - 0,05916 \log [Cl^-]$ e
   $K_{PS\,AgCl} = 1,82 \times 10^{-10}$

A adição do ânion cloreto ao sistema redox provoca uma diminuição da concentração de íons prata e a formação do sal pouco solúvel AgCl. O potencial formal $\varepsilon°_{AgCl/Ag}$ é determinado ao substituir $[Ag^+]$ por $K_{PS}/[Cl^-]$ na equação de Nernst do par redox Ag^+/Ag. Supondo $[Cl^-] = 1,00$ mol/L, obtém-se:

$$\varepsilon = \varepsilon°_{Ag+/Ag} - 0,05916 \log 1/[Ag^+] = \varepsilon°_{Ag+/Ag} - 0,05916 \log [Cl^-]/K_{PS}$$

$$\varepsilon = \varepsilon°_{Ag+/Ag} + 0,05916 \log K_{PS} - 0,05916 \log [Cl^-]$$

Quando $[Cl^-] = 1,00$ mol/L, $\varepsilon°_{AgCl/Ag} = \varepsilon°_{Ag+/Ag} + 0,05916 \log K_{PS}$

Substituindo, obtém-se:

$$\varepsilon = 0,799 + 0,05916 \log 1,8 \times 10^{-10} - 0,05916 \log [1,00] = 0,222 \text{ V}$$

$$\varepsilon°_{AgCl/Ag} = 0,222 \text{ V}$$

Capítulo 13

Métodos potenciométricos

Neste capítulo você estudará:

- Um breve histórico sobre o desenvolvimento dos métodos potenciométricos.
- Os diferentes tipos de eletrodos e suas características, funcionamento e utilidade para a análise de diversas substâncias.
- Os principais conceitos químicos envolvidos em cada método potenciométrico, com destaque para a aplicação da equação de Nernst.
- A aplicabilidade, as diferenças e os métodos da potenciometria direta e da titulação potenciométrica.

O ponto de partida para a longa história de desenvolvimento dos métodos potenciométricos são os estudos realizados por Walter Nernst que, em 1888, estabeleceu uma relação quantitativa entre o potencial de uma cela eletroquímica com a concentração de suas espécies eletroativas constituintes. A descoberta de Cremer, em 1906, ao constatar que surge uma diferença de potencial na interface de uma membrana fina de vidro quando os lados opostos da membrana estão em contato com soluções contendo diferentes concentrações de íons H_3O^+ levou ao desenvolvimento, em 1909, do primeiro eletrodo íon seletivo de vidro sensível ao pH. Embora os eletrodos íons seletivos de membrana de vidro sensíveis ao pH sejam considerados a classe mais antiga de sensores eletroquímicos, somente em 1935 o primeiro medidor de pH foi comercializado pelas empresas Beckman e Radiometer. Nos dias atuais, os eletrodos de pH ainda são os sensores mais difundidos e utilizados em um extenso número de aplicações, incluindo as áreas biomédica, industrial, ambiental e de ensino devido à capacidade de fornecer medidas rápidas, confiáveis, seletivas, não destrutivas, em volumes pequenos de amostras e para uma grande variedade de amostras em um período de tempo muito curto. Outros tipos de eletrodos íons de membrana sensíveis a espécies iônicas ou moleculares que não sejam os íons H_3O^+ tiveram um grande desenvolvimento a partir de 1957, sendo citados os eletrodos de membrana de vidro para a detecção de cátions mono e divalentes, eletrodos de membrana líquida, eletrodos de membrana no estado sólido para a detecção de ânions como o íon fluoreto, sensores sensíveis a gases e eletrodos enzimáticos utilizados para medir substâncias biológicas não iônicas (BAILEY, 1980; FERNANDES; KUBOTA; OLIVEIRA NETO, 2001; SILVA; LEHKUHL; ALCANFOR, 2009; TORRES et al., 2006).

Os métodos potenciométricos possibilitam a medida do potencial de uma célula eletroquímica constituída de um eletrodo indicador sensível à espécie de interesse e de um eletrodo de referência, ambos imersos em uma solução de estudo. A medição do potencial é feita com o auxílio de um potenciômetro, ou pHmetro, em condições em que o fluxo de corrente que flui no sistema é praticamente zero. O equipamento é apropriado para medir o potencial ou a força eletromotriz da cela eletroquímica comumente na escala de milivolts (mV) ou de pH. A alta resistência desse dispositivo possibilita a medida do potencial impedindo a passagem de corrente da reação de oxidação-redução que pode ocorrer ao nível dos eletrodos modificando a composição das soluções e, por consequência, o potencial da cela eletroquímica.

DICA

O potencial ou a força eletromotriz da cela eletroquímica comumente é medido na escala de milivolts (mV) ou de pH.

Os métodos potenciométricos compreendem a potenciometria direta e a titulação potenciométrica. A potenciometria direta envolve a medida do potencial de uma cela eletroquímica desenvolvido por um eletrodo indicador contra um eletrodo de referência para determinar a atividade (ou concentração) de uma espécie iônica em solução. Na titulação potenciométrica interessa medir a variação do potencial do eletrodo indicador contra um eletrodo de referência durante o curso de uma titulação volumétrica. O gráfico da variação do potencial contra o volume do titulante adicionado permite localizar o ponto final da titulação sem que haja necessidade da medida correta do potencial da cela eletroquímica.

Cela eletroquímica

Uma cela eletroquímica é formada pelo conjunto de dois eletrodos (o eletrodo indicador e o eletrodo de referência) e a solução de estudo contendo a amostra de interesse. O eletrodo indicador imerso na solução de estudo assume um potencial relacionado com a atividade e/ou concentração da amostra de interesse (analito), enquanto o eletrodo de referência apresenta um potencial conhecido, fixo e reprodutível em relação ao potencial do eletrodo indicador. O diagrama que representa a cela eletroquímica é dado por

$$E_{ref} / \text{solução de estudo} / E_{ind}$$

Por convenção, o eletrodo indicador é o cátodo, e o eletrodo de referência, o ânodo. Dessa forma, o potencial de uma cela eletroquímica pode ser expresso como:

$$E_{cela} = \varepsilon_{cátodo} - \varepsilon_{ânodo} = \varepsilon_{ind} - \varepsilon_{ref}$$

Como ε_{ref} = constante = k, o potencial da cela pode ser expresso como;

$$E_{cela} = \varepsilon_{ind} - k \text{ ou}$$

$$E_{cela} = k - \varepsilon_{ind}$$

uma vez que o potencial da cela pode ser tomado em qualquer direção, já que depende dos potenciais relativos dos eletrodos indicador e de referência.

Como $E_{cela} = \varepsilon_{ind}$, a medida da diferença de potencial da cela eletroquímica é uma função direta da atividade (ou concentração) da espécie de interesse (analito).

O potencial de junção líquida (ε_j) se manifesta em regiões com composições químicas diferentes, isto é, na interface metal/solução, ou entre duas soluções de eletrólitos separadas por uma placa porosa ou membrana semipermeável, como resultado das diferentes mobilidades dos íons presentes nessas soluções. Nas medidas potenciométricas, o potencial de junção líquida é comum na junção do eletrodo de referência com a solução presente na cela eletroquímica. O potencial da cela eletroquímica, incluindo o potencial de junção líquida, é expresso como:

$$E_{cela} = \varepsilon_{ind} - \varepsilon_{ref} + \varepsilon_j$$

Para minimizar o potencial de junção líquida, é comum a utilização de pontes salinas contendo soluções saturadas de cloreto de potássio. Nessas condições, o potencial de referência, o potencial de junção líquida e o potencial padrão do eletrodo indicador permanecem constantes e podem ser agrupados em um termo constante K:

$$K = E°_{ind} - E_{ref} + E_j$$

e o potencial da cela eletroquímica para um par redox é expresso como:

$$E_{cela} = K - (0{,}05916 / n) \log (a_{red} / a_{ox})$$

em que a constante K pode ser determinada medindo o potencial de uma solução padrão na qual as atividades são conhecidas.

Eletrodos

Eletrodo é o sistema que se forma quando um metal ou um condutor metálico mergulhado em uma solução aquosa, contendo ou não um eletrólito, estabelece uma interface metal/solução carregada que origina uma diferença de potencial.

Um metal ou condutor metálico por si só é um condutor eletrônico e não constitui um eletrodo. A medida da diferença de potencial em uma cela eletroquímica necessita de dois eletrodos, sendo um eletrodo indicador e o outro o eletrodo de referência. Cabe ressaltar que não há um método que permita determinar diretamente o valor absoluto do potencial de um único eletrodo (apesar de sua existência), pois não há meios de colocar um equipamento de medida elétrica entre as duas fases do eletrodo, metal-solução, e medir a passagem de elétrons de uma fase para outra. Todos os dispositivos disponíveis para medir potencial determinam somente diferenças de potencial. Os potenciais para qualquer eletrodo são determinados pela equação de

Nernst, que estabelece uma relação entre o potencial e a atividade de uma espécie na solução que, para uma semirreação geral do tipo

$$Ox + ne^- \rightleftharpoons Red,$$

pode ser expresso como:

$$\varepsilon = \varepsilon^0_{Ag+/Ag} - (RT/nF)\ ln\ (a_{Red}/a_{Ox})$$

em que ε representa o potencial do indicador; $\varepsilon^0_{Ag+/Ag}$, o potencial padrão do eletrodo; R, a constante dos gases (8,314 J.mol^{-1}.K^{-1}); T, a temperatura absoluta em graus Kelvin; F, a constante de Faraday (96.485 C.mol^{-1}); n corresponde à carga iônica do íon prata; ln é o logaritmo natural e a_{Red} e a_{Ox} são as atividades das formas reduzida e oxidada.

O potencial do eletrodo descrito em termos de logaritmo decimal é expresso como:

$$\varepsilon = \varepsilon^0_{Ag+/Ag} - (0,05916/n)\ log\ (a_{Red}/a_{Ox})$$

Na prática, o mais comum é a determinação potenciométrica da concentração de uma dada espécie química e não da sua atividade. A atividade de um íon em uma solução aquosa é definida como a sua concentração efetiva na presença de um eletrólito como resultado das interações eletrostáticas e covalentes estabelecidas pelo íon com os seus contraíons vizinhos.

DEFINIÇÃO

A atividade de um íon em uma solução aquosa é definida como a sua concentração efetiva na presença de um eletrólito como resultado das interações eletrostáticas e covalentes estabelecidas pelo íon com os seus contraíons vizinhos.

Em soluções diluídas com concentrações menores que 10^{-4} mol/L, essas interações são desprezíveis e, nessas condições, a atividade ou concentração efetiva de um íon é aproximadamente igual a sua concentração analítica, e pode ser expressa como:

$$a_i = C_i\ f_i$$

em que a_i = atividade do íon i, C_i é a concentração do íon i e f_i é o coeficiente de atividade i.

O aumento da concentração do eletrólito contendo o íon ou a adição de uma substância salina estranha ao eletrólito diminui o coeficiente de atividade do íon, e a concentração efetiva torna-se menor do que a concentração analítica. Portanto, para que os coeficientes de atividades das espécies de interesse se mantenham constantes, é utilizada uma alta força iônica (maior que 0,1) em todas as soluções padrão e amostras contendo a substância, e o termo logaritmo da equação de Nernst é reescrito como:

$$(0,05916/n)\ log\ C_i\ f_i = (0,05916/n)\ log\ C_i + (0,05916/n)\ log\ f_i$$

Como o segundo termo do lado direito da igualdade é constante, pode ser incluído no termo K, e para a força iônica constante fica

$$E_{cela} = K - (0{,}05916/ n) \log (C_{red}/C_{ox})$$

Eletrodos indicadores

Eletrodos de classe um

São eletrodos metálicos que desenvolvem um potencial relacionado a uma reação redox na superfície do metal em contato com uma solução aquosa contendo o seu cátion. A representação do eletrodo é dada por M/M^{n+}, cuja semirreação genérica é expressa como:

$$M^{n+} + n\,e^- \rightleftharpoons M$$

O potencial de eletrodo descrito pela equação de Nernst é:

$$\varepsilon = \varepsilon^0 - (0{,}05916 / n) \log (1/ a_{M^{n+}}),$$

indicando que o eletrodo é sensível à atividade do íon M^{n+} e que o potencial se eleva com o aumento da atividade do cátion M^{n+}. Os metais que podem ser utilizados como eletrodos indicadores de classe um são: Ag, Cu, Zn, Bi, Tl, Pb, Cd e Hg.

Considerando o equilíbrio redox genérico

$$Cu^{2+} + 2e^- \rightleftharpoons Cu,$$

o potencial de eletrodo para a semirreação pode ser expresso como:

$$\varepsilon = \varepsilon^0_{Cu^{2+}/Cu} - (0{,}05916 / 2) \log (1 / a_{Cu^{2+}})$$

O conceito de atividade é a forma mais correta de expressar a concentração efetiva de uma espécie química na equação de Nernst. No entanto, o usual em termos práticos é utilizar o conceito de concentração.

A atividade dos íons cobre pode ser substituída por:

$$a_{Cu^{2+}} = f_{Cu^{2+}} \cdot [Cu^{2+}]$$

em que $f_{Cu^{2+}}$ é o coeficiente de atividade dos íons cobre, e $[Cu^{2+}]$ é a concentração molar dos íons cobre, que, substituindo na equação de Nernst, fica:

$$\varepsilon = \varepsilon^0_{Ag+/Ag} - (0{,}05916 / 2) \log (1 / a_{Cu^{2+}}) \text{ ou}$$

$$\varepsilon = \varepsilon^0_{Ag+/Ag} + (0{,}05916 / 2) \log (f_{Cu^{2+}} \cdot [Cu^{2+}])$$

$$\varepsilon = \varepsilon^0_{Ag+/Ag} - (0{,}05916 / 2) \log (1 / f_{Cu^{2+}}) - (0{,}05916 / 2) \log (1 / [Cu^{2+}])$$

Generalizando para uma cela eletroquímica representada por $E_{ref}/\text{solução}/E_{ind}$, temos:

$$E_{cela} = \varepsilon^0_{Ag+/Ag} - (0{,}05916 / 2) \log (1 / f_{Cu^{2+}}) - (0{,}05916 / 2) \log (1 / [Cu^{2+}]) - \varepsilon_{ref} + \varepsilon_j$$

Na prática, sob condições experimentais controladas, os parâmetros $\varepsilon^0_{Ag+/Ag}$, f_{Cu2+}, ε_{ref} e ε_j permanecem constantes durante o experimento, e a expressão pode ser simplificada:

$$E_{cela} = (0,05916 / 2) \log (1 / [Cu^{2+}]) - K \text{ ou}$$

$$E_{cela} = \varepsilon_{ind} - \text{constante}$$

$$E_{cela} = \varepsilon_{ind} - K$$

Eletrodos de classe dois

São constituídos por um fio metálico recoberto ou em contato com o seu sal pouco solúvel e que está em uma solução contendo o ânion desse sal. A representação esquemática do eletrodo é dada por $M/MX/X^{n-}$, conforme Figura 13.1. Dois exemplos clássicos de eletrodos de classe dois são os eletrodos representados esquematicamente como $Ag/AgCl_{(s)}/Cl^-$ e $Hg|Hg_2Cl_2/Cl^-$. Os dois eletrodos são utilizados como eletrodos de referência e são sensíveis à atividade ou concentração do íon cloreto segundo a reação:

$$AgCl_{(s)} + e^- \rightleftharpoons Ag_{(s)} + Cl^- \quad \varepsilon^o_{AgCl/Ag} = 0,799 \text{ V}$$

A expressão da equação de Nernst fica:

$$\varepsilon = \varepsilon^o_{AgCl(s)/Ag(s)} - (0,05916 / 1) \log a_{Cl^-}$$

e indica que o eletrodo é sensível à atividade dos íons cloreto e que o potencial medido se eleva com o aumento da atividade do íon cloreto.

O eletrodo também pode ser utilizado para determinar íons prata conforme a seguinte expressão:

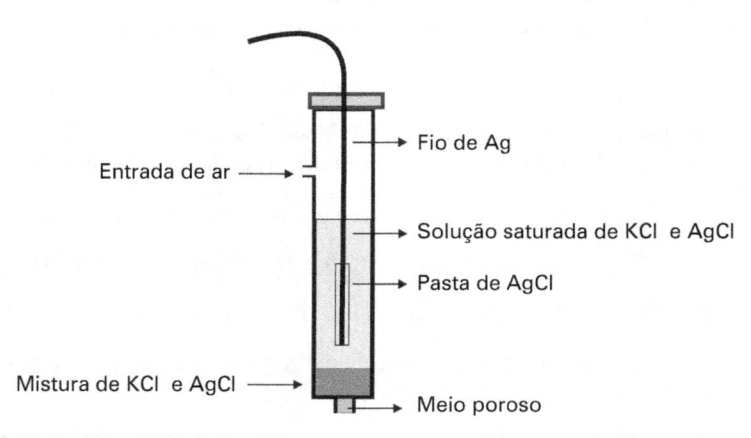

$$a_{Cl^-} = K_{PS} / a_{Ag+}$$

FIGURA 13.1 Eletrodo de classe dois.

Substituindo na equação de Nernst, temos:

$$\varepsilon = \varepsilon°_{AgCl/Ag} - (0{,}05916 / 1) \log (K_{PS} / a_{Ag+})$$

$$\varepsilon = \varepsilon°_{AgCl/Ag} - (0{,}05916 / 1) \log K_{PS} - (0{,}05916 / 1) \log 1 / a_{Ag+})$$

Como o K_{PS} é a constante do produto de solubilidade termodinâmico, temos:

$$\varepsilon°_{Ag+/Ag} = \varepsilon°_{AgCl/Ag} - (0{,}05916 / 1) \log K_{PS}$$

$$\varepsilon = \varepsilon°_{Ag+/Ag} - (0{,}05916 / 1) \log (1 / a_{Ag+})$$

em que $\varepsilon°_{Ag+/Ag} = 0{,}222$ V

Eletrodos de oxidação-redução inertes

Primeiro caso

O eletrodo é um condutor metálico inerte que serve apenas para o transporte de elétrons em contato com as formas oxidada e reduzida da semirreação. Os materiais mais utilizados como eletrodos inertes são o ouro, a platina e o paládio. Por exemplo, para um sistema redox em que um fio de platina é mergulhado em uma solução contendo os íons Fe^{3+} e Fe^{2+}, representado por Pt/Fe^{3+}/Fe^{2+}, a semirreação de redução é descrita como:

$$Fe^{3+} + ne^- \rightleftharpoons Fe^{2+}$$

A equação de Nernst que descreve o sistema redox é:

$$\varepsilon = \varepsilon° - (0{,}05916 / 1) \log (a_{Fe2+} / a_{Fe3+})$$

Segundo caso

É um condutor metálico inerte de platina mergulhado em uma solução contendo íons hidrogênio com atividade igual a 1,000, e gás hidrogênio (H_2) sob pressão de 1,0 atmosfera que é borbulhado junto à superfície do eletrodo revestida com platina finamente dividida e muito porosa denominada negro de platina. Esse é o caso do eletrodo padrão de hidrogênio (EPH), cuja representação de cela para o eletrodo de hidrogênio é $Pt_{(s)}/H_{2(g)},H^+$ sendo, por convenção, arbitrado um potencial de zero volts em condições padrão.

Sua montagem é mostrada na Figura 13.2.

A semirreação de redução do eletrodo de hidrogênio é escrita como

$$2H^+ + 2e^- \rightleftharpoons H_{2(g)}$$

cuja equação de Nernst fica:

$$\varepsilon = \varepsilon°_{H+/H2} - (0{,}05916 / 2) \log (p_{H2} / [H^+]^2)$$

em que, por definição, $\varepsilon°_{H+/H2} = 0{,}000$ Volts e $p_{H2} = 1{,}0$ atm e a equação é definida por:

$$\varepsilon = -(0{,}05916 / 2) \log (1 / [H^+]^2) = -0{,}05916 \text{ pH}$$

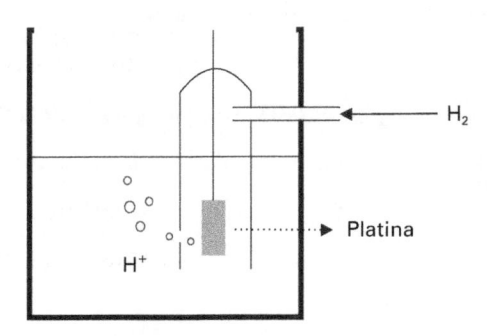

FIGURA 13.2 Montagem do eletrodo padrão de hidrogênio.

Eletrodos íons seletivos

Os eletrodos íons seletivos (EIS) são eletrodos indicadores que possibilitam a determinação potenciométrica rápida e seletiva da atividade de uma espécie iônica em uma mistura complexa contendo outros cátions e ânions. Esses eletrodos são aplicados no monitoramento da atividade de íons como H^+, K^+, Na^+, Ca^{2+}, Cl^- presentes em amostras biológicas complexas, como sangue, soro e urina, bem como no monitoramento de cátions metálicos em amostras ambientais e industriais.

Algumas características são desejáveis para o bom funcionamento de um eletrodo íon seletivo:

- resposta rápida em uma ampla faixa de concentrações
- estabilidade do potencial sob condições de operação e ao longo do tempo
- baixo custo de fabricação

Entre os diversos dispositivos disponíveis de eletrodos íons seletivos, destacam-se os eletrodos de membrana de vidro de pH, eletrodos de membrana de vidro sensíveis a outros cátions monovalentes, eletrodos de membrana líquida, eletrodos no estado sólido, eletrodos sensíveis a gases e eletrodos enzimáticos.

Eletrodo de membrana de vidro

O eletrodo íon seletivo mais conhecido e utilizado em atividades de rotina é o eletrodo indicador de pH, que é seletivo e sensível à atividade ou concentração de íons hidrogênio (H_3O^+ ou simplificadamente H^+) e está disponível comercialmente na sua forma mais comum como um eletrodo de vidro combinado. O eletrodo de vidro combinado é uma peça única de vidro formada pelo conjunto constituído por uma membrana fina de vidro mecanicamente consistente fixada na forma de um bulbo na parte inferior do eletrodo, e dois eletrodos de Ag/AgCl (um interno e outro externo). O eletrodo externo de Ag/AgCl mergulhado quase totalmente em uma solução saturada de AgCl e KCl com concentração constante é o eletrodo de referência. O eletrodo interno de Ag/AgCl mergulhado em uma solução saturada de AgCl e concentração constante e fixa de HCl 0,1 mol/L e que está em contato com a parte interna da membrana fina de vidro é o eletrodo indicador. Um disco poroso próximo ao bulbo do eletrodo atua como uma ponte salina e possibilita o contato entre o eletrodo de referência (externo) e a amostra de interesse na fase aquosa.

Os eletrodos indicadores de membrana são essenciais para a prática da análise potenciométrica e baseiam-se em reações de troca iônica e difusão de íons nas interfaces de diferentes tipos de membrana. Portanto, o elemento central que estabelece o comportamento seletivo do eletrodo indicador é a membrana de vidro. A composição da membrana de vidro mais utilizada e difundida é composta por uma mistura de óxidos metálicos contendo ao redor de 22% de Na_2O, 6% de CaO e 72% SiO_2. Membranas de vidro com novas composições percentuais contendo Li_2O, BaO e La_2O_3 em substituição ao Na_2O e CaO tem apresentado maior durabilidade, seletividade e especificidade em relação aos íons hidrogênio.

A teoria mais aceita para explicar o surgimento do potencial na membrana de vidro considera que o eletrodo de vidro combinado só funciona como um trocador iônico após ser mergulhado em água e formar uma camada de gel hidratado na superfície externa da membrana fina de vidro. As camadas interna e externa de gel hidratado apresentam uma espessura ao redor de 10^{-4} mm, enquanto a parte seca da membrana de vidro tem ao redor de 0,03 a 0,1 mm de espessura. Sob condições de operação e com a camada externa de gel hidratado ocorre o processo de troca iônica na interface camada externa de gel hidratado e solução externa envolvendo os íons sódio e os íons hidrogênio. Os íons hidrogênio não cruzam a parte da membrana sólida e seca, porém difundem em certa extensão no interior da camada externa de gel hidratado dependendo da sua concentração e segundo um equilíbrio de troca iônica que estabelece o mecanismo de formação do potencial de eletrodo na superfície da membrana de vidro, também denominado potencial de interface:

$$\text{—} SiO^-Na^+ + H^+ \text{—} SiO^- H^+ + Na^+$$
$$\text{sólido} \quad \text{solução} \quad \text{sólido} \quad \text{solução}$$

O potencial de interface desenvolvido na superfície da membrana é determinado por dois potenciais, $\mathcal{E}_1$ e $\mathcal{E}_2$, que são função da atividade dos íons hidrogênio presentes nos lados externo (a_1) e interno (a_2) das camadas de gel hidratado. Como a atividade dos íons H^+ do lado interno da membrana de vidro é fixa e constante, o potencial do eletrodo é função apenas da atividade do íon do lado externo da membrana de vidro, ou seja, do pH da solução da amostra, conforme a expressão a seguir.

$$E_{membrana} = E_{interface} = \mathcal{E}_2 - \mathcal{E}_1 = k + 0,005916 \log (a_1 / a_2)$$

em que k é o potencial assimétrico da membrana. O potencial assimétrico é um potencial da ordem de poucos milivolts que varia de eletrodo para eletrodo e está associado à composição química das faces de cada membrana, às diferenças nas camadas de gel das superfícies interna e externa da membrana de vidro e aos ataques químicos e mecânicos sofridos pela superfície externa.

DEFINIÇÃO

O potencial assimétrico é um potencial da ordem de poucos milivolts que varia de eletrodo para eletrodo e está associado à composição química das faces de cada membrana, às diferenças nas camadas de gel das superfícies interna e externa da membrana de vidro e aos ataques químicos e mecânicos sofridos pela superfície externa.

O potencial assimétrico varia de modo lento com o tempo, principalmente se a membrana não for acondicionada para mantê-la hidratada, sendo essa a razão pela qual é necessário calibrar os eletrodos de pH combinados diariamente.

Sendo a atividade do íon H^+ na solução interna (a_2) constante, podemos escrever:

$$E_{membrana} = k + 0,05916 \log a_1$$

ou em termos de pH $= -\log a_{H^+}$

$$E_{membrana} = K - 0,05916 \, pH$$

em que a constante K inclui o potencial assimétrico e a função logarítmica de a_2.

Considerando que a célula típica de um eletrodo de vidro combinado comercial pode ser representada por:

Ag | AgCl | KCl (3mol/L), solução de estudo | membrana | HCl (0,1mol/L)| AgCl | Ag

eletrodo de referência / amostra aquosa / eletrodo indicador

Considerando o potencial do eletrodo desenvolvido pelo eletrodo de vidro combinado como um todo e não apenas da membrana de vidro, teremos:

$$E_{elet.vidro} = (K - 0,005916 \, pH) + \varepsilon_{elet.\,ref.\,int.}$$

ou ainda:

$$E_{elet.vidro} = K^* - 0,005916 \, pH \text{ ou}$$

$$E_{elet.vidro\,sol.\,ext.} = K^* - 0,005916 \, pH_{sol.\,ext.}$$

em que K^* agora inclui três constantes: o potencial assimétrico, a função logarítmica da atividade do íon H^+ na solução interna (a_2) e o potencial do eletrodo de referência interno.

O valor de K* pode ser determinado experimentalmente por meio da calibração do eletrodo com uma solução padrão de pH conhecido, o que possibilita uma definição operacional para o pH conforme as expressões a seguir:

$$pH_{sol.\,ext} = K^* - E_{elet.vidro\,sol.\,ext.} / 0,05916$$

$$pH_{sol.\,pad.} = K^* - E_{elet.vidro\,sol.\,pad.} / 0,05916$$

Subtraindo membro a membro, temos:

$$pH_{sol.\,ext} - pH_{sol.\,pad.} = - E_{elet.vidro\,sol.\,ext.} / 0,05916 + E_{elet.vidro\,sol.\,pad.} / 0,05916$$

Rearranjando, obtém-se:

$$pH_{sol.\,ext} = pH_{sol.\,pad.} + (E_{elet.vidro\,sol.\,pad.} - E_{elet.vidro\,sol.\,ext.}) / 0,05916$$

Outros fatores que podem afetar a resposta do eletrodo são:

- o seu tempo de utilização,
- a força iônica da solução de estudo,

- a temperatura,
- a área de contato da superfície da membrana,
- a capacidade de molhamento da estrutura do vidro,
- o intervalo de concentração hidrogeniônica e
- a interferência seletiva de íons alcalinos, em especial, Li^+, Na^+ e K^+.

A interferência seletiva desses íons alcalinos, denominada erro alcalino, é resultante do potencial de junção criado na parte externa da membrana de vidro, cujo efeito é maior para os íons Li^+ e Na^+ do que para os íons K^+.

DEFINIÇÃO

Erro alcalino é a interferência seletiva dos íons alcalinos resultante do potencial de junção criado na parte externa da membrana de vidro, cujo efeito é maior para os íons Li^+ e Na^+ do que para os íons K^+.

O efeito depende fundamentalmente da composição do vidro utilizado e dos cátions presentes na solução-problema, aparecendo em valores de pH acima de 9,0 – em que a atividade dos íons H^+ é muito baixa. Dessa forma, o eletrodo indicará um pH mais baixo do que o pH real ou verdadeiro. Em meios fortemente ácidos, surge um erro ácido associado à resposta do eletrodo de vidro, que passa a mostrar pH mais alto do que o pH real, uma vez que o meio desidrata a membrana e a atividade varia mais lentamente com o aumento da concentração.

Outros eletrodos íons seletivos

O potencial de outros eletrodos íons seletivos fabricados com outros materiais que não sejam o vidro também é descrito pela equação de Nernst para um único íon:

$$\varepsilon_{EIS} = K^* \pm (RT/zF) \ln a_{ion}$$

em que K* é uma constante que inclui o potencial dos dois eletrodos de referência, o potencial de junção, o potencial de assimetria e uma solução interna do íon primário com atividade conhecida; ε_{EIS} é o potencial do eletrodo; R, a constante real dos gases (8,314 $J.mol^{-1}.K^{-1}$); T, a temperatura absoluta em graus Kelvin; F, a constante de Faraday (96.485 $C.mol^{-1}$); z corresponde à carga iônica do íon; $\ln$ é o logaritmo natural; e a_{ion} é a atividade do íon primário para o qual o eletrodo íon seletivo responde. O sinal da equação é positivo quando o íon é um cátion, e negativo quando é um ânion. A resposta do eletrodo apresenta um comportamento nernstiano ideal quando a constante *2,303 RT/zF*, para *z = 1*, for igual a 59,16 mV a 25°C. No entanto, o mais usual sob operação é encontrar valores entre 55,0 e 60,0 mV, os quais ainda são considerados nernstianos. Para valores abaixo de 55,0 mV ou acima de 60,0 mV, o valor da resposta do eletrodo é denominado subnernstiano ou supernernstiano, respectivamente.

> **DICA**
>
> A resposta do eletrodo apresenta um comportamento nernstiano ideal quando a constante $2,303$ RT/zF, para $z =1$, for igual a 59,16 mV a 25ºC. Sob operação, é comum encontrar valores entre 55,0 e 60,0 mV, considerados nernstianos. Valores abaixo de 55,0 mV são subnernstianos, e valores acima de 60,0 mV são supernerstianos.

O potencial de um eletrodo íon seletivo em termos de logaritmo decimal à temperatura de 25ºC para um íon primário ou analito de interesse fica:

$$\varepsilon_{EIS} = K^* \pm (0,05916/z) \log a_{analito}$$

que, simplificadamente, é expresso como:

$$\varepsilon_{EIS} = K^* \pm S/z \log a_{analito}$$

em que $S = 0,05916$ é a resposta do eletrodo para um comportamento nernstiano ideal.

Essa equação é geral e se aplica a todos os dispositivos de eletrodos íons seletivos.

Seletividade da membrana do EIS

O mecanismo de resposta das membranas de eletrodos íons seletivos é semelhante ao mecanismo de resposta da membrana fina do eletrodo de vidro de pH. A membrana ativa no EIS contém a espécie de interesse ligada química e seletivamente a um reagente na forma de um complexo ou de um precipitado. O surgimento de um potencial de interface é resultado de processos de adsorção ou de interações químicas seletivas entre os sítios ativos imobilizados na superfície da membrana e o analito de interesse. Como o potencial de interface é dependente de uma reação química, a maioria das membranas dos EIS não é seletiva a um único analito de interesse, podendo ser sensíveis à presença de outros íons presentes em altas concentrações na solução de estudo, ou se a solução sob análise for uma matriz complexa. Assim, o potencial desenvolvido por uma membrana de EIS estabelece uma relação de proporcionalidade com a concentração de cada íon que interage com os sítios ativos presentes na superfície da membrana.

Para um eletrodo íon seletivo mergulhado em uma solução contendo uma mistura de cátions ou de ânions que podem responder ao EIS além do íon primário de interesse, é necessário incluir um termo adicional na equação de Nersnt que expressa a contribuição do íon interferente:

$$\varepsilon_{EIS} = K^*_{analito} \pm S \log (a_{analito} + K_{analito,interf.} \cdot (a_{interf.})^{z_{analito}/z_{interf.}})$$

em que $z_{analito}$ e $z_{interf.}$ são as cargas do íon primário de interesse (analito) e do íon interferente, respectivamente, e

$$K_{analito,interf.} = a_{analito} / (a_{interf.})^{z}_{analito/zinterf.}$$

em que $a_{analito}$ e $a_{interf.}$ são as atividades do analito e do interferente.

O valor do coeficiente de atividade igual a 1,0 significa que a resposta da membrana é igual tanto para o analito quanto para o interferente. No entanto, valores menores que 1,0 indicam que a membrana é seletiva ao analito.

Embora os coeficientes de seletividade sejam disponibilizados pelos fabricantes, é possível determiná-los experimentalmente preparando várias soluções com a atividade do interferente e variando a atividade do analito. O gráfico do potencial do eletrodo íon seletivo *versus* um termo logaritmo da atividade do analito permite estabelecer duas regiões lineares, cuja intersecção possibilita a determinação de $K_{analito,interf.}$.

Eletrodos de membrana de vidro sensíveis a outros cátions monovalentes

Diferentes composições de membranas de vidro podem ser preparadas para serem seletivas a um dado cátion ou grupo de cátions. Portanto, o aumento da atividade catiônica na solução aquosa aumenta a carga positiva na superfície da membrana resultando no aumento do potencial do eletrodo. Existem três tipos básicos de eletrodos dependentes da composição da membrana de vidro:

a. **sensível ao pH:** cuja ordem de seletividade é $H^+ >>> Li^+, Na^+ > K^+$;

b. **sensível ao sódio:** cuja ordem de seletividade é $Ag^+ > H^+ Na^+ >> Li^+, K^+; NH_4^+$;

c. **sensível a cátions monovalentes:** cuja ordem de seletividade é $K^+ > NH_4^+ > Na^+, H^+, Li^+$.

Os eletrodos do tipo b e c são sensíveis aos íons H^+ e, por isso, devem ser utilizados em pH alcalino. Por exemplo, a sensibilidade e resposta de um eletrodo de sódio cuja composição é 11% Na_2O, 18% Al_2O_3 e 71% SiO_2 é quase 100 vezes maior para os íons H^+ do que para os íons Na^+, mesmo quando ambos os cátions apresentam níveis semelhantes de concentração em solução aquosa. A resposta do eletrodo sensível a sódio é dada pela expressão:

$$pNa = - \log a_{Na+}$$

que, em condições controladas de força iônica,

$$pNa = - \log [Na^+]$$

Eletrodos de membrana líquida

São eletrodos em que a membrana líquida que determina o potencial de interface é um trocador iônico líquido imiscível em água e ligado seletivamente à espécie iônica de interesse, confinado entre duas membranas plásticas flexíveis porosas ou entre dois vidros porosos inertes. A função da membrana porosa é permitir o contato entre o trocador iônico e a solução interna, minimizando a mistura entre eles. O eletrodo de referência interno contendo um eletrodo Ag/AgCl mergulhado em uma solução interna contendo um haleto de prata, geralmente, cloreto de prata, mais uma concentração fixa do íon de interesse conforme Figura 13.3.

Por exemplo, para um eletrodo seletivo de íons cálcio, o trocador iônico mais usual é um composto organofosforoso de cálcio tal qual o fosfato de dialquil-cálcio, que é praticamente insolúvel em água, mas solúvel em líquidos orgânicos imiscíveis.

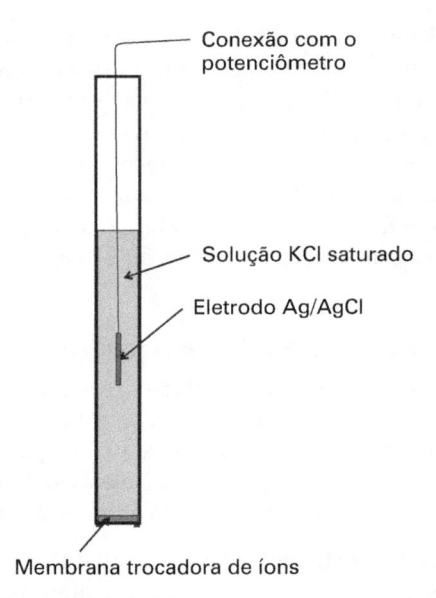

FIGURA 13.3 Eletrodo de membrana líquida.

Os equilíbrios de dissociação que irão ocorrer em cada interface da membrana porosa são:

$$[(RO)_2POO]_2Ca \rightleftharpoons 2(RO)_2POO^- + Ca^{2+}$$
$$\text{fase orgânica} \quad\quad \text{fase orgânica} \quad \text{fase aquosa}$$

em que R é um grupo orgânico alifático de alta massa molar.

Semelhante ao comportamento da membrana do eletrodo de vidro, a membrana porosa desenvolve um potencial de interface na sua superfície determinado por dois potenciais, $\mathcal{E}_1$ e $\mathcal{E}_2$, que são função da atividade dos íons cálcio presentes nas soluções dos lados externo aquoso (a_1) e interno do trocador iônico (a_2). Como a atividade dos íons Ca^{2+} do lado interno da membrana porosa é constante, o potencial do eletrodo é função apenas da atividade dos íons cálcio do lado externo da membrana porosa, conforme a expressão:

$$E_{membrana} = E_{interface} = \mathcal{E}_2 - \mathcal{E}_1 = k + (0,005916/2) \log a_1$$

$$E_{memb.\ porosa} = \mathcal{E}_2 - \mathcal{E}_1 = k - (0,005916/2) \log pCa$$

A sensibilidade do eletrodo de membrana líquida é governada pela solubilidade do trocador iônico na solução teste. A seletividade do eletrodo para íons cálcio é ao redor de 3.000 vezes maior do que para íons sódio e potássio e 200 vezes maior do que para o magnésio. O eletrodo pode ser utilizado na faixa de pH entre 5,5 e 11, sendo que acima de pH 11 precipita hidróxido de cálcio.

Eletrodos de membrana líquida comerciais estão disponíveis para os íons Ca^{2+}, K^+, Mg^{2+}, Cl^-, NO_3^-, ClO_4^-, BF_4^- com faixa de concentração de trabalho na ordem de 10^{-7} mol/L a 1,0 mol/L.

Eletrodos de membrana sólida

São eletrodos cujos componentes de detecção são materiais cristalinos ou pastilhas prensadas que exibem uma alta condutividade iônica e desenvolvem um potencial relacionado com a atividade da espécie iônica de interesse presente na amostra.

Basicamente, um eletrodo de membrana sólida é constituído por um eletrodo de referência interno de Ag/AgCl mergulhado em uma solução de referência de concentração fixa do íon de interesse que, por sua vez, está em contato com o material sensor cristalino ou de pastilha prensada aprisionado na membrana fixada na parte inferior do eletrodo. A membrana sólida contendo o material sensor é mergulhada na solução contendo a amostra de interesse na fase aquosa. Finalmente, a cela eletroquímica é completada por outro eletrodo de referência mergulhado na solução de estudo. A diferença de potencial interfacial desenvolvido na superfície da membrana é determinada por dois potenciais diferentes que são função da atividade dos íons de interesse presentes nos lados externo e interno da membrana sólida. Como a atividade dos íons de interesse do lado interno da membrana de vidro é fixa e constante, o potencial do eletrodo é função apenas da atividade do íon desejado do lado externo da membrana sólida.

Um exemplo é o eletrodo de membrana sólida de fluoreto de lantânio, utilizado para medir fluoreto em água potável, tendo em vista a alta insolubilidade em água do LaF_3 (K_{PS} igual a 7×10^{-17}). A membrana sólida é constituída por um monocristal de fluoreto de lantânio, LaF_2^+, dopado com európio (II) para aumentar a condutividade do material sensor. A membrana sólida é revestida com uma fina camada de íons F^- de cada lado e atua como um trocador de íons fluoreto e lantânio. A resposta segue a equação de Nernst dentro da faixa de 1 até 10^{-6} mol/L (19 ppb), em meio neutro ou levemente ácido. Sua seletividade é muito boa, sendo pelo menos 1.000 vezes mais sensível para fluoreto do que cloreto, brometo ou iodeto.

A resposta do eletrodo sensível a flúor é dada pela expressão:

$$\varepsilon_{membrana} = K - 0{,}05916 \log a_{F^-}$$

A configuração do eletrodo é mostrada na Figura 13.4.

Eletrodos compostos ou sondas sensíveis a gases

Os eletrodos compostos são dispositivos modificados a partir de eletrodos de pH ou outros tipos de EIS, que são aplicados comercialmente como sondas potenciométricas sensíveis a gases de baixo peso molecular, como CO_2, NO_2, SO_2, H_2S, HF, HCN, NH_3. Basicamente, um eletrodo composto ou sonda sensível a gases consiste em um eletrodo combinado de pH modificado, cujo bulbo contendo a membrana de vidro sensível ao íons hidrogênio é revestido com uma membrana microporosa permeável muito fina, de espessura de 0,1 mm, fabricada a partir de um polímero hidrofóbico com poros menores que 1 μm que possibilitam a passagem de gases, mas inibem a passagem de água e outros interferentes. Entre a membrana do bulbo de vidro e a membrana polimérica, é colocada uma solução de íons NH_4^+ com concentração fixa. O mecanismo de resposta do sensor envolve a transferência da amônia presente na solução aquosa externa para a solução eletrolítica interna, onde ocorre uma alteração na relação $[NH_4^+] / [NH_3]$, resultando em uma mudança do pH da solução interna.

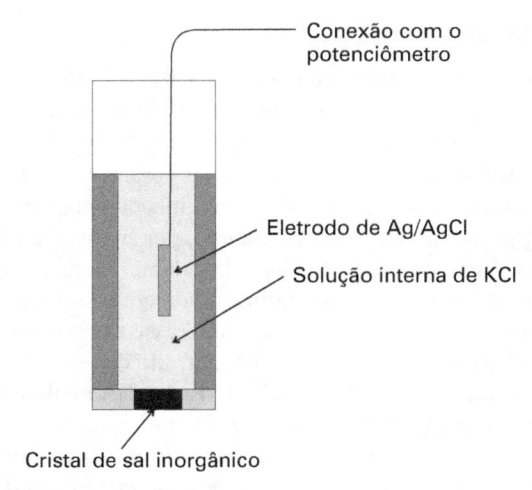

FIGURA 13.4 Eletrodo de membrana sólida.

A variação da concentração hidrogeniônica sentida pelo eletrodo de vidro é função da atividade da amônia na amostra aquosa.

O mecanismo de resposta pode ser representado como

$$NH_{3(aq)} \rightleftharpoons NH_{3(g)}$$

$$NH_{3(g)} \rightleftharpoons NH_{3(aq)}$$

$$NH_{3(aq)} + H_2O \rightleftharpoons NH_4^+{}_{(aq)} + OH^-{}_{(aq)}$$

$$OH^-{}_{(aq)} + H^+{}_{(aq)} \rightleftharpoons H_2O$$

Eletrodos enzimáticos

Os eletrodos enzimáticos são dispositivos modificados a partir de eletrodos de pH ou outros tipos de EIS constituídos por membranas sensíveis a cátions monovalentes cuja superfície é revestida por um gel contendo uma enzima imobilizada. As enzimas são substâncias proteicas que catalisam reações químicas com alto grau de especificidade, podendo ser utilizadas na detecção de substâncias como glicose, aminoácidos, alcoóis, colesterol, entre outras.

DEFINIÇÃO

As enzimas são substâncias proteicas que catalisam reações químicas com alto grau de especificidade, podendo ser utilizadas na detecção de substâncias como glicose, aminoácidos, alcoóis, colesterol, entre outras.

Um exemplo típico é o eletrodo sensível à ureia construído pela imobilização da enzima urease em uma membrana semipermeável. Mergulhando o eletrodo em uma solução contendo ureia, ocorre a difusão da ureia até a camada de gel contendo

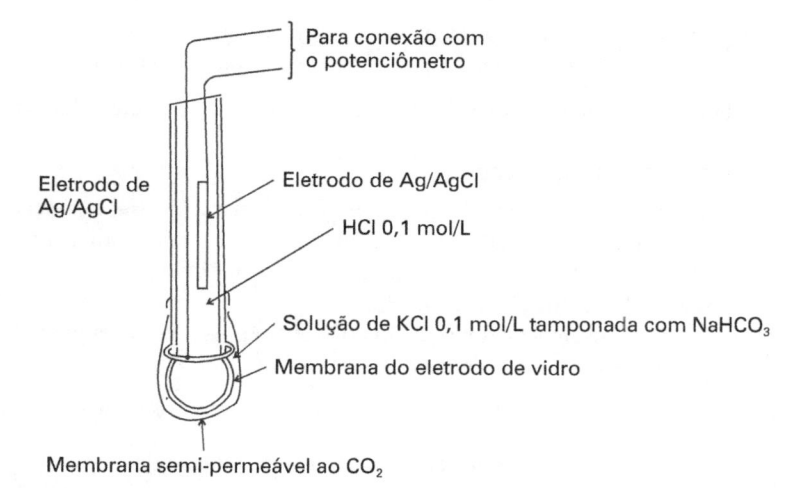

FIGURA 13.5 Sonda sensível a gases.

a enzima urease, que funciona como um catalisador da reação de hidrólise, produzindo íons amônio e dióxido de carbono conforme a reação:

$$NH_2CONH_{2(aq)} + H_2O + H^+_{(aq)} \rightleftharpoons 2\, NH_4^+{}_{(aq)} + HCO_3^-{}_{(aq)}$$

O potencial medido pela membrana de vidro seletiva aos íons amônio é função da atividade dos íons amônio que difundem até a superfície do eletrodo.

Eletrodos de referência

A principal característica de um eletrodo de referência é manter o seu potencial constante sob condições de operação, independentemente das propriedades da solução na qual está imerso. Esses dispositivos se caracterizam também por apresentar:

- baixo custo,
- alta estabilidade e
- baixo coeficiente de temperatura.

Os três eletrodos de referência mais conhecidos são o eletrodo padrão de hidrogênio, os eletrodos de calomelano e os eletrodos de prata-cloreto de prata, detalhados a seguir.

Eletrodo padrão de hidrogênio

O eletrodo padrão de hidrogênio (EPH) é o eletrodo de referência utilizado como padrão para o cálculo dos potenciais padrão dos demais eletrodos. Suas desvantagens que acabam impedindo seu uso rotineiro em laboratório são:

- dificuldades de montagem,
- facilidade de contaminação por materiais adsorvidos na superfície da platina revestida e

- dificuldades de manutenção do gás hidrogênio com pressão constante de uma atmosfera ao redor da superfície do eletrodo de platina.

Por outro lado, sua estabilidade e reprodutibilidade são consideradas muito boas.

Eletrodo de calomelano

O eletrodo mais utilizado por ser de fácil preparação e manutenção é o eletrodo de calomelano saturado (ECS), que consiste em um fio de platina em contato com mercúrio, cloreto de mercúrio (I) e uma solução saturada de cloreto de potássio saturada, ao redor de 3,5 mol/L (Figura 13.6).

A representação do eletrodo pode ser expressa como $Hg|Hg_2Cl_2,KCl$ (x mol/L) cuja reação envolve a semirreação:

$$Hg_2Cl_{2\,(s)} + 2\ e^- \rightleftharpoons 2\ Hg + 2Cl^- \qquad \varepsilon° = 0,242\ V$$

O potencial do eletrodo é descrito pela equação de Nernst

$$\varepsilon = 0,242 - (0,05916/1)\ \log a_{Cl^-}$$

O potencial padrão do eletrodo de calomelano saturado é de 0,242 Volts a 25°C e é dependente da concentração de íons cloreto. O potencial padrão, ou f.e.m. padrão, do ECS pode ser determinado experimentalmente contra o eletrodo padrão de hidrogênio em condições padrão montando a seguinte cela eletroquímica:

$$Pt,H_2(p = 1,0\ atm)\ |\ H^+(a = 1)\ ||\ KCl(sat),\ Hg_2Cl_2\ |\ Hg$$

Eletrodo de prata-cloreto de prata

O eletrodo de prata/cloreto de prata é constituído por um fio de prata (bastão ou placa) recoberto por uma camada eletrodepositada de cloreto de prata e imerso em uma solução saturada de cloreto de potássio. É um eletrodo de referência tão confiável e reprodutível quanto o eletrodo padrão de hidrogênio. O potencial padrão do eletrodo

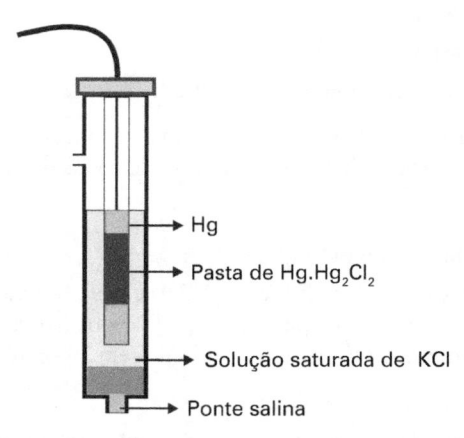

FIGURA 13.6 Eletrodo de calomelano.

de prata-cloreto de prata é de 0,222 Volts a 25°C e é dependente da atividade ou concentração de íons cloreto. Na prática, são utilizadas soluções saturadas de KCl, da ordem de 3,5 mol/L, dentro do eletrodo, para que o potencial permaneça constante durante a medida experimental.

Aplicações dos métodos potenciométricos

Os métodos potenciométricos abrangem duas técnicas distintas: a potenciometria direta e a titulação potenciométrica. Nos dias atuais, a potenciometria direta é aplicada principalmente na determinação potenciométrica do pH. As medições de pH se aplicam a uma grande variedade de soluções sem interferências de matriz ou de separações prévias, incluindo soluções fortemente coloridas, oxidantes e redutoras fortes, fluidos biológicos, fluidos viscosos e semissólidos, devido, principalmente, à disponibilidade de equipamentos simples, confiáveis, de baixo custo e fáceis de operar. Os eletrodos podem ser miniaturizados e adaptados a procedimentos de monitoramento contínuo e automático de modo direto ou acoplados a outras técnicas analíticas. Além disso, as medições de pH podem ser feitas com alta seletividade e com sensibilidade abaixo de 10^{-4} mol/L. Na potenciometria direta, a precisão é limitada pela inclinação da resposta nernstiana do eletrodo indicador.

A principal aplicação de uma titulação potenciométrica é a possibilidade de localizar o ponto final da titulação volumétrica sem a necessidade de indicadores visuais. A titulação potenciométrica é mais exata e precisa do que a potenciometria direta, pois não interessa a medição dos valores absolutos do potencial da cela eletroquímica, mas, sim, a rápida variação do potencial ao redor do ponto de equivalência provocada pela adição de pequenos incrementos de volumes do titulante. Portanto, o potencial de junção em pouco ou nada afeta a variação do potencial na titulação potenciométrica, e o eletrodo de referência não precisa ter um potencial exatamente conhecido e reprodutível. Como na titulação potenciométrica o que interessa é a variação do potencial ou pH em torno do ponto de equivalência, também não há necessidade de controle preciso da força iônica das soluções contendo o titulante e o analito, mesmo que o eletrodo seja sensível à atividade dos íons H_3O^+, importando somente o conhecimento da concentração do titulante para que o resultado do analito seja expresso em termos de concentração. Uma vantagem adicional da técnica é a possibilidade de automatização pela utilização de tituladores automáticos.

Potenciometria direta

As medidas potenciométricas diretas são utilizadas para a análise química de soluções contendo substâncias de interesse, desde que se tenha um indicador apropriado para a substância sob investigação. O procedimento experimental é simples, necessitando apenas de um dispositivo medidor de potencial ou de pH, denominado potenciômetro ou pHmetro, um eletrodo combinado de pH e uma solução problema, conforme a Figura 13.7.

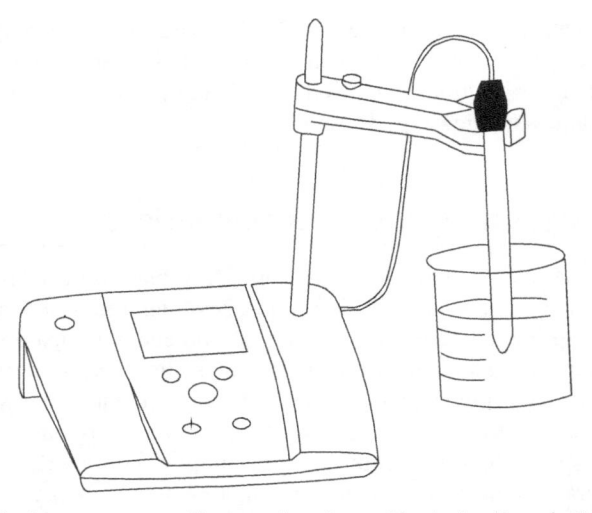

FIGURA 13.7 Conjunto com potenciômetro, eletrodo combinado de pH e solução.

Por exemplo, um eletrodo combinado de pH é calibrado com uma solução tampão padrão quando não é necessária uma alta exatidão da medida experimental. No entanto, o processo convencional de calibração consiste na utilização de duas soluções-tampão padrão com valores de pH muito bem definidos cobrindo toda a faixa de trabalho, sendo os mais comuns os valores nominais de pH igual a 1,68; 4,01; 6,86, 9,18 e 12,46. Comumente, são mais utilizadas as soluções-tampão de pH 1,68 e 4,01 para a região ácida e de 6,86 e 9,18 para a região alcalina, cujos valores de desvios-padrão são da ordem de 0,01 unidade de pH. Normalmente, a etapa de calibração é realizada antes da medida do pH da amostra desconhecida e envolve três etapas operacionais:

1. imergir o eletrodo na primeira solução-tampão padrão;
2. lavar o eletrodo com água destilada e secar adequadamente;
3. imergir o eletrodo na segunda solução tampão padrão.

Hoje, os medidores de pH reconhecem automaticamente os valores de pH nominais de cada uma das soluções-tampão padrão, embora a imposição do valor de pH de ambas as soluções também esteja disponível. Um critério de estabilidade para a leitura de pH ou mV no display do equipamento é que não ocorra uma variação de 0,1 mV após 10 segundos de intervalo de tempo. Como o valor de pH de cada solução-tampão padrão é função do potencial desenvolvido pelo sistema eletrodo/solução, o que o eletrodo combinado de pH faz é medir a diferença de potencial entre as duas soluções-tampão de calibração utilizando a primeira solução-tampão como referência, resultando em uma equação de reta que passa pelos dois pontos, conforme a seguinte equação:

$$E - E_{tampão1} / pH - pH_{tampão1} = E_{tampão2} - E_{tampão1} / pH_{tampão2} - pH_{tampão1}$$

Para medir o pH de uma amostra desconhecida, aplica-se a mesma equação, que fica:

$$E_{desconhec.} - E_{tampão1} / pH_{desconhec} - pH_{tampão1} = E_{tampão2} - E_{tampão1} / pH_{tampão2} - pH_{tampão1}$$

Um eletrodo apresentará um comportamento nernstiano ideal quando a declividade angular da reta, expressa pela relação $E_{tampão2} - E_{tampão1} / pH_{tampão2} - pH_{tampão1}$, indicar que, a cada 59,16 mV de diferença de potencial, ocorrerá uma variação de 1,00 unidade de pH a 25°C com relação ao valor de pH da primeira solução-tampão, conforme apresentado na Figura 13.8.

Na prática, essa resposta do eletrodo não é o mais observável principalmente por falhas na composição da membrana. Os eletrodos costumam apresentar comportamentos não nernstianos que requerem mecanismos de compensação desse desvio para a resposta do eletrodo. A recalibração dos eletrodos de membrana deve ser periódica sempre que eles forem submetidos a longos períodos de operação devido à lenta variação do potencial de assimetria. São utilizadas várias soluções como padrão, sendo mais importantes as de hidrogenoftalato de potássio 0,05 mol/L^{-1} (pH 4,01 a 25° C), as de hidrogeno fosfato de sódio 0,025 mol/L^{-1} e de dihidrogeno fosfato de potássio 0,025 mol/L^{-1} (pH 6,86 a 25°C) e as de tetraborato de sódio 0,01 mol/L^{-1} (pH 9,18 a 25°C). Esses padrões devem ser preparados regularmente e mantidos em local fresco e protegido da luz.

Titulação potenciométrica

Na titulação potenciométrica, a medida do potencial de um eletrodo indicador adequado é usada para acompanhar a variação da concentração de uma espécie iônica na reação, e, assim detectar o ponto de equivalência. A Figura 13.9 representa um equipamento típico para as titulações potenciométricas.

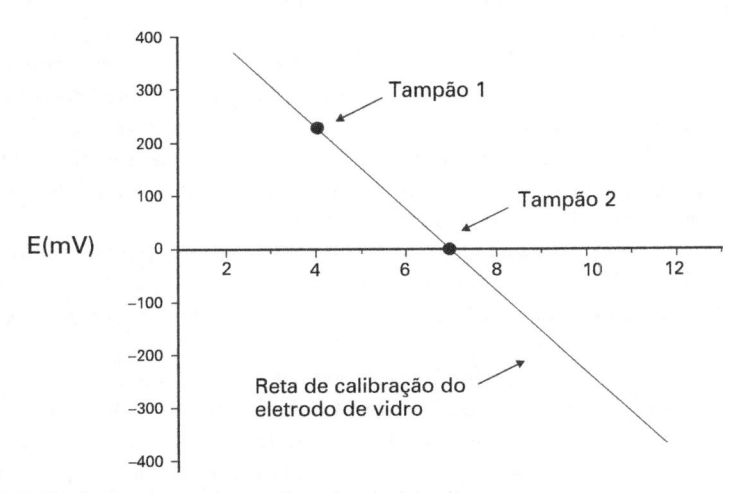

FIGURA 13.8 Comportamento nernstiano de um eletrodo.

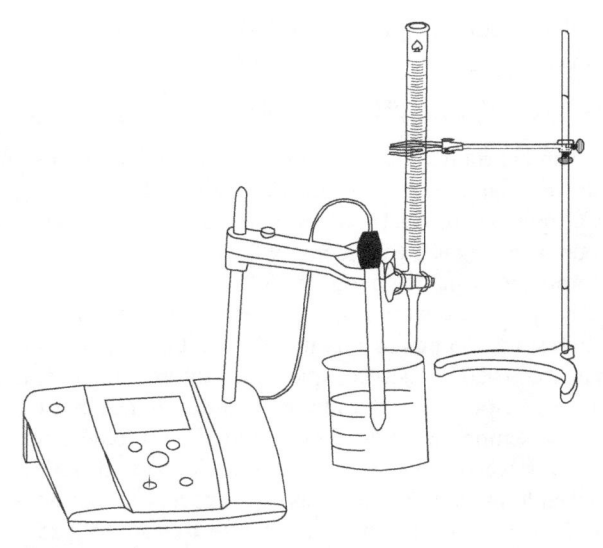

FIGURA 13.9   Conjunto para titulação potenciométrica.

Embora o processo de titulação potenciométrica seja mais demorado do que os métodos clássicos que utilizam indicadores visuais e necessite de equipamentos e de eletrodos apropriados para as medições de potencial ou de pH, a técnica é considerada mais vantajosa por ser capaz de indicar o ponto final de uma titulação com grande exatidão e de fornecer mais informações durante todo o curso da titulação. Os fatores que afetam a variação de potencial (ou de pH) nas proximidades do ponto final das curvas de titulação ácido-base são as concentrações do titulante e do titulado, bem como as forças ácida e básica das espécies reagentes. Existem diferentes formas de localizar o ponto final de uma titulação potenciométrica, sendo os mais utilizados o método gráfico potencial-volume (ou pH-volume) e o método da primeira e da segunda derivada.

A forma mais simples de localizar o ponto final em uma curva de titulação potenciométrica é pelo método gráfico potencial-volume, cujos valores de potencial ou pH são colocados no eixo das ordenadas, e os valores de volume do titulante, no eixo das abcissas. O ponto final de titulação ou ponto de inflexão pode ser estimado quando a reta que une os pontos que tangenciam as curvas inferior e superior em um ângulo de 45° intercepta a curva de titulação.

Nas proximidades do ponto de equivalência, é interessante fazer pequenas e iguais adições de volume do titulante, pois, para muitas reações, a curva potencial-volume assume um comportamento praticamente vertical, exibindo saltos de potencial da ordem de 100 a 300 mV por incremento de volumes de 0,05 a 0,10 mL.

O método da primeira derivada corresponde a uma taxa que relaciona a variação do potencial com a variação do volume, $\Delta E/\Delta V$, cujos valores são colocados no eixo das ordenadas em função do volume médio, V_m, cujos valores são colocados no eixo das abcissas. O resultado gráfico é uma curva com um máximo que corresponde ao ponto final de titulação, ou ponto de inflexão. A localização do máximo

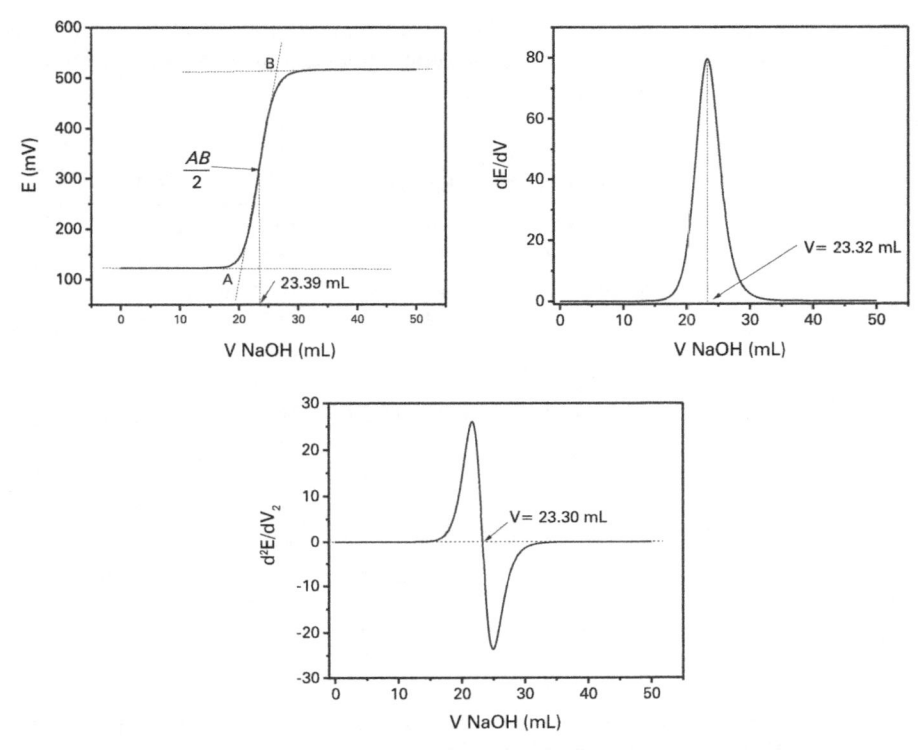

FIGURA 13.10 Curva de potencial-volume, primeira e segunda derivada.

no gráfico inclui uma incerteza, pois esse ponto é encontrado por extrapolação dos dados experimentais.

No método da segunda derivada, o gráfico relaciona a taxa de variação da primeira derivada ou a derivada da primeira derivada, $\Delta^2E/\Delta V^2$, expressa no eixo das ordenadas, em função do volume médio resultante de volumes sucessivos utilizados no gráfico da primeira derivada expresso no eixo das abcissas. O volume que corresponde ao ponto de equivalência é encontrado quando a reta que cruza o lado positivo e o lado negativo do gráfico passa pelo zero de forma estatisticamente mais precisa. O ponto onde a segunda derivada torna-se zero corresponde ao máximo da primeira derivada. Quanto mais completa for a reação, mais vertical será o segmento que une os valores de Δ^2E/V^2.

Os métodos da primeira e segunda derivadas podem ser empregados tanto na forma gráfica como na numérica. A determinação do ponto final da titulação pela forma numérica é menos sujeita a erros pessoais, necessitando apenas que se façam adições idênticas de volumes em torno do ponto de equivalência. Os dados para a construção das curvas de primeira e segunda derivadas são encontrados na tabela a seguir, calculando-se, respectivamente, os valores de $\Delta E/V$ (ou $\Delta pH/\Delta V$) e ($\Delta^2E/\Delta V^2$ ($\Delta^2pH/\Delta V^2$) em termos dos volumes médios para a primeira e segunda derivada. A Figura 13.12 mostra as três curvas típicas de uma titulação potenciométrica referentes aos dados da tabela abaixo para potencial-volume e as curvas de primeira e segunda derivadas, nas quais o ponto final da titulação corresponde ao valor máximo e ao zero, respectivamente.

V(mL)	E(mV)	ΔE/ΔV	$\Delta^2 E/\Delta V^2$
22,97	283,6	78,12	8,47
23,02	287,5	78,51	7,21
23,07	291,4	78,84	5,93
23,12	295,4	79,11	4,64
23,17	299,4	79,31	3,35
23,22	303,3	79,44	2,04
23,27	307,3	79,51	0,74
23,32	311,3	79,51	-0,57
23,37	315,3	79,45	-1,86
23,42	319,2	79,33	-3,15
23,47	323,2	79,14	-4,41
23,52	327,2	78,89	-5,66
23,57	331,1	78,57	-6,89

As titulações potenciométricas apresentam curvas simétricas quando a reação envolve quantidades equimoleculares entre os reagentes, por exemplo, na reação $Fe^{2+} + Ce^{4+} \rightleftharpoons Fe^{3+} + Ce^{3+}$, onde o ponto equivalência coincide exatamente com o ponto de inflexão da curva potencial-volume, com ΔE/ΔV máximo e $\Delta^2 E/\Delta V^2$ zero. As titulações potenciométricas apresentam curvas assimétricas quando a reação não envolve quantidades equimoleculares entre os reagentes, por exemplo, na reação $6\,Fe^{2+} + Cr_2O_7^{2-} + 14\,H^+ \rightleftharpoons 6\,Fe^{3+} + 2\,Cr^{3+} + 7H_2O$, onde o ponto de equivalência não coincide exatamente com ΔE/ΔV máximo e $\Delta^2 E/\Delta V^2$ zero.

As titulações potenciométricas são aplicadas a vários tipos de reações cujos eletrodos indicadores disponíveis são:

- reações de neutralização: eletrodo indicadores de hidrogênio, quinidrona, antimônio e eletrodo combinado de pH, sendo esse último o mais utilizado;
- reações de precipitação: o eletrodo indicador pode ser um fio de prata em reações envolvendo haletos com soluções de prata;
- reações de complexação: eletrodo indicador de mercúrio associado ao complexo Hg(II)/EDTA é aplicável um grande número de reações de cátions metálicos com EDTA;
- reações de oxidação-redução: eletrodos indicadores usuais são o ouro, platina e, em alguns casos, prata e mercúrio.

Capítulo 13 ♦ Métodos potenciométricos

AGORA É A SUA VEZ!

1. Cite as principais fontes de erro nas medições de pH com eletrodos de vidro.

   Resposta:
   a. erro alcalino: surge em pHs acima de 9,0 como resultado do aumento da sensibilidade dos eletrodos de vidro aos íons alcalinos, Li^+, K^+ e principalmente ao Na^+.
   b. erro ácido: surge em pHs abaixo de 0,5 como resultado da desidratação da membrana e porque a atividade varia mais lentamente com o aumento da concentração.
   c. desidratação: pode ocorrer devido a uma pobre manutenção do eletrodo de vidro (resultando no ressecamento da superfície externa da membrana), ou a medições em pHs abaixo de 0,5.
   d. potencial de junção: a variação do potencial de junção líquida representa uma incerteza na medida do pH que não é possível corrigir. Porém, pode ser minimizado usando-se partes salinas com KCl (cloreto de potássio).
   e. força iônica: ocorre quando há uma grande variação entre a concentração das soluções padrão de calibração da resposta do eletrodo de vidro e a concentração das soluções contendo as amostras de interesse.
   f. pH das soluções-tampão padrão: variações no pH das soluções padrão, a manipulação incorreta e a deterioração pela ação de fungos e bactérias.

2. Uma cela eletroquímica representada pelo diagrama Pt,H_2 (1 atm) / HA (0,100 mol/L) // ECS, em que HA é um ácido monoprótico cuja força ácida é fraca, apresentou potencial igual a 0,412 V. Calcule a constante de dissociação para o ácido fraco HA, e indique um possível ácido fraco, negligenciando o potencial da junção líquida.

   Dados:

   $$\varepsilon_{ECS} = 0,242 \text{ V}$$
   $$\varepsilon_{Pt,H2(1 atm) / HA (0,100 mol/L)} = 0,000 \text{ V}$$
   $$E_{cela} = 0,412 \text{ V}$$

   Resposta:

   $$\varepsilon_{cátodo} = \varepsilon_{ECS} = 0,242 \text{ V}$$

   $\varepsilon_{ânodo}$: No ânodo, a semirreação de redução do eletrodo de hidrogênio simplificada pode ser escrita como:

   $H^+ + e^- \rightleftharpoons \frac{1}{2} H_{2(g)}$ onde por definição $\quad \varepsilon^o_{H+/H2} = 0,00 \text{ V}$ e $p_{H2} = 1,0$ atm

   A equação de Nernst fica:

   $$\varepsilon_{ânodo} = \varepsilon^o_{H+/H2} - 0,05916 \log pH_2^{1/2} / [H^+]$$
   $$\varepsilon_{ânodo} = 0,000 \text{ V} - 0,05916 \log 1 / [H^+] = 0,05916 \log [H^+]$$

   Aplicando a equação de potencial da cela eletroquímica

   $$E_{cela} = \varepsilon_{cátodo} - \varepsilon_{ânodo} + \varepsilon_j \quad \text{onde } \varepsilon_j = 0$$

temos que:

$$0,412 \text{ V} = 0,242 \text{ V} - (0,05916 \log [H^+])$$

$$\log [H^+] = -(0,412 - 0,242 / 0,05916) = -(0,17 / 0,05916)$$

$$[H^+] = 1,34 \times 10^{-3} \text{ mol/L}$$

$$K = (1,34 \times 10^{-3})^2 / (0,1 - 1,34 \times 10^{-3}) = 1,82 \times 10^{-5}$$

Pelo valor de K, HA deve ser ácido acético.

3. Uma cela eletroquímica, representada pelo diagrama eletrodo de vidro / H^+ (x = mol/L) // ECS, apresentou um potencial de 0,315 V, quando o compartimento esquerdo foi preenchido com solução-tampão de 6,86. Calcule o pH e a correspondente $[H^+]$ para os seguintes potenciais de cela determinados em soluções desconhecidas.
   a. 0,085 V;   b) 0,137 V;   c) 0,268 V;   d) 0,458 V

Resposta:

Cálculo de K para a solução-tampão de pH 6,86 e potencial de cela igual a 0,315 V:

$$pH = E_{cela} - K / 0,05916$$

$$6,86 = 0,315 - K / 0,05916 \quad K = -0,0908 \text{ V}$$

Aplicando aos potenciais das soluções desconhecidas:
a. pH = 0,085 − (− 0,0908) / 0,05916 pH = 2,97 $[H^+] = 1,07 \times 10^{-3}$
b. pH = 0,137 − (− 0,0908) / 0,05916 pH = 3,85 $[H^+] = 1,41 \times 10^{-4}$
c. pH = 0,268 − (− 0,0908) / 0,05916 pH = 6,06 $[H^+] = 8,71 \times 10^{-7}$
d. pH = 0,458 − (− 0,0908) / 0,05916 pH = 9,28 $[H^+] = 5,25 \times 10^{-10}$

4. Com base nos valores da constante de seletividade $K^{pot}_{Na, interf.}$ para um eletrodo de membrana de vidro sensível ao cátion Na^+: $K^+ = 10^{-3}$; $NH_4^+ = 10^{-5}$; $Ag^+ = 300$; $H^+ = 100$, calcule as atividades de cada interferente que causariam um erro de +10% na medida potenciométrica da atividade de uma solução de Na^+ 10^{-3} mol/L usando a seguinte expressão:

$$\varepsilon_{EIS} = K^* \pm 0,05916/ z \log (a_{Na+} + K^{pot}_{Na+, interf} \times a_{interf})$$

Resposta:

Considerando que z = 1 para Na^+; K^+; NH_4^+; Ag^+; H^+ e K^* é uma constante.
a. Cálculo do potencial para uma $a_{Na+} = 10^{-3}$

$$\varepsilon_{Na+} = K^* + 0,05916 \log a_{Na+} = 0,05916 \log 10^{-3} = -0,1775$$

b. Considerando um erro de 20% a mais na $a_{Na+} = 10^{-3}$ mol/L resulta $a_{Na+} = 0,0012$ mol/L
c. Cálculo do potencial da a_{Na+} com 20% de erro devido à presença do íon K^+:

$$\varepsilon_{Na+,K+} = K^* + 0,05916 \log {}_{aNa+} = 0,05916 \log 1,2 \times 10^{-3} = 0,05916 \times (-2,9208) = -0,1728$$

d. Cálculo da a_{K+} para $K^{pot}_{Na+} = 10^{-3}$

$$-0,1728 = 0,05916 \log (a_{Na+} + K^{pot}_{Na+, K+} \cdot a_{K+}) = 0,05916 \log 1,0 \times 10^{-3} + 10^{-3} \cdot a_{K+}$$

$$-0,1728 = 0,05916 \log (10^{-3} + 10^{-3} \cdot a_{K+}) = 0,05916 \log 10^{-3}(1 + a_{K+})$$

$$-0,1728 = -0,1175 + 0,05916 \log (1 + a_{K+})$$

$$-0{,}1728 + 0{,}1775 = 0{,}05916 \log (1 + a_{K+})$$

$$0{,}0047 / 0{,}05916 = \log (1 + a_{K+})$$

$$\log (1 + a_{K+}) = 0{,}0794$$

$$(1 + a_{K+}) = 1{,}201$$

$$a_{K+} = 1{,}201 - 1 = 0{,}201$$

$$a_{K+} = 0{,}201$$

Obs: o mesmo raciocínio para os demais íons interferentes

$a_{NH4+} =$

$a_{Ag+} =$

$a_{H+} =$

5. Um eletrodo íon seletivo para fluoreto é usado na medição potenciométrica associado a um ECS. Exatamente 100 mL de uma solução de NaF 0,03095 mol/L foi titulada com uma solução de nitrato de lantânio 0,03318 mol/L. A reação de titulação é $La^{3+} + 3\ F^- \rightarrow LaF_{3(s)}$
    a. Calcule o ponto final pela forma numérica.
    b. A f. e. m. da cela é dada pela expressão $E = K - 0{,}5916 \log [F^-]$. Utilizando o ponto inicial dos dados da titulação, calcule a constante K.
    c. Usando o resultado obtido em b), determine a concentração de fluoreto após a adição de 50 mL de titulante desprezando a mudança no coeficiente de atividade devido à variação na composição da solução. O potencial de 0,1118 V foi obtido após a adição de 50 mL de titulante.
    d. Com os dados obtidos em c), avalie o K_{PS} para o LaF_3.

Respostas:

a. Os valores da segunda derivada mudam de sinal passando pelo zero entre os valores de potenciais de 0,005 para –0,044, que correspondem aos volumes de 30,90 e 31,20 mL. A variação total da derivada segunda para o intervalo de volume de 0,30 mL é 0,005 –(–0,044) = 0,049, resultando no seguinte volume final corrigido:

$$V = 30{,}90 + 0{,}30\ (0{,}005/0{,}049) = 30{,}93\ mL$$

b. $E = K - 0{,}05916 \log 0{,}03095 = -0{,}1046$

$$K = -0{,}1046 + 0{,}05916 \log 0{,}03095$$

$$K = -0{,}1094\ V$$

c. $E = 0{,}1118$ V para 50,00 ml de titulante

$$0{,}1118\ V = -0{,}1094 - 0{,}5916 \log [F^-]$$

$$\log [F^-] = -(0{,}1118 + 0{,}194 / 0{,}05916) = 6{,}83 \times 10^{-6}\ mol/L$$

d. $[La^{3+}] = (50{,}00 - 30{,}93)\ mL \times 0{,}03318\ mol/L = 0{,}00422\ mol/L$

$$K_{PS} = [La^{3+}]\ [F^-]^3 = 4{,}22 \times 10^{-3}\ (6{,}83 \times 10^{-6})^3 = 1{,}34 \times 10^{-18}$$

Capítulo 14

Introdução aos métodos espectroscópicos

Neste capítulo você estudará:

- Os princípios, conceitos e equipamentos da radiação eletromagnética, com exemplos de sua ocorrência na química analítica e no cotidiano.
- As vantagens dos métodos espectroscópicos nas análises químicas, levando em conta sua maior sensibilidade e exatidão.

Este capítulo apresenta os princípios empregados pelos métodos espectroscópicos para obter os resultados analíticos. Visando ao bom entendimento do conteúdo abordado a seguir, serão explanados alguns conceitos fundamentais que embasam este capítulo (e os demais).

Radiação eletromagnética

A radiação eletromagnética tem sua origem, de uma forma geral, em transições elétricas ocorridas em nível atômico e/ou molecular da matéria quando ela sofre um processo de relaxação de energia. A radiação eletromagnética (ou seja, a luz) fruto desses processos de relaxação tem a característica de viajar no espaço a uma velocidade aproximada de 300.000 km/s. Esta radiação ainda possui características de ora se comportar como se fosse uma onda e ora como se fosse uma partícula. Esse duplo comportamento é chamado de caráter dualístico da radiação. O fato de possuir características de uma onda implica que qualquer radiação possui um comprimento de onda λ (*lambda*) e uma frequência de oscilação μ (*mi*). A Figura 14.1 apresenta uma onda e seu comprimento de onda (λ).

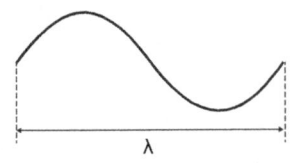

FIGURA 14.1 Desenho de uma onda e seu comprimento de onda λ.

DICA

Quando falamos da radiação como uma partícula, a denominamos fóton ou quantum. Esta partícula é idealizada como se não possuísse massa nem dimensões.

O comprimento de onda é a distância medida entre o começo e o fim de uma oscilação completa de uma onda eletromagnética. A unidade utilizada para quantificar o comprimento de onda é o nanômetro (nm), sendo que 1 nm representa a distância de 0,000000001m ou 10^{-9} m.

IMPORTANTE

A unidade utilizada para quantificar o comprimento de onda é o nanômetro (nm), sendo que 1 nm representa a distância de 0,000000001m ou 10^{-9}m.

A luz visível é composta por radiações que possuem comprimentos de onda variando, de forma aproximada, entre 400 e 700 nm. Assim, cada cor que enxergamos representa uma radiação com um comprimento de onda específico.

A frequência de uma onda eletromagnética é descrita pela quantidade de oscilações completas que esta onda executa no tempo de um segundo. A unidade internacional utilizada para frequência é o Hertz, cuja representação é Hz.

As frequências apresentadas pelas radiações, de um modo geral, são extremamente elevadas. Como exemplo, citamos a frequência da luz emitida por uma lâmpada incandescente que atinge valores de 3×10^{14} Hz (SKOOG et al., 2006).

Outra unidade muito utilizada nos métodos espectroscópicos é o número de onda, cuja representação é cm^{-1}. O número de onda das radiações do espectro eletromagnético aumenta seu valor conforme aumenta a respectiva frequência. Assim, a utilização do número de onda nos resultados espectroscópicos facilita a percepção do nível de energia envolvido nas interações entre a luz e o material analisado.

Para transformar o comprimento de onda λ de uma radiação em número de onda, basta dividir 1 pelo valor do λ (em centímetros). Por exemplo, a radiação do infravermelho começa com um comprimento de onda em torno de 50 micrômetros.

Este comprimento de onda pode ser transformado em número de onda dividindo 1 por 0,005 centímetros (que são 50 micrômetros). Assim, temos:

$$Número\ de\ onda = \frac{1}{\lambda}$$

$$Número\ de\ onda = \frac{1}{0,005} = 200\ cm^{-1}$$

Quanto maior for o número de onda, maior será a frequência e mais energética será a radiação. Possuindo mais energia, maiores serão os efeitos quando da interação dessa radiação com a matéria.

Este comportamento ondulatório da radiação está baseado no fato de que ela apresenta um campo elétrico e um campo magnético que oscilam perpendicularmente um em relação ao outro, obedecendo a forma de uma curva seno. Na espectroscopia, alguns tipos de radiação interagem com a matéria por meio da ressonância destas ondas com os elétrons, sejam de ligações químicas ou pertencentes a átomos e moléculas constituintes da matéria.

A Figura 14.2 apresenta como está disposto o vetor do campo elétrico em relação ao vetor do campo magnético.

Os diferentes tipos de radiações do espectro eletromagnético interagem com a matéria, proporcionando diversos resultados. Essa interação pode ser percebida em alguns eventos do nosso cotidiano, exemplificados no Quadro 14.1.

As radiações eletromagnéticas do espectro são classificadas em intervalos denominados regiões espectrais. Essas regiões espectrais são determinadas pelo nível energético apresentado por essas ondas e pelos efeitos provocados quando elas interagem com a matéria. Como exemplo, temos a região do infravermelho médio, que compreende radiações com número de onda de 4.000 a 400 cm^{-1}, que provoca alteração no estado vibracional de átomos e suas ligações químicas.

A primeira região espectral e de menor energia compreende as ondas de rádio. Na sequência vêm as regiões do micro-ondas, do infravermelho, do visível

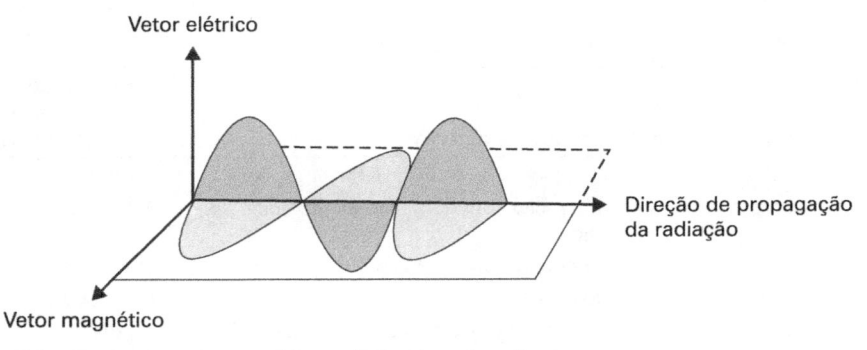

FIGURA 14.2 Comportamento magnético e elétrico da onda radioativa.

QUADRO 14.1 Eventos do cotidiano e a radiação em funcionamento

Aquecimento de alimentos no micro-ondas	As radiações na região do micro-ondas fazem as moléculas de água presentes nos alimentos girar em elevadas velocidades. Este movimento gera energia cinética, que é transformada em calor.
Bronzeamento	Ao tomar banho de sol, a radiação ultravioleta provoca a liberação de melanina na pele, produzindo, assim, o bronzeamento.
Radiografias	Nesse caso, a radiação do raio X atravessa facilmente a carne humana e fica retida nos ossos, sendo esse o princípio utilizado na produção de radiografias.

e do ultravioleta. Com as maiores energias estão as radiações de raio X e raios gama.

As energias das radiações do espectro eletromagnético podem ser estimadas em função do comprimento de onda das radiações, ou seja, quanto menor for o comprimento de onda (λ) de uma radiação, maior será sua frequência e mais energia ela possuirá. A Tabela 14.1 apresenta as regiões espectrais com seus comprimentos de onda característicos e alguns dos seus respectivos efeitos sobre a matéria.

A energia de cada tipo de radiação é um fator determinante do efeito que ela provoca na matéria. Assim, esta energia pode ser calculada pela equação:

$$E = h\nu \tag{1}$$

em que h é a constante de Planck, que possui o valor de $6,63 \times 10^{-34}$ J.s, e ν é a frequência da radiação em questão. A frequência ν de uma radiação é calculada pela Equação 2:

$$\nu = \frac{c}{\lambda} \tag{2}$$

TABELA 14.1 Tipos de energia e interações com a matéria

Região espectral	Efeitos na matéria	Intervalo de comprimento de onda da radiação
Ondas de rádio	Excitação de elétrons livres em metais	>1 mm
Micro-ondas	Interação com a rotação da molécula da água	1 mm – 2,5 mm
Infravermelho	Interação com a vibração molecular	2,5 – 15 mm
Visível	Excitação dos elétrons de valência	400 – 800 nm
Ultravioleta	Excitação dos elétrons de valência	1 – 400 nm
Raio X	Excitação dos elétrons próximos ao núcleo do átomo	1 – 1000 nm

em que c representa a velocidade da luz (300.000.000 m/s) e λ é o comprimento de onda da radiação incidente dado em metros.

Substituindo o valor de ν fornecido pela Equação 2 na Equação 1, temos:

$$E = h\frac{c}{\lambda} \qquad (3)$$

Sabendo que

$$Número\ de\ onda = \frac{1}{\lambda} = \upsilon'$$

e que o número de onda (υ') pode ser inserido na Equação 3, resulta em:

$$E = hc\upsilon' \qquad (4)$$

A Equação 4 fornece a energia que a radiação eletromagnética carrega consigo. Conforme o valor dessa energia serão os efeitos provocados na amostra, bem como seus resultados poderão ser utilizados na espectroscopia analítica. Por exemplo, a energia de um fóton de uma radiação de infravermelho com número de onda de 3000 cm^{-1} pode ser calculada pela Equação 4 conforme apresentado a seguir:

$$E = 6,63 * 10^{-34}\ J \cdot s * 3,00 * 10^{10}\ \frac{cm}{s} * 3000\ cm^{-1} = 5,97 * 10^{-20}\ J$$

Princípio do método espectroscópico

A espectroscopia analítica monitora os eventos provocados pela incidência da radiação eletromagnética sobre a matéria de modo a obter informações sobre a constituição das amostras. Diversos efeitos podem ocorrer quando um feixe de radiação incide em uma amostra, como absorção total ou parcial da luz, reflexão, refração, difusão e emissão. Os principais métodos espectroscópicos utilizam a absorção ou a emissão de radiação em seus princípios de funcionamento.

A absorção de radiação é promovida quando a luz incidente provoca uma transição no nível de energia do elétron que passa de um estado inferior (chamado de fundamental) para um nível superior (chamado de excitado). Em algumas técnicas espectroscópicas (como espectroscopia molecular ou espectroscopia atômica), a quantidade de radiação absorvida é associada à quantidade de amostra que provoca essa absorção, sendo esse o princípio básico destes métodos de análise.

O processo de absorção de radiação pela matéria depende da quantidade de energia fornecida por esta radiação, ou seja, sendo essa energia suficiente (isto é, exatamente igual à necessária), ocorrerá o processo de absorção; sendo insuficiente, a radiação não interage com a amostra e simplesmente atravessa o analito sem ser absorvida. Essa capacidade da radiação de interagir ou não com a amostra traz a especificidade necessária para que essa interação seja utilizada com fins espectroscópicos analíticos qualitativos e quantitativos.

Para entender esse processo de absorção energética, temos que estar conscientes de que a energia na matéria não é contínua: ela assume valores discretos que somente são modificados quando energia é fornecida ou retirada em quantidades específicas para que seja alcançado o próximo nível energético. Pense nos níveis energéticos da matéria como se fossem degraus de uma escada e considere que a energia da matéria possa ser igualada à posição que uma pessoa assume ao alcançar cada degrau dessa escada. Se ela está subindo um degrau de cada vez, a posição exata desta pessoa é determinada pelo degrau no qual se encontra. Assim, a pessoa só subirá para o próximo degrau se o seu passo for do tamanho do degrau.

No caso do elétron, o aumento do seu nível energético depende da quantidade de energia que nele incide, ou seja, ele precisa de uma quantidade específica de energia para alcançar o próximo nível.

A emissão de radiação sempre ocorre após um processo de excitação eletrônica por eventos de incidência de radiação ou aquecimentos por resistências elétricas. Neste processo, o elétron absorve energia passando para um estado excitado temporário, que pode ser desfeito por dois processos: dissipação de energia por transferência de calor (por condução térmica) ou emissão de radiação. Quando ocorre a emissão de radiação, esta pode ser então associada à quantidade de matéria responsável por esse fenômeno, sendo esse o princípio utilizado nas técnicas espectroscópicas de emissão, como na espectrofluorescência ou fotometria de chama.

Resumindo: as técnicas espectroscópicas medem a quantidade de radiação absorvida ou emitida associando-a de forma qualitativa (identificando materiais) e quantitativa (revelando a sua concentração) à matéria investigada.

IMPORTANTE

As análises espectroscópicas produzem seus resultados baseando-se nas consequências da interação entre luz e matéria, do ponto de vista atômico ou molecular.

Equipamento espectroscópico

O primeiro analisador espectroscópico passível de ser utilizado é o próprio ser humano. Imagine ter a sua frente diversas soluções aquosas de diferentes concentrações de um corante qualquer. Nossos olhos analisam imediatamente o quão forte é cada coloração e, por comparação, mensuramos qualitativamente uma ordem de concentração: da solução menos concentrada para a mais concentrada.

Nesse exemplo, o equipamento espectroscópico é humano, com os olhos funcionando como detectores que recebem as informações das cores provindas de cada solução. Nosso cérebro processa as informações das cores e estipula padrões de comparação para determinar quais são as soluções mais concentradas. Neste caso, a fonte de radiação é a emissão por parte das soluções da luz no comprimento de onda específico do corante.

Um analisador espectroscópico consiste, basicamente, em uma fonte de radiação, um porta-amostra, um detector e um computador para o processamento dos resultados. A Figura 14.3 mostra um esquema de um analisador espectroscópico.

Nestes analisadores, a radiação liberada pela fonte de luz entra em contato com a amostra promovendo fenômenos de absorção e/ou emissão de radiação. Esses

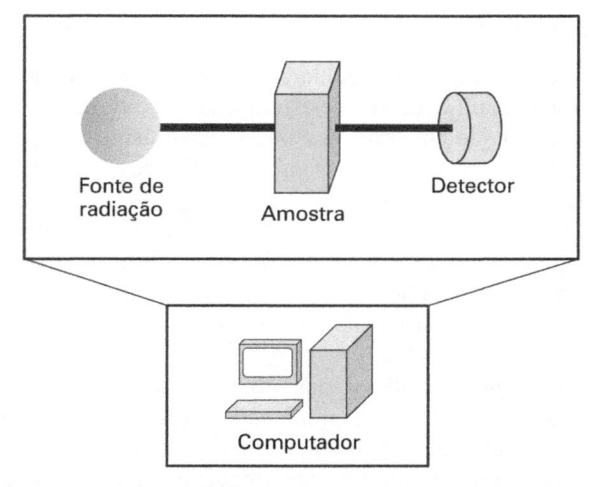

FIGURA 14.3 Partes de um espectrofotômetro.

eventos, então, são percebidos pelo detector do equipamento e relacionados diretamente à concentração do analito.

Uso da região espectral para fins analíticos

Uma região espectral pode ser empregada para fins analíticos quando sua radiação tem a capacidade de provocar algum fenômeno, ao atingir a amostra, que seja perceptível pelo sistema analítico.

Também são necessários meios que possibilitem a medição dos efeitos produzidos após a incidência da radiação sobre a matéria, ou seja, detectores sensíveis o suficiente para captar o efeito produzido após a incidência de luz sobre a matéria.

Praticamente todos os tipos de radiação podem ser utilizados em métodos espectroscópicos, pois todas as radiações provocam algum efeito quando entram em contato com a matéria. Entretanto, algumas regiões do espectro eletromagnético são mais utilizadas por métodos espectroscópicos analíticos, como a do visível, do ultravioleta e do infravermelho. Nas duas primeiras regiões, a radiação tem energia suficiente para provocar transições eletrônicas na estrutura atômica ou molecular da matéria. Já o infravermelho provoca modificações no estado vibracional das moléculas, sendo aproveitado também em métodos espectroscópicos.

Métodos espectroscópicos *versus* métodos análiticos clássicos

Dois aspectos são de especial importância na comparação dos métodos espectroscópicos e dos métodos analíticos clássicos: a sensibilidade e o limite de detecção, os quais são descritos a seguir.

Sensibilidade

A grande vantagem do método espectroscópico em relação a um método clássico é a maior sensibilidade nas determinações analíticas. Por sensibilidade entendemos a capacidade de um equipamento, de uma técnica ou de um método de conseguir analisar (ou "enxergar") um composto a fim de dizer o quanto deste está presente na amostra.

Em termos técnicos, a sensibilidade pode ser determinada pela inclinação de uma reta de calibração que forneça o sinal espectroscópico *versus* a concentração do analito, ou seja, técnicas que apresentem grande variação no sinal espectroscópico para pequenas variações da concentração do analito podem ser consideradas como técnicas bem sensíveis.

No método analítico clássico, não existe um instrumento que faça a análise de forma direta; o analista, utilizando reagentes e materiais de laboratório, decide quando a análise alcança o seu objetivo, ou seja, a determinação tem caráter pessoal, o que deve ser minimizado pela obediência ao roteiro de análise do método. Um exemplo é a análise de titulação para determinar a acidez de uma amostra.

A maior sensibilidade dos métodos espectroscópicos se deve aos efeitos pronunciados percebidos na espectroscopia mesmo analisando pequeníssimas quantidades de amostras. Ou seja, baixíssimas concentrações de analito conseguem produzir efeitos de absorção ou emissão de luz passíveis de detecção pelos instrumentos espectroscópicos.

Devido à elevada sensibilidade na espectroscopia, com frequência haverá a utilização de prefixos que descrevem o quão grandes ou pequenos são os resultados ou as variáveis empregadas nas técnicas espectroscópicas. Assim, a Tabela 14.2 apresenta o valor de cada prefixo. Já o Quadro 14.2 mostra as três notações de concentrações frequentemente encontradas nas análises espectroscópicas e a sua definição.

A maior sensibilidade dos métodos espectroscópicos confere a eles menores limites de detecção, isto é, a quantidade mínima de um composto que pode ser determinada em uma análise. Existem métodos que determinam desde 1 mg até 1 pg de um componente contido em uma amostra, sendo esses valores bem menores aos encontrados por métodos analíticos clássicos. Esses limites podem chegar a valores na ordem de ppm, ppb e ppt (Quadro 14.2). Já nos métodos clássicos, esses valores não são menores que as concentrações descritas em ppm.

Veja as definições de desvio-padrão e branco, necessárias para compreender melhor a explicação sobre os limites de detecção.

TABELA 14.2 Prefixos comumente encontrados em química analítica espectroscópica

Prefixo	Nome	Fator	Prefixo	Nome	Fator
p	Pico	10^{-12}	k	Quilo	10^{3}
n	Nano	10^{-9}	M	Mega	10^{6}
μ	Micro	10^{-6}	G	Giga	10^{9}
m	Mili	10^{-3}	T	Tera	10^{12}

QUADRO 14.2 Notação de concentrações envolvidas nas análises espectroscópicas

ppm (partes por milhão)	Concentração de um componente da amostra expressa em partes por milhão do conteúdo total. Assim, uma concentração de 1 ppm de um composto presente na amostra representa que a cada um milhão de partes da amostra existe uma parte desse composto. Essa unidade de concentração tem valores iguais aos apresentados quando se utiliza mg/kg (miligrama por kilograma) ou mg/L (miligrama por litro) da amostra quando a sua densidade for igual a 1.
ppb (partes por bilhão)	Concentração de um componente da amostra expressa em partes por bilhão do conteúdo total. Assim, uma concentração de 1 ppb de um composto presente na amostra representa que a cada um bilhão de partes da amostra existe uma parte desse composto. Essa unidade de concentração tem valores iguais aos apresentados quando se utiliza μg/kg (micrograma por kilograma) ou μg/L (micrograma por litro) da amostra quando a sua densidade for igual a 1.
ppt (partes por trilhão)	Concentração de um componente da amostra expressa em partes por trilhão do conteúdo total. Assim, uma concentração de 1 ppt de um composto presente na amostra representa que a cada um trilhão de partes da amostra existe uma parte desse composto. Essa unidade de concentração tem valores iguais aos apresentados quando se utiliza ng/kg (nanograma por kilograma) ou ng/L (nanograma por litro) da amostra quando sua densidade for igual a 1.

DEFINIÇÃO

Desvio-padrão: de forma sucinta, seria uma média das diferenças existentes entre as medidas de uma análise e o valor médio dessas medidas. Assim, quanto maior for o desvio-padrão, maior será a probabilidade de ser imprecisa uma técnica espectroscópica.

Branco: solução que mimetiza (imita) o meio amostral, porém no qual não está contido o analito. Normalmente se analisa o branco nas técnicas espectroscópicas com o intuito de descontar a interferência do solvente e de outros componentes da amostra sobre o resultado da análise. Imagine uma solução de amostra na qual a única ausência é o próprio analito, este então seria um branco perfeito.

Limite de detecção

Uma definição importante de Limite de Detecção (LD) é a que leva em conta os parâmetros estatísticos das medidas espectroscópicas. Nesta definição, o limite de detecção de uma técnica espectroscópica seria o valor de 3 vezes o desvio-padrão da solução do branco dividido pela inclinação da reta de calibração do método. O LD seria três vezes o valor do ruído encontrado na análise espectroscópica.

O método espectroscópico possui uma boa exatidão, comparável aos níveis do método clássico, mas sua precisão, que pode atingir valores em torno de 5%, está distante do valor de 0,1% possível de ser alcançado em métodos clássicos.

DEFINIÇÃO

Um método é exato quando as análises realizadas apresentam o verdadeiro valor da variável investigada. Assim, um método de análise de concentração de um composto que apresenta o valor verdadeiro de 1,21 ppm será exato se a média dos valores obtidos pelo método for também 1,21 ppm.

Um método é mais preciso quanto mais próximos forem os valores dos resultados fornecidos pela técnica. Por exemplo, se os resultados de uma determinação de concentração em ppm de um poluente realizada em três análises forem 1,21, 1,22 e 1,21, afirmamos que o método é preciso. No entanto, se estes resultados em ppm forem 1,21, 1,39 e 1,69, afirmamos que não existe precisão no método.

AGORA É A SUA VEZ!

1. Qual é o princípio de ocorrência do processo de interação entre luz e matéria?

   Resposta:

   O princípio de ocorrência está baseado na absorção de energias suficientes em saltos energéticos quantizados dos elétrons constituintes da matéria, ou seja, ocorreu o salto energético, ocorreu interação entre luz e matéria.

2. Por que a interação entre luz e matéria pode ser utilizada em técnicas espectroscópicas?

   Resposta:

   A absorção de radiação pode ser utilizada com fins espectroscópicos porque o número de transições de energias ocorridas durante o processo de absorção de radiação é proporcional à quantidade de analito presente neste evento.

3. Quais são os processos envolvendo radiação e matéria mais utilizados em métodos espectroscópicos? Explique o princípio desses processos.

   Resposta:

   Os processos mais utilizados em métodos espectroscópicos são os de absorção e de emissão de radiação. Na absorção, os elétrons presentes na amostra absorvem radiação e a quantidade de energia absorvida é então associada à quantidade de analito responsável por esse evento. Já o processo de emissão consiste no decaimento energético do elétron (anteriormente excitado por radiação ou evento eletrotérmico) pela emissão de radiação, que pode então ser associada à quantidade de analito presente na amostra.

4. Calcule o número de onda de uma radiação que possui um comprimento de onda de 4,54 μm.

   Resposta:

   Primeiro é necessário transformar a unidade μm em cm, isto é, 1 μm = 10^{-4} cm. Aplicando a razão a seguir:

   $$\text{Número de onda} = \frac{1}{\lambda}$$

Obtemos:

$$\text{Número de onda} = \frac{1}{4{,}54 \text{ mm} \cdot 10^{-4} \text{ cm}} = 2202 \text{ cm}^{-1}$$

5. Calcule a energia em um processo de absorção da radiação em uma amostra, ao ser analisada por espectroscopia na região do infravermelho, ocorrido no número de onda de 2200 cm^{-1}.

Resposta:

Para resolver este exercício, basta utilizar a equação:

$$E = hc\upsilon'$$

Em que (h) é a constante de Planck com o valor de $6{,}63 \times 10^{-34}$ J·s, (c) é a velocidade da luz no vácuo em centímetros por segundo (3.000.000.000 cm/s) e (υ') é o número de onda da radiação em questão em (cm^{-1}).

$$E = 6{,}63 * 10^{-34} \text{ J} \cdot \text{s} * 3{,}00 * 10^9 \frac{\text{cm}}{\text{s}} * 2200 \text{ cm}^{-1} = 3{,}98 * 10^{-20} \text{ J}$$

Capítulo 15

Espectroscopia de absorção atômica

Neste capítulo você estudará:

- Os princípios, o funcionamento e os instrumentos da espectroscopia atômica.
- O roteiro básico para realizar a espectroscopia atômica com segurança e precisão.

A espectroscopia de absorção atômica é uma técnica analítica instrumental que visa a mensurar a concentração de metais presentes em matrizes de amostras. Esta técnica é baseada nas propriedades que os metais possuem de, quando na forma atomizada, absorverem radiações em comprimentos de onda específicos.

Essa absorção de energia é proporcional à quantidade de átomos presentes no caminho óptico da luz. Deste modo, é possível mensurar a concentração dos metais em uma amostra a partir da quantidade de luz absorvida por eles.

A espectroscopia de absorção atômica é importante, pois com ela é possível determinar a concentração de metais em vários tipos de amostras. As aplicações vão desde a determinação de chumbo em sangue humano e mercúrio em peixes, até a análise de cromo em ligas metálicas. Entre as áreas que mais utilizam a espectroscopia atômica, estão a análise de alimentos, metalurgia, exploração de minérios, análise ambiental, medicina e bioquímica, entre outras.

Interação metal e radiação

A interação entre metais e radiação pode ser facilmente visualizada todo o final de ano com a queima de fogos de artifício na comemoração da chegada do ano-novo. O céu fica iluminado com uma grande variedade de cores, diversidade essa causada pela presença de diferentes metais nos fogos de artifício. Para cada tipo de metal queimado, uma coloração de luz (radiação em específico comprimento de onda) é emitida. Assim, quando assistimos à coloração amarela, significa que o metal queimado é sódio; já quando a coloração é vermelha, o metal utilizado é o cálcio. Outros metais também são utilizados na composição desses fogos de artifício, como o cobalto, que apresenta um vermelho intenso, e o potássio, que proporciona uma luz violeta avermelhada.

A emissão de radiação em um comprimento de onda específico por um metal é o resultado final de uma sequência de eventos ocorridos na eletrosfera (lugar onde ficam os elétrons em um átomo) desse material, descritos a seguir.

1. Primeiramente, o metal deve estar na forma atômica para que ocorra a interação entre ele e a radiação. A forma atômica pode ser entendida como se o metal estivesse na forma gasosa, em que cada átomo metálico estaria isolado contendo a configuração eletrônica em um estado fundamental de energia.

IMPORTANTE

Um átomo está em seu estado fundamental quando seus elétrons não recebem energia externa capaz de aumentar seus respectivos estados energéticos.

2. Estando na forma atômica fundamental, o metal recebe energia, na forma de radiação, suficiente para que alguns elétrons de sua estrutura passem para níveis superiores de energia. Esses elétrons são considerados elétrons excitados.

IMPORTANTE

A energia necessária para que um determinado elétron de um metal específico seja excitado é quantizada, ou seja, é necessário que a energia incidente tenha valor exato e suficiente para que ocorra a absorção; caso contrário, esse elétron não será excitado.

3. O estado excitado dos elétrons que interagiram com a luz é momentâneo (dura nanossegundos) e tende a desaparecer com os elétrons liberando essa energia na forma de radiação em comprimentos de onda específicos, característicos de cada metal.

Assim, no caso dos fogos de artifício, quando a pólvora queima, ela fornece uma vasta quantidade de energia capaz de excitar os elétrons dos átomos metálicos. Depois de excitados, esses elétrons retornam aos seus estados fundamentais por meio da liberação da energia absorvida sob a forma de luz, em comprimentos de onda específicos, os quais originam as diferentes cores como as visualizadas durante a queima desses fogos.

Espectrômetro de absorção atômica

Um espectrômetro de absorção atômica funciona com base no princípio de que um metal, em seu estado atômico fundamental, somente absorve energia quando nele incidir uma radiação a uma certa frequência, capaz de provocar o aumento energético dos elétrons deste metal. A utilização de uma radiação de frequência específica durante o processo de absorção atômica garante que a luz incidente contenha a energia quantizada suficiente para que um elétron passe do seu estado fundamental para um estado excitado, energeticamente falando.

A Figura 15.1 apresenta como a radiação é absorvida por um elétron em seu estado fundamental. Nesse processo, ocorre um aumento energético do elétron, pois ele absorve a energia de uma radiação incidente, aumentando seu estado energético do valor "E" para o nível "E + ΔE":

Outra característica em espectroscopia atômica é que cada metal necessita de um valor específico de ΔE para que seus elétrons passem de um estado fundamental para o estado excitado de energia, isto é, cada metal somente absorve radiação com frequências específicas.

Contextualizando de forma mais prática: os elétrons que podem ser excitados em um átomo de cobre necessitam de diferentes energias em comparação às requeridas pelos elétrons presentes em um átomo de chumbo. A radiação absorvida pelos elétrons do átomo de cobre não é absorvida pelos elétrons presentes nos átomos de chumbo, assim, a espectroscopia de absorção atômica garante uma especificidade durante a análise.

Portanto, se um equipamento analítico fornece somente radiação que possa ser absorvida por átomos de chumbo, apenas esses átomos serão quantificados, não existindo a possibilidade de interferências na absorção de luz por parte de outros átomos metálicos presentes na amostra.

Quando uma radiação, com um devido comprimento de onda, está associada a um processo de aumento ou diminuição de energia eletrônica em um átomo metálico, podemos dizer que esta radiação é uma linha espectral desse metal. Estas linhas são radiações que possuem exatamente a energia envolvida no processo ocorrido em um átomo (por meio de seus elétrons) quando este passa de um estado fundamental a um estado excitado, ou vice-versa.

As linhas espectrais são descritas pelos comprimentos de onda das radiações envolvidas nos eventos de excitações e relaxações eletrônicas ocorridas em cada tipo

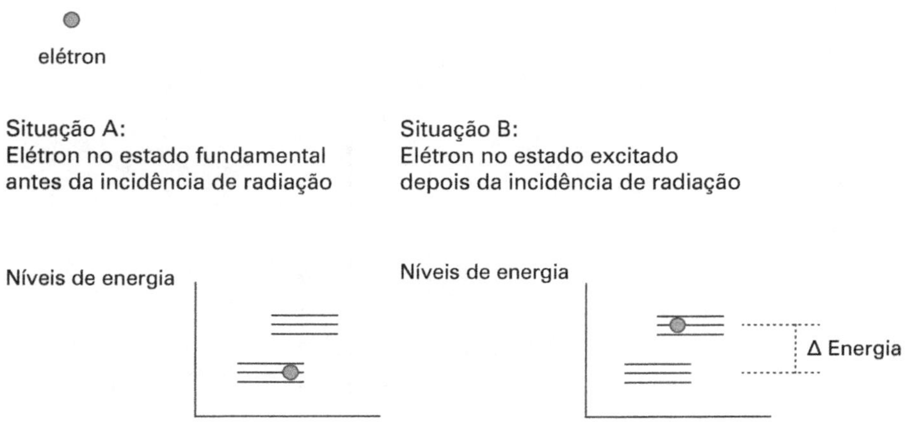

elétron

Situação A:
Elétron no estado fundamental
antes da incidência de radiação

Situação B:
Elétron no estado excitado
depois da incidência de radiação

Níveis de energia

Níveis de energia

Δ Energia

FIGURA 15.1 Diagrama mostrando absorção de energia por um elétron em seu estado fundamental.

de metal. Cada elemento metálico possui suas próprias linhas espectrais, as quais representam as energias quantizadas envolvidas nos eventos de excitação eletrônica.

A Figura 15.2 apresenta as linhas espectrais em 330 e 590 nm de emissão de energia de elétrons do metal sódio durante um processo de relaxação eletrônica. Assim, o metal sódio tem suas próprias linhas espectrais, as quais possuem diferentes valores em comparação às linhas espectrais do chumbo (SKOOG et al., 2006). Deste modo, quando se tem a intenção de analisar, por absorção atômica, a quantidade de sódio em uma amostra, deve-se utilizar um sistema que somente empregue as linhas espectrais do sódio. Com isso, fica garantida a não ocorrência de interferência de outros metais nos resultados da análise.

A seguir são descritas as partes básicas de um aparelho de absorção atômica, bem como o caminho percorrido pela radiação durante uma análise.

Fonte de radiação

A fonte de radiação mais utilizada em espectroscopia de absorção atômica é a lâmpada de cátodo oco. Esta fonte é constituída por um ânodo de tungstênio e um cátodo formado pelo mesmo metal que deve ser analisado na amostra. Devido a aspectos construtivos e de funcionamento, no cátodo é gerada uma nuvem de átomos metálicos, em que parte destes átomos está no estado excitado. O retorno destes átomos metálicos ao estado fundamental gera a emissão de radiação, em linhas espectrais específicas, que serão utilizadas para interagir com o mesmo tipo de metal, caso esteja presente na amostra.

Por sua aplicabilidade, as lâmpadas de cátodo oco revolucionaram a espectroscopia de absorção atômica. Atualmente, existem em torno de 70 tipos de lâmpadas, uma para cada espécie de metal. Essas fontes de radiação emitem as linhas espectrais específicas para a análise de diferentes tipos de átomos metálicos em amostras.

Outro tipo de fonte de linhas espectrais são as lâmpadas de descarga. Nestas lâmpadas, não existem cátodos ou ânodos, e elas são constituídas por tubos de quartzo lacrados contendo um metal e gás argônio em baixíssimas pressões. O argônio se ioniza neste meio, sendo seus íons acelerados a fim de colidirem com o metal que,

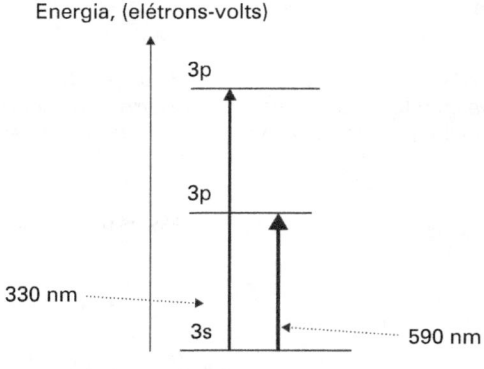

FIGURA 15.2 Linhas espectrais do metal sódio.

deste modo, é atomizado e energizado. Ao retornar ao estado fundamental, esses átomos metálicos liberam a energia na forma de radiação, isto é, linhas espectrais do metal envolvido.

Modulador

Ao sair das lâmpadas, a radiação passa por um sistema óptico modulador que visa a diferenciar a radiação absorvida pela amostra da que é emitida por ela. Existem diversos processos eletrônicos que podem tanto absorver energia como emitir radiação. Na absorção atômica, o interesse está na radiação absorvida pela amostra.

Com o intuito de diferenciar a radiação que interage com a amostra da radiação emitida por ela durante a análise, torna-se necessário rastrear a radiação incidente desde o início do processo analítico até o seu final.

A luz que incide na amostra é então "marcada" de forma pulsada por um dispositivo rotacional que gira em uma velocidade constante. Neste dispositivo, existe uma janela que permite a passagem da radiação de tempos em tempos, sendo essa frequência de passagem de luz o fator que diferencia a radiação que incide na amostra (forma intercalada) da radiação que é emitida por ela (forma contínua), mesmo que estas duas radiações possuam comprimentos de onda iguais. Essa separação é necessária para que se quantifique no detector somente a radiação originada na lâmpada de cátodo oco e que passa pela amostra. A diminuição da intensidade da luz gerada na fonte é o parâmetro utilizado para a quantificação do metal na amostra.

DICA

Os moduladores de radiação também são conhecidos como *choppers*.

Atomizadores

Os atomizadores são importantes porque preparam o metal contido na amostra para estar no estado atômico no momento da medida espectroscópica. Neste instante ocorrerá a interação entre energia (radiação) e matéria (átomos metálicos presentes na amostra).

Os atomizadores são peças fundamentais em um espectrômetro de absorção atômica. Neles, o metal presente na amostra é transformado, por processos de aquecimento, na forma atômica. A atomização envolve a retirada de todo o material indesejável do caminho óptico percorrido pela radiação no momento da análise. Deste modo, devem restar somente os átomos do metal a ser investigado. Os atomizadores mais utilizados em absorção atômica são o de chama e de forno de grafite.

Os atomizadores de chama atomizam a amostra por meio de uma chama de comprimento longitudinal fixo à qual os átomos dos metais ficam expostos para que ocorra a interação com a radiação modulada provinda da lâmpada de cátodo oco. Assim, a concentração dos átomos do metal em questão é medida pela quantidade de energia absorvida na linha espectral escolhida para realizar a análise. A Figura 15.3 um esquema simplificado da estrutura de espectrômetro de absorção atômica com atomização por chama.

Pode-se observar que a intensidade da radiação que deixa a chama é menor que a radiação que penetra nela. Essa diminuição é decorrente da absorção de luz pelos átomos metálicos presentes na chama. Assim, quanto mais átomos estiverem presentes na chama, maior será a absorção de luz na linha espectral utilizada.

Na análise de diferentes tipos de metais utilizando atomizadores de chama, deve-se levar em conta que cada metal necessita de uma energia diferente para excitar seus elétrons, existindo variações na composição da chama (de modo a liberar mais energia empregando diferentes misturas entre combustíveis e comburentes) e na sua altura (a energia fornecida por uma chama varia dependendo da zona da chama utilizada. Uma chama possui zonas redutoras e oxidativas, cada uma com sua energia específica; as zonas oxidativas são as mais energéticas).

IMPORTANTE

A energia fornecida por uma chama varia dependendo da zona da chama utilizada. Uma chama possui zonas redutoras e oxidativas, cada uma com sua energia específica. As zonas oxidativas são as mais energéticas.

Assim, dependendo da posição (altura da chama) onde está ocorrendo a atomização, poderá haver uma maior concentração de átomos do material a ser investigado. Com o ajuste da altura certa pela qual a radiação incidente cruza a chama, é possível aumentar a absorbância desta radiação e, consequentemente, a sensibilidade da análise. A Figura 15.4 mostra como a altura da chama interfere na absorção de

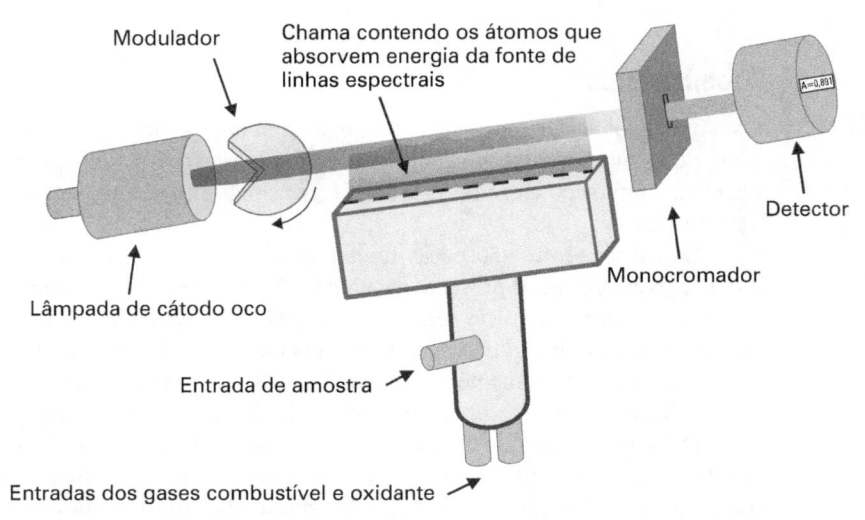

FIGURA 15.3 Esquema mostrando como um atomizador de chama está integrado ao espectrômetro de absorção atômica.

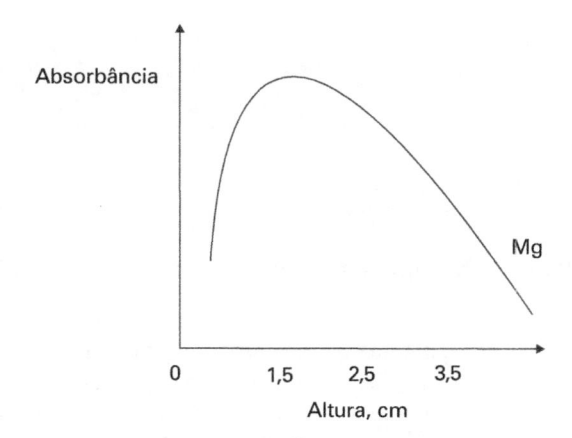

FIGURA 15.4 Gráfico da absorbância do metal Mg em função das alturas utilizadas na análise com atomizador de chama.

radiação pelos átomos do metal magnésio. No gráfico, é possível verificar que a melhor altura de ajuste de chama para a detecção de Mg é em torno de 1,8 cm, ou seja, a radiação incidente na amostra deve ser posicionada a uma altura de 1,8 cm da base do queimador onde ocorrerá a maior concentração de átomos de Mg passíveis de absorver a luz incidente (SKOOG et al., 2006).

O procedimento de determinação da altura da chama deve ser executado antes das medidas analíticas por meio de um teste no qual um padrão do metal é analisado modificando a altura da chama, de forma contínua, até que se obtenha a maior absorbância possível. Nesta altura, esta técnica terá sua maior sensibilidade para a determinação do metal testado.

IMPORTANTE

O procedimento de determinação da altura da chama deve ser executado antes das medidas analíticas por meio de um teste no qual um padrão do metal é analisado modificando a altura da chama, de forma contínua, até que se obtenha a maior absorbância possível. Nesta altura, esta técnica terá sua maior sensibilidade para a determinação do metal testado.

Outro importante atomizador é o forno de grafite. Este dispositivo é composto por um pequeno recipiente de grafite que possui em seu centro uma plataforma na qual a amostra é depositada ainda na forma líquida. Nesta plataforma, o material depositado é aquecido por um sistema eletrotérmico até alcançar elevadas temperaturas capazes de provocar a atomização dos metais presentes.

No forno de grafite, a amostra permanece um tempo maior na forma atômica no caminho óptico da radiação incidente (em comparação ao atomizador de chama) durante o momento de análise porque o recipiente no qual ocorre a atomização é semifechado, garantindo que a atmosfera local fique concentrada em átomos do metal a ser investigado. A Figura 15.5 apresenta, de maneira simplificada, o caminho óptico da luz dentro do forno de grafite.

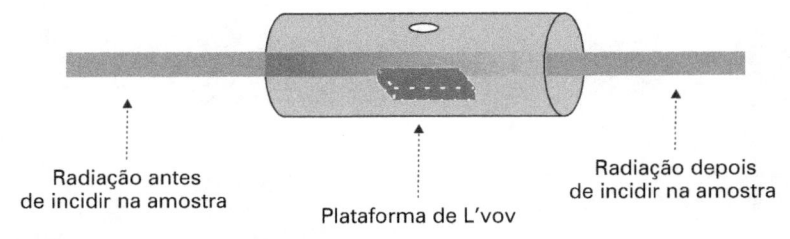

FIGURA 15.5 Passagem de radiação por um atomizador de forno de grafite.

Mais especificamente, no forno de grafite da Figura 15.5, pequenos volumes de amostra, na ordem de microlitros, são depositados por injeção através de um orifício superior, sobre uma plataforma interna, conhecida como plataforma de L'vov. Neste local, a amostra é aquecida passando por processos de secagem (retirada do solvente), pirólise (remoção de matéria orgânica) e atomização. No momento da atomização, é interrompido o fluxo de gás de arraste, favorecendo o aumento da concentração do analito no caminho óptico da análise.

DICA

O gás de arraste é responsável pela retirada de substâncias indesejáveis na análise, como água e material orgânico decomposto.

A característica dos fornos de grafite de apresentarem maior tempo de retenção do analito no caminho óptico do sistema analítico proporciona menores limites de detecção, em comparação aos valores encontrados na atomização por chama.

A Tabela 15.1 apresenta a comparação de alguns desses valores de limites de detecção para diferentes metais utilizando os atomizadores de forno de grafite (também chamado eletrotérmico) ou de chama (SKOOG et al., 2006). Como é possível observar, os menores limites de detecção estão relacionados aos atomizadores eletrotérmicos.

TABELA 15.1 Comparação de limites de detecção para atomizadores de chama e eletrotérmicos em microgramas dos metais por litro de amostra ($\mu g/L$)

Elemento	Atomizador de chama	Atomizador eletrotérmico
Ag	3	0,02
Al	30	0,2
Cr	4	0,06
Mg	0,2	0,004
Na	0,2	0,04

Monocromador

O monocromador tem a função de isolar somente a linha espectral emitida pela lâmpada de cátodo oco. Esta linha espectral precisa ser separada, pois ela traz a informação de quantos átomos do analito estão no caminho óptico da análise, fato que revela a sua concentração. O não isolamento dessa linha acarretaria a detecção de outras radiações com diferentes comprimentos de onda que não fazem parte do processo de absorção energética ocorrido nos átomos do metal sendo analisado.

Forma da amostra utilizada em absorção atômica

As amostras utilizadas em espectroscopia de absorção atômica devem estar na forma líquida, e o metal tem de estar solubilizado na forma de um sal. A presença de sólidos orgânicos ou inorgânicos pode acarretar desde erros na determinação até o entupimento dos sistemas de injeção utilizados.

Uma maneira de diminuir a possibilidade de ocorrência de sólidos suspensos nas soluções de amostras empregadas na espectroscopia é realizar tratamentos de digestão das amostras. Nos tratamentos de digestão, todo o material sólido, seja orgânico ou inorgânico, da amostra é oxidado ou solubilizado, respectivamente, de modo que existam somente íons metálicos solubilizados na amostra durante a análise.

Cuidados com o equipamento antes da análise

Antes da realização de uma análise de absorção atômica, é necessário calibrar o equipamento para o metal a ser investigado. Esse ajuste do equipamento utiliza uma curva de calibração na qual o metal a ser mensurado está presente em diferentes concentrações. Ao medir essas concentrações no equipamento, são obtidos diversos valores de absorbâncias que estabelecem uma relação de proporcionalidade com as respectivas concentrações.

IMPORTANTE

Uma boa curva de calibração deve conter vários pontos de calibração. Os valores mais usuais estão entre 5 e 8 pontos (cada ponto representa uma leitura no equipamento que relaciona absorbância com concentração).

É necessário que a curva de calibração contenha sempre valores de concentração inferiores e superiores aos que serão apresentados pelas amostras investigadas. Isso assegura confiabilidade na utilização dos dados da curva de calibração para a determinação da real concentração da amostra. Por exemplo, se uma amostra com concentração desconhecida em cálcio apresenta uma absorbância de 0,70, é necessário utilizar uma curva de calibração na qual as concentrações de cálcio proporcionem alguns valores de absorbância menores do que 0,70 e outros pontos maiores do que 0,70.

Esse procedimento garante que o sinal de absorbância da amostra esteja dentro do intervalo de calibração do equipamento. Essa ação também confere confiabilidade aos resultados obtidos devido à concentração da amostra estar em uma região de comportamento linear já conhecido pelo instrumento.

Roteiro para análise da concentração de metal em amostra aquosa por espectroscopia de absorção atômica

Este roteiro deve ser seguido para realizar uma análise de espectroscopia de absorção atômica:

1. Faça a montagem da lâmpada de cátodo oco do metal a ser investigado no aparelho. Caso isso não seja realizado, a radiação gerada não irá interagir com os átomos metálicos presentes na amostra. Por exemplo, para analisar o chumbo, deve-se utilizar a lâmpada de chumbo; para o cálcio, é necessária a lâmpada de cálcio; e assim por diante.

2. Após a instalação da lâmpada de cátodo oco, faça o acionamento do espectrômetro e de sua lâmpada com uma certa antecedência à análise. Este procedimento permite o aquecimento da lâmpada, o que torna a intensidade de radiação estável durante a determinação.

3. Em relação à amostra, trate-a de maneira a não possuir algum tipo de sólido suspenso. Nesse sentido, é possível realizar o procedimento de digestão. Antes de iniciar o processo de digestão da amostra, a massa utilizada para tal procedimento tem de ser pesada de forma analítica e todos os cálculos de concentração ao final da análise devem ser remetidos à massa inicial utilizada.

4. Após a digestão da amostra, faça a sua diluição de forma analítica em frascos volumétricos. Posteriormente, a partir desses recipientes, são retirados os volumes de solução utilizados na determinação. Essas diluições têm de ser levadas em conta quando da realização dos cálculos finais.

5. Antes de realizar a análise, prepare uma curva de calibração do metal a ser analisado. Para produzir essa curva, é necessário utilizar sais metálicos de elevada pureza. Esses compostos também devem possuir as características de um padrão primário. Uma alternativa à utilização de sais metálicos é a compra de soluções já prontas, com concentrações exatas dos metais a serem analisados garantidas por certificações em redes de laboratórios. O senão destas soluções é o elevado custo de aquisição.

6. Após calibrado o equipamento, inicie a análise pela simples introdução da amostra no equipamento e posterior medida. Essas análises podem ser executadas de uma só vez, ou em duas vezes (duplicatas), ou ainda em três vezes (triplicatas). Quanto maior o número de análises de uma mesma amostra, menor será a probabilidade de um erro interferir no resultado. Por outro lado, existem problemas ao repetir várias vezes uma análise, pois isso amplia o consumo dos materiais envolvidos, como soluções das amostras, padrões e gases. Além disso, ocorre um maior desgaste do equipamento e de seus acessórios.

7. Para cada valor de absorbância, calcule sua concentração utilizando a curva de calibração e, depois, faça uma média das concentrações para encontrar o valor final da concentração do analito.

AGORA É A SUA VEZ!

1. Qual é o princípio de ocorrência do processo de interação entre luz e matéria utilizado em espectroscopia de absorção atômica?

   Resposta:

   O princípio de ocorrência está baseado na absorção de energias suficientes em saltos energéticos quantizados dos elétrons presentes nos metais, ou seja, ocorreu o salto energético, ocorreu interação entre luz e átomo metálico.

2. Por que a interação entre luz e matéria pode ser utilizada em absorção atômica para analisar diferentes átomos metálicos sem interferência mútua caso eles estejam presentes na amostra?

   Resposta:

   A radiação na espectroscopia de absorção atômica pode ser utilizada para determinar metais específicos porque esta é gerada em um processo que utiliza os mesmos elementos (metais) que estão sendo investigados na amostra, ou seja, para determinar cálcio se utiliza uma lâmpada com átomos de cálcio que gera radiação com comprimentos de onda específicos a este elemento atômico. Essas radiações em específicos comprimentos de onda (linhas espectrais) podem então ser utilizadas para a determinação da concentração destes metais na amostra.

3. Quais são as funções do monocromador e do modulador em espectrômetro de absorção atômica?

   Resposta:

   O monocromador seleciona somente a radiação com comprimento de onda característico do elemento a ser quantificado. Ele serve como um filtro óptico na determinação analítica. Já o modulador faz com que a radiação da fonte atinja a amostra de forma intermitente e periódica, com isso permitindo distinguir a origem da radiação que chega ao detector, seja ela da fonte (lâmpada de cátodo oco) ou provinda de processos de emissão ocorridos na amostra. Esse dispositivo garante que a radiação que chega ao detector seja o que sobrou da radiação da fonte que incidiu na amostra. Assim é possível associar esta radiação com a quantidade de átomos contidos na amostra.

4. Por que os limites de detecção são normalmente inferiores quando se utiliza atomizadores termoelétricos (forno de grafite) em espectroscopia de absorção atômica?

   Resposta:

   No forno de grafite, no momento da interação entre radiação e átomos, a amostra permanece no estado atomizado por um período de tempo superior quando comparado com o ocorrido na atomização por chama e isso proporciona um maior número de absorções de energia devido ao maior número de centros ativos ópticos (átomos responsáveis pela absorção de radiação), levando, então, ao aumento da sensibilidade encontrada neste tipo de atomizador.

5. Calcule a concentração de átomos de cobre em uma solução analisada por espectroscopia de absorção atômica a qual apresentou absorbância de 0,551. A tabela a seguir mostra os valores da curva de calibração utilizados nesta análise.

Absorbância	Concentração (mg/L)
0,201	20
0,307	30
0,408	40
0,508	50
0,602	60
0,699	70
0,811	80
0,906	90

Resposta:

Procedimento para gerar a curva de calibração no Excel 2013:

1. Crie uma planilha de Excel e depois digite os valores da tabela contendo os dados de calibração formados pelas absorbâncias e suas respectivas concentrações.
2. Depois de digitados os dados das tabelas, marque (selecione) as duas colunas e insira um gráfico de dispersão.
3. No gráfico criado, clique no sinal de (+) localizado no canto superior direito.
4. Marque a opção de linha de tendência (aparecerá uma reta representando a curva de calibração).
5. Clique na seta localizada à direita do botão linha de tendência.
6. Nos botões que aparecem, clique em mais opções.
7. Clique então em exibir equação no gráfico (aparecerá a equação que relaciona a concentração com a absorbância da amostra).
8. De posse da equação, transcreva-a em uma célula do Excel colocando como única variável independente a absorbância.
9. Coloque o valor da absorbância da solução-problema na célula que será utilizada pela equação de calibração para calcular a concentração na amostra. Pronto! O Excel calculará a concentração da amostra baseando-se no valor da absorbância e os valores da curva de calibração.

Assim, para resolver este exercício, basta gerar uma curva de calibração com os dados da tabela e, a partir dela, criar uma equação que forneça a concentração da amostra.

Equação da curva de calibração:

$$\text{Concentração} = 99,711 * \text{Absorbância} - 0,3647$$

$$\text{Concentração} = 99,711 * 0,551 - 0,3647$$

$$\text{Concentração} = 54,6 \text{ m}$$

Capítulo 16

Espectroscopia de emissão

Neste capítulo você estudará:

- A fotometria de chama, o funcionamento do espectrômetro de fotometria de chama e os passos a serem seguidos para realizar uma análise.
- As aplicações e as vantagens e desvantagens da espectroscopia de emissão atômica em plasma acoplado indutivamente (ICP-AES) e da espectroscopia de emissão atômica em plasma gerado em corrente contínua (DCP).
- Os diversos tipos de espectroscopia de fluorescência, com ênfase na espectroscopia de fluorescência molecular, por sua grande aplicabilidade na biologia e na farmácia.
- Os fatores responsáveis pela fluorescência de uma molécula e os procedimentos para analisar uma análise fluorométrica.
- O funcionamento dos equipamentos empregados em espectroscopia de fluorescência, bem como as fórmulas para calcular o valor da intensidade de luz fluorescente e outros dados necessários.

A espectroscopia de emissão utiliza para a quantificação da matéria o fenômeno de emissão de luz ocorrido após a absorção de energia pela matéria. A emissão de luz é uma forma de relaxamento de energia que acontece com a matéria após ela ser excitada por uma fonte energética.

Em nível atômico, os elétrons dos átomos metálicos são excitados a valores específicos de energia e permanecem nesses patamares por instantes bem reduzidos de tempo. Quando os elétrons retornam à condição fundamental de energia, eles emitem luz, que então é medida e associada à concentração do átomo que está sendo mensurado.

Fotometria de chama

A fotometria de chama é uma técnica analítica que utiliza a capacidade de um átomo metálico de absorver energia de uma chama e, posteriormente, liberá-la sob a forma de luz na região do visível e do ultravioleta. Esta radiação é então medida e associada à concentração do átomo investigado.

A fotometria de chama é utilizada para mensurar a concentração de certos átomos metálicos solubilizados em amostras líquidas. Nesta técnica, normalmente ocorre a determinação de concentração de metais alcalinos e alcalino-terrosos, ou seja, a fotometria de chama determina a concentração de metais, como Na, K, Ca e Mg, em amostras aquosas com uma precisão, normalmente, menor que 5%, e limites de detecção que podem alcançar concentrações de 0,1 micrograma por litro de amostra.

O fotômetro

No fotômetro, a chama é responsável pela excitação eletrônica dos átomos metálicos investigados. Essa excitação e posterior relaxação com emissão de luz é o resultado final de uma série de eventos ocorridos com a amostra no analisador de chama. Esta sequência de eventos é descrita a seguir:

1. Primeiramente, a amostra entra no fotômetro de chama por meio de um sistema que aspira a solução contento o analito. Em seguida, este analito é nebulizado e misturado a um gás combustível responsável pela geração da chama. No processo de nebulização, é formado um aerossol constituído de pequenas gotículas de solução de amostra. Essas gotículas são, então, secas por meio da remoção do solvente nos primeiros instantes dentro da chama. Após essa sequência, a gotícula se transforma em uma partícula sólida contendo o analito.
2. Na próxima etapa, a chama fornece energia suficiente para que os elétrons dos átomos atinjam níveis energéticos superiores aos do estado fundamental.
3. O próximo evento é o decaimento de energia por meio da emissão de radiação na região do visível ou do ultravioleta.
4. Essa energia emitida por meio de radiação é então medida e posteriormente associada à concentração do analito. O funcionamento da medição analítica começa pela escolha da frequência da radiação emitida pelo analito. Essa escolha é realizada por um filtro que deixa passar somente a radiação com o comprimento de onda característico do metal investigado. Esse filtro torna seletiva a determinação do analito.

No fotômetro a amostra entra na chama no seu cone interno (região oxidante) no qual se encontram as maiores temperaturas. Nesta zona também existe uma menor possibilidade de interferência dos gases que estão sendo liberados durante a decomposição da amostra. Os gases oriundos da queima, como CO, H_2, CO_2, N_2, H_2O e os radicais livres, ficam dispostos na parte superior de um cone externo no qual as temperaturas são inferiores devido ao contato com a atmosfera circundante (CHRISTIAN; DASGUPTA; SCHUG, 2014; SKOOG et al., 2006). A Figura 16.1 mostra um esquema com as partes de um fotômetro de chama, bem como as duas regiões da chama.

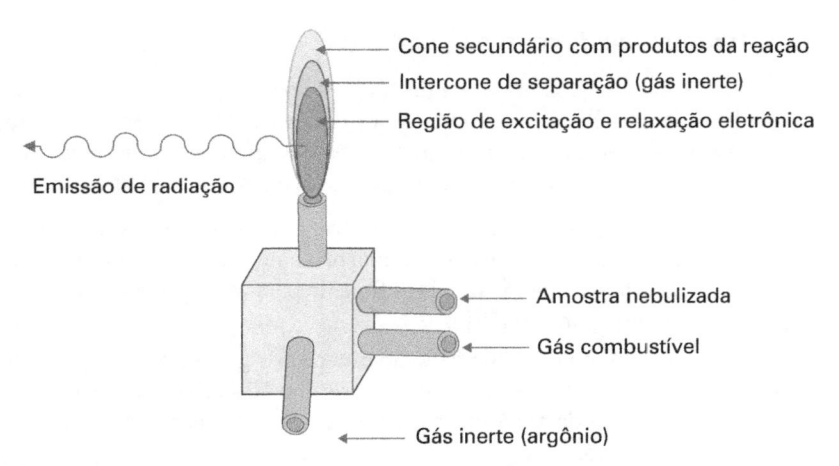

FIGURA 16.1 Esquema simplificado de um queimador de fotômetro.

Gases

Dentre os pares de gases mais bem aceitos por essa técnica está a mistura de ar ou oxigênio com acetileno, pois consegue fazer a chama que contém a amostra alcançar temperaturas entre 2.270 e 3.270°C. Neste caso, as temperaturas alcançadas são suficientes para provocar os fenômenos de excitação eletrônica dos átomos do analito.

Outros gases combustíveis também podem ser utilizados neste tipo de equipamento, bastando ter o cuidado de que a velocidade de liberação do gás no queimador seja superior à sua velocidade de queima. Quando um gás queima com velocidade linear superior à sua velocidade de saída do queimador, a chama pode ser engolida, ocorrendo uma explosão na parte interna do queimador. Esse fato interrompe a análise e inevitavelmente causa danos ao equipamento.

As velocidades de queima dos gases variam dependendo dos pares utilizados. Pares como hidrogênio e oxigênio, apesar de gerarem elevadas temperaturas (em torno de 2.700°C), queimam em elevadas velocidades (em torno de 37 m/s). Essas elevadas taxas de queima forçam a utilização de altos fluxos gasosos para garantir que estes gases não venham a reagir no interior do queimador. Por sua vez, a mistura acetileno e ar queima a velocidades reduzidas que variam entre 1,6 e 2,7 m/s, alcançando a temperatura de 2.450°C, sendo bastante utilizada nesta técnica.

O problema de utilizar gases com elevada velocidade de queima é que isso diminui o tempo de residência dos átomos excitados na região em que eles emitem a radiação a ser mensurada na análise. Outro problema de utilizar esses tipos de gases (com elevada taxa de queima) é o elevado consumo deles para que sua velocidade de saída do queimador seja superior à velocidade de queima da mistura.

Outro gás utilizado em fotometria de chama é o gás argônio, pois ele tem a função de separar o cone da chama que queima a amostra do cone no qual se localizam os gases liberados durante esta queima. A utilização deste cone de gás previne a interferência causada pela emissão de radicais formados pela água presentes no cone externo da chama.

Quantidade de átomos excitados

Vários fatores afetam o total de emissões de átomos excitados durante uma análise de fotometria de chama. Entre os que devem ser levados em consideração para obter resultados reprodutíveis, estão aqueles que afetam a quantidade de átomos livres presentes na chama responsáveis por essas emissões, como:

- A taxa de nebulização da amostra, pois quanto mais amostra for nebulizada, maior será o número de átomos presentes na chama. Porém, o excesso de analito pode retirar a energia suficiente para que ocorra a excitação eletrônica necessária para a análise.
- O aumento da velocidade de escape dos gases produzidos no aquecimento da amostra eleva a quantidade de átomos do analito arrastados por esses gases para fora da zona que possui a temperatura certa na qual ocorre a excitação eletrônica.
- As reações químicas entre o analito e os gases de combustão que levam o analito para fora da zona de emissão de radiação.
- A utilização de soluções mais viscosas diminui a quantidade de gotículas formadas no aerossol e, com isso, é reduzida a quantidade de partículas passíveis de gerar sinal de emissão de radiação.
- A presença de compostos que possam reagir com o analito, formando produtos estáveis à chama, reduz a quantidade de luz emitida.
- O relaxamento de átomos excitados por processos não radiativos também influencia a quantidade de átomos que decaem por radiação.

Os resultados desse tipo de análise são apresentados em termos da concentração do analito que está sendo investigado. Essa concentração pode ser em mg/L ou ppm.

As amostras dessa técnica analítica devem estar na forma líquida, isto é, o analito deve estar solubilizado no meio amostral.

Roteiro para análise

Para a realização de uma análise de fotometria de chama, em geral é necessário seguir as etapas descritas a seguir:

1. O equipamento deve ser ligado com, no mínimo, 30 minutos de antecedência para que os dispositivos eletroeletrônicos estejam aquecidos durante a análise.
2. Os gases devem ser ligados e ajustados com o intuito de formar um fluxo contínuo que permita uma chama constante.
3. Deve-se escolher um comprimento de onda que seja característico da emissão de radiação provocada pelo metal a ser investigado.
4. Deve ser realizada uma curva de calibração com o analito (metal dissolvido) em diversas concentrações. Concentrações essas que devem abranger em seu intervalo os valores a serem investigados durante a análise da amostra.

5. Entre as análises das amostras, deve-se passar um branco (tudo menos o analito) pelo equipamento de modo a garantir a limpeza do caminho percorrido pela amostra durante a análise.
6. Ao final, relacionam-se as intensidades dos sinais das amostras com os valores da curva de calibração a fim de obter os resultados em concentração (normalmente os equipamentos já fazem esses cálculos, pois armazenam os valores obtidos na curva de calibração).
7. Ao final da análise, deve-se limpar o sistema nebulizador com solvente puro para que seja removido qualquer resto de analito presente no caminho amostral.

Eliminação de interferentes

Em fotometria de chama, a determinação de metais alcalino-terrosos sofre a influência de contaminantes que reagem com esses metais, formando produtos refratários que impedem a atomização do metal a ser investigado. Os principais sais formados que interferem na análise desses metais são os fosfatos, sulfatos, nitratos e aluminatos. O problema da formação desses sais pode ser evitado adicionando EDTA à solução de amostra. A função do EDTA é reagir com o metal, formando um complexo estável que persiste até o momento da atomização do íon metálico ocorrido na chama. Assim, o metal é impedido de reagir com os ânions citados, não formando os compostos refratários indesejáveis neste tipo de análise.

A técnica de fotometria de chama possui a vantagem de ser empregada com sucesso para metais alcalinos e alcalino-terrosos, para os quais a sensibilidade da técnica consegue ser superior à da espectroscopia de absorção atômica. Para metais como o cálcio, o limite de detecção alcançado na absorção atômica é de 0,5 ng/mL, enquanto na fotometria de chama esse valor chega a 0,1 ng/mL.

A grande desvantagem da fotometria de chama são as possíveis instabilidades da chama que podem causar flutuações nas medidas. Dentre os fatores que mais causam essas variações, estão as modificações nas vazões dos gases e a instabilidade no nebulizador da amostra (variação na pressão do gás que faz o arraste da amostra).

IMPORTANTE

Uma limitação desta técnica é que sua aplicação se dá mais para a quantificação de metais alcalinos e alcalino-terrosos. A análise por emissão de radiação de outros metais necessita de uma instrumentação mais adequada, como espectroscopia de emissão em plasma acoplado indutivamente ou por espectroscopia de emissão atômica com plasma de descarga de corrente contínua.

Espectroscopia de emissão atômica em plasma acoplado indutivamente (ICP-AES)

A espectroscopia de emissão atômica em plasma acoplado indutivamente, cuja sigla ICP-AES vem do inglês *Atomic Emission Spectrometry with Inductively Coupled*

Plasma, tem seu funcionamento diferenciado em relação aos métodos espectroscópicos que utilizam fornos eletrotérmicos ou queimadores de chamas para a excitação eletrônica dos átomos. Nesta técnica, é utilizado um plasma como fonte de energia para provocar os processos de excitação eletrônica nos átomos metálicos para a posterior emissão de radiação.

O estado físico do plasma é semelhante ao de um gás, porém, por estar em elevadas temperaturas (4.000-10.000 K), ele consegue transferir a energia necessária para que ocorra a excitação eletrônica dos átomos metálicos presentes na amostra. O plasma é constituído por uma mistura formada por elétrons livres e gás argônio nas formas atômica e catiônica. As espécies que constituem o plasma apresentam uma concentração apreciável, o que torna este ambiente altamente condutor (CHRISTIAN; DASGUPTA; SCHUG, 2014; SKOOG et al., 2006).

O gás argônio deve estar em elevadas temperaturas para que a condição de plasma seja mantida e, para isso, é necessária a inserção de energia neste sistema. Existem três processos que fornecem a potência (energia) requerida ao plasma: a fonte de arco elétrico (energia transferida por descargas em eletrodos), as fontes de frequência de micro-ondas e a fonte de radiofrequência.

Dos três modos de inserir energia no plasma para sua manutenção, a fonte de radiofrequência é a mais propícia, pois apresenta maior sensibilidade e menores problemas de interferência.

O objetivo da espectroscopia de emissão atômica em plasma acoplado indutivamente é a determinação da concentração de metais presentes em solos.

A Figura 16.2 apresenta o esquema de um aparelho ICP-AES que, basicamente, é formado por três tubos concêntricos que carregam a amostra (no centro) e um fluxo de gás argônio (tubo externo) até a região de formação do plasma. Estes eventos estão descritos a seguir:

1. Primeiramente a amostra entra na forma de vapor ou aerossol no tubo de quartzo mais interno do dispositivo. A amostra é carregada por um fluxo de

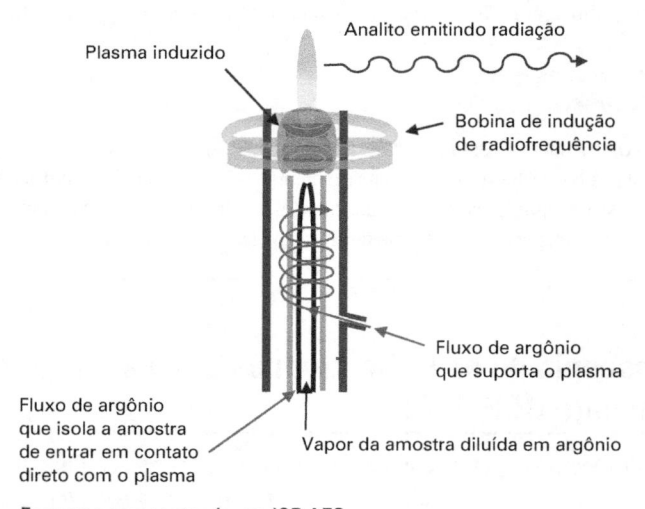

FIGURA 16.2 Esquema apresentando um ICP-AES.

argônio em uma vazão de 1 litro por minuto. Existem várias formas de fazer a volatilização da amostra, sendo os métodos mais utilizados a ablação por descarga elétrica, a ablação por laser e a volatilização por aquecimento eletrotérmico (sistema similar ao forno de grafite da espectroscopia de absorção atômica).

2. Um fluxo de argônio também entra no dispositivo em movimento tangencial, sendo este responsável pela sustentação física do plasma. Devido às altas temperaturas (que chegam a 10.000 K), nenhum material seria resistente o suficiente para suportar essa quantidade de energia. A sustentação física do plasma se dá pela vazão ascendente de argônio (com isso, o plasma não entra em contato com as partes de quartzo do equipamento, não danificando-as). O argônio também tem outra função importante, pois um dos tubos concêntricos carrega esse gás com o intuito de formar uma espécie de túnel (na região do plasma) pelo qual a amostra passa. Nesta passagem, a amostra absorve energia sem entrar em contato direto com o plasma que está em elevadíssima temperatura.

IMPORTANTE

Devido à grande utilização de argônio, a vazão total deste gás nesta técnica varia entre 10 e 20 litros por minuto.

3. No topo dos tubos concêntricos está disposta uma bobina de indução de radiofrequência que transmite energia ao argônio, mantendo o estado de plasma.

IMPORTANTE

A potência dissipada por essa bobina varia entre 2 e 4 kW em uma frequência de 27 ou 40 MHz.

4. Na região do plasma, este analito absorve energia suficiente para que ocorra a atomização e excitação eletrônica dos átomos metálicos presentes. Quando a amostra passa pela região do plasma, ela não o toca, ou seja, a amostra passa no meio do plasma (que possui a forma de um toroide, estrutura semelhante a um anel), somente sendo aquecida. Esse processo é útil, pois evita que ocorra o efeito de memória na execução de análises consecutivas.

DEFINIÇÃO

Efeito de memória é quando, depois de uma análise, resta um pouco de amostra no sistema analítico que venha a interferir no resultado da próxima análise.

5. A radiação é medida em um detector e, então, associada à concentração dos elementos metálicos investigados.

Umas das principais vantagens desta técnica é permitir a análise de mais de um elemento durante uma análise. Ao contrário da espectroscopia de absorção atômica (que normalmente analisa um elemento de cada vez), existem equipamentos de ICP-AES no mercado que permitem analisar até 70 elementos na amostra ao mesmo tempo. Além disso, outras vantagens estão listadas a seguir:

- a dessolvatação e vaporização completas devido às altas temperaturas alcançadas;
- a eficiência de atomização elevada;
- menos interferências químicas (as altas temperaturas levam as moléculas a se decompor em átomos);
- menor interferência de formação de íons (devido ao excesso de elétrons oriundos da ionização do argônio, os cátions são estabilizados e convertidos para a forma atômica);
- ocorrência de uma atmosfera quimicamente inerte (pois o argônio é um gás inerte) quando comparado com as chamas da fotometria;
- menor reabsorção de energia devido ao caminho óptico no plasma ser menor.

Como desvantagem, o ICP apresenta a formação de depósitos de carbono (quando a amostra está dissolvida em solventes orgânicos) nos tubos concêntricos de quartzo, resultando no seu entupimento. Um equipamento de geração de plasma no qual não acontece esse problema de depósito de material orgânico é o de plasma gerado por corrente contínua (DCP).

Espectroscopia de emissão atômica em plasma gerado em corrente contínua (DCP)

No DCP (da sigla em inglês *Direct-Current Plasma*), inicialmente o argônio é produzido por uma forte descarga (arco) elétrica ocorrida entre os dois ânodos (de grafite) e um cátodo. Esta descarga, então, é mantida por uma corrente contínua (em torno de 14 ampères). O fluxo de argônio que passa pelos ânodos possui duas funções: uma é arrastar a amostra para a zona de análise, e a outra é fazer o resfriamento da parte superior do plasma. Esse resfriamento se faz pela criação de um vórtex com argônio em baixa temperatura. Esse vórtex então retira a energia da região do plasma mais próxima ao cátodo, o que diminui a quantidade de íons dessa região, provocando um confinamento de íons na região do plasma. Com isso, a temperatura passa dos normais 6.000 K da posição onde é formado o arco até 10.000 K na região de alta densidade iônica no plasma. A Figura 16.3 apresenta um DCP com suas entradas de gás argônio, bem como a disposição dos eletrodos.

Dentre as vantagens de uso do DCP estão:

- espectros com menos linhas em comparação ao ICP;
- todos os sinais observados são relativos a átomos;

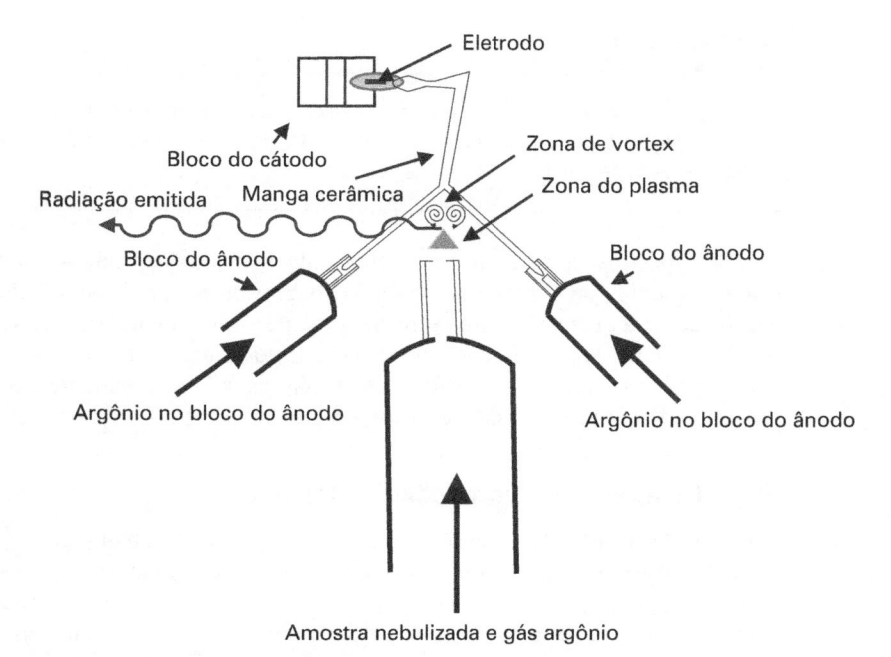

FIGURA 16.3 Plasma de corrente contínua – DCP.

- a utilização de menores vazões de argônio em comparação ao ICP;
- a possibilidade de realizar análises com soluções orgânicas e soluções aquosas concentradas com alto teor de sólidos.

Como desvantagens do DCP estão o desgaste por erosão dos eletrodos de grafite, exigindo sua troca após cada 2 ou 3 horas de funcionamento, e uma região óptica pequena tornem o alinhamento do detector um fator que exige cuidado (FIFIELD; KEALEY, 2000).

Espectroscopia de fluorescência

Fluorescência é um processo de emissão de radiação promovida por elétrons que passam de um estado energético excitado para um estado de energia fundamental. A fluorescência e a fosforescência são eventos semelhantes, pois caracterizam-se pela emissão de radiação ocorrida após a incidência de radiação sobre a amostra. O que os diferencia é o tempo de relaxação eletrônica: na fluorescência, esse tempo assume valores entre 10 nanossegundos e 1 microssegundo; na fosforescência, o tempo para que ocorra o relaxamento de energia pode atingir a marca de minutos. Devido a sua sensibilidade na determinação de concentrações em patamares de micromol/L e sua resposta imediata frente à excitação eletrônica provocada pela incidência de radiação ultravioleta, a fluorescência é bem mais aplicada como técnica espectroscópica do que a fosforescência.

> **IMPORTANTE**
>
> Na fluorescência, o tempo de relaxação eletrônica assume valores entre 10 nanossegundos e 1 microssegundo; na fosforescência, o tempo para que ocorra o relaxamento de energia pode atingir a marca de minutos.

A espectroscopia de fluorescência, também chamada de análise fluorométrica, utiliza a medida da quantidade de radiação emitida em um processo de relaxação eletrônica para quantificar uma espécie presente em um meio que está sendo investigado. O efeito de fluorescência pode ser utilizado tanto em espectroscopia atômica como em espectroscopia molecular. Os princípios de funcionamento e exemplos de aplicação dessas técnicas são descritos a seguir.

Espectroscopia de fluorescência atômica

Neste tipo de técnica espectrofluorométrica, a fluorescência é obtida pela incidência de radiação sobre a amostra e posterior emissão de luz no mesmo comprimento de onda da radiação que provocou o estado excitado. Dentre as fontes de radiação utilizadas nesta técnica estão o laser, as lâmpadas de cátodo oco e as chamas.

Dentre os compostos determinados por essa técnica estão o Hg, elementos que possam formar compostos voláteis, como hidretos, e compostos orgânicos derivados contendo As, Se, Te, Bi, Sb e Cd.

A sensibilidade desta técnica pode ser aumentada ao utilizar a combinação de lasers e atomizadores eletrotérmicos que proporcionam limites de detecção que chegam a valores entre femtograma (10^{-15}g) e atograma (10^{-18}g). Normalmente esta técnica apresenta precisão relativa que pode assumir valores entre 0,5 e 2%, e sua sensibilidade alcança valores entre 100 e 0,1 ppb.

Apesar da alta sensibilidade da fluorescência atômica na determinação de metais, como Hg, Sb, As, Se e Te, no geral esta técnica é pouco utilizada nos laboratórios de química analítica porque não tem demonstrado vantagens significativas quando comparada com a espectroscopia de absorção ou de emissão atômica.

Espectroscopia de fluorescência molecular

Nesta técnica, o analito contém um tipo de molécula que possui elétrons que absorvem a radiação na região do ultravioleta ou do visível, passando para um nível excitado, e somente retornam ao estado fundamental por meio da liberação de luz na região do visível (fluorescência). As moléculas que absorvem a radiação possuem uma configuração estrutural e geométrica que favorece a liberação de energia sob a forma de radiação. Já em outras moléculas com conformações estruturais menos rígidas, a energia do estado eletrônico excitado pode ser dissipada pela liberação de calor promovida pelos choques ocorridos entre as próprias moléculas do analito com as moléculas do solvente.

A espectroscopia de fluorescência molecular tem importante aplicação na bioquímica, na biotecnologia, nos diagnósticos médicos, no sequenciamento de DNA, nas análises genéticas e nas análises forenses.

Mecanismo causador da fluorescência molecular

A fluorescência ocorre com certas moléculas após elas serem excitadas pela absorção de luz ultravioleta. Nesse processo, alguns elétrons são excitados pela radiação ultravioleta de forma que eles assumem valores energéticos superiores ao do estado fundamental. Estes estados excitados duram pouco tempo e se desfazem no momento em que a molécula libera essa energia absorvida. Uma molécula excitada pode perder a energia absorvida por dissipação energética sob a forma de calor devido às colisões moleculares ou pela emissão dessa energia na forma de radiação, em um comprimento de onda maior, que é o fenômeno da fluorescência.

PARA SABER MAIS

Uma molécula no estado fundamental (antes da absorção de energia) possui seus elétrons em um estado chamado singlete não excitado. O estado singlete ocorre quando um par de elétrons ocupa um mesmo orbital possuindo spins contrários, isto é, spins com sinais opostos. Spin é uma medida qualitativa do estado magnético do elétron, podendo ser negativo ou positivo. Esses elétrons com spins opostos são chamados elétrons emparelhados. Um par de elétrons, após ser excitado por radiação ultravioleta, pode atingir um estado energético superior também na forma de singlete, só que agora no estado excitado. Em uma molécula, existem outros pares de elétrons que podem assumir uma configuração com spins iguais. Esses pares são, então, chamados de desemparelhados.

A Figura 16.4 apresenta os processos de absorção, decaimento e liberação de energia ocorridos na fluorescência. A análise dessa figura revela que, antes do decaimento energético responsável pela emissão de radiação fluorescente, ocorre uma pequena diminuição do nível energético devido a mudanças no estado vibracional da molécula. Essa diminuição prévia de energia é responsável pela radiação fluorescente possuir menor energia do que a radiação que provocou a excitação eletrônica. Assim, a radiação fluorescente sempre deve possuir comprimentos de onda (λ_2) maiores quando comparados aos comprimentos de onda da radiação que provocou a excitação eletrônica (λ_1). Da observação da Figura 16.4 é possível concluir que, devido aos pequenos

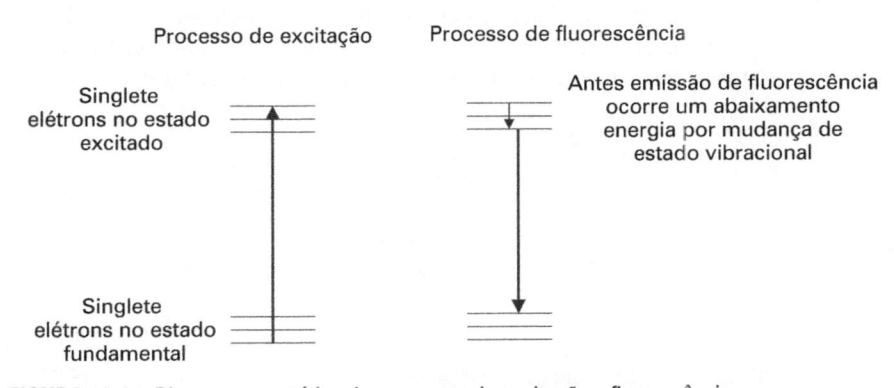

FIGURA 16.4 Diagrama energético de processos de excitação e fluorescência.

decaimentos energéticos ocorridos antes da emissão fluorescente, nunca a radiação emitida possuirá o mesmo comprimento de onda da radiação de excitação eletrônica.

Tipos de moléculas que apresentam fluorescência

A maior parte das moléculas não é capaz de apresentar os fenômenos da fluorescência. Estima-se que no máximo 10% das estruturas moleculares possuam essa propriedade. Normalmente, as moléculas que fluorescem são aquelas que possuem uma boa capacidade de absorção de radiação, como aromáticos e compostos heterocíclicos com estrutura rígida e planar. Moléculas contendo múltiplas ligações duplas conjugadas e grupos químicos doadores de elétrons, como $-NH_2$, $-OCH_3$ e $-OH$, também são sucessíveis a apresentar um comportamento fluorescente (CHRISTIAN; DASGUPTA; SCHUG, 2014; ROUESSAC, F.; ROUESSAC, A., 2007; SKOOG et al., 2006). Essas características estruturais podem ser visualizadas na molécula da fluoresceína apresentada na Figura 16.5.

As moléculas que não apresentam comportamento fluorescente acabam perdendo a energia recebida de radiações incidentes por transferência de calor por colisões moleculares entre si e com o próprio solvente.

As moléculas fluorescentes são classificadas pelo rendimento quântico de fluorescência, que é dado pela razão entre a quantidade de fótons emitidos no processo de fluorescência e a quantidade de fótons absorvidos no processo de excitação eletrônica. Um composto fluorescente, de forma geral, somente pode ser utilizado para fins analíticos quando o seu rendimento quântico está acima de 0,01, ou seja, se for emitido mais de 1% da radiação absorvida. O rendimento é denominado quântico porque o fenômeno da fluorescência está associado aos saltos e decaimentos quânticos que os elétrons executam após serem excitados entre os níveis energéticos.

A aplicação da espectroscopia de fluorescência somente a moléculas fluorescentes pode até ser considerada uma limitação desta técnica. Entretanto, hoje em dia, é possível analisar por fluorescência um analito que não é fluorescente fazendo-o reagir com algum composto químico que produza outra estrutura química que seja fluorescente. Alguns íons metálicos são determinados desse modo, como os cátions do metal cálcio (Ca^{2+}) que reagem com a molécula da calceína (derivada da fluoresceína), formando um complexo capaz de emitir luz fluorescente ao ser excitado por uma fonte de radiação.

Outra possibilidade de determinar por fluorescência compostos que não apresentam a propriedade fluorescente é fazê-los reagir com compostos que os tornem luminescentes, na técnica denominada quimioluminescência.

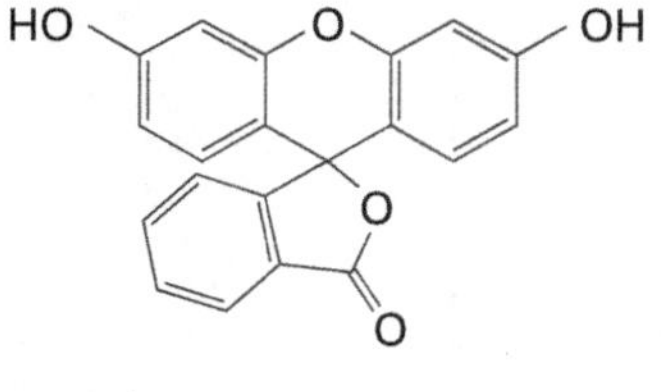

FIGURA 16.5 Estrutura da fluoresceína.

> **DEFINIÇÃO**
>
> Quimioluminescência é uma técnica em que o agente responsável pela emissão de luz fluorescente é o produto de uma reação química na qual o reagente causador do processo luminescente deve estar em excesso, de forma a garantir que todas as moléculas do analito produzam luz fluorescente durante a análise.

Exemplos desta técnica são a análise de aminoácidos pela reação deles com orto-ftalaldeídos e as reações entre o ozônio e NO (monóxido de hidrogênio) que geram produtos fluorescentes utilizados para a determinação das concentrações tanto do ozônio como do NO. O ozônio também é utilizado para reagir produzindo luz com outros compostos, como SO na forma de SO_2, alcenos e hidretos metálicos.

Um dos exemplos mais conhecidos de quimioluminescência é a reação do luminol em pH básico com água oxigenada (H_2O_2), resultando em aminoftalato, que emite luz fluorescente conforme apresentado na Figura 16.6.

Espectrômetro de fluorescência

Dois tipos de equipamentos são empregados para realizar as análises de fluorescência: o fluorímetro e o espectrofluorímetro.

No fluorímetro são utilizados filtros para separar as radiações emitidas (fluorescentes) com comprimentos de onda específicos previamente escolhidos. Apresentando uma arquitetura simples, este equipamento não permite a varredura da radiação fluorescente emitida.

> **DEFINIÇÃO**
>
> Varredura significa variar todos os comprimentos de onda possíveis da radiação emitida (fluorescente) para verificar qual é o comprimento de onda que apresenta o maior valor de intensidade de luz fluorescente.

No espectrofluorímetro é possível escolher tanto o comprimento de onda da radiação que promove a excitação eletrônica, bem como a varredura do espectro de luz fluorescente emitida pela amostra.

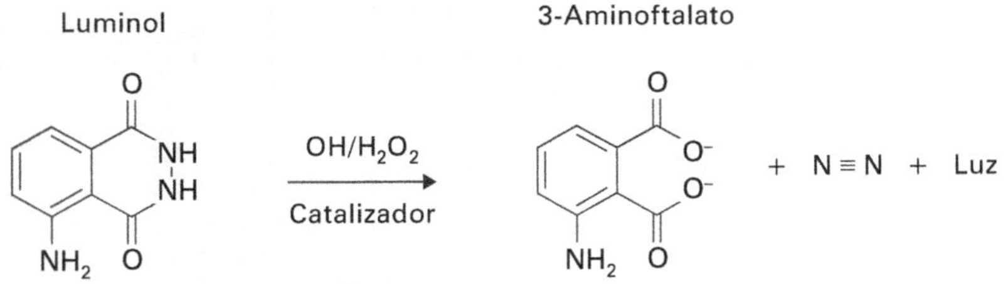

FIGURA 16.6 Reação de quimioluminescência do luminol.

Devido à grande importância da fonte de radiação tanto em fluorímetros como em espectrofluorímetros, estas fontes devem apresentar extrema estabilidade e potência suficiente para promover a excitação eletrônica. A Figura 16.7 apresenta um esquema simplificado da estrutura de um espectrofluorímetro.

Um espectrofluorímetro tem seu funcionamento baseado em uma sequência de eventos, descritos a seguir:

1. Uma fonte de luz, normalmente uma lâmpada de mercúrio, emite a radiação ultravioleta necessária para que ocorra o processo de salto energético dos elétrons envolvidos no processo de fluorescência.
2. Um monocromador separa a radiação com o comprimento de onda mais favorável para que ocorra o processo de excitação eletrônica.
3. A amostra é colocada de forma a ser incidida pela radiação proveniente dessa fonte de radiação monocromática.
4. Após a incidência da luz monocromática na amostra, ocorre a excitação eletrônica seguida da emissão de radiação fluorescente, que é captada em outro monocromador disposto em um ângulo de 90° em relação à trajetória da radiação original que promove a excitação eletrônica inicial.
5. O segundo monocromador deixa passar somente a radiação provinda do processo de fluorescência, sendo essa luz, então, detectada e associada a uma concentração fornecida pela utilização prévia de uma curva de calibração.

IMPORTANTE

Reações de quimioluminescência também podem ser realizadas em fluorímetros, porém a fonte de radiação incidente deve estar desligada, já que a fluorescência é proporcionada pela reação química.

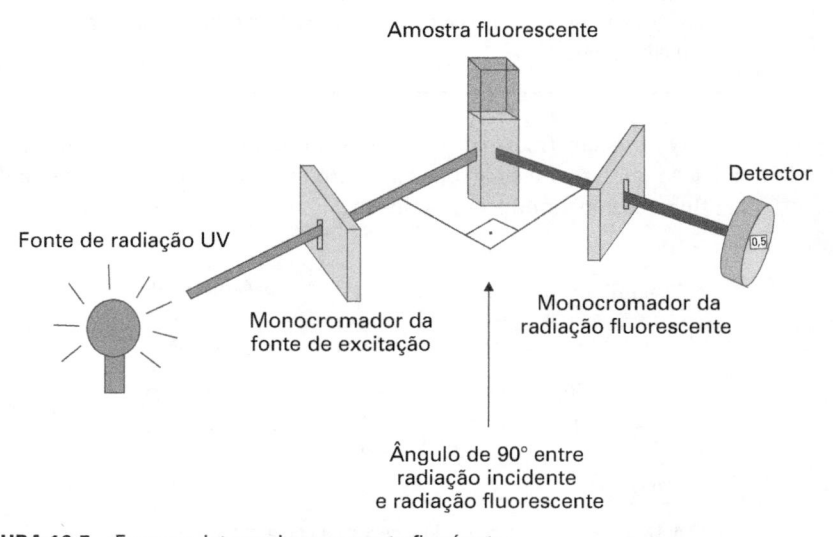

FIGURA 16.7 Esquema interno de um espectrofluorímetro.

Na quimiolumenescência, os reagentes devem ser misturados e a radiação emitida tem de ser medida o mais rápido possível após esse procedimento. Para garantir a detecção da radiação imediatamente após a reação, é comum a utilização de células de fluxo em que os reagentes são misturados e a radiação liberada é determinada. A Figura 16.8 apresenta uma célula de fluxo empregada nesta técnica analítica.

Na célula de fluxo, o reagente luminescente e o analito ingressam em vazões volumétricas contínuas, garantindo que a reação seja no mínimo estequiométrica, ou que o reagente quimioluminescente esteja em excesso. Dentro da célula de fluxo, os reagentes devem ser misturados e permanecer tempo suficiente para que ocorra a reação formadora do composto que emite luz fluorescente.

Apresentação dos resultados

Na espectrofluorometria, os resultados relacionam a intensidade de luz emitida com uma concentração específica do agente fluorescente, sendo que esta relação deve possuir um comportamento linear, ou seja, à medida que aumenta a concentração do analito também aumenta, de forma proporcional, a intensidade de radiação emitida. O estabelecimento da relação entre concentração e intensidade de radiação fluorescente é proporcionado pela execução de uma curva de calibração prévia à análise que relacione estas duas variáveis dependentes.

Devido à grande sensibilidade oferecida pela técnica espectrofluorométrica, são encontrados relatos na literatura de análises em que é possível determinar a presença de somente uma molécula de um agente fluorescente. Normalmente, as concentrações possíveis de serem determinadas nesta técnica alcançam patamares na

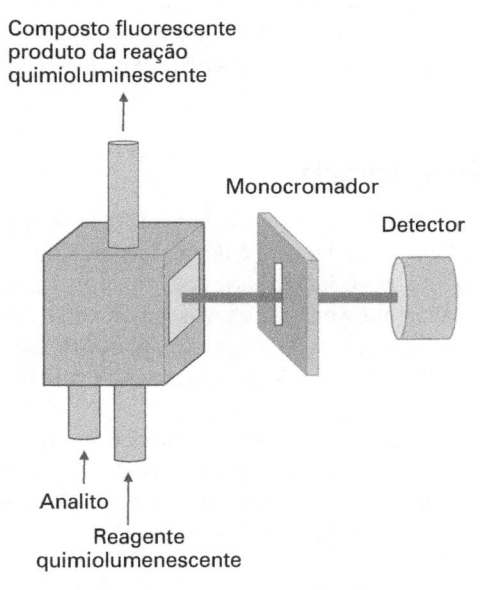

FIGURA 16.8 Esquema simplificado de compartimento de mistura em fluxo para a determinação de quimioluminescência.

ordem de ppb ou ppt, sendo usual também encontrar concentrações expressas em outras unidades, como 0,000001 mol de analito fluorescente por litro de amostra.

Sensibilidade da fluorescência aos analitos

A técnica de fluorescência é muito mais sensível aos analitos porque, se aumentarmos a intensidade da radiação incidente na amostra, também aumentaremos a radiação emitida pelo analito fluorescente. Assim, mesmo existindo poucas moléculas de analito fluorescente na amostra, se elas forem irradiadas com grandes intensidades de luz ultravioleta, essas moléculas emitirão radiação passível de ser detectada.

Podemos entender melhor a fluorescência por meio de uma comparação com a seguinte situação: se observarmos de uma longa distância uma grande cidade iluminada à noite, será desprezível a presença ou não de uma determinada lâmpada acesa, pois ela não acrescenta de forma significativa iluminação à cidade. Porém, se observarmos de uma longa distância essa mesma cidade completamente às escuras, poderia ser facilmente notada a presença de um lampião aceso, pois a falta de outras fontes de radiação torna nossa percepção mais aguçada à detecção da luz emitida por esse lampião.

Assim, como a visualização da luz do lampião é facilitada à noite quando não se tem outras fontes de radiação interferentes, a detecção de radiação fluorescente é realizada em um ambiente "escuro", no qual a única fonte de radiação é a própria emissão molecular ocorrida durante o processo de fluorescência. Nesse sentido, o ângulo de 90° existente entre a radiação incidente e a radiação fluorescente garante o "escuro", ou seja, a diminuição da probabilidade de interferência da radiação incidente sobre a detecção da luz fluorescente.

Outros fatores que conferem à fluorescência menores limites de detecção são os cuidados com fatores como o espalhamento da luz incidente, a estabilidade da fonte de radiação e o ruído inerente do detector. Esses problemas podem ser minimizados com a utilização de lasers de excitação e o resfriamento do detector para a diminuição do ruído.

Formulismo utilizado

A partir da informação do rendimento quântico que relaciona a quantidade de fótons emitidos (fluorescência) com a quantidade de fótons transmitidos (radiação incidente menos radiação transmitida), podemos, utilizando as expressões que fornecem o valor de uma absorbância, chegar à expressão que relaciona a intensidade de luz fluorescente com a concentração do analito fluorescente. A seguir está o detalhamento matemático das operações executadas para obter o valor da intensidade de luz fluorescente.

Sabendo que o rendimento quântico é a razão entre a quantidade de fótons emitidos na fluorescência e a quantidade de fótons absorvidos na excitação eletrônica e que a quantidade de fótons absorvida é a intensidade de luz incidente menos a radiação transmitida, podemos obter as seguintes relações:

$$\emptyset = \frac{I_F}{I_A} \tag{1}$$

em que ∅ é o rendimento quântico da fluorescência, I_F é a intensidade de radiação fluorescente e I_A é a intensidade de radiação absorvida pela amostra. A radiação I_A pode ser dada pela expressão:

$$I_A = I_0 - I_T \tag{2}$$

em que I_0 é a radiação incidente e I_T é a intensidade de radiação transmitida.

Como a I_A também pode ser obtida a partir da expressão fornecida pela Lei de Beer:

$$I_A = \varepsilon \cdot b \cdot c \tag{3}$$

em que ε é o coeficiente de absortividade, b é o caminho óptico da luz e c é a concentração do analito.

Ao substituirmos a Equação 2 na Equação 1, obtemos:

$$\emptyset = \frac{I_F}{I_0 - I_T} \tag{4}$$

A relação entre I_A, I_0 e I_T também é fornecida pela expressão:

$$I_A = -\log \frac{I_T}{I_0} \tag{5}$$

Com a Equação 5, é possível isolar I_T para obter:

$$10^{-I_A} = \frac{I_T}{I_0} \tag{6}$$

Reescrevendo a Equação 6

$$I_T = I_0 \cdot 10^{-I_A} \tag{7}$$

Ao substituir a Equação 7 na Equação 4 e isolarmos I_F, obtemos:

$$\emptyset = \frac{I_F}{I_0 - I_0 \cdot 10^{-I_A}} \tag{8}$$

$$I_F = \emptyset \cdot I_0 (1 - 10^{-I_A}) \tag{9}$$

Substituindo I_A na Equação 9 por sua expressão fornecida pela Equação 3, obtemos a expressão da intensidade de fluorescência em função da concentração do analito.

$$I_F = \emptyset \cdot I_0 (1 - 10^{-\varepsilon \cdot b \cdot c}) \tag{10}$$

A Equação 10 possui dois comportamentos, descritos a seguir:

1. Se o termo ($\varepsilon \cdot b \cdot c$) for grande, o termo ($10^{-\varepsilon \cdot b \cdot c}$) assume valor próximo a zero, e a intensidade de fluorescência assume um valor constante dependente somente da intensidade que provoca a excitação eletrônica e do rendimento quântico ∅, como mostra a Equação 11.

$$I_F = \emptyset \cdot I_0 (1 - 10^{-\varepsilon \cdot b \cdot c})$$

$$I_F = \emptyset \cdot I_0 (1 - 0)$$

$$I_F = \emptyset \cdot I_0 \tag{11}$$

2. Se o valor da multiplicação ($\varepsilon \cdot b \cdot c$) for pequeno, isto é, para concentrações de analito na ordem de 10^{-6} mol/L, o valor da fluorescência é fornecido pela Equação 12:

$$I_F = \emptyset \cdot I_0 (1 - 10^{-\varepsilon \cdot b \cdot c}) \tag{12}$$

Aplicando os artifícios matemáticos a seguir apresentados na Equação 12, temos:

$$10^{-x} = e^{-2,303x}$$

e

$$e^{-x} = 1 + x + \frac{x^2}{2!} + \cdots$$

$$I_F = \emptyset \cdot I_0 (1 - e^{-2,303 \cdot \varepsilon \cdot b \cdot c}) \tag{13}$$

Como

$$e^{-2,303 \cdot \varepsilon \cdot b \cdot c} = 1 - 2,303 \cdot \varepsilon \cdot b \cdot c + \frac{(-2,303 \cdot \varepsilon \cdot b \cdot c)^2}{2!} + \cdots$$

para baixas concentrações, o termo na potência 2 da expressão anterior pode ser desprezado:

$$I_F = \emptyset \cdot I_0 (1 - (1 - 2,303 \cdot \varepsilon \cdot b \cdot c)) \tag{14}$$

Executando o tratamento algébrico, temos:

$$I_F = \emptyset \cdot I_0 (1 - 1 + 2,303 \cdot \varepsilon \cdot b \cdot c) \tag{15}$$

$$I_F = 2,303 \cdot \emptyset \cdot I_0 \cdot \varepsilon \cdot b \cdot c \tag{16}$$

A Equação 16 apresenta um comportamento linear entre a fluorescência e a concentração do analito somente em baixas concentrações de amostra.

De forma prática, a linearidade entre a radiação fluorescente e a concentração do analito não ocorre em concentrações elevadas. Nessas concentrações, há o processo de reabsorção da radiação, ou seja, o próprio analito absorve a luz fluorescente emitida. Assim, quando as moléculas do analito absorvem a radiação que deveria chegar ao detector, a relação entre intensidade da fluorescência e concentração deixa de ser linear, fato que impossibilita a utilização dessas medidas de forma analítica.

Roteiro básico para análise

1. Ligue o aparelho com antecedência para que a fonte e o detector estejam aquecidos no momento da calibração e análise.
2. Ajuste o equipamento utilizando uma solução contendo um padrão do analito para o comprimento de onda da radiação de excitação que produza a maior

intensidade de fluorescência, ou seja, determine esse valor por meio de uma varredura variando todos os comprimentos de onda da radiação incidente (excitante) para encontrar o comprimento de onda que produza a maior fluorescência.

3. Após ajustar o equipamento para o melhor comprimento de onda da radiação de excitação, faça uma varredura da intensidade da radiação fluorescente em todos os comprimentos de onda desta radiação emitida a fim de identificar o comprimento de onda no qual a intensidade de fluorescência seja máxima.

4. De posse dos melhores comprimentos de onda tanto da radiação de excitação quanto da radiação fluorescente, ajuste o equipamento para esses valores e corra uma curva de calibração contendo soluções do analito em diversas concentrações. Atente para que o valor da concentração da amostra a ser investigada esteja localizado em uma região intermediária da curva de calibração.

5. Estando a concentração da amostra dentro dos limites da curva de calibração, faça a análise dela, não se esquecendo de sempre ambientar bem o compartimento no qual a amostra é colocada para a determinação fluorométrica.

AGORA É A SUA VEZ!

1. Quais são os metais analisados por fotometria de chama? Quais são os interferentes químicos que podem afetar as análises desses metais e como evitá-los?

    Resposta:

    A fotometria de chama é utilizada para analisar preferencialmente metais alcalinos e alcalino-terrosos. Os principais interferentes formados com os metais a serem analisados por fotometria de chama são os fosfatos, sulfatos, nitratos e aluminatos. Para evitar a formação desses compostos, adiciona-se EDTA à solução de amostra a fim de que se forme um complexo estável do metal investigado. O metal na forma de complexo fica protegido contra os interferentes, sendo liberado somente no momento da atomização para que ocorra a excitação eletrônica, emissão de radiação e sua análise.

2. Qual é a desvantagem de utilizar misturas gasosas, como oxigênio mais hidrogênio, como fonte de energia na fotometria de chama?

    Resposta:

    Pelo fato de a mistura de oxigênio e hidrogênio possuir elevada velocidade de queima (aproximadamente 37m/s), é possível que o queimador engula a chama e a reação ocorra dentro dele, danificando o equipamento. Outra desvantagem é que devido à elevada velocidade dos gases envolvidos, os átomos do analito permanecem pouco tempo no caminho óptico, resultando, assim, em uma menor sensibilidade.

3. Qual é a principal vantagem da técnica de espectroscopia de emissão atômica que utiliza plasma acoplado indutivamente ICP ou DCP quando comparados com a espectroscopia de absorção atômica?

    Resposta:

    Enquanto na espectroscopia de absorção atômica normalmente se analisa um elemento de cada vez na espectroscopia de emissão atômica com plasma acoplado indutivamente ou com descarga de corrente contínua, é possível analisar simultaneamente até 70 elementos.

4. Compare as vantagens e desvantagens de utilizar ICP e DCP na atomização e excitação eletrônica para a realização de uma análise espectroscópica de emissão atômica.

Resposta:

Na utilização de ICP, o analista terá maior sensibilidade em relação ao DCP (uma ordem de grandeza), pois a região em que ocorre a atomização, excitação e emissão no ICP possui uma maior área, o que aumenta a concentração de analito durante a análise. Apesar de mais sensível, o ICP não é indicado para analisar amostras que contenham sólidos dispersos ou estão dissolvidas em solventes orgânicos. No DCP este problema não existe, pois sua arquitetura não possibilita que ocorram depósitos de materiais orgânicos. Outro problema do ICP está vinculado com o alto consumo de gás argônio (que pode chegar a 20 litros por minuto). Já no DCP, o problema maior é o desgaste físico nos eletrodos de grafite que devem ser repostos ou ajustados a cada 3 horas de funcionamento.

5. Potássio foi determinado em soro pelo método de adição de padrão. Foram adicionadas duas alíquotas de 1,00 mL de uma mesma amostra desconhecida em dois frascos contendo 4,00 ml de água deionizada. Em um desses frascos, foram adicionados 15,0 μL de uma solução 0,0250 mol/L de KCl. Qual é a concentração de potássio no soro se as leituras de emissão em um fotômetro de chama foram 36,5 e 59,7 unidades arbitrárias?

Resposta:

Para resolver essa questão, deve-se saber o valor de sinal de emissão causado pela inserção do padrão na amostra. Este valor pode ser calculado da seguinte forma:

A diferença de leitura entre 36,5 e 59,7 = 23,2 unidades arbitrárias

Esse valor de (23,2) é o valor da emissão lida no fotômetro referente à concentração de número de mols de KCl adicionados na solução de amostra. Assim, é possível calcular:

$$\text{Número de mols} = \text{Concentração} \cdot \text{Volume}$$

$$\text{Número de mols} = 0,0250 \cdot 15,0 \cdot 10^{-6}$$

$$\text{Número de mols} = 3,75 \cdot 10^{-6} \text{ mols}$$

Para saber a concentração que causou a diferença no valor da emissão no fotômetro, temos que dividir o número de mols adicionados pelo volume da solução analisada de 5 mL (é possível desprezar os 15 μL, pois eles não fazem grande diferença no volume final da solução).

$$\text{Nova concentração de KCl na solução problema} = \frac{3,75 \cdot 10^{-6}}{5 \cdot 10^{-3}}$$

$$\text{Nova concentração de KCl na solução problema} = 7,5 \cdot 10^{-4} \text{ mol/L}$$

Obs.: não consideramos o potássio já presente na amostra, pois vamos relacionar somente a concentração levando em conta o adicionado de KCl que provocou o aumento de emissão.

Agora basta fazer uma regra de três. Para efeitos de cálculos, é melhor relacionar a concentração lida com o valor da diferença das emissões.

No esquema de regra de três, temos:

$7,5 \cdot 10^{-4}$ mol/L de KCl ——————— emitem 23,2 ua

X mol/L de KCl ——————— vão emitir 36,5 ua

Concentração de KCl na leitura = $1,18 \cdot 10^{-3}$ mol/L

Porém, essa concentração é o resultado de uma diluição de 1 mL de amostra em 4 mL de água deionizada. Assim, a concentração final deve ser multiplicada por 5. Logo:

Concentração de KCl na amostra é igual a $5,90 \cdot 10^{-3}$ mol/L.

6. Explique por que a espectroscopia de fluorescência molecular é uma técnica sensível à presença de analitos.

Resposta:
A espectroscopia de fluorescência é sensível porque a luz emitida pelo analito pode ser aumentada se a intensidade da fonte também for aumentada. Assim, mesmo apresentando concentrações reduzidas, poucas moléculas do analito podem emitir luz suficiente para a análise caso a fonte de radiação forneça energia suficiente.

7. Qual é o motivo de a radiação fluorescente ser detectada em um ângulo de 90° em relação à direção da radiação que provoca a excitação eletrônica?

Resposta:
A radiação fluorescente deve ser detectada em um ângulo de 90° em relação à radiação incidente para garantir que somente a radiação emitida chegue ao detector do equipamento, ou seja, como a espectroscopia de fluorescência possui menores limites de detecção, o detector deve estar isolado de qualquer outro tipo de radiação que não seja a própria radiação fluorescente provinda do analito. Nesse sentido, este ângulo favorece a obtenção dessa condição.

8. Quais são as características que uma molécula deve possuir para ser fluorescente?

Resposta:
Para que uma molécula seja fluorescente, ela deve possuir uma estrutura rígida, com a presença de anéis aromáticos ou heterocíclicos; apresentar múltiplas ligações duplas conjugadas e ter grupos químicos doadores, como $-NH_2$, $-OCH_3$ e $-OH$.

9. Qual é o rendimento quântico apresentado por uma molécula que absorve radiação no comprimento de onda de 350 nm com intensidade de 0,85 unidades arbitrárias e emite radiação fluorescente em $\lambda = 450$ nm com intensidade de 0,30? Esta molécula pode ser utilizada em análises espectrofluorométricas? Por quê?

Resposta:
O rendimento quântico de um analito fluorescente é obtido pela substituição dos valores das radiações emitidas e absorvidas na seguinte equação:

$$\emptyset = \frac{I_F}{I_A}$$

$$\emptyset = \frac{0,30}{0,85} = 0,35$$

O valor numérico desse rendimento quântico permite que essa molécula seja analisada por espectrofluorometria, pois normalmente são analisados por essa técnica analitos que apresentam valores de rendimento quântico superiores a 0,01.

Determine a concentração de quinino (sulfato de quinina) em uma amostra de água tônica que apresenta uma fluorescência de 1,13 unidades arbitrárias, baseando-se nos dados da curva de calibração fornecidos na tabela a seguir. Este exercício pode ser resolvido pelo método gráfico, bem como pela seguinte equação:

Concentração = 0,501 * Fluorescência – 0,0123

Concentração do analito (ppm)	Intensidade de fluorescência
0,20	0,41
0,40	0,83
0,60	1,24
0,80	1,62
1,0	2,01

Resposta:
Para resolver esse exercício utilizando o método gráfico, realize os seguintes procedimentos:

1. Faça um gráfico em papel milimetrado no qual os eixos cartesianos são: eixo (y) é a concentração e o eixo (x) é a fluorescência encontrada.
2. Em seguida, coloque as escalas dos dois eixos. No eixo (x), a escala vai de 0,00 a 3,00, e, no eixo (y), de 0,00 a 1,2.
3. Utilize a área do gráfico para plotar cada um dos pontos (x, y) fornecidos na tabela contendo os dados de calibração.
4. Após marcar os pontos, construa uma reta que passe o mais próximo de cada um dos pontos marcados na etapa anterior (3).

    Marque no eixo x a fluorescência de 1,13 e, a partir dela, faça uma reta vertical até que ela toque a reta construída na etapa 4.
5. A partir do ponto em que a reta vertical intercepta a reta inclinada, faça outra reta horizontal até que ela toque o eixo (y).
6. A reta horizontal deve tocar na coordenada (y) no valor da concentração da amostra investigada.

    A seguir há um esquema mostrando como aplicar o método gráfico:

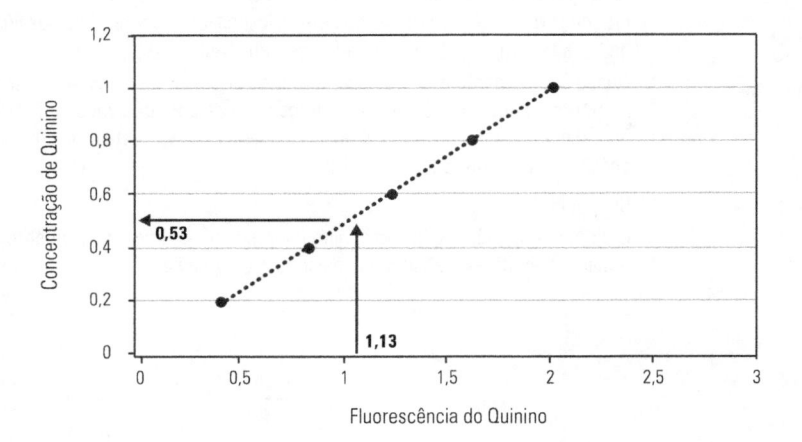

Para resolver esse exercício a partir da equação fornecida, basta substituir o valor da fluorescência da amostra investigada (1,13) na equação e executar os devidos cálculos, conforme a resolução a seguir apresentada:

$$\text{Concentração} = 0{,}501 * \text{Fluorescência} - 0{,}0123$$

$$\text{Concentração} = 0{,}501 * 1{,}13 - 0{,}0123$$

$$\text{Concentração} = 0{,}49 \text{ ppm}$$

O método gráfico resultou em um valor de concentração de 0,53 ppm, sendo diferente do valor do método algébrico devido a erros associados ao traçado das retas perpendiculares, entre outros fatores de ordem gráfica.

Capítulo 17

Espectroscopia de infravermelho

Neste capítulo você estudará:

- Os princípios, as fórmulas e os equipamentos da espectroscopia na região do infravermelho.
- As diversas aplicações e as informações fornecidas por essa técnica na química analítica.

A espectroscopia de infravermelho é uma técnica analítica que identifica, via de regra qualitativamente, a presença de estruturas moleculares em uma amostra. Isso significa que, ao realizar uma análise utilizando espectrometria de infravermelho, é obtida uma resposta que pode identificar a amostra ou a existência de grupos químicos específicos presentes nela, revelando importantes informações sobre sua constituição.

Neste tipo de espectroscopia, podem ser utilizadas três regiões do infravermelho que apresentam radiações com diferentes níveis de energia. Essas regiões compreendem o infravermelho distante (*far-infrared*), com número de onda inferior a 400 cm^{-1}; o infravermelho médio (*mid-infrared*), com número de onda entre 4.000 e 400 cm^{-1}; e o infravermelho próximo (*near-infrared*), com número de onda entre 13.000 e 4.000 cm^{-1}.

A espectroscopia de infravermelho auxilia diretamente na identificação total ou parcial de uma amostra, servindo para a aferição da pureza de uma substância química ou mesmo para o acompanhamento do resultado de uma reação química orgânica. Ela pode também fornecer dados de quantificação de um composto disperso em uma amostra. Outro fator extremamente relevante desta técnica é a possibilidade de analisar qualquer tipo de amostra, em qualquer estado (líquido, sólido, gasoso, pastoso, pó, filmes, fibras), desde que seja utilizado o acessório apropriado durante a amostragem.

Identificação de amostras desconhecidas

O espectro de infravermelho de uma amostra fornece informações de como a molécula do analito interage com a radiação do infravermelho. Logo, cada tipo de estrutura, cada molécula, ou seja, cada composto terá o seu próprio espectro de infravermelho.

Em outras palavras, existe um espectro único para cada tipo de molécula existente e isso significa que não existem compostos quimicamente diferentes que venham a apresentar o mesmo espectro no infravermelho. Assim como não existem duas pessoas no mundo com a mesma impressão digital, não existem dois compostos que apresentem espectros iguais.

IMPORTANTE

Assim como não existem duas pessoas no mundo com a mesma impressão digital, não existem dois compostos que apresentem espectros iguais. O caráter único do espectro de infravermelho serve para identificar uma amostra desconhecida por meio de uma comparação entre o espectro da amostra e uma biblioteca de espectros obtidos a partir de produtos de elevada pureza.

Atualmente, as empresas fornecedoras de espectrômetros comercializam bibliotecas com dezenas de milhares de espectros de substâncias puras que podem ser utilizados para a comparação com espectros de amostras desconhecidas ou impuras.

Identificação de grupos funcionais

Além de servir para identificar uma amostra desconhecida, um espectro de infravermelho pode revelar quais são os grupos funcionais que participam da estrutura do analito. Por exemplo, as ligações do grupo funcional carbonila (C=O) absorvem radiação em uma faixa que vai aproximadamente de 1.750 a 1.640 cm^{-1} do espectro de infravermelho.

A localização exata do pico varia dependendo da função orgânica na qual este grupo está inserido. Sejam aldeídos, cetonas, ácidos carboxílicos, ésteres, haletos ácidos e amidas, cada um absorverá energia em um comprimento de onda específico. Esta característica de ocorrência de absorções de radiação a frequências específicas revela a presença ou não desses grupos químicos na amostra.

As informações obtidas por meio do espectro de infravermelho quanto aos grupos funcionais presentes podem ser encaradas como um quebra-cabeça: juntando todas as informações disponibilizadas, é possível estabelecer possibilidades estruturais para a molécula em questão. A interpretação de um espectro de infravermelho está condicionada à utilização de uma boa base de informações contidas em tabelas como a apresentada a seguir (PAVIA; LAMPMAN, 2008; SILVERSTEIN; WEBSTER, 2006; STUART, 2004). De posse de informações como as frequências de absorção de luz e os possíveis grupos associados a estas interações, o trabalho interpretativo torna-se menos dispendioso.

TABELA 17.1 Alguns grupos funcionais orgânicos e suas respectivas frequências de absorção de radiação na região do infravermelho

Grupo funcional	Modo de vibração	Intensidade do pico	Frequência da radiação absorvida (cm^{-1})
Alcanos			
C–H	Estiramento	Forte	3.000-2.850
–CH$_3$	Torção	Média	1.450 e 1.375
–CH$_2$	Torção	Média	1.465
Alcenos			
–C=C–	Estiramento	Média	3.100-3.000
–C=C–	Torção	Forte	1.700-1.000
Aromáticos	Estiramento	Forte	3.150-3.050
	Torção fora do plano	Forte	1.000-700
C=O			
Aldeído	Estiramento	Forte	1.740-1.720
Cetona	Estiramento	Forte	1.725-1.705
Ácido carboxílico	Estiramento	Forte	1.725-1.700
Éster	Estiramento	Forte	1.750-1.730
Amida	Estiramento	Forte	1.700-1.640
Álcool e Fenol			1.740-1.720
O–H	Estiramento	Média	3.650-3.600

Quantificação de compostos presentes na amostra

As análises de infravermelho também podem ter o propósito de quantificar a presença de grupos químicos na amostra. Essa determinação está associada ao fator linear existente entre a quantidade de energia absorvida por um determinado grupo químico e a sua concentração na amostra.

A linearidade existente entre a concentração do analito e a quantidade de energia absorvida por este no infravermelho segue o princípio da Lei de Lambert-Beer.

IMPORTANTE

A Lei de Lambert-Beer prega que quanto mais concentrado for o analito, maior será a absorção de energia por parte dele, devido à maior quantidade de sítios ópticos de absorção desta luz que estarão no caminho do raio se a amostra for mais concentrada.

A Figura 17.1 mostra esquematicamente o que acontece quando ocorre um aumento da concentração da amostra que está sendo analisada. Neste caso, o feixe de radiação I" emergente da amostra possui uma menor intensidade, pois ocorreram mais interações na amostra mais concentrada em comparação à amostra menos concentrada.

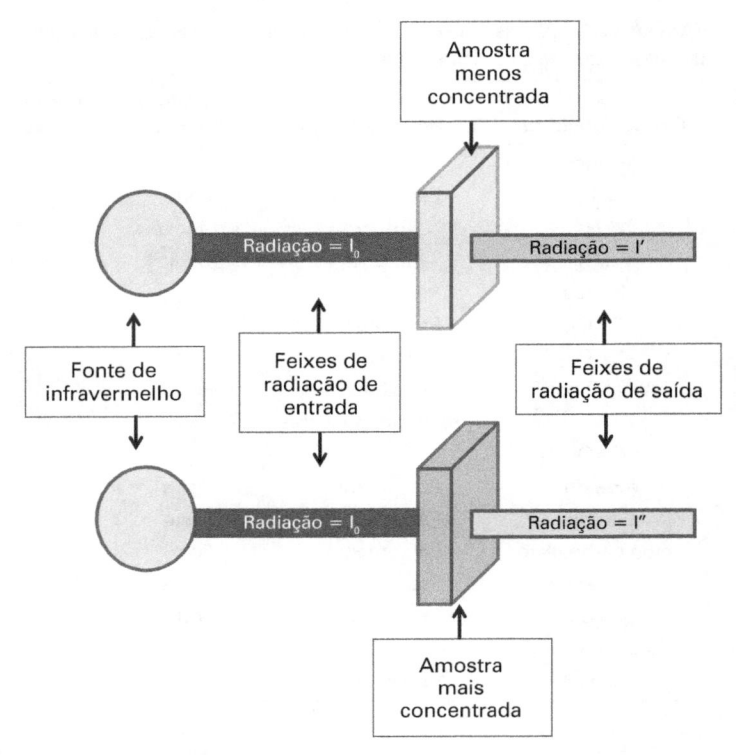

FIGURA 17.1 Esquema apresentando o efeito de um analito mais concentrado sobre o feixe de radiação do infravermelho. obs.: as cores apresentadas neste esquema possuem sentido figurativo, pois a radiação no infravermelho não apresenta cor.

O infravermelho utilizado de forma quantitativa exige alguns cuidados, descritos a seguir, inerentes a qualquer análise neste nível de detalhamento:

- Escolha um pico de absorção de frequência conhecida e que possua intensidade pronunciada, aguda e que não tenha outros picos próximos.
- Realize uma curva de calibração com no mínimo cinco concentrações conhecidas do material a ser quantificado. Para cada concentração será obtido um espectro de infravermelho e, a partir desses, será possível relacionar as diferentes áreas encontradas para o pico em questão com as respectivas concentrações do analito.

IMPORTANTE

A utilização do acessório de FTIR chamado ATR (visto ainda neste capítulo) favorece a execução de análises quantitativas devido à facilidade no preparo da amostra.

Princípios físico-químicos

Na espectroscopia de infravermelho, uma porção de radiação contendo comprimentos de onda característicos do infravermelho interage com as ligações químicas que constituem as moléculas do material a ser analisado. O princípio utilizado nesta técnica baseia-se na existência de processos de ressonância entre a radiação na região do infravermelho e o estado de vibração das ligações químicas existentes nas moléculas.

Essa ressonância ocorre em ligações químicas compostas por átomos diferentes que modificam o momento dipolar elétrico no instante da absorção de energia sob a forma de radiação.

Mais precisamente, o processo de absorção da radiação do infravermelho por moléculas é baseado nas seguintes condições:

1. A ligação química que absorve energia da radiação na região do infravermelho deve possuir um momento dipolar que, então, é modificado no instante da absorção da radiação. Este momento dipolar existe em ligações químicas que possuem átomos com uma certa diferença de eletronegatividade. Ou seja: apesar de essas ligações serem covalentes, existe uma tendência de o par eletrônico estar presente no lado do átomo mais eletronegativo, causando este dipolo.

2. A radiação incidente na matéria deve possuir uma frequência igual à frequência de vibração das ligações químicas apresentadas nas moléculas. Quando essas frequências são iguais, ocorre o fenômeno de ressonância entre a luz e o estado vibratório da matéria.

3. Como condição complementar para que ocorra esse acoplamento de energia, os movimentos vibratórios nas moléculas devem possuir características assimétricas que causem momento dipolar. Já movimentos vibratórios simétricos não são detectados em uma análise de infravermelho normal. Como exemplo desta inexistência de interação entre luz e matéria está o comportamento do gás oxigênio, que não absorve no infravermelho, pois sua molécula tem estrutura linear e apresenta ligações que vibram simetricamente, ou seja, que não apresentam dipolo eletrônico.

IMPORTANTE

Embora não visualizadas no infravermelho, essas interações simétricas são perceptíveis em uma técnica espectroscópica chamada RAMAN. Nesta técnica, são detectadas moléculas como N_2, O_2 e outras estruturas químicas que não apresentam modificação no momento dipolar quando irradiadas por luz infravermelha.

O entendimento dos estados vibracionais das ligações químicas presentes em uma molécula é mais bem compreendido quando consideramos essas ligações químicas como molas. Estas ligações "molas" possuem uma série de movimentos que são os seus estados fundamentais de energia vibracional e rotacional.

A Figura 17.2 apresenta uma molécula hipotética AB_2 na qual as ligações químicas são comparadas a molas. Esta equivalência será aplicada na construção do

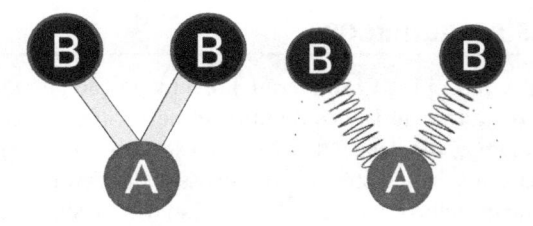

FIGURA 17.2 Representação de uma ligação química por meio de "molas".

embasamento matemático das leis envolvidas nesta área da espectroscopia. A comparação da ligação química a uma mola é explicada pelo fato de esta ligação possuir uma dinâmica de processos de repulsão e atração compatíveis com os que ocorrem em uma mola quando ela está sendo comprimida ou estirada, respectivamente.

A Figura 17.3 apresenta os estados vibracionais que podem ocorrer em uma molécula AB_2:

Considerando que as ligações químicas possuem uma frequência natural de vibração, ocorrerá absorção de radiação na região do infravermelho por elas somente quando a frequência da radiação no infravermelho possuir a mesma frequência do estado vibratório fundamental das ligações presentes na molécula.

Um exemplo para compreender esse processo interativo radiação-matéria seria o de uma criança que brinca em um balanço tipo pêndulo, auxiliada por seu pai. As características do movimento, como frequência, altura alcançada e velocidade, dependem de condições como peso da criança, peso do balanço e comprimento das correntes do balanço, entre outros fatores. Entretanto, a manutenção do movimento oscilatório depende da sincronização entre o movimento dos braços do pai (que empurram o balanço) e o próprio movimento do balanço. Estando os dois em fase, ou seja, os dois possuindo a mesma frequência, haverá continuidade do movimento do balanço. Já estando os dois fora de sincronismo, a interação não ocorre e o movimento do balanço tende a cessar.

Assim, as interações da radiação infravermelha com a amostra funcionam de forma análoga com as interações entre o pai e o balanço, pois o infravermelho deve possuir uma frequência igual à frequência de vibração da ligação química presente no analito. Caso essas frequências não sejam iguais, não ocorre a interação entre a radiação e a matéria. Já quando as frequências são iguais, a radiação é absorvida pela amostra. A absorção de frequências específicas de luz infravermelha é utilizada para identificar os grupos químicos presentes na amostra.

Formulismo utilizado

Partindo do princípio de que é possível comparar uma ligação química a uma mola, também é possível aplicar o formulismo abordado nas molas de forma adaptada às ligações químicas. Neste caso, a lei de Hooke estabelece uma relação entre frequência de vibração de uma ligação química, força existente entre os átomos da ligação e suas respectivas massas.

ESTIRAMENTO SIMÉTRICO

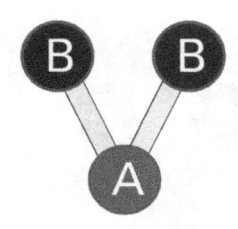

1º MOMENTO
Compressão das ligações.

2º MOMENTO
Compressão das ligações.

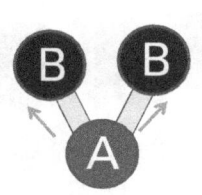

3º MOMENTO
Estiramento das ligações.

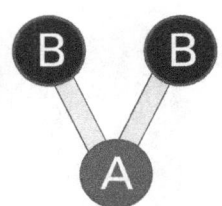

ESTIRAMENTO ASSIMÉTRICO

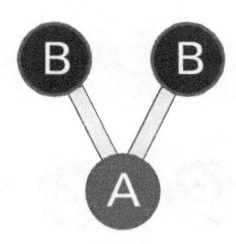

1º MOMENTO
Molécula em um determinado tempo.

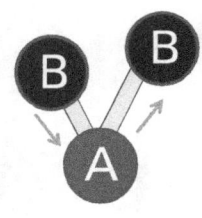

2º MOMENTO
Começo de compressão de uma das ligações.

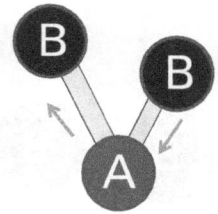

3º MOMENTO
Estiramento e compressão das ligações.

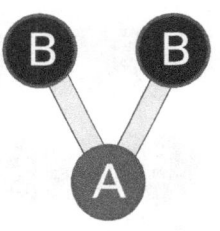

4º MOMENTO
Retorno ao estado Inicial.

TESOURA

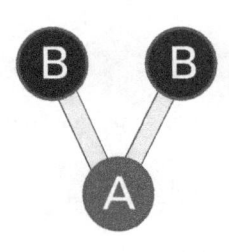

1º MOMENTO
Molécula em um determinado tempo.

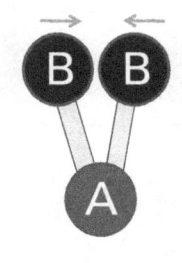

2º MOMENTO
Ocorre a diminuição do ângulo entres os átomos.

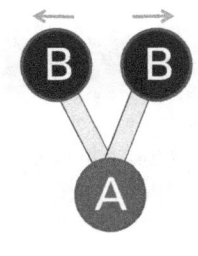

3º MOMENTO
Ocorre o aumento do ângulo entres os átomos.

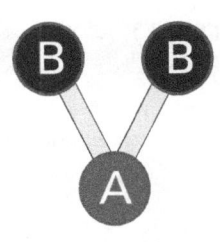

4º MOMENTO
Retorno ao estado Inicial.

FIGURA 17.3 Modos de vibração de uma molécula hipotética AB_2.

TORÇÃO

1° MOMENTO
Molécula em um determinado tempo.

2° MOMENTO
Átomo da direita sai do plano desta folha e átomo da esquerda vai para trás do plano da folha.

3° MOMENTO
Átomo da esquerda sai do plano da desta folha e átomo da direita vai para trás do plano da folha.

4° MOMENTO
Retorno ao estado Inicial.

BALANÇO

1° MOMENTO
Molécula em um determinado tempo.

2° MOMENTO
Os dois átomos B saem para fora do plano desta folha.

3° MOMENTO
Os dois átomos B passam para trás do plano desta folha.

4° MOMENTO
Retorno ao estado Inicial.

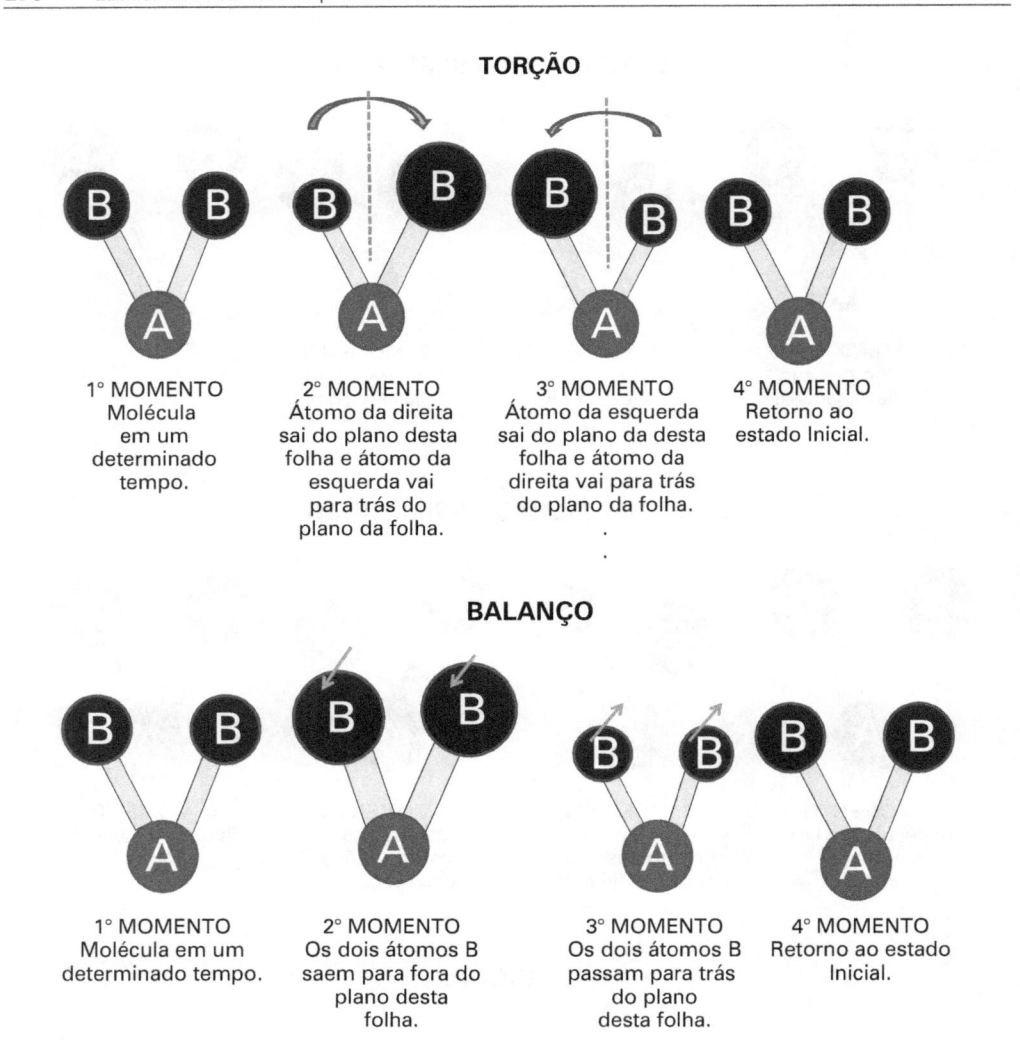

FIGURA 17.3 Continuação.

A determinação da frequência de vibração fundamental de uma ligação química é obtida pela seguinte equação:

$$v = \frac{1}{2\pi c}\sqrt{\frac{k}{\mu}}$$

em que (v) é a frequência fundamental de vibração da ligação química, c é a velocidade da luz (300.000.000 m/s), k é a força da ligação química (não confundir com a energia de ligação) e μ é a massa reduzida.

Já a massa reduzida é obtida pela seguinte expressão:

$$\mu = \frac{m_1 m_2}{m_1 + m_2}$$

em que m_1 e m_2 são as massas dos átomos presentes na ligação química.

A equação que fornece a frequência de vibração fundamental pode ser utilizada para correlacionar informações sobre a estrutura da amostra com o espectro apresentado nesta técnica.

Nesse sentido, conseguimos predizer o aparecimento de uma possível frequência de absorção de energia no infravermelho sabendo dados como a força de ligação e as massas dos átomos envolvidos. O infravermelho é utilizado para verificar a presença ou não de novos produtos em reações químicas, ou seja, o aparecimento do pico característico da molécula pretendida é um bom sinal de que a reação ocorreu de modo satisfatório.

Apresentação dos resultados

Essa técnica fornece gráficos chamados de espectros. Nesses, o resultado associa no eixo y a intensidade de radiação absorvida ou transmitida por uma amostra e, no eixo x, a frequência (o inverso do comprimento de onda) da radiação que incide sobre a amostra e interage com ela.

O intervalo normalmente utilizado para o eixo das frequências é de 4.000 cm^{-1} (alta frequência) até 400 cm^{-1} (baixa frequência). Já para o eixo y, quando temos a absorbância normalmente, os valores variam entre zero e 1. Se o eixo y especifica a transmitância, os valores variam entre 0 e 100%. A Figura 17.4 mostra o espectro de FTIR do poliestireno obtido nos modos de absorbância e de transmitância. Como é possível verificar, o espectro de transmitância é o inverso do espectro de absorbância.

Um espectro de infravermelho tem duas regiões importantes que fornecem informações sobre uma amostra: a região denominada impressão digital e a região denominada zona de diagnóstico. A zona de impressão digital, com frequências entre 1.500 e 600 cm^{-1}, apresenta, normalmente, complexos arranjos de picos que estão intimamente ligados a vibrações tipo tesoura, balanço, torção e rotação. Pelo grau de especificidade, esta zona pode confirmar a identificação de uma molécula. Já a zona de diagnóstico fornece informações sobre os grupos funcionais presentes na

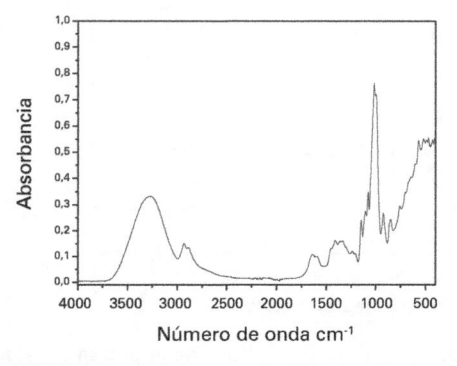

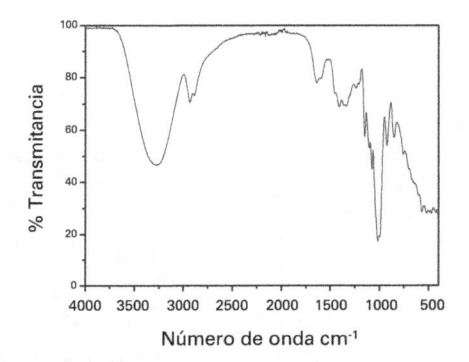

FIGURA 17.4 Espectros de FTIR visualizados nos modos de absorbância e de transmitância.

amostra compreendendo, na maioria, vibrações de estiramento dos grupos funcionais orgânicos com intervalo de abrangência entre 1.500 e 3.500 cm^{-1}. A Figura 17.5 um espectro com as respectivas regiões de informações passíveis de serem obtidas.

Equipamentos

Os primeiros equipamentos espectrômetros foram comercializados por volta de 1940 e utilizavam elementos dispersivos para a obtenção da radiação necessária para a análise (conforme Figura 17.6). Nestes equipamentos, um feixe de radiação incidente era dividido em diversos outros feixes com diferentes frequências por meio de um prisma. Desta forma, a rotação do elemento dispersivo fazia passar pela amostra os diferentes tipos de radiação que eram absorvidos ou não, dependendo da constituição do analito.

A espectroscopia de infravermelho teve seu primeiro aprimoramento por volta de 1955, quando foram lançados no mercado equipamentos que dispersavam a luz utilizando redes de difração. Esses equipamentos pioneiros eram de grande porte e podiam custar centenas de milhares de dólares, além de fornecerem análises demoradas.

Atualmente, a grande evolução dos equipamentos de espectrofotometria no infravermelho foi a introdução de analisadores que utilizam um único pulso de radiação contendo todas as frequências desse espectro, em vez dos antigos elementos dispersivos. Nesses equipamentos, as radiações com diferentes frequências interagem com a amostra resultando uma curva chamada de interferograma. Essa curva, após ser tratada por um método matemático utilizando transformada de Fourier, fornece um espectro em que o eixo y é a absorbância e o eixo x é a frequência na qual ocorre a absorção de energia.

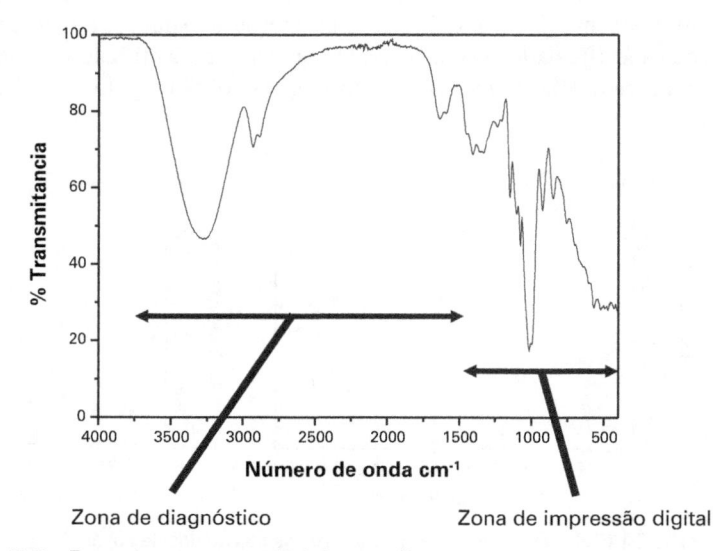

FIGURA 17.5 Zonas de um espectro de infravermelho.

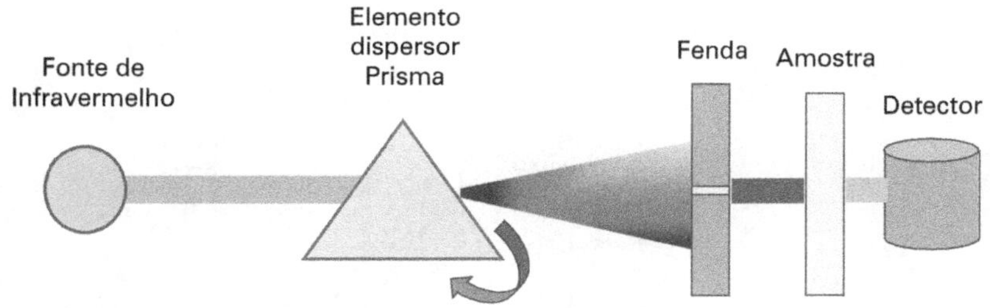

FIGURA 17.6 Esquema de funcionamento de um espectrômetro de infravermelho utilizando elemento dispersivo (prisma).

DEFINIÇÃO

A transformada de Fourier é um tratamento matemático complexo que transforma equações de curvas expressas em função do tempo em equações que utilizam funções trigonométricas tipo seno, cujo domínio está expresso em frequência.

Devido à importância do tratamento matemático de Fourier sobre a curva do interferograma, os equipamentos modernos são chamados de espectrômetros de infravermelho com transformada de Fourier (com sua sigla FTIR vindo do inglês, *Fourier Transform Infrared*).

CURIOSIDADE

O interferômetro foi criado em 1887 pelo cientista Albert Michelson para determinar a velocidade da luz e revolucionou a espectroscopia na região do infravermelho.

O coração de um FTIR é um dispositivo interno ao equipamento que recebe o nome de interferômetro. Neste dispositivo, a radiação que sai da fonte é repartida em dois feixes. Um desses feixes segue um caminho passando por um espelho fixo e o outro segue um caminho passando por um espelho móvel. No final do percurso, os dois feixes se encontram através de um jogo de espelhos e rumam em direção à amostra para que ocorram as interações de absorção de energia. Devido às características do interferômetro, o sinal gerado, chamado de interferograma, após atravessar a amostra, já carrega todas as informações sobre as absorções de energia ocorridas nas diversas frequências do infravermelho, bastando que se aplique a transformada de Fourier nesta curva para obter o espectro da análise.

A Figura 17.7 mostra um esquema da organização interna de um aparelho de FTIR no qual o interferômetro está discriminado (SKOOG et al.; 2006).

Parâmetros de análise

As análises de infravermelho geram resultados em forma de gráficos chamados de espectros, que, dependendo dos parâmetros escolhidos para a execução da análise,

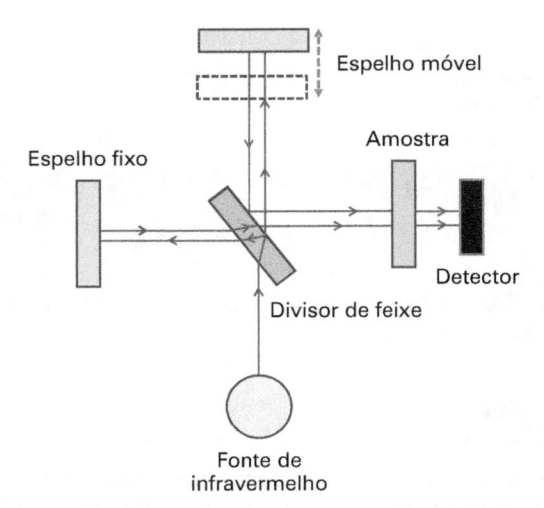

FIGURA 17.7 Esquema de funcionamento de um espectrômetro de infravermelho com Transformada de Fourier – FTIR.

contêm informações mais ou menos precisas, com ou sem ruídos. Para a obtenção de bons espectros, três importantes parâmetros devem ser escolhidos conforme o nível do resultado esperado.

Intervalo de frequências

A maioria das análises no infravermelho utiliza o intervalo de frequências de 4.000 até 400 cm^{-1}, denominado infravermelho médio. Alguns tipos de acessórios proporcionam outros intervalos por haver impedimentos técnicos, tal como na utilização do acessório de ATR de seleneto de zinco, que utiliza o intervalo de 4.000 até 600 cm^{-1}. Neste acessório, o impedimento é causado pela absorção de radiação do infravermelho, ocorrida no próprio cristal, entre 600 e 400 cm^{-1}.

Número de varreduras (*scans*)

Este parâmetro é muito importante porque indica o número de varreduras as quais a amostra é submetida. O aumento no número de *scans* tende a produzir espectros com menor ruído, porém seu aumento implica maior tempo de análise. A faixa de utilização normalmente varia de 16 a 128 *scans*. Por costume, utilizam-se múltiplos do número 2 para configurar esse parâmetro. Quando a absorção de radiação pela amostra é pequena, pode-se obter bons espectros utilizando números de varredura acima de 512 *scans*.

Resolução

Este parâmetro tem como unidade a mesma da frequência (cm^{-1}). Normalmente as análises utilizam 4 cm^{-1} (este valor significa que no espectro resultante não será possível distinguir picos de absorção de energia na região do infravermelho cujas frequências tenham distâncias inferiores a estes 4 cm^{-1}). A diminuição deste valor tende a produzir um espectro de melhor distinção entre picos, porém podendo proporcionar ruídos.

Acessórios

A espectrometria de infravermelho tem sua versatilidade de amostragem devido aos diferentes tipos de acessórios que podem ser utilizados para os diferentes tipos de amostras. Alguns desses acessórios são destacados a seguir.

Acessório para análise por transmissão

Neste tipo de acessório, é utilizado um suporte no qual a amostra é fixada de modo que a radiação do infravermelho atravesse a amostra seguindo seu caminho óptico em direção ao detector do equipamento. Este tipo de análise permite o uso de amostras na forma de filme, pó e líquido.

Quando na forma de pó, é necessário fazer uma diluição sólida da amostra para que ela não estoure os picos (ou seja, o espectro fique saturado).

DEFINIÇÃO

Estourar um pico significa que a amostra está muito concentrada e que toda a radiação do infravermelho está sendo absorvida por ela, impedindo o aparecimento de picos individuais característicos dos grupos funcionais presentes na amostra.

O procedimento utilizado para resolver o problema de saturação do sinal é a execução de diluições sólidas destes pós em misturas com outros compostos que não absorvam radiação na região do infravermelho. Um dos principais compostos utilizados para a realização de diluições na amostragem no infravermelho de transmissão é o brometo de potássio (KBr). O usuário desta técnica normalmente deve seguir essa sequência de ações com os devidos cuidados:

1. Seque em torno de 1 g de KBr em estufa, a 105°C, durante 2 horas. Após este procedimento, o sal deve ser armazenado em dissecadores contendo sílica-gel (para evitar a contaminação com a umidade do ar).
2. Prepare misturas contendo KBr e a amostra em concentrações que podem ser inferiores a 1% em massa de amostra. Baixas concentrações são necessárias quando as amostras apresentam cores escuras. Estas misturas devem estar o mais homogêneas possível no momento da análise. Para isso, utilize um gral e um pistilo de ágata, apresentados na Figura 17.8.
3. Depois de homogênea, coloque a mistura em uma prensa para a produção da pastilha. Neste equipamento é aplicada uma pressão que pode chegar a 6 toneladas por centímetro quadrado. É aconselhável repetir o processo de prensagem para garantir a formação de uma pastilha com resistência mecânica que não seja quebradiça.

FIGURA 17.8 Gral e pistilo de ágata.

> **IMPORTANTE**
>
> Utilize sistemas de proteção individual para a realização destes procedimentos, como óculos, aventais e luvas.

4. De posse da pastilha, antes de analisá-la, desconte a absorção de luz por qualquer interferente que não seja a amostra, como impurezas no KBr, vidraria utilizada, etc. Neste caso, antes de cada análise no IV, é necessário analisar o percurso óptico e descontar possíveis absorções de energia que ele venha a produzir. O desconto da energia absorvida por compostos estranhos à amostra recebe o nome de *background*. Este procedimento elimina possíveis picos indesejáveis no espectro de infravermelho resultante da análise.

Em alguns tipos de análises no modo de transmitância, quando a amostra é uma mistura de vários compostos e se deseja visualizar o espectro de somente um deles, é possível utilizar o *background* para descontar os picos gerados por esses compostos que não são os de interesse na análise. Essa técnica consiste em simular a amostra sem o composto principal. Após a produção da mistura sem o analito, deve-se realizar o *background* utilizando esse material simulado, que será então descontado do espectro da amostra. Esse procedimento visa a eliminar os picos indesejáveis que não sejam provenientes do composto principal. Porém, deve-se ter o cuidado para que as concentrações dos compostos no *background* não sejam superiores às presentes na amostra, pois esse fato produz picos negativos no espectro da amostra.

A técnica de infravermelho por transmissão também aceita o uso de amostras na forma líquida, bastando para isso a utilização de celas. Esses pequenos recipientes, feitos de materiais que não absorvem radiação no infravermelho, recebem amostras líquidas que ficam posicionadas no caminho óptico do infravermelho. Sob o ponto de vista técnico, esses tipos de celas possuem alguns inconvenientes, como o seu elevado preço e a facilidade de sua contaminação por amostras que contenham água.

Acessório para análise por ATR

O acessório para análise por infravermelho por reflectância atenuada (a sigla ATR vem do inglês *Attenuated Total Reflectance*) revolucionou a maneira de realizar uma análise de infravermelho por sua praticidade. Por não exigir a preparação de pastilhas, esta técnica está se difundindo cada vez mais no meio analítico.

O princípio utilizado neste acessório é que, por meio de um arranjo óptico, a radiação do infravermelho tenha múltiplos contatos com a amostra. Por sua arquitetura, a amostra pode ser analisada diretamente, sem algum tipo de diluição, sobre o cristal do acessório de ATR. O contato entre o cristal e a amostra é otimizado devido à utilização de uma prensa que exerce pressão sobre a amostra. Assim, o contato íntimo na região interfacial entre amostra e cristal elimina a possibilidade de interferências pela atmosfera na qual se realiza a análise.

A Figura 17.9 mostra um esquema de como funciona um acessório de ATR. Nele, a radiação provinda da fonte de infravermelho entra no acessório, passando em seguida por um jogo de espelhos que a direciona para incidir em um cristal. Neste cristal, a radiação, devido a propriedades ópticas de refração da luz, penetra na amostra alguns poucos micrômetros, ocorrendo o fenômeno de absorção de energia. Após esse processo, a luz retorna para o cristal e deste segue para o detector, levando consigo o histórico das absorções de energia ocorridas com a amostra.

Atualmente existem no mercado diversos tipos de cristais com características apropriadas para utilização em diferentes tipos de amostras. Por exemplo, o cristal de seleneto de zinco é apropriado para trabalhar com amostras aquosas e orgânicas, porém não pode ser utilizado em meios ácidos ou básicos (o pH de trabalho deve ficar entre 6 e 8). Outros cristais disponíveis são o de diamante e o de germânio.

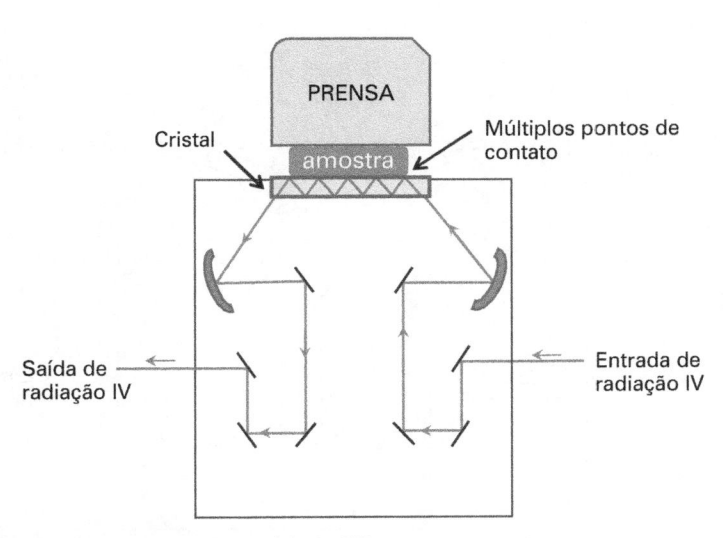

FIGURA 17.9 Esquema de um acessório de ATR.

> **IMPORTANTE**
>
> Um cuidado importante na utilização de cristais de ATR é que não se devem prensar amostras que possuam dureza superior ao cristal utilizado. Amostras mais duras do que o cristal podem arranhá-lo, causando danos irreparáveis. O cristal de diamante tem a característica de poder ser utilizado em amostras com qualquer dureza, visto que o diamante é o material com maior dureza.

Acessório para reflectância difusa (DRIFT)

O acessório de reflectância difusa (sigla DRIFT, do inglês *Diffuse Reflectance*) é utilizado para amostras sólidas na forma de particulados. Neste acessório, toda a radiação da fonte é direcionada para a amostra por um espelho côncavo (este espelho é a metade de uma esfera cuja amostra é localizada no centro). Depois de ocorrer a incidência da radiação na amostra, esta é refletida de forma difusa, sendo capturada pelo espelho côncavo. Esta radiação retorna ao detector e então é gerado o espectro. A Figura 17.10 apresenta um esquema do acessório DRIFT (CHRISTIAN; DASGUPTA; SCHUG, 2014; ROUESSAC, F.; ROUESSAC, A., 2007; STUART, 2004).

Para um bom resultado desta análise, a amostra precisa estar particulada com uma distribuição de tamanhos de partículas uniforme. Além disso, é necessário que as partículas possuam uma certa esfericidade e cores claras (cores escuras absorvem a maior parte da radiação, não ocorrendo reflexão). No caso de amostras escuras, a alternativa é a utilização do DRIFT com soluções sólidas das amostras em KBr puro.

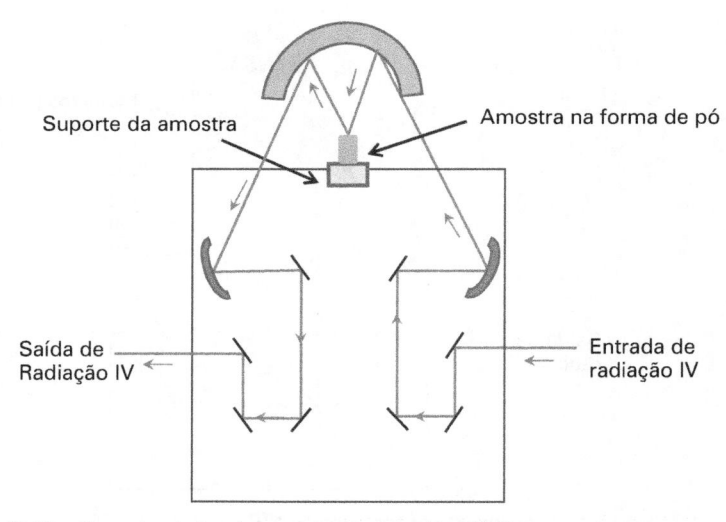

FIGURA 17.10 Esquema de funcionamento do acessório DRIFT.

Influência da química das moléculas e dos átomos no espectro de infravermelho

A interpretação de um espectro de infravermelho é otimizada se o usuário associar a influência da estrutura química das moléculas às posições dos picos de absorção de energia no IV. Essas informações são apresentadas a seguir.

Influência do tipo de vibração das ligações químicas na frequência de absorção no IV

Vibrações de torção aparecem no espectro de IV em baixas frequências em comparação com vibrações de estiramentos, conforme mostra a tabela abaixo:

Tipo de vibração	Frequência de ocorrência (cm^{-1})
C–H estiramento	3000
C–H torção	1340

Isso porque é necessária mais energia para "esticar" uma ligação química do que simplesmente torcê-la ou em flexioná-la.

IMPORTANTE

O termo "torção" que aparece na Tabela 2 tem o mesmo significado de "flexão". O termo flexão será mais utilizado neste livro, mas é possível encontrar na literatura outros autores que adotam o termo "dobramento" para esse estado vibratório da ligação química.

Influência da massa dos átomos nas frequências de absorção do IV

Os átomos pesados vibram em baixas frequências. Neste tipo de arranjo, os átomos possuem uma menor facilidade para o movimento, ou seja, uma inércia maior ao movimento, produzindo oscilações mais longas, que representam menores frequências. Como nos exemplos da tabela a seguir, quanto maior for a massa do átomo da esquerda na ligação química, menor será a frequência de vibração de estiramento da ligação.

Ligação química	Frequência de vibração de estiramento cm^{-1}
C–H	3000
C–D	2100
C–C	1200

Esta característica se deve à existência de uma maior inércia nos átomos que possuem maiores massas, sendo mais difícil para eles oscilarem em altas frequências.

O mesmo já não ocorre com átomos mais leves, como o H (hidrogênio) e o D (Deutério), que possuem frequências de vibração maiores devido às suas pequenas massas.

Força da ligação e as frequências de absorção no IV

As ligações químicas fortes possuem uma constante de força maior vibrando em altas frequências. Imagine que a ligação química é uma mola: quanto mais forte for a mola, mais energia será necessária para interagir com ela. Neste tipo de ligação, os átomos estão mais próximos, sendo o período de oscilação menor, ou seja, a frequência de vibração é maior. A tabela a seguir mostra que, quanto maior for o número de ligações químicas entre dois átomos, maior será a energia para fazê-los vibrar e, por consequência, maior será a frequência de vibração.

Ligação química	Frequência de vibração de estiramento cm^{-1}
C–C	1200
C=C	1660
C≡C	2200

Os efeitos da presença de ligações de hidrogênio entre a amostra e o solvente alargam os picos de absorção do OH

Quando um átomo de hidrogênio de uma molécula qualquer interage com átomos de flúor, oxigênio ou nitrogênio presentes em outra molécula, podemos dizer que é formada uma interação intermolecular de expressiva força chamada de ligação de hidrogênio.

As ligações de hidrogênio ocorridas entre os hidrogênios presentes na molécula que compõem a amostra e átomos de flúor, oxigênio ou nitrogênio presentes na molécula do solvente alargam os picos de absorção de energia no infravermelho, como mostra a Figura 17.11.

Na figura, é possível constatar que o grupo OH (do álcool), quando solubilizado em água (parte a), apresenta uma absorção de energia que resulta em um pico mais largo em comparação com as frequências de absorção de IV do mesmo composto não solubilizado em água (parte b). Este alargamento do pico é causado pela existência de pontes de hidrogênio ocorridas entre a amostra e o solvente.

Interpretação de um espectro

A boa interpretação de um espectro de infravermelho está relacionada ao fato de o analista seguir alguns procedimentos que envolvem o preparo da amostra, a realização da análise e até a forma de interpretação dos resultados. Apesar de não existir uma regra fixa para obter uma boa interpretação, alguns procedimentos, descritos a seguir, podem ser observados para tal:

1. Procure realizar análises com sua amostra pura, pois os contaminantes poluem o espectro com picos estranhos ao analito.

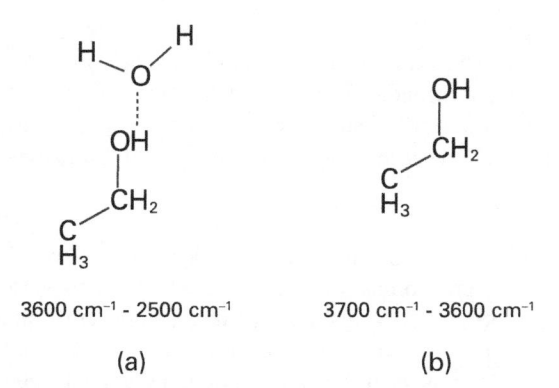

```
         H     H
          \   /
           O
           ⋮
           OH                      OH
           |                       |
           CH₂                     CH₂
           |                       |
           CH₃                     CH₃

3600 cm⁻¹ - 2500 cm⁻¹      3700 cm⁻¹ - 3600 cm⁻¹
        (a)                        (b)
```

FIGURA 17.11 Efeito da existência de ligações de hidrogênio sobre a frequência de absorção de radiação do grupo OH no IV.

2. Interprete os espectros que possuem uma boa resolução e intensidade suficiente para a execução da análise.
3. Utilize equipamentos calibrados. Normalmente essa calibração é realizada com amostras de poliestireno. Neste aspecto, existem equipamentos de FTIR que verificam automaticamente se a calibração está conforme.
4. Para cada frequência de pico encontrado, faça uma lista de possibilidades de grupos químicos que poderiam absorver energia desta região do IV.
5. Utilize os menores números de onda para confirmar suposições.
6. Sempre que possível, utilize informações que aparecem em dois eventos no espectro de infravermelho, como o aldeído, que absorve em 1.730 cm^{-1} e apresenta outro pico entre 2.900 e 2.700 cm^{-1}.
7. Não leve em conta os picos do solvente, pois estes podem atrapalhar na interpretação do espectro.
8. Utilize evidências da não existência de certos grupos funcionais na amostra constatadas pela ausência de seus picos no espectro de IV.

Ao iniciar a interpretação de um espectro, depois de satisfeitas as condições anteriormente citadas, procure grupos funcionais que apresentem absorções fortes no IV (absorção forte significa um pico de maior área ou mais longo), como:

$$O–H \text{ de } 3.650 \text{ a } 3.300 \text{ cm}^{-1}$$

$$N–H \text{ em torno de } 3.400 \text{ cm}^{-1}$$

$$C–H \text{ de } 3.000 \text{ a } 2.850 \text{ cm}^{-1}$$

$$C=O \text{ de } 1.750 \text{ a } 1.640 \text{ cm}^{-1}$$

$$C=C \text{ de } 3.100 \text{ a } 3.000 \text{ e de } 1.700 \text{ a } 1.000 \text{ cm}^{-1}$$

$$C≡C \text{ de } 2.260 \text{ a } 2.100 \text{ cm}^{-1} \text{ e}$$

$$C≡N \text{ em } 2.250 \text{ cm}^{-1}.$$

Após a verificação da presença destes grupos básicos, o analista deve aprofundar sua investigação com base nas informações preliminares. As suposições iniciais podem ser confirmadas pela verificação de outras frequências de absorção relacionadas ao grupo funcional sugerido. A seguir são apresentadas algumas dessas informações que podem ser utilizadas para cada grupo funcional.

Alcanos

Os alcanos podem ser identificados por absorções em frequências referentes aos modos de vibração das ligações C–H e C–C. A ligação C–C absorve radiação em frequências abaixo de 500 cm^{-1} quando o modo de vibração é o de flexão. Já no modo de estiramento, esta ligação absorve energia na região do IV entre 1.200 e 800 cm^{-1}.

IMPORTANTE

R representa um hidrogênio ou um radical alquila qualquer, como $-CH_3$, $-C_2H_5$.

As ligações C–H, de uma forma geral, absorvem forte radiação na região entre 3.000 e 2.850 cm^{-1}. Especificamente, a ligação C–H, quando devida a um grupo metila (CH_3), apresenta picos em 1.450 e 1.375 cm^{-1}. Já quando esta absorção é devida a um grupo metileno (CH_2), o pico aparece em 1.465 cm^{-1}.

O estiramento da ligação C–H em grupos metilenos (CH_2) compreende dois picos em 2.926 e 2.853 cm^{-1}, que correspondem aos estiramentos assimétrico e simétrico, respectivamente.

A flexão simétrica da ligação C–H em grupos metila (CH_3) absorve energia em 1.375 cm^{-1}, enquanto o modo assimétrico absorve energia em 1.450 cm^{-1}.

Cicloalcanos

A ligação C–H em metilenos presentes em estruturas cíclicas absorve em frequências maiores quando comparadas com os alcanos. Os grupos CH_2 e CH absorvem na região entre 3.100 e 2.990 cm^{-1}. Em moléculas cíclicas, os picos de absorção do C–H do metileno (CH_2) aparecem em menores números de onda. Este comportamento pode ser comprovado ao comparar a posição do pico do cicloexano, que aparece em 1.452 cm^{-1}, e a do n-hexano, que aparece em 1.468 cm^{-1}.

Alcenos

Os alcenos, também conhecidos como olefinas, apresentam picos de absorção de energia referentes aos estiramentos da ligação C=C em 1.650 cm^{-1} e da ligação C–H no intervalo de 3.095 a 3.010 cm^{-1}. O estiramento da ligação C=C para alcenos não conjugados aparece entre 1.660 e 1.600 cm^{-1}. Os alcenos que possuem somente um substituinte absorvem em 1.640 cm^{-1}, enquanto os alcenos com duas, três ou quatro substituições absorvem em 1.670 cm^{-1}.

Alcinos

R—C≡C—R   Os alcinos (acetilenos) apresentam absorções características de estiramento envolvendo C≡C e C–H. O estiramento do C≡C absorve energia entre 2.260 e 2.100 cm^{-1}. Mais especificamente, quando o alcino possui somente uma substituição, ocorre absorção entre 2.140 e 2.100, enquanto com duas substituições diferentes a absorção ocorre entre 2.260 e 2.190 cm^{-1}.

IMPORTANTE

Os alcinos com duas substituições idênticas não revelam a absorção de radiação no IV do grupo C≡C devido à inexistência de variação do dipolo eletrônico.

O estiramento C–H dos alcinos absorve próximo de 3.300 cm^{-1} com o aparecimento de um pico grande.

Já a vibração de flexão do C–H dos alcinos faz aparecer um pico largo na região entre 1.370 e 1.220 cm^{-1} e um *overtone* entre 700 e 610 cm^{-1}. *Overtone* pode ser entendido como uma vibração secundária em outra frequência que acompanha uma vibração principal.

Aromáticos

Os aromáticos apresentam bandas fortes entre as regiões de 900 e 690 cm^{-1} referentes à flexão das ligações C–H fora do plano que contém o anel aromático. Já as flexões das ligações no plano aparecem entre 1.275 e 1.000 cm^{-1}. Os estiramentos do C–H aparecem entre 3.050 e 3.010 cm^{-1}, fato que os diferencia dos picos dos alcanos, que aparecem em números de onda inferiores a 3.000 cm^{-1}.

O estiramento da ligação C=C absorve energia entre 1.600 e 1.450 cm^{-1}. Já a ligação C–C produz um pico de absorção que ocorre no intervalo de 1.500 a 1.400 cm^{-1}.

Álcoois e fenóis

Os álcoois e fenóis são caracterizados nos espectros de infravermelho pelos picos de absorção de radiação infravermelha das vibrações de estiramento do O–H e C–O. Esses compostos, quando analisados na forma de líquidos puros, absorvem fortemente, devido a ligações de hidrogênio intermoleculares, entre 3.400 e 3.200 cm^{-1}. Em soluções muito diluídas, o O–H é caracterizado por um pico fino, próximo a 3.600 cm^{-1}, e um pico mais largo, centrado em torno de 3.300 cm^{-1}, devido às ligações de hidrogênio realizadas com as moléculas do solvente. Já quando esses compostos são analisados em solventes que não realizam ligações de hidrogênio, somente um pico fino em 3.600 cm^{-1} aparecerá em relação ao O–H.

O estiramento C–O em álcoois e fenóis provoca uma forte banda entre 1.300 e 1.000 cm^{-1}, enquanto a vibração de flexão do grupo O–H aparece entre 1.440 e 1.220 cm^{-1}. Os álcoois primários e secundários apresentam dois picos de absorção de energia em 1.420 e 1.330 cm^{-1} pelo acoplamento da frequência de flexão do O–H no plano e pela flexão fora do plano da ligação C–H, respectivamente.

IMPORTANTE

R representa um radical como –CH$_3$, –C$_2$H$_5$ ou outros grupos alquilas com maior número de carbonos.

Éteres

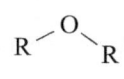

Os éteres são identificados por uma forte absorção da vibração de estiramento C–O em torno de 1.100 cm^{-1}. Os éteres aromáticos apresentam forte absorção em 1.250 cm^{-1}, enquanto os éteres cíclicos apresentam o estiramento C–O em uma banda larga entre 1.250 e 900 cm^{-1}.

Cetonas e aldeídos

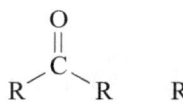

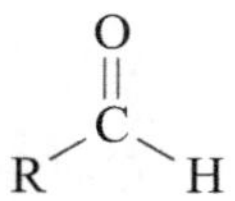

As cetonas alifáticas e aromáticas apresentam absorções em regiões de 1.730 a 1.700 cm^{-1} e de 1.700 a 1.680 cm^{-1}, respectivamente.

Ésteres

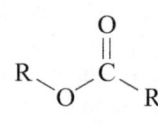

Os ésteres apresentam picos de estiramento do C=O e do C–O alifáticos nos intervalos de 1.750 a 1.730 cm^{-1} e 1.300 a 1.100 cm^{-1}, respectivamente. Já os picos referentes ao C=O e C–O presentes em compostos aromáticos são apresentados em 1.730 a 1.705 cm^{-1} e 1.310 a 1.250 cm^{-1}, respectivamente.

Ácidos carboxílicos

Os ácidos carboxílicos apresentam as seguintes absorções: estiramento O–H com frequências entre 3.300 e 2.500 cm^{-1}, sendo que a área de seu pico largo pode encobrir o estiramento do grupo C–H; estiramento C=O entre 1.730 e 1.700 cm^{-1}, podendo ser deslocado para menores frequências pela conjugação com C=C ou grupos fenilas; este grupo orgânico apresenta também estiramento C–O em 1.240 cm^{-1}; flexão do C–O–H no plano em 1.430 cm^{-1}; e flexão do C–O–H fora do plano em 930 cm^{-1}.

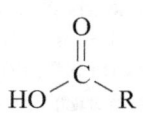

Amidas

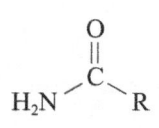

H₂N–C(=O)–R

As amidas são caracterizadas por apresentarem uma banda forte do C=O entre 1.680 e 1.630 cm^{-1} e uma banda do estiramento N–H entre 3.475 e 3.150 cm^{-1}. O grupo N–H apresenta dois picos se este for relativo a amidas primárias (amidas primárias são aquelas em que o nitrogênio está ligado a somente um átomo de carbono). No caso de a amida ser secundária (amidas secundárias são aquelas em que o nitrogênio está ligado a dois átomos de carbono), somente um pico aparecerá nesta região do estiramento N–H. As amidas terciárias não apresentam pico nesta região. A flexão das ligações N–H aparece nas amidas entre 1.640 e 1.550 cm^{-1}.

Aminas

As aminas primárias possuem duas bandas de absorção de energia do estiramento N–H entre 3.500 e 3.300 cm^{-1}, enquanto a flexão da ligação N–H apresenta um pico largo entre 1.640 e 1.560 cm^{-1} e a flexão fora do plano pode apresentar um pico em torno de 800 cm^{-1}. O estiramento C–N ocorre entre 1.300 e 1.000 cm^{-1}.

H₃C–CH₂–CH₂–NH₂

Considerações finais

Os valores das frequências de absorção apresentados para cada grupo funcional podem sofrer alterações por ressonância, indução ou associação com o solvente. Por este motivo, sempre que possível, recorra a bibliografias específicas que forneçam esses valores já com as alterações provenientes dessas interações.

Muitas vezes se torna difícil ou praticamente impossível a identificação por completo de uma amostra somente pela interpretação de um espectro de infravermelho. Em várias situações, é necessário adotar outra técnica analítica que forneça mais informações sobre a amostra a fim de identificá-la. As técnicas mais utilizadas para complementar e confirmar as informações obtidas na espectroscopia de infravermelho são a espectroscopia de massa e a ressonância magnética nuclear.

AGORA É A SUA VEZ!

1. Qual é o requisito principal para que ocorra absorção de energia no infravermelho?

   Resposta:

   O principal requisito para que ocorra absorção de energia por moléculas na região do infravermelho é que elas possuam ligações que apresentem variação no momento dipolar elétrico quando incididas pela radiação IV.

2. Qual é o procedimento para realizar uma análise quantitativa de uma amostra por FTIR?

   Resposta:

   Para realizar este tipo de análise, primeiro escolha um pico de absorção de energia no IV do composto a ser quantificado; depois, faça uma curva de calibração que associa várias concentrações do composto investigado com a área do pico que cada concentração fornece. Por fim, determine a concentração da amostra comparando a área gerada no pico do espectro de IV da amostra com a curva de calibração.

3. Por que átomos com maiores massas levam à absorção de energia no infravermelho a menores frequências desta região especular?

Resposta:

Os átomos com maior massa possuem uma inércia maior e, com isso, se movimentam mais lentamente, proporcionando menores frequências de vibração.

4. Como as ligações simples, dupla e tripla influenciam a frequência de absorção de IV?

Resposta:

Considerando que a ligação tripla é mais forte do que a dupla e que esta é mais forte do que a simples, no infravermelho, quanto mais forte for a ligação química, maior será a frequência na qual o material absorve energia. Esta afirmação pode ser comprovada pelas absorções de C≡C, C=C e C–C ocorrerem respectivamente em 2.200 cm^{-1}, 1.660 cm^{-1} e 1.200 cm^{-1}.

5. Uma amostra de ácido benzoico apresenta um pico no espectro de IV entre 3.300 e 2.500 cm^{-1} de 0,73 unidade de área, baseado na tabela a seguir, contendo dados de calibração. Forneça o valor da concentração do ácido benzoico na amostra em questão.

Área do pico	Concentração (mg/L)
0,42	200
0,61	300
0,83	400
1,03	500
1,21	600

Resposta:

Construindo um gráfico que relaciona a concentração com a área do pico, é possível associar o valor de 0,73 de área a um valor aproximado de concentração de 355 mg/L.

Capítulo 18

Análises térmicas

Neste capítulo você estudará:

- Os principais conceitos e as vantagens da termoanálise na química analítica.
- Os equipamentos, o princípio de funcionamento e as propriedades da matéria investigadas na técnica de TGA (Análise Termogravimétrica).
- O funcionamento e os propósitos de uma análise de DSC.
- Os tipos de DSC existentes, com a apresentação de seus equipamentos, de sua utilização e dos parâmetros para sua adequada calibração.

A termoanálise, ou análise térmica, estuda a interação entre matéria e energia, isto é, estuda como a matéria responde ao ser submetida a uma programação térmica. É composta por um conjunto de técnicas analíticas que investigam o comportamento de várias propriedades da matéria quando exposta a uma programação térmica.

A elaboração de uma programação térmica é o planejamento da temperatura de uma amostra ao longo do tempo de uma análise. Uma programação térmica é composta por etapas de aquecimentos, resfriamentos e manutenção da temperatura em patamares fixos, chamados de isotermas. Uma programação térmica pode utilizar somente uma etapa (um aquecimento, um resfriamento ou isotermas), mas também pode utilizar sequências de etapas, como aquecimentos e resfriamentos intercalados por isotermas. Alguns autores designam este conjunto de etapas como ciclo térmico.

DEFINIÇÃO

Termoanálise é o conjunto de técnicas analíticas que investigam o comportamento de várias propriedades da matéria quando exposta a uma programação térmica.

A programação térmica é de fundamental importância em qualquer termoanálise, pois ela dita o comportamento da temperatura no ambiente no qual está a amostra durante a análise. Em termoanálise, independentemente do parâmetro investigado, a amostra sempre é colocada em um forno, dispositivo no qual ocorrerá a interação entre matéria e energia.

Em diversas áreas da ciência, qualquer fenômeno físico ou químico é afetado com a ação de fatores como o tempo e/ou a temperatura. A análise térmica determina como o fator temperatura age sobre determinado material. Assim, quando utilizamos a termoanálise, pretendemos estudar os efeitos proporcionados pela variação da temperatura sobre as propriedades da matéria, isto é, queremos saber a resposta que a matéria fornece frente a essa variação energética de seu estado.

A termoanálise é importante por sua aplicabilidade e praticidade investigativa. Para fazer uma análise, basta retirar uma pequena porção da amostra *in natura* (sem tratamento) e realizar a determinação no equipamento termoanalítico. Assim, evita-se a possibilidade de contaminação por interferentes existentes em técnicas que preparam a amostra antes da análise. Técnicas como cromatografia e espectroscopia de absorção atômica exigem tratamento prévio da amostra. Muitas vezes, esses tratamentos podem contaminar a amostra com agentes externos presentes em reagentes e vidrarias utilizadas.

As análises térmicas fornecem diversos tipos de resultados que caracterizam a matéria quando exposta a uma programação térmica, como variação de massa, pontos de fusão e de ebulição, estabilidade térmica, calores específicos, entalpias de reação e dilatações volumétricas. Essa diversidade de resultados fornecidos, aliada à praticidade operacional, torna a termoanálise aplicável em várias áreas das ciências, como química, física, geologia, mineralogia, botânica, agronomia, tecnologia de alimentos, materiais cerâmicos, análises forenses, entre outras.

Um exemplo de utilização da termoanálise ocorre na área de ciências dos materiais. O crescente desenvolvimento de novos materiais torna necessário o conhecimento por completo de suas propriedades, ou seja, de nada adianta desenvolver um material com excelentes propriedades de resistência ao choque se o valor desta propriedade é atenuado com a alteração da temperatura na qual o objeto se encontra.

IMPORTANTE

Outro exemplo de utilização de termoanálise é a determinação da quantidade de umidade em fármacos. Dependendo da legislação vigente a quantidade de água em percentual não deve ser elevada. Assim, quando um farmacêutico necessita saber o conteúdo de água em seu fármaco, ele pode recorrer a uma técnica termoanalítica que aqueça a amostra e meça de forma qualitativa e quantitativa o percentual de massa perdida em torno de 100°C.

Existem várias técnicas que foram concebidas de forma ajustada para perceberem a modificação de diversos parâmetros da amostra quando ela é submetida à termoanálise. A Tabela 18.1 apresenta uma série de propriedades investigadas e o tipo de técnica termoanalítica a ser empregada para sua determinação.

TABELA 18.1 Propriedades da matéria e técnicas termoanalíticas utilizadas para investigá-las

Propriedade da matéria investigada	Sigla da técnica termoanalítica utilizada	Descrição do nome da técnica por extenso em inglês	Descrição do nome da técnica por extenso em português
Variações de massa	TGA	Thermal Gravimetric Analysis	Análise Termogravimétrica
Determinações de capacidades caloríficas e variações de energias e temperaturas envolvidas em processos físicos e químicos da matéria, como fusões, cristalizações, transições vítreas, reações de polimerização (cura)	DSC	Differential Scanning Calorimetry	Calorimetria de Varredura Diferencial
Diferença de temperatura	DTA	Differential Thermal Analysis	Análise Térmica Diferencial
Variações de massa, temperatura e variações de energia em processos físicos e químicos investigadas simultaneamente no mesmo equipamento	SDT	Simultaneous DSC/ TGA	Análise simultânea de DSC e TGA
Constituição da amostra pela análise dos gases liberados durante a programação térmica	EGA	Evolved Gas Analysis	Análise dos Gases Emanados
Avaliação da deformação da amostra frente a um esforço	TMA	Thermomechanical Analysis	Análise Termomecânica
Resistência da amostra à tração	DMA	Dynamic Mechanical Analysis	Análise Mecânica Dinâmica
Comprimento, volume da amostra		Dilatometry	Dilatometria
Propriedades magnéticas		Thermomagnetometry	Termomagnetometria

Além dessas técnicas, existem muitas outras, cada uma com sua especificidade. Devido à grande aplicação em áreas científicas, como engenharias, química, física, farmácia e biologia, neste capítulo, serão abordadas as técnicas de TGA e DSC com detalhamento de seu funcionamento, bem como exemplos de sua utilização.

Análise termogravimétrica (TGA)

A análise termogravimétrica (TGA) é uma técnica que fornece o perfil de perda de massa de uma amostra quando esta é submetida a uma programação térmica. Durante a análise de TGA, a amostra fica envolta por um gás (inerte ou oxidante) que é responsável pela retirada dos gases emanados durante o aquecimento da amostra. Normalmente o gás que envolve a amostra é chamado gás do forno ou gás do compartimento da amostra, ou ainda gás de purga.

As análises de TG (termogravimétricas) são classificadas conforme a programação térmica, podendo ser dinâmicas ou isotérmicas.

Nas análises dinâmicas, a temperatura da amostra é variada em uma taxa de aquecimento constante. A temperatura varia a cada instante, fornecendo resultados do comportamento da amostra em uma faixa de temperatura de interesse. A Figura 18.1 apresenta um exemplo gráfico deste comportamento.

Nas análises isotérmicas, as amostras são aquecidas rapidamente até uma certa temperatura e depois essa temperatura é mantida por um longo período. Com isso, a amostra pode ser investigada em temperaturas específicas, investigando processos de fusão, cristalização e resistência mecânica por fadiga. A Figura 18.2 mostra um gráfico de temperatura *versus* tempo.

Equipamento de TGA

O princípio de uma análise termogravimétrica (TGA) está fundamentado na medição constante da massa apresentada por uma amostra quando a mesma é submetida a uma programação térmica. Normalmente, a programação térmica utilizada nesta técnica emprega rampas de aquecimentos e isotermas em determinados patamares de temperaturas.

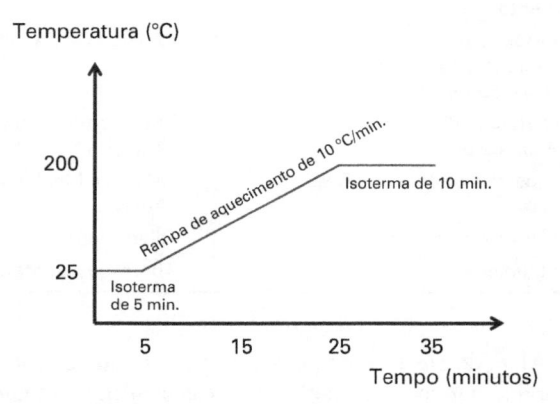

FIGURA 18.1 Curva de TGA dinâmico.

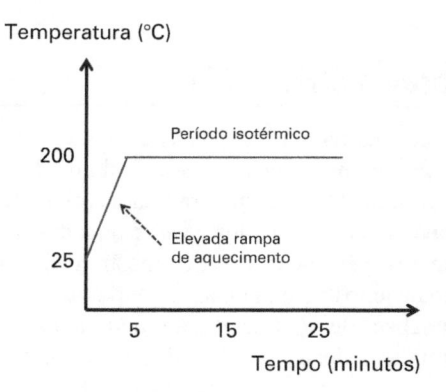

FIGURA 18.2 Gráfico de um TGA isotérmico.

Um aparelho de TGA pode ser considerado a união de uma balança analítica e de um forno que atinja elevadas temperaturas. Neste caso, a balança fornece o valor atualizado da massa da amostra durante a análise, enquanto o forno serve para controlar, de forma precisa, a temperatura da amostra. Na Figura 18.3 são apresentados esquematicamente três possíveis arranjos para a constituição de equipamentos analisadores termogravimétricos (também conhecidos como balanças termoanalíticas).

As arquiteturas apresentadas possuem particularidades de operação e características de funcionamento que devem ser entendidas pelo operador. Por exemplo, a forma de introdução da amostra no equipamento horizontal (C) é diferente da ocorrida no aparelho vertical (A); os gases liberados pela amostra no equipamento (B) seguem no sentido natural ocorrido em degradações, isto é, para cima. Já no analisador termogravimétrico em (A), os gases subiriam e entrariam em contato com a balança, contaminando-a. Para evitar isso, os fabricantes desses analisadores desenvolveram balanças com pressão interna positiva, isto é, existe uma vazão de gás de purga que sai da balança e vai em direção ao forno, evitando que os gases liberados no forno entrem na balança.

Os analisadores termogravimétricos ou balanças termogravimétricas também são denominadas no cotidiano dos laboratórios analíticos como aparelhos de TGA.

Um forno de um aparelho de TGA atinge elevadas temperaturas. Por esse motivo, existe um cuidado especial com o recipiente utilizado para conter a amostra durante a análise. Esses recipientes são chamados de cadinhos e são produzidos com materiais apropriados que, além de serem resistentes a elevadas temperaturas, não interagem com as amostras, isto é, são inertes às amostras.

As análises termogravimétricas normalmente utilizam cadinhos de alumina (trióxido de alumínio, cuja temperatura máxima de utilização chega aos 1.500°C) ou de platina (cuja temperatura máxima de aplicação pode atingir até 1.000°C) para acondicionar as amostras. Os cadinhos de platina tem elevado valor de aquisição (uma caixinha deste material, contendo três unidades, pode custar cerca de 500 dólares americanos).

Independentemente do modelo de analisador termogravimétrico escolhido, este deve apresentar uma arquitetura na qual o forno não interfira nas medições de

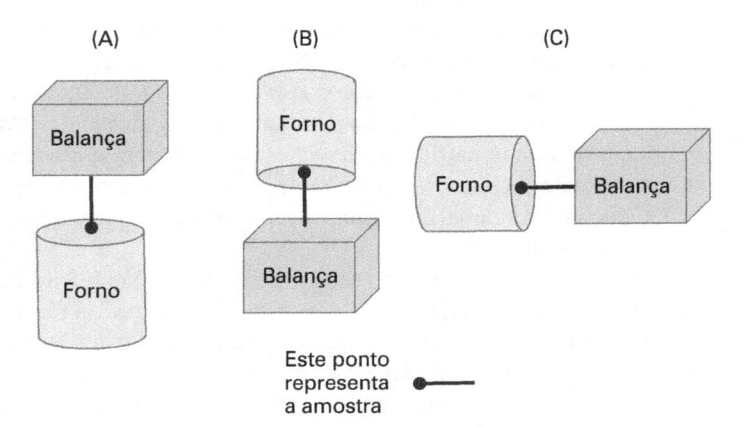

FIGURA 18.3 Esquema mostrando as três arquiteturas possíveis de aparelhos de TGA disponíveis em laboratórios.

massa na balança e que a balança não atrapalhe a geração e o controle do calor produzido pelo forno.

A balança de um analisador termogravimétrico tem fundamental importância na qualidade dos resultados obtidos e deve ser precisa, exata e extremamente sensível. A sensibilidade de uma balança termoanalítica pode chegar a 0,0000001 g, isto é, é possível detectar variações na ordem do décimo do milionésimo da grama. Isso exige cuidados importantes por parte do usuário em relação ao laboratório onde o aparelho se encontra, a saber:

1. O TGA deve ficar isolado de fontes que provoquem deslocamento de ar (vento), como sistemas de refrigeração, janelas e portas.
2. O aparelho deve ser montado, preferencialmente, em cima de uma base de granito e, se possível, é aconselhável utilizar sistemas de amortecimento que reduzam alguma vibração existente no ambiente em que o TGA está instalado.
3. O equipamento necessita estar afastado de fontes de vibrações, como motores, pois vibrações não amortizadas causam ruídos que aparecem no termograma resultante da análise.
4. O equipamento deve estar em ambientes com atmosfera controlada em termos de temperatura, umidade e poeira.
5. A balança termogravimétrica deve estar nivelada horizontalmente para garantir que não ocorram distorções nas medidas de peso.

Uma balança termoanalítica necessita de calibração periódica para ajuste do valor de peso fornecido pelo equipamento. Variações eletrônicas e mecânicas podem trazer desajustes ao sistema da balança, fazendo com que os valores apresentados por um TGA não sejam exatos. Nesse sentido, uma calibração bem executada corrige estas distorções entre o peso real de uma amostra e os valores apresentados pelo aparelho. Nesse tipo de calibração, o sistema eletrônico da balança é configurado por comparação a um peso de um padrão metálico. Alguns fabricantes fornecem pesos de platina pesando exatamente 100 mg; esses pesos padrão fazem parte de um *kit* que acompanha os equipamentos quando da aquisição.

O forno de um analisador termogravimétrico é o lugar em que a amostra é aquecida. Este aquecimento é executado, normalmente, por um sistema de resistências elétricas que geram calor pela passagem de eletricidade.

O forno deste aparelho deve possuir um bom sistema de controle de temperatura, que é obtido pela utilização de termopares. A função do termopar é perceber a temperatura no compartimento da amostra e informá-la ao controlador eletrônico do equipamento. Caso a temperatura da análise ainda não tenha alcançado o valor estipulado na programação, o controlador aciona o aquecimento do forno para que essa meta seja atingida.

O funcionamento de um termopar está baseado no efeito Seebeck. Este efeito ocorre sempre que uma junção de dois metais diferentes, na forma de fios finíssimos, é submetida a uma variação de temperatura. Neste exato momento é criada uma diferença de potencial elétrico. Essa diferença de potencial (ou seja, essa voltagem) é proporcional à diferença de temperatura experimentada pela junção. Desta forma, com base nesse fenômeno, é possível associar a temperatura do forno com uma grandeza elétrica. Em outras palavras, o termopar é o detector de temperatura dentro do forno do TGA. A Figura 18.4 ilustra o princípio de ação deste equipamento.

Calibração de TGA

O TGA necessita ser calibrado de forma periódica. Isso significa que o termopar que mede a temperatura da amostra no equipamento precisa de calibração. Tal procedimento deve ser realizado para que os resultados fornecidos pelo equipamento sejam confiáveis e representem a verdadeira temperatura na qual ocorrem os fenômenos observados.

Durante a calibração de um equipamento termogravimétrico, devem ser reproduzidas todas as condições experimentais que serão utilizadas nas análises de rotina subsequentes, isto é, fatores como taxa de aquecimento, massa de amostra, tipo de gás de purga, fluxo de gás de purga e tipo de cadinho empregado para colocar a amostra devem ser copiados dos parâmetros de análise e aplicados na calibração. Desta forma, a calibração representará as reais condições encontradas pela amostra durante a análise.

O procedimento para calibração do termopar do TGA consiste em colocar algum material no lugar da amostra que apresente alguma transição perceptível ao equipamento durante o aquecimento. Normalmente, para essa tarefa são escolhidos metais ferromagnéticos, porque esses materiais, durante um aquecimento, possuem temperaturas características nas quais eles deixam de ser ferromagnéticos. Essa temperatura característica é chamada de temperatura de Curie. Assim, cada tipo de metal ferromagnético possui sua respectiva temperatura de Curie, que já se encontra tabelado na literatura. A Tabela 18.2 apresenta alguns metais e suas temperaturas de Curie.

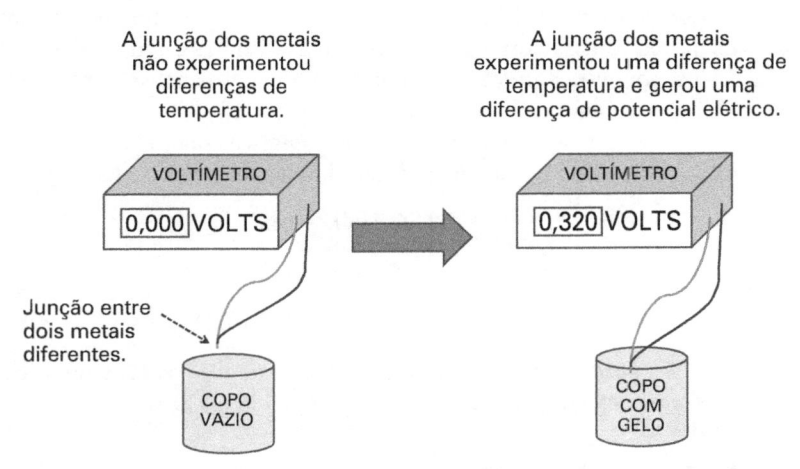

FIGURA 18.4 Esquema mostrando o potencial elétrico formado quando um termopar é colocado em sistemas em que ocorrem modificações na temperatura.

O processo de calibração utiliza um ímã posicionado próximo ao forno do TGA. Esse ímã age sobre um pequeno pedaço de metal ferromagnético colocado no lugar da amostra durante a calibração. Devido ao ímã, o metal é percebido como mais pesado até que seja alcançada a temperatura de Curie. Nesta temperatura, o metal não é mais atraído pelo ímã e seu peso diminui drasticamente. Neste momento, o software de calibração do TGA registra a temperatura em que ocorreu essa diminuição, corrigindo-a por comparação à temperatura de Curie tabelada do metal empregado, ocorrendo, desta forma a calibração do equipamento. A Tabela 2 mostra alguns metais e suas respectivas temperaturas de Curie.

TABELA 18.2 Temperatura de Curie para alguns metais

Metal utilizado para calibração	Temperatura de Curie °C
Níquel	419
Ferro	750
Alumel	163
Cobalto	1.126

A escolha do metal ferromagnético para ser utilizado na calibração deve levar em conta se a sua temperatura de Curie está dentro da faixa de temperatura na qual se deseja calibrar o equipamento. Por exemplo, de nada adianta calibrar um TGA com o metal cobalto com temperatura de Curie de 1.126°C se a análise a ser realizada, utilizando esta calibração, alcança somente 800°C.

O problema de uma calibração é que ela não é eterna: de tempos em tempos, é necessário realizar testes para verificar se essas calibrações estão efetivamente corrigindo as distorções em relação aos valores reais de temperatura e massa. Para isso, realiza-se uma análise termogravimétrica de oxalato de cálcio. O oxalato de cálcio, ao ser aquecido até 1.000°C, apresenta três perdas de massas características: uma referente à água (correspondendo a 12,33% da amostra), a segunda referente ao monóxido de carbono (19,27%) e a terceira referente ao dióxido de carbono (30,12%). Estas três perdas ocorrem em temperaturas distintas e conhecidas na literatura. Desta forma, com essas informações obtidas em uma só análise, é possível aferir se as calibrações de temperatura e massa estavam corretas.

A seguir são descritas as reações químicas que representam as três perdas de massa do oxalato de cálcio ocorridas durante uma análise termogravimétrica:

$$CaC_2O_4H_2O \rightarrow CaC_2O_4 + H_2O_{(g)} \quad (1)$$

$$CaC_2O_4 \rightarrow CaCO_3 + CO_{(g)} \quad (2)$$

$$CaCO_3 \rightarrow CaO + CO_{2\,(g)} \quad (3)$$

As perdas de massa correspondentes às três reações químicas apresentadas ocorrem respectivamente em torno de 166, 486 e 730°C.

Parâmetros de análise

Antes de realizar uma análise termogravimétrica, o usuário deve ter em mente a especificação dos parâmetros a serem utilizados. A escolha das condições apropriadas afeta diretamente a qualidade dos resultados obtidos. Os parâmetros usualmente programados para serem utilizados são:

- a taxa de aquecimento
- a massa de amostra a ser utilizada
- o intervalo de temperatura escolhido
- o gás de purga
- o fluxo de gás de purga
- o tipo de cadinho da amostra

A seguir estes itens serão detalhados a fim de passar informações importantes a respeito da influência de cada um na qualidade dos resultados.

Taxa de aquecimento

As taxas de aquecimento em uma análise de TGA influenciam a capacidade de constatar as perdas de massa existentes. Por exemplo, ao utilizar uma taxa de aquecimento de 20°C/min, torna-se mais difícil avaliar a quantidade de compostos que podem estar sendo liberados, pois, em 1 minuto de análise, a temperatura da amostra aumenta 20 graus Celsius e várias perdas relacionadas a evaporações de compostos e/ou degradações podem ocorrer neste intervalo de temperatura. A utilização de taxas de aquecimento de 10, 5, 3, 2 e 1°C/min tende a melhorar a separação entre as perdas. Assim, cada composto deixa a amostra na sua respectiva temperatura, ocorrendo uma melhor separação entre as saídas de cada componente da amostra. A utilização de taxas reduzidas tem o inconveniente de propiciar análises que chegam a durar várias horas.

As análises que utilizam taxas elevadas provocam um deslocamento da curva do termograma para a direita, porque a amostra leva um certo tempo para alcançar a temperatura na qual está o forno. Esse atraso faz os componentes da amostra abandonarem o cadinho de análise instantes depois de a temperatura necessária para isso ter sido alcançada. Ou seja, graficamente essas perdas aparecem em temperaturas superiores (deslocadas para a direita do termograma).

Massa de amostra

Na realização de um TGA, é desejável um equilíbrio entre o recebimento de energia pela amostra e os processos causados por essa energia. No caso, a saída de cada componente da amostra (por degradação ou evaporação) deve ser proporcionada pela energia associada às respectivas temperaturas de degradação ou evaporação de cada componente. Quando uma amostra possui uma massa elevada, a temperatura ao longo dessa massa não fica homogênea devido à resistência a condução térmica causada pela própria quantidade de massa de amostra. Não sendo homogênea a temperatura ao longo da amostra, a saída ou degradação dos seus componentes, durante o aquecimento, torna-se também dependente do efeito espacial. Esse problema pode ser amenizado pela utilização de amostras com massas pequenas, pois apresentam homogeneidade na distribuição de temperatura.

Para exemplificar a importância do fator massa em uma corrida de TGA, vamos imaginar o cozimento de um peru. Se o peru for grande, isto é, se possuir elevada massa, o centro desta ave somente estará assado depois de algumas horas de aquecimento dentro de um forno. Porém, ao assar um peru com menor massa, o tempo necessário para que ele esteja totalmente cozido é menor. Assim, com menos massa, teremos respostas mais rápidas relacionadas aos eventos térmicos ocorridos na matéria, tanto no forno do TGA, como no forno que assa o peru. Outro problema de utilização de grandes massas de amostra é a própria dificuldade da difusão dos produtos de degradação e/ou evaporação, pois quanto maior é a massa maior será o caminho que esses produtos devem percorrer até sair do meio amostral. Por difusão, entende-se o processo de transferência (um tipo de deslocamento) de massa de uma região mais concentrada a outra região do espaço menos concentrada.

O limite mínimo de massa de uma amostra que pode ser analisada depende de alguns fatores, como:

- **Representatividade de pequenas massas de amostra** – Muitas vezes as amostras não estão moídas de forma suficiente para que sejam representativas de um todo da amostra. Assim, pequenas massas de amostra podem conter composições diferentes dependendo do local de coleta das mesmas, grau de trituração e homogeneidade das mesmas.
- **Dificuldade de manuseio** – Massas diminutas podem ser de difícil manuseio no momento de sua retirada dos recipientes nos quais elas estão estocadas.
- **Limite de detecção do equipamento** – Análises de TGA que utilizam massas abaixo de 1 mg, dependendo da sensibilidade do equipamento, podem apresentar termogramas ruidosos. Por esse motivo, deve-se evitar chegar a níveis tão reduzidos de massa.

As massas utilizadas em análises de TGA variam conforme o fabricante, porém, é normal elas estarem entre valores de 2 e 10 mg. Recomenda-se, no caso de análises que envolvam estudos em lotes de amostras, que as massas utilizadas tenham valores aproximados. Isso facilita a comparação de resultados quando da sua interpretação. Também em estudos cinéticos a utilização de amostras com massas semelhantes é um dos fatores cruciais para a obtenção de bons resultados.

Observação: Os estudos cinéticos em TGA modelam o comportamento de degradação ocorrido com a amostra seja em condições dinâmicas ou isotérmicas. Nesses estudos alguns parâmetros de análise devem ser mantidos constantes, como massa de amostra utilizada, gás de forno (fluxo e tipo) e tipo de cadinho utilizado.

Intervalo de temperatura da análise

As análises termogravimétricas são executadas desde a temperatura ambiente até a temperatura de interesse da investigação que está ocorrendo, ou seja, o limite superior é variável e depende do objetivo a ser estudado. Entretanto, um bom termograma de TGA é aquele que traz informações sobre a análise até a temperatura na qual não ocorra mais perda de massa da amostra. Os aparelhos de TGA normalmente alcançam temperaturas entre 1.000 e 2.000°C; alguns modelos chegam a temperaturas superiores a 2.000°C (GABBOTT, 2008; IONASHIRO et al., 2014; MENCZEL; PRIME, 2009).

> **IMPORTANTE**
>
> Um bom termograma de TGA traz informações sobre a análise até a temperatura na qual não mais ocorra perda de massa da amostra com o aquecimento da mesma.

Gás de arraste utilizado

A função de um gás em uma análise termogravimétrica é afastar os gases gerados das proximidades da amostra durante o aquecimento, evitando que eles interajam com a amostra. O tipo de gás utilizado é importante, pois ele pode interferir ou não nas perdas de massa durante o aquecimento da amostra. Em análises cujo interesse é que o gás de arraste não interfira nas perdas de massa, são utilizados gases inertes, como o nitrogênio ou o argônio. A função destes gases é simplesmente remover os gases emanados da amostra durante a análise. Já quando é desejado inferir a ação de um gás oxidante sobre a amostra, utiliza-se tanto o oxigênio ou uma mistura de 80% nitrogênio com 20% oxigênio chamada de ar sintético. Todos esses gases, inertes ou oxidantes, devem possuir elevada pureza, sendo isentos de umidade.

Fluxo de gás utilizado

O fluxo dos gases no forno é importante porque com eles é garantido que o ambiente da amostra possua uma distribuição gasosa homogênea e capaz de remover os gases liberados pela amostra durante o aquecimento no forno.

Tipo de cadinho

O melhor tipo de cadinho a ser utilizado em uma análise de TGA depende do tipo de amostra a ser analisada. Para materiais inorgânicos fundidos, normalmente utilizam-se cadinhos de platina, por serem, em muitos casos, inertes a esses materiais e possuírem elevado ponto de fusão (1.769°C), porém, os mesmos podem ser utilizados à temperatura máxima de 1.000°C. Os cadinhos de platina são construídos com pouca massa do metal e suas paredes são finas (não oferecendo resistência à passagem da energia). Como possuem capacidade calorífica pequena, esses cadinhos não produzem atraso na temperatura medida durante os eventos ocorridos internamente a eles.

Em análises de TGA também se utilizam cadinhos produzidos com alumina fundida. Estes materiais não apresentam reações em meio oxidante, pois já estão no estado de óxido (alumina é óxido de alumínio). O problema apresentado por esses cadinhos é que, sendo porosos, eles podem ser impregnados por amostras no estado fundido. A Figura 18.5 apresenta um cadinho de platina produzido pela empresa TA Instruments.

Apresentação do resultado

O gráfico que apresenta os resultados de uma análise de TGA é chamado de termograma. Nele, o eixo x representa a temperatura da amostra, enquanto o eixo y apresenta o percentual de massa de amostra que ainda está na balança termoanalítica (ver Figura 18.6).

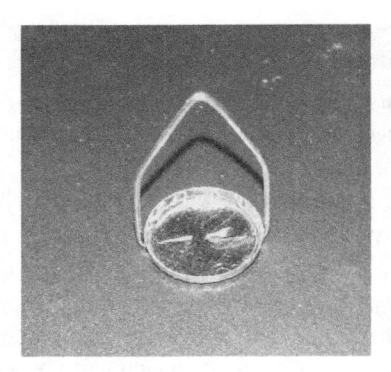

FIGURA 18.5 Cadinho utilizado em análises de TGA.

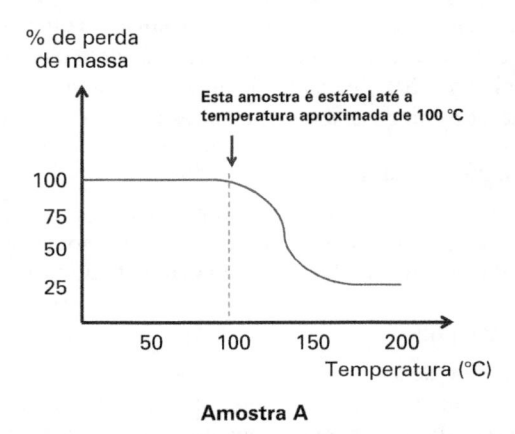

FIGURA 18.6 Termograma de uma análise de TGA apresentando uma perda de massa.

Em um termograma, a massa da amostra tende, na maioria das vezes, a diminuir com o aumento de temperatura. Esta diminuição está associada à liberação de algum composto da matriz da amostra. Na análise de uma amostra contendo uma mistura de vários componentes, cada material diferente liberado pela amostra apresentará um degrau no termograma. O número de degraus indica o número de componentes ou degradações da amostra (Figura 18.7).

Assim, as informações básicas fornecidas por um termograma são: percentual de perda de massa de cada componente da amostra, dados de estabilidade térmica e presença de solventes.

Percentual de perda de massa de cada componente da amostra

Durante uma análise termogravimétrica de uma amostra contendo uma mistura de vários componentes, cada material diferente liberado pela amostra apresentará um degrau no termograma. O número de degraus indica o número de componentes de amostra. A Figura 18.7 mostra que, para cada componente que deixa a amostra, há um degrau no termograma.

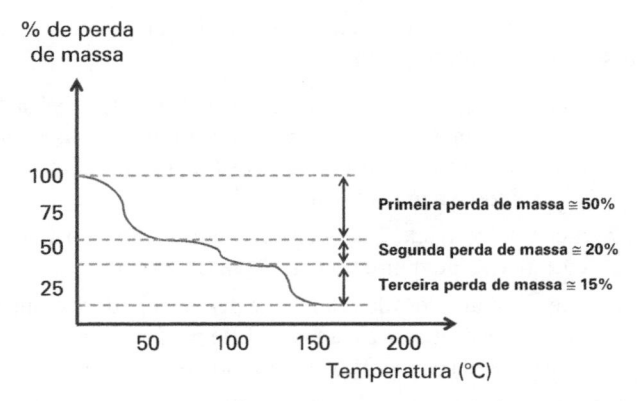

FIGURA 18.7 Termograma de uma análise de TGA apresentando três perdas de massa com seus respectivos valores em percentual de massa.

Uma melhor forma de visualizar quantos compostos são liberados durante um aquecimento no TGA é a utilização de uma curva de derivada da perda de massa em função do tempo. Nesta curva de derivada, cada componente que sai da amostra gera um pico. Na Figura 18.8 há um termograma mostrando um degrau de perda de massa e um pico de derivada associado a ele.

ATENÇÃO

A derivada de uma curva de perda de massa, de uma forma mais simples, é considerada uma ferramenta matemática que mede a taxa com que a perda de massa ocorre durante o aquecimento da amostra. Essa função matemática acompanha os software de tratamento de dados fornecidos pelos fabricantes dos equipamentos.

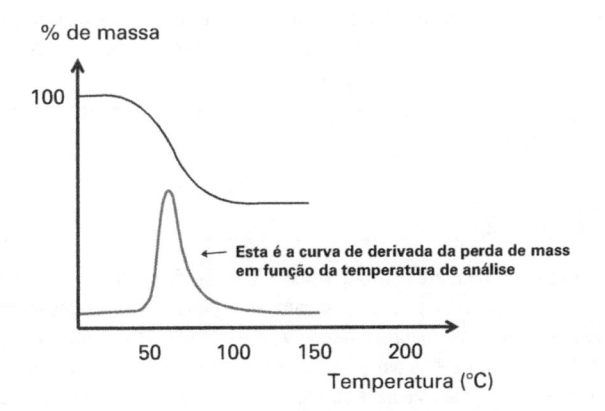

FIGURA 18.8 Termograma mostrando a derivada da curva de perda de massa.

Conforme o formato do pico de derivada, é possível inferir algumas informações da termoanálise, como:

- picos de derivada estreitos aparecem quando a perda de massa do composto que sai da matriz da amostra é mais rápida. Essas liberações rápidas ocorrem quando existem poucas interações físicas ou químicas entre o composto que está saindo e a matriz da amostra;
- picos de derivada largos representam compostos que possuem muitas interações físicas ou químicas com a matriz da amostra;
- o ponto mais elevado do pico de derivada pode ser empregado para caracterizar uma perda de massa da amostra. Este ponto é utilizado porque nele ocorre a maior taxa de perda de massa do composto que está deixando a matriz da amostra.

Dados de estabilidade térmica da amostra

A estabilidade térmica de uma amostra é averiguada ao aquecê-la em uma atmosfera inerte verificando o quanto de massa é perdido durante esse processo. A inexistência de perda de massa durante a análise possibilita inferir que a amostra é estável termicamente no intervalo de temperatura investigado.

ATENÇÃO

As atmosferas inertes utilizadas em TGA são, normalmente, os gases nitrogênio ou argônio, ambos com elevada pureza.

A estabilidade da amostra também pode ser investigada em atmosfera oxidante, isto é, em presença de ar sintético ou oxigênio. Neste tipo de análise, verifica-se como a estrutura molecular da amostra reage aos fatores aumento de temperatura e meio oxidante, simultaneamente.

A Figura 18.9 apresenta dois termogramas de uma amostra hipotética, antes (à esquerda) e depois (à direita) de ela ter sua estabilidade térmica modoficada (elevada) por uma reação química. Como é possível observar, o aumento de estabilidade é traduzido graficamente pelo deslocamento do início da perda de massa da amostra para o lado direito do termograma, onde as temperaturas são superiores.

A utilização de uma atmosfera oxidante no TGA também fornece o teor de cinzas de um material, bastando que se atinja o platô da curva de perda de massa no final da análise.

DEFINIÇÃO

Platô é uma linha reta horizontal na curva de perda de massa. Em uma análise termogravimétrica podem existir vários platôs significando que naqueles intervalos de temperatura não existe perda de massa. Um platô apresentando valores de massa próximos a zero porcento no final de uma análise indica que a amostra perdeu a maioria dos seus componentes, ficando somente as cinzas (normalmente, essas cinzas são materiais inorgânicos que não se degradam nas temperaturas usuais da análise de TGA).

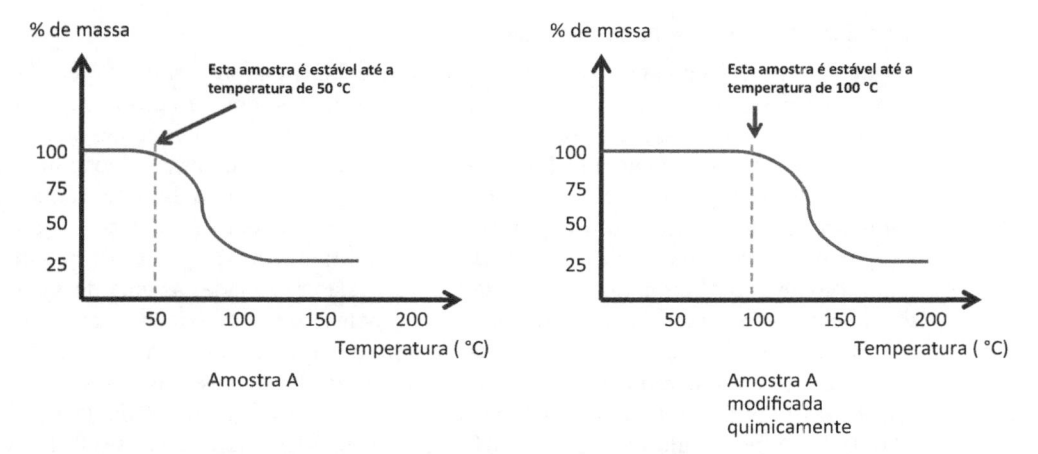

FIGURA 18.9 Termogramas apresentando modificações na estabilidade térmica de uma amostra.

Presença de solventes

Neste tipo de análise (TGA), a amostra é aquecida em meio inerte, sendo que as primeiras perdas de massa estão associadas à presença de solventes na amostra. Normalmente estes solventes possuem temperaturas características de liberação no TGA semelhantes às suas temperaturas de ebulição. Quando os solventes interagem quimicamente com a amostra, eles acabam abandonando-a em temperaturas superiores às temperaturas normais de ebulição. Um exemplo desse comportamento é a água, que consegue realizar ligações de hidrogênio com os constituintes da amostra, elevando a temperatura na qual ela deixa a amostra.

Análises utilizando TGA acoplado a outras técnicas

As análises termogravimétricas geram mais informações sobre as amostras quando o equipamento de TGA é acoplado a outro equipamento capaz de analisar os gases emitidos durante a realização da análise. Os dois tipos de acoplamento mais utilizados são o acoplamento com espectrômetro de infravermelho e o acoplamento com espectrômetro de massa.

Acoplamento com espectrômetro de infravermelho

Neste tipo de acoplamento os gases emitidos pelo TGA entram em uma célula de fluxo de análise de FTIR a qual coleta vários espectros de infravermelho desses gases por minuto de análise. O resultado final desta análise fornece espectros de infravermelho que podem ser associados com cada perda de massa ocorrida em cada instante de uma análise de TGA. Alguns espectrômetros ainda permitem que se compare o espectro do gás que está sendo liberado a várias bibliotecas contendo espectros de infravermelho. Esta comparação auxilia na identificação qualitativa do analito. Por exemplo, esta técnica acoplada é empregada na identificação de compostos tóxicos liberados durante o aquecimento de uma amostra.

Acoplamento com espectrômetro de massa

Neste tipo de acoplamento os gases emitidos pelo TGA entram em um espectrômetro de massa que determina a relação massa/carga dos íons gerados durante o aquecimento da amostra. Em outras palavras, é possível acompanhar a massa molecular dos produtos de degradação da amostra por meio de gráficos que mostram a intensidade com que os constituintes da amostra estão deixando-a durante o aquecimento. Um exemplo da utilização desse tipo de acoplamento é a determinação do percentual de água contido em um fármaco. Normalmente, as perdas de massa em torno de 100°C durante uma análise de TGA estão associadas à saída de água da amostra. No entanto, a confirmação dessa hipótese somente ocorre quando se acopla um espectrômetro de massa ao TGA a fim de verificar quais sinais gerados estão saindo da amostra em torno dessa temperatura. Neste caso, as massas são 18, 17 e 16 unidade de massa atômicas referentes às massas da molécula de água (H_2O), água menos um hidrogênio (OH) e água menos dois hidrogênios (O), respectivamente.

Roteiro para realizar uma análise de TGA

Uma análise de TGA requer a realização de uma série de procedimentos listados e explicados a seguir.

1. O TGA deve ser ligado previamente à análise, pois este procedimento estabiliza o sinal de peso a ser medido. Algumas balanças termoanalíticas, dependendo do modelo e fabricante, devem ser acionadas com mais de duas horas de antecedência para a realização das análises.
2. Em seguida ao acionamento do TGA, devem ser abertas as válvulas dos cilindros dos gases utilizados no procedimento analítico. O gás deve possuir elevada pureza e ter fluxo estável, pois modificações nesses fatores levam a obtenção de diferentes termogramas como resultados.
3. Devem ser escolhidos cadinhos que resistam à temperatura e sejam compatíveis com a amostra a ser analisada. Isso porque alguns tipos de amostras podem conter elementos que reagem com o material do cadinho, danificando-o e prejudicando o resultado da análise. Assim, antes de realizar a análise, procure se informar sobre a compatibilidade química entre a amostra e o cadinho a ser utilizado.
4. Depois de escolher os cadinhos compatíveis, eles devem estar limpos para que se proceda à tara da balança.
5. A tara do aparelho de TGA consiste em colocar um cadinho vazio no suporte do cadinho da amostra e contrabalançar o seu peso com um cadinho de referência. O dispositivo eletrônico da balança funciona fazendo com que a diferença de peso entre esses dois cadinhos seja zero. Após esse procedimento, podemos dizer que o TGA está tarado.
6. De posse do cadinho tarado, deve-se colocar dentro dele uma quantidade de amostra, previamente pesada em balança analítica. Normalmente as massas utilizadas neste tipo de análise variam entre 1 e 20 mg. É preciso ter o cuidado de não colocar amostra em excesso no cadinho de TGA, pois isso facilita

a ocorrência de seu extravasamento durante a análise. Quando uma parte da amostra cai do cadinho durante uma análise de TGA, um sinal de perda de massa é gerado, porém esse sinal não tem relação com as degradações ocorridas dentro do forno do TGA. Outro problema ocasionado com quantidades exageradas de massa de amostra no cadinho é a dificuldade de difusão dos gases gerados da decomposição térmica, pois eles terão um maior caminho a percorrer antes de deixar o cadinho de amostra.

7. Por fim, espera-se que a análise alcance seu final e, após o término da análise, é realizado o procedimento de limpeza do cadinho utilizado. Este procedimento consiste em passar no cadinho, repetidas vezes, um cotonete de algodão embebido em um pouco de solvente puro, como água, álcool ou acetona, até que ele esteja limpo. Caso este procedimento não seja suficiente, é necessário realizar a queima do cadinho (flambar) utilizando um bico de Bunsen ajustado para a entrada máxima de ar.

Observação técnica

Normalmente, quando se deseja conhecer o comportamento térmico de um analito, a primeira análise a ser executada é um TGA. A técnica de TGA fornece os limites de temperatura em que o analito é estável, assim, outras termoanálises podem ser executadas com a temperatura variando até o limite em que não ocorra a degradação ou evaporação da amostra.

Por exemplo, via de regra, sempre antes de executar uma análise de DSC, deve ser realizada uma análise de TGA da amostra em questão para garantir o conhecimento da temperatura onde começa a perda de massa do analito, seja ela por evaporação ou por degradação.

Ao conhecer até que temperatura uma amostra é estável (pela análise termogravimétrica), é possível realizar outras termoanálises sem correr o risco de a amostra se degradar dentro desses respectivos fornos. Este procedimento normalmente é levado em conta em análises de DSC em que a ocorrência de degradação da amostra durante uma análise produz resíduos indesejáveis que podem contaminar os termopares e o forno deste equipamento.

Análise de DSC

A análise de DSC (do inglês, *Differential Scanning Calorimetry*), também conhecida por calorimetria diferencial de varredura ou calorimetria exploratória diferencial), é uma técnica termoanalítica que mede o fluxo energético associado a uma amostra quando ela é submetida a uma programação térmica. Esse fluxo de energia é provocado por eventos físicos ou químicos que ocorrem com a amostra durante a análise de DSC.

Uma análise de DSC fornece dados energéticos como:

- entalpias e temperaturas envolvidas nos processos de fusão e cristalização;
- temperaturas de transição vítrea de materiais poliméricos;
- entalpias de curas (entalpias de polimerização);

- temperaturas iniciais dos processos de degradação térmica;
- estudo de cinética de cristalização;
- determinação da capacidade calorífica de um material;
- estudo de polimorfismo de substâncias farmacêuticas, entre outros.

Um exemplo mais específico de aplicação da técnica de DSC é a determinação da pureza de produtos químicos, pois essa técnica baseia-se no fato de que um produto puro apresenta picos de fusão e cristalização estreitos. O mesmo já não ocorre quando existe a presença de contaminantes que alargam os picos de fusão e cristalização dos compostos principais.

O princípio utilizado em DSC está fundamentado nas diferenças de temperatura entre uma amostra e uma referência (cadinho sem amostra) ocorridas durante a exposição desses materiais a uma mesma programação térmica. Essas diferenças de temperatura provocam um fluxo de energia entre os termopares do equipamento, sendo que essa energia sempre flui do local de maior temperatura e ruma ao local de menor temperatura.

A existência ou não desse fluxo de energia decorre de três possíveis situações envolvendo a amostra durante uma programação térmica, detalhadas a seguir.

1. **A temperatura da amostra não muda durante a programação térmica.**

    Neste tipo de situação, é possível afirmar, com um bom grau de certeza, que nenhum evento químico ou físico ocorre com a amostra durante a análise. As transformações químicas e/ou físicas sempre são acompanhadas de liberação ou absorção de energia, assim, se a amostra não libera nem absorve energia, é sinal que nenhum evento ocorre com ela durante essa análise.

IMPORTANTE

Existem exceções em termogramas que parecem não apresentar algum evento térmico, porém, o que acontece é que ocorrem dois eventos térmicos contrários com a amostra, sendo que eles se anulam. Assim, o evento endotérmico anula o exotérmico, podendo ser uma evaporação e uma degradação, respectivamente.

PARA SABER MAIS

Uma análise de DSC convencional fornece somente o valor do fluxo de calor "líquido" ocorrido na amostra, ou seja, esta técncia não mensura se o fluxo de calor que aparece no termograma é resultado de um evento único (como uma fusão) ou se é resultado de um somatório de eventos (como uma fusão (endotérmica) e uma degradação (exotérmica)) ocorrendo em uma mesma faixa de temperatura. Para este caso, é mais adequado utilizar a técnica de DSC com modulação de temperatura, pois ela proporciona a visuaçlização dos processos de forma independente.

Nesta técnica de modulado, ocorrem dois processos com a amostra de forma concomitante: aquecimento seguido de resfriamento ocorrendo periodicamente com a amostra e aquecimento linear a uma baixa taxa.

Essa programação aliada a tratamentos matemáticos gera termogramas que apresentam os processos reversíveis (como as fusões e as temperaturas de transição vítrea) separados dos eventos irreversíveis (como evaporações e cristalizações) ocorridos na amostra. Obs.: No DSC--Modulado as evaporações e cristalizações mostram seus fluxos de energia em termogramas que apresentam como coordenada (Y) o fluxo de energia irreversível, apesar de sabermos fisicamente que esses processos são reversíveis.

2. **A temperatura da amostra é maior que a temperatura da referência durante a programação térmica.**

   Neste tipo de situação, algum processo exotérmico, seja físico ou químico, ocorre com a amostra provocando uma liberação de energia. Os processos que liberam energia são: cristalizações, reações químicas de degradação em meio oxidante e reações de cura.

3. **A temperatura da amostra é menor que a temperatura da referência durante a programação térmica.**

   Neste tipo de análise, ocorre na amostra um processo físico ou químico que é endotérmico (a amostra absorve energia). São exemplos de processos endotérmicos: fusões, evaporações, algumas degradações em meio inerte (gás nitrogênio ou argônio).

Equipamento de DSC

Há dois tipos de aparelhos de DSC: o DSC de compensação de potência e o DSC de fluxo de calor, detalhados a seguir.

O DSC de compensação de potência é constituído por dois fornos individuais, sendo um para a amostra e o outro para a referência. O funcionamento deste aparelho baseia-se na energia necessária para que as temperaturas nos dois fornos sejam iguais. Como primeiro tipo de DSC lançado comercialmente em 1963 pela empresa PerkinElmer, esta arquitetura de equipamento apresenta como desvantagem a necessidade de funcionamento idêntico tanto no forno da amostra quanto no da referência, sendo que qualquer desgaste em um dos fornos pode trazer resultados errôneos.

No DSC de fluxo de calor, tanto a amostra quanto a referência ficam alocadas no mesmo forno, sendo submetidas a um mesmo aquecimento realizado por uma mesma resistência elétrica. O resultado desse arranjo estrutural é que toda a energia liberada ou absorvida pela amostra flui por uma ponte metálica que liga a amostra à referência. Esta ponte metálica está localizada em um bloco metálico que acompanha a temperatura do forno.

A verificação da temperatura da amostra e da referência é realizada por dois termopares posicionados na base de cada plataforma que suporta as respectivas panelinhas de amostra e de referência. O funcionamento desse equipamento baseia-se na verificação do comportamento do fluxo de calor existente entre a amostra e a referência, ou seja, o fluxo de calor é gerado pelas diferentes temperaturas em cada termopar.

Um equipamento de DSC é constituído, basicamente, por um forno, um sistema de refrigeração e um controlador de temperatura.

No forno do DSC, verificam-se os eventos físicos e/ou químicos ocorridos na amostra que provocam a liberação ou absorção de energia. Um forno de um DSC pode atuar em um intervalo de temperatura de -150 até $750°C$. Um bom forno de DSC deve possuir um aquecimento uniforme que seja garantido por resistências elétricas que aqueçam um único bloco metálico (geralmente de prata). Devido à excelente condutividade térmica do bloco de prata, a temperatura em qualquer região do forno tende a ser igual, ou seja, a temperatura é distribuída de forma homogênea, não gerando gradientes que interfiram na análise.

A função do sistema de resfriamento de um DSC é reduzir a temperatura do forno ou ajudar a estabilizar uma temperatura em uma isoterma. Alguns sistemas de resfriamento utilizam a compressão e expansão de gases, ou seja, o mesmo princípio empregado nos refrigeradores domésticos. Outros dispositivos possuem recipientes em que é possível a adição de nitrogênio líquido sobre eles. Esta adição causa o resfriamento do forno e, por consequência, o resfriamento da amostra e da referência em temperaturas próximas a $-150°C$.

Parâmetros de análise

Os parâmetros mais importantes em uma análise de DSC são a rampa de aquecimento e resfriamento, e as panelinhas utilizadas durante a análise.

Valores reduzidos tanto na taxa de aquecimento como na taxa de resfriamento, utilizadas nas análises de DSC, influenciam o grau de detalhamento das curvas que descrevem os picos energéticos nestas análises. Taxas iguais ou menores que $10°C/min$ favorecem a separação dos picos dos processos de fusão ou cristalização ocorridos com a amostra quando ela é uma mistura de constituintes.

Por outro lado, taxas mais elevadas, isto é, iguais ou superiores a $20°C/min$, são costumeiramente aplicadas para a determinação da temperatura de transição vítrea de amostras.

As panelinhas em que as amostras são encapsuladas para a realização das análises de DSC são importantes porque podem conferir às análises resultados mais sensíveis à troca de calor entre a amostra e o termopar do equipamento. Dependendo do tipo de amostra e do estado em que ela se encontra, diferentes tipos de panelinhas podem ser utilizados. Existem panelinhas com fechamento hermético para garantir que não ocorra contaminação do forno do equipamento durante o aquecimento da amostra, sendo mais utilizadas para amostras no estado líquido. Também existem panelinhas construídas com pouca massa de metal, pois elas não acumulam a energia durante a análise, isto é, a energia flui entre a amostra e o termopar do equipamento.

Parâmetros de calibração

Os parâmetros que devem ser calibrados em um DSC são a temperatura em que ocorre cada fenômeno, seja ele químico ou físico, e o valor da energia associado a esses eventos. Nesse sentido, para a calibração da temperatura, é utilizado o ponto de fusão de metais puros, como índio, estanho e mercúrio, entre outros.

No procedimento de calibração da temperatura, uma certa massa de um metal (de 5 a 10 mg) é pesada e colocada dentro de uma panelinha que, em seguida, é colocada no forno do DSC como se fosse uma amostra. Também é colocada no forno uma panelinha de referência vazia sobre o respectivo termopar. Após esses procedimentos, este conjunto é aquecido até que ocorra a fusão total do metal utilizado. O início da fusão deste metal, também conhecido como temperatura de onset, corrige a temperatura do forno pela comparação com a temperatura tabelada de fusão do metal puro utilizado.

A Tabela 18.3 apresenta alguns materiais e suas respectivas temperaturas de fusão (T onset) utilizadas em calibrações de DSCs.

TABELA 18.3 Temperaturas de fusão de metais utilizados em calibrações de DSCs

Material utilizado (metal)	Temperatura de fusão (°C)
Índio	156,60
Estanho	231,93
Chumbo	327,50
Zinco	419,53
Alumínio	660,33
Prata	961,78
Cobre	1084,62

Apresentação do resultado

O resultado de uma análise de DSC é apresentado sob a forma de um termograma no qual no eixo y aparece o fluxo de calor em mW (miliWatt) e, no eixo x, a temperatura da amostra em °C (graus Celsius). Nos termogramas de DSC, aparecem picos cuja área representa a energia envolvida nos processos endotérmicos ou exotérmicos. Esta energia é fornecida em J/g (Joules por grama da amostra).

As alterações no valor do fluxo de calor também podem ser reveladoras de modificações no estado físico e/ou estrutural da amostra durante a análise. Normalmente, a passagem de um estado semicristalino com estrutura um pouco organizada para um estado amorfo sem estrutura organizada é revelado pela modificação do valor do fluxo de calor que passa pela amostra.

Essa modificação no fluxo de calor ocorre exatamente pela modificação do valor da capacidade calorífica à pressão constante (Cp) da amostra. Esse fenômeno acontece exatamente no ponto chamado transição vítrea (Tg) e é determinado graficamente pela modificação do nível de fluxo de calor. A Figura 18.10 apresenta um DSC típico no qual aparecem picos endotérmicos, exotérmicos e modificações na linha de base do fluxo de calor (Tg).

Outra informação muito importante que sempre aparece em um termograma é a orientação do sentido do fluxo de calor, que deve mostrar se os picos que aparecem são exotérmicos ou endotérmicos. Com essas informações, podemos concluir se os picos apresentados são referentes a possíveis fusões, cristalizações e/ou degradações.

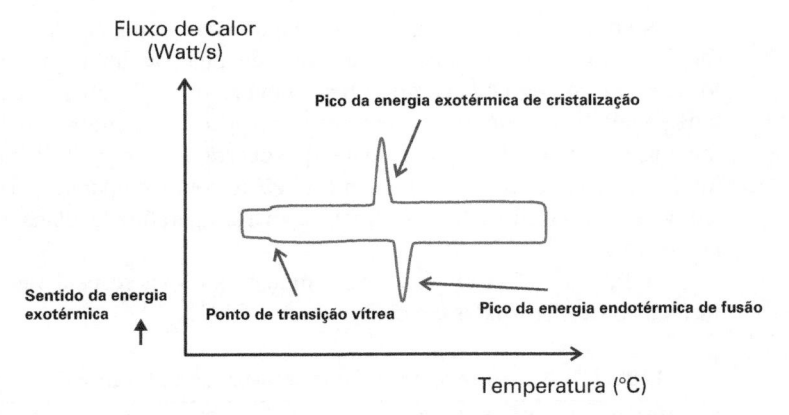

FIGURA 18.10 Termograma de DSC de uma amostra genérica mostrando ponto de transição vítrea e picos de fusão e cristalização.

PARA FIXAR

Podemos dizer que o ponto de transição vítrea (Tg) é a temperatura abaixo da qual um material possuirá característica vítrea, ou seja, o composto torna-se quebradiço. Já estando em temperaturas superiores ao valor da temperatura de transição vítrea, o composto apresenta certa elasticidade, isto é, torna-se mais resistente ao choque, não sendo quebradiço.

Roteiro de uma análise de DSC

Prepare a amostra colocando-a dentro de uma panelinha que seja compatível em termos de:

a. Tamanho – algumas amostras possuem baixa densidade e isso requer que maiores volumes de amostra sejam usados para realizar a análise.
b. Resistência química – algumas amostras reagem (atacam) a panelinha de análise e, por esse motivo, sempre é recomendável conhecer a compatibilidade química entre a amostra e o metal constituinte da panelinha a ser utilizada.

ATENÇÃO

As panelinhas da amostra e da referência, bem como a própria amostra, devem ser pesadas previamente à análise em uma balança analítica. Atente para que o analito esteja uniformemente distribuído no fundo da panelinha, pois isso facilitará a troca de calor entre a amostra e o termopar do equipamento.

1. No equipamento de DSC, previamente ligado e calibrado para as condições de análise (como taxa de aquecimento, gases e panelinhas utilizadas), coloque as panelinhas da amostra e da referência sobre os respectivos termopares.

2. No equipamento, ajuste as taxas de aquecimento e resfriamento, os limites de temperatura e o gás de forno utilizado para a análise pretendida.
3. Inicie o procedimento de análise e, após a sua finalização, verifique se ocorreu algum tipo de vazamento da amostra dentro do forno, pois eventos deste tipo podem causar problemas de contaminação que produzem picos não esperados em outras análises a serem executadas.

IMPORTANTE

Caso ocorra a contaminação do equipamento durante uma análise, a limpeza do forno do DSC tem de ser executada seguindo as informações contidas no manual de cada equipamento, pois cada marca de aparelho possui suas próprias características que devem ser conhecidas e respeitadas para evitar danos a eles.

Técnica que envolve análise simultânea de energia e perda de massa DSC-TGA e DTA-TGA

Muitas vezes uma técnica termoanalítica não é totalmente elucidativa do real fenômeno que está ocorrendo com a amostra durante uma análise. Se, por exemplo, em uma análise termogravimétrica, existe uma perda de massa, não há informação se o fenômeno ocorrido é uma degradação ou um evaporação, uma vez que esses dois eventos apresentam perda de massa da amostra. Isso pode ser facilmente conhecido se forem utilizados sistemas simultâneos, compostos por TGA e DSC ou TGA e DTA.

A utilização de aparelhos simultâneos de TGA e DTA possibilita a verificação da perda de massa (por TGA) e da diferença de temperatura entre a amostra e a referência (por DTA) ocorridas durante uma programação térmica em uma análise. Assim, se a temperatura da amostra aumentou durante a perda de massa, ocorreu um evento exotérmico, tal como degradação em meio oxidativo. Por outro lado, se, durante o processo de perda de massa, a temperatura da amostra diminuiu, este fato pode estar associado a um processo endotérmico normalmente proporcionado por evaporações.

Já os equipamentos simultâneos de TGA com DSC fornecem uma medida do fluxo energético. Apesar de serem extremamente úteis para avaliar qualitativamente processos energéticos ocorridos na amostra durante aquecimentos a elevadas temperaturas (em até 1500°C ou mais), os dados relacionados à energia são menos representativos dos que os obtidos nos equipamentos de DSC. Nesses sistemas simultâneos, além de as panelinhas não proporcionarem um contato entre amostra e cadinho tão eficiente como no caso dos DSCs, elas atingem temperaturas nas quais o fluxo de calor pode ser atrapalhado pela emissão de radiação infravermelha do próprio cadinho em temperaturas que o mesmo fica rubro. Nos equipamentos que realizam somente análises de DSC, as amostras são acondicionadas em panelinhas com tampas que auxiliam na compactação da amostra dentro do sistema proporcionando melhor contato entre o analito e o fundo da panelinha, fato que resulta em melhor sensibilidade ao fluxo de calor ocorrido durante a programação térmica.

AGORA É A SUA VEZ!

1. Qual é o principal parâmetro a ser modificado em uma análise térmica e como é possível controlá-lo?

    Resposta:

    A temperatura é o principal parâmetro a ser modificado em uma termoanálise. Normalmente a variação da temperatura causa alterações físicas e químicas na amostra que são, então, determinadas e estudadas pelos métodos termoanalíticos. O controle da temperatura de um equipamento termoanalítico é executado por um sistema contendo resistências elétricas (que aquecem a amostra) e um gás que refrigera o forno do equipamento. A interação desses sistemas de aquecimento e resfriamento proporciona a manutenção da temperatura que é mensurada por termopares dispostos dentro do forno do equipamento.

2. Qual tipo de análise térmica é utilizado para determinar a estabilidade térmica de uma amostra frente a um aquecimento?

    Resposta:

    A termoanálise utilizada para determinar a estabilidade térmica de uma amostra é a técnica de TGA. Nesta técnica, a amostra é submetida a um aquecimento em atmosfera inerte (gás nitrogênio ultrapuro). Neste aquecimento, a energia absorvida pela amostra faz com que ela seja decomposta termicamente, revelando uma perda de massa que caracteriza a temperatura na qual o analito perde sua estabilidade térmica.

3. Por que é necessário calibrar um equipamento de termoanálise e quais são os princípios envolvidos na calibração?

    Resposta:

    A calibração de um aparelho de termoanálise é necessária, pois alguns fatores, como taxa de aquecimento, tipo de cadinho ou panelinha, tipo de gás de purga e sua vazão, influenciam a forma como o calor flui dentro do forno de um equipamento.

    A maneira como o calor flui em um aparelho de termoanálise produz modificações na verdadeira temperatura à qual a amostra está sendo exposta, ou seja, a temperatura do forno não necessariamente é igual à temperatura da amostra. Assim, se uma amostra é submetida a um conjunto de parâmetros de análise, o aparelho deve ser informado destas condições para que ele faça as devidas correções na temperatura na qual estão ocorrendo os eventos térmicos.

4. Em uma análise termogravimétrica ocorre uma perda de 9% em torno da temperatura de 100°C. Que conclusão que pode ser considerada sobre essa perda? Como comprovar a hipótese sobre a constituição da perda mencionada?

    Resposta:

    Se em uma análise de TGA ocorre uma perda de massa em torno da temperatura de 100°C, existe uma grande possibilidade de essa perda de massa ser relativa à evaporação da água presente na amostra. No entanto, a confirmação desta hipótese somente se dá se for utilizada uma técnica acoplada ao aparelho de TGA que informe alguma outra propriedade química da água, como espectros de infravermelho ou massas dos componentes que estão saindo da amostra por espectrometria de massas.

5. Em uma análise de DSC, a amostra apresenta dois picos endotérmicos e dois picos exotérmicos. Sabendo pelos dados fornecidos pela técnica de TGA que a amostra é estável no intervalo de temperatura investigado pelo DSC, pergunta-se: que informações sobre a amostra podem ser inferidas a partir desse termograma?

Resposta:

Normalmente os picos endotérmicos podem ser relacionados a processos como evaporações, fusões e decomposições em meio inerte. Como na questão é colocado que a amostra é estável termicamente, isso significa que não ocorre perda de massa durante a análise, fato que assegura que os processos endotérmicos são relativos à fusão de dois compostos presentes em uma mistura física. Já os processos exotérmicos estão relacionados às cristalizações ocorridas com os compostos durante o processo de resfriamento da amostra.

Capítulo 19

Cromatografia e outras separações químicas

Neste capítulo você estudará:

- A cromatografia preparativa e analítica.
- Os métodos de separação analítica baseados no pH do sistema, incluindo a separação em meios ácidos e básicos concentrados e em meios com pH intermediário controlado por tampões.
- Os métodos de separação analítica por extração, incluindo as extrações líquido-líquido e sólido-líquido, e a microextração em fase sólida, com suas fórmulas e conceitos importantes.
- Os métodos de separação analítica por precipitação, incluindo a precipitação por íons inorgânicos e por compostos orgânicos.

Cromatografia preparativa

As separações cromatográficas são processos físico-químicos de separação e purificação de componentes de uma amostra. A técnica cromatográfica utilizada para a separação de analitos também é chamada de cromatografia de coluna preparativa. Essa técnica é baseada na ocorrência de diferentes taxas de migração longitudinal de componentes de uma mistura (amostra) que percorrem uma coluna cromatográfica conhecida como fase estacionária (esta fase é constituída por um sólido finamente dividido). Esses componentes são arrastados ao longo desta coluna por uma fase móvel líquida constituída de um solvente denominado eluente.

> **CURIOSIDADE**
>
> O termo cromatografia é oriundo da palavra grega *chroma*, que significa cor, e *graphein*, que significa grafia.
>
> Esta denominação está relacionada ao início de sua aplicação, no ano de 1903, quando o cientista russo Mikhail Tswett utilizava esta técnica para o isolamento de pigmentos (xantofilas e clorofilas dissolvidas em éter de petróleo). Nestes experimentos, os pigmentos eram forçados a percolar por uma coluna de separação constituída de carbonato de cálcio. Os pigmentos testados por Tswett apresentavam diferentes velocidades de deslocamento na coluna, o que provocava a separação deles e, com isso, a visualização da cor de cada componente, daí a denominação cromatografia (CHRISTIAN; DASGUPTA; SCHUG, 2014; ROUESSAC, F.; ROUESSAC, A., 2007; SKOOG et al., 2006).

Na cromatografia, os componentes da amostra se separam, pois cada um interage de forma diferente, seja com a fase estacionária da coluna, seja com a fase móvel. O grau dessas interações, oriundas de forças físicas de variada intensidade, provoca maiores ou menores tempos de retenção de cada analito na coluna, o que gera a separação das substâncias de interesse.

Nesta técnica de separação, os analitos que interagem mais com a fase móvel (e menos com a fase estacionária) deixam a coluna cromatográfica em tempos inferiores quando comparados com os analitos que interagem menos com a fase móvel (e mais com a fase estacionária). Normalmente, a passagem da amostra pela fase móvel é forçada ou pela ação da força da gravidade (quando a amostra é colocada no topo de uma coluna) ou por pressão executada no topo da coluna. A Figura 19.1 mostra como ocorre a separação de analitos em uma coluna cromatográfica. O componente (C) é o primeiro a sair da coluna porque ele permanece mais tempo do que os outros componentes dissolvido no eluente. O componente (B) é o segundo a deixar a coluna, pois interage mais com a fase estacionária em comparação com o componente (C). Já o analito (A) é o que mais interage com a fase estacionária, sendo mais retido por ela em comparação com os outros componentes.

A cromatografia utilizada para a separação de analitos pode ser dividida em cromatografia em coluna e cromatografia planar. Na cromatografia planar, a fase estacionária pode ser um papel ou mesmo um pó sustentado em um suporte físico (uma placa), e o analito e o eluente migram pela fase estacionária devido a propriedades como capilaridade. Este livro abordará somente a cromatografia de separação em colunas.

Princípios físico-químicos

A cromatografia pode ser entendida como a ocorrência de uma série de equilíbrios envolvendo a fixação e a liberação dos analitos durante a trajetória dessas substâncias ao longo de uma coluna cromatográfica. Nas retenções, o analito passa da fase móvel para a fase estacionária. Já nas liberações, acontece o contrário: o analito passa da fase fixa para a fase do eluente. O analito só avança pela coluna (em direção à sua saída) quando ele está presente na fase móvel. Assim, quanto mais afinidade o analito possuir com o eluente, mais rapidamente o analito deixará a coluna, isto é, menor será seu tempo de retenção.

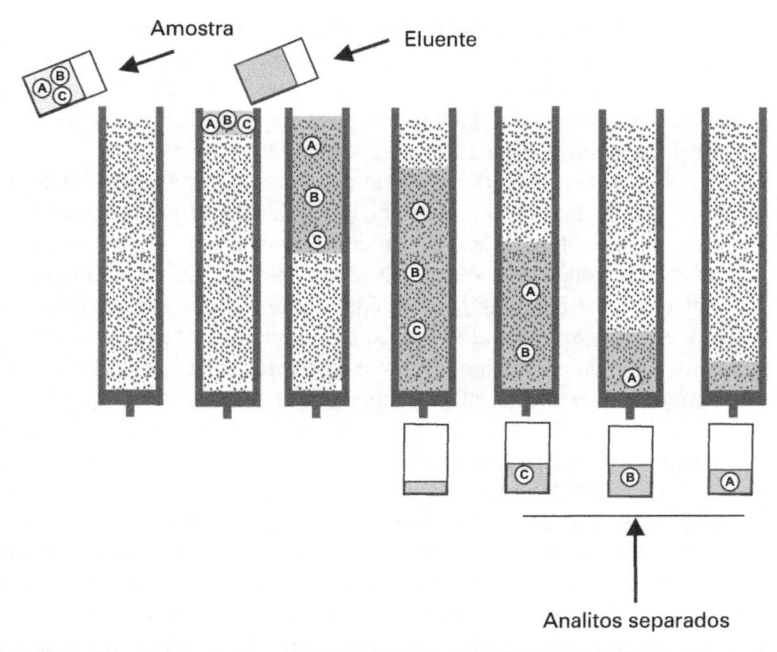

FIGURA 19.1 Representação de uma separação cromatográfica de três elementos em uma coluna recheada.

O analito pode interagir com a fase estacionária com base em quatro mecanismos: a partição, a adsorção, a troca iônica e a exclusão. Destes quatro mecanismos, a adsorção e a partição são abordadas neste livro.

Cromatografia por adsorção

As separações que se baseiam na adsorção funcionam devido à existência de uma diferença de polaridade entre as moléculas dos constituintes da amostra. As moléculas mais polares são mais facilmente retidas por fases estacionárias, também polares. Já as moléculas simétricas, ou que possuem átomos com eletronegatividades semelhantes, são consideradas moléculas apolares e requerem fases estacionárias com um certo caráter apolar para sua separação.

DICA

Quanto mais polar for a molécula do analito, mais forte será a sua interação com a fase estacionária.

O conhecimento da polaridade dos componentes de um grupo de analitos é fundamental para planejar uma possível separação cromatográfica desses componentes quando presentes em uma amostra. Em amostras que comportam analitos com diferentes polaridades é possível ordenar essa polaridade. Essa ordenação permite, então, a separação das espécies envolvidas pela capacidade de interação dessas substâncias com a fase móvel e estacionária.

Um exemplo de seriação envolvendo compostos orgânicos, em termos de polaridade crescente, é iniciada por alcanos, seguido de alcenos, éteres, ésteres, cetonas, aldeídos, aminas, álcoois, fenóis, ácidos carboxílicos.

Uma constatação prática de como essa diferença de polaridade entre analitos afeta uma separação cromatográfica é visualizado quando uma amostra contendo éter, aldeído e fenol é tratada em uma coluna cromatográfica de características polares. Neste tratamento, o primeiro composto que deixa a coluna é o éter (porque ele é menos polar e interage menos com a fase estacionária, ficando mais tempo na fase móvel); o segundo analito a deixar a coluna é o aldeído; o fenol é o último componente a deixar a coluna por possuir a característica mais polar dos três componentes, ou seja, é o composto que interage mais com a fase estacionária.

A adsorção em colunas de separação ocorre em sítios ativos, que são lugares específicos em que acontecem as adsorções e as dessorções de moléculas de analito ou fase móvel. Durante o processo de passagem pela coluna, tanto as moléculas dos analitos quanto as moléculas da fase móvel promovem uma competição pelos sítios ativos disponíveis para a adsorção. Se os sítios ativos possuem características polares, as espécies com maior polaridade passarão mais tempo retidas nestes locais. O processo de retenção dessas espécies na fase estacionária é um evento reversível, isto é, a todo momento existe a adsorção e dessorção das espécies que estão migrando pela coluna em direção à sua saída. A retenção e liberação do analito sobre a fase estacionária não chega a alcançar uma condição de equilíbrio, pois a fase móvel que passa por esses sítios modifica o perfil de concentração da região de adsorção. Ocorre a alteração da concentração de uma certa zona da fase estacionária porque a fase móvel remove o analito que está adsorvido em uma região, transportando-o até outra região mais próxima do fim da coluna. Esse procedimento é realizado repetidas vezes até que o analito seja separado do resto da amostra, saindo totalmente da coluna.

As interações do analito com a coluna e a fase móvel devem ser cuidadosamente programadas em termos das polaridades apresentadas, de forma a não ocorrer a retenção definitiva do analito na fase estacionária da coluna.

IMPORTANTE

A retenção de uma espécie química na coluna cromatográfica em definitivo (ou em tempos muito longos) não é o objetivo desta técnica, pois impede a saída do analito da coluna, o que impossibilita sua identificação e quantificação em análises subsequentes.

O nível de retenção dos analitos em uma coluna cromatográfica é uma função de fatores baseados em características como nível de polaridade do analito, da fase móvel e da fase estacionária, e outros fatores, como a temperatura na qual está ocorrendo a separação. O número de sítios ativos presentes na fase estacionária também influencia a capacidade de retenção de analitos, ou seja, quanto mais sítios existirem, maior será a tendência de uma fase estacionária reter por mais tempo um analito.

Assim, é fundamental a escolha de uma fase estacionária apropriada (por meio de características químicas e físicas favoráveis à separação de analitos) para a aplicação dessa técnica de separação.

Entre as fases estacionárias mais utilizadas em cromatografia de preparação estão a sílica-gel e a alumina. A sílica-gel é uma fase estacionária que apresenta polaridade elevada devido à presença de átomos de oxigênio e grupos silanóis (–Si–OH). Estes átomos ou grupos atuam nas adsorções ao formar pontes de hidrogênio com as moléculas do analito. Já a alumina tem sua característica adsorvente suportada na presença de grupos hidroxilas (–OH) (CHRISTIAN; DASGUPTA; SCHUG, 2014; CIOLA, 1998; ROUESSAC, F.; ROUESSAC, A., 2007; SKOOG et al., 2006).

DICA

Tanto a sílica quanto a alumina perdem sua capacidade de separação pela diminuição de sua polaridade quando em contato com a água.

Uma forma de evitar a diminuição da capacidade de separação de uma coluna é realizar seu condicionamento (ativação) antes de utilizá-la. Este preparo é obtido pelo aquecimento da fase estacionária para provocar a evaporação da água, liberando os sítios ativos antes ocupados.

Em relação à fase estacionária, no momento de sua escolha, devem ser levadas em conta as características químicas do analito presente. Para analitos com baixa polaridade, é aconselhável que sejam separados em colunas com elevada polaridade para evitar que eles eluam rapidamente pela coluna, saindo todos ao mesmo tempo sem que ocorra a separação. Por outro lado, é possível utilizar fases estacionárias de baixa polaridade para a separação de solutos de elevada polaridade.

Cromatografia por partição

A cromatografia utiliza fases estacionárias formadas por líquidos suportados em materiais sólidos. Neste tipo de interação, o analito é repartido entre duas fases líquidas (uma fase móvel e uma fase estacionária). O tempo de retenção de um analito por este tipo de mecanismo é proporcional ao tempo que ele passa dissolvido na fase estacionária, ou seja, quanto menos tempo dissolvido nesta fase, menor o tempo de permanência na coluna cromatográfica. A divisão do analito entre essas duas fases (móvel e estacionária) é fornecida pelo seu coeficiente de partição entre as fases. Obs.: o coeficiente de partição (que ainda será estudado neste capítulo) é obtido por uma razão entre a concentração do analito na fase estacionária pela concentração do mesmo na fase móvel.

Existem casos em que, além de ocorrer a partição de um soluto entre as duas fases (móvel e estacionária), há a adsorção deste analito na estrutura física da fase estacionária. Este fenômeno se dá devido à presença de grupos polares em alguns tipos de suportes para a fase estacionária. Entre esses suportes está o óxido de alumínio, que apresenta características polares e, por isso, possui forte caráter adsortivo. Assim, em colunas cromatográficas com essas características, os mecanismos de interação do analito com a fase estacionária são de ordem particional e adsortiva.

Entre os materiais mais utilizados para suportes de fases estacionárias líquidas estão a sílica gel, a celulose em pó e as terras diatomáceas. Na preparação de uma coluna, os sólidos da fase estacionária são envolvidos por solventes que ficam fortemente ligados à estrutura sólida (estes solventes devem possuir baixa solubilidade nos eluentes utilizados como fase móvel, e vice-versa).

De forma prática, quando se utiliza um solvente hidrofílico (que interage com a água) suportado na fase estacionária, é recomendado empregar um solvente hidrofóbico (que não interage com água) como fase móvel. Já quando um solvente hidrofóbico (insolúvel em água) é empregado como fase estacionária recomenda-se utilizar um líquido hidrofílico (solúvel em água) como fase móvel, neste último caso, temos a definição de cromatografia em fase reversa, que será detalhada mais adiante. Nos laboratórios que realizam separações por cromatografia, para a extração de solutos polares normalmente são utilizados eluentes com maior polaridade, como água, álcoois ou tampões aquosos. Por outro lado, solutos menos polares necessitam de misturas contendo solventes menos polares, como éteres e ésteres.

Fases móveis líquidas

As fases móveis utilizadas em cromatografia devem ser solventes de elevada pureza, isto é, não podem conter contaminantes que modifiquem sua polaridade. Considerando somente solventes puros, estes são classificados quanto à utilização em cromatografia por suas forças de eluição em relação a um analito que percola uma fase estacionária específica. Esta "força" ou "capacidade" de eluição é determinada pela interação entre os três constituintes da separação cromatográfica (fase móvel, analito e fase estacionária). Muitas vezes, na prática emprega-se um solvente, ou uma mistura destes eluentes, que apresente a menor polaridade possível suficiente para separar os analitos presentes na amostra.

Os solventes utilizados em cromatografia separatória são classificados conforme seu poder de eluição. Entre os solventes mais utilizados para esse fim, em ordem crescente de polaridade, estão o n-hexano, o tetracloreto de carbono, o tolueno, o benzeno, o n-propanol, o THF (tetrahidrofurano), o acetato de etila, o *iso*-propanol, o clorofórmio, a acetona, o etanol, a acetonitrila, o metanol e a água. Esta sequência também recebe a denominação de série eluotrópica (CHRISTIAN; DASGUPTA; SCHUG, 2014; SKOOG et al., 2006).

Formulismo empregado

O tempo de deslocamento do analito dentro da coluna cromatográfica está intimamente ligado ao tempo em que a substância de interesse fica dissolvida na fase móvel que está sendo utilizada, isto é, quanto mais tempo o analito fica solúvel nesta fase, mais rapidamente ele deixará a coluna.

Além disso, o tempo no qual um analito fica presente em uma fase móvel possui uma relação direta com a sua concentração nesta fase. Assim, ao estudar o coeficiente de partição (que é a razão das concentrações de um analito nas duas fases envolvidas, estacionária e móvel), é possível concluir se o analito terá mais interação com a fase móvel ou com a fase estacionária da técnica cromatográfica.

DEFINIÇÃO

Coeficiente de partição é a razão das concentrações de um analito nas duas fases envolvidas, estacionária e móvel.

Assim, a equação que fornece o coeficiente de partição em um processo cromatográfico é:

$$K = \frac{\text{Concentração de A}_{(fase\ estacionária)}}{\text{Concentração de A}_{(fase\ móvel)}} \quad (1)$$

A interpretação da equação 1 informa que quanto maior for a concentração do analito (A) na fase estacionária, maior será o valor da constante de distribuição, e mais tempo este analito permanecerá na coluna cromatográfica.

Um parâmetro muito importante para a caracterização de uma separação cromatográfica é o tempo de retenção (T_R) necessário para um analito percolar uma coluna. Este dado pode ser obtido pelo somatório do tempo utilizado pela fase móvel ao atravessar a coluna (conhecido como tempo morto, T_M) com o tempo utilizado pelo próprio soluto ao atravessar a fase estacionária (T_E). O tempo de retenção de um analito é medido entre o instante em que o soluto entra na coluna cromatográfica e o momento em que ele sai do sistema cromatográfico (CIOLA, 1998; COLLINS; BRAGA; BONATO, 2006).

Em uma separação cromatográfica, os analitos são separados por possuírem diferentes tempos de permanência na fase estacionária (T_E) dentro da coluna. Esses variados tempos de permanência são causados pelos diferentes tipos e níveis de interações existentes entre esses e o sistema cromatográfico. No intuito de mensurar o nível de permanência de um analito em relação a um determinado conjunto constituído de uma fase estacionária e fase móvel, foi instituído o termo fator de retenção (*k*). Este fator, determinado experimentalmente, é descrito pela equação 2:

$$k = \frac{k \cdot V_E}{V_M} \quad (2)$$

Em que *k* é a constante de distribuição do soluto entre as fases estacionária e móvel, e V_E e V_M são os volumes da fase estacionária e móvel, respectivamente.

O fator de retenção *k* a seguir descrito na equação3 também pode ser expresso em termos do tempo de permanência do analito na fase estacionária T_E e do tempo necessário para a fase móvel atravessar a coluna de ponta a ponta (tempo morto):

$$k = \frac{T_R - T_M}{T_M} = \frac{T_E}{T_M} \quad (3)$$

Os valores de tempo de retenção (T_R) e T_M são facilmente determinados experimentalmente pela análise de cromatogramas representativos dessas separações. Um cromatograma é uma representação gráfica, em função do tempo, gerada por um detector que mede a presença mássica de cada componente que sai da coluna. Estes resultados gráficos produzem um sinal na forma de um pico, normalmente de maneira simétrica, para cada componente que deixa o sistema cromatográfico. Os detectores utilizados nos vários tipos de cromatografia serão abordados nos próximos capítulos. A Figura 19.2 apresenta um cromatograma típico com dois elementos.

As técnicas cromatográficas que apresentam um bom funcionamento, em termos de separação das espécies presentes na amostra, são aquelas que possuem fator de retenção variando entre 1 e 5. Já fatores de retenção elevados, acima de 20, proporcionam tempos muito longos para a execução das separações. Os fatores de retenção de analitos em uma coluna podem ser modificados tanto pela alteração da temperatura quanto pela variação do recheio da coluna.

DICA

As técnicas cromatográficas com bom funcionamento possuem fator de retenção variando entre 1 e 5.

Outro parâmetro muito importante em cromatografia é o fator de seletividade (α). A análise deste fator possibilita saber se dois analitos podem, ou não, ser separados em uma corrida cromatográfica. O fator de seletividade é uma constante comparativa entre o comportamento de dois solutos em uma análise cromatográfica, sendo obtido pela razão entre as constantes de distribuição do analito mais retido e do analito menos retido no sistema de separação, como mostra a equação 4.

$$\alpha = \frac{K_{\text{analito mais retido}}}{K_{\text{analito menos retido}} T_M} \qquad (4)$$

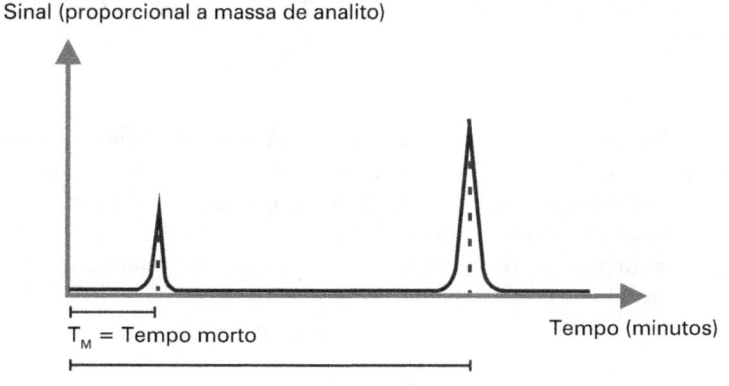

Sinal (proporcional a massa de analito)

T_M = Tempo morto

Tempo (minutos)

T_R = Tempo de retenção do analito na coluna

FIGURA 19.2 Cromatograma apresentando os picos relativos à detecção de dois componentes da amostra. O primeiro componente não interage com a fase estacionária, enquanto o segundo interage com ela, levando mais tempo para deixar a coluna e ser detectado.

O fator de seletividade fornecido pela equação 4 também pode ser obtido em função dos fatores de retenção dos solutos separados no sistema cromatográfico. A equação 5 descreve este fator baseando-se nesses parâmetros:

$$\alpha = \frac{K_{\text{analito mais retido}}}{K_{\text{analito menos retido}}} \quad (5)$$

IMPORTANTE

O (k) minúsculo define o fator de retenção, enquanto o (k) maiúsculo é utilizado para expressar a constante de distribuição.

A substituição dos valores dos fatores de retenção pelo valor fornecido pela equação 2 na equação 5 resulta em uma nova expressão do fator de seletividade, apresentado na equação 6:

$$\alpha = \frac{\frac{T_R - T_M}{T_M}\text{ analito mais retido}}{\frac{T_R - T_M}{T_M}\text{ analito menos retido}} \quad (6)$$

O termo T_M (tempo morto) pode ser cortado, pois está presente tanto no numerador quanto no denominador da equação 6. Aplicando-se esse tratamento matemático, obtém-se a expressão apresentada na equação 7:

$$\alpha = \frac{(T_R - T_M)_{\text{analito mais retido}}}{(T_R - T_M)_{\text{analito menos retido}}} \quad (7)$$

Pela observação da equação 7 e pela constatação de que o tempo de retenção (T_R) para o analito mais retido é sempre maior do que o tempo de retenção do analito menos retido, é possível concluir que o valor de α sempre será maior que 1.

O simples fato de o valor do fator de seletividade ser maior que 1 não garante que dois compostos químicos sejam separados de forma eficiente e resolvida por uma coluna cromatográfica. Nesse sentido, se faz necessária a introdução de conceitos como eficiência e resolução.

A eficiência de uma separação cromatográfica está associada à largura do pico gerado quando o analito passa pelo sistema detectivo. A eficiência também é uma função do desvio-padrão causado pela dispersão do analito durante a passagem pela coluna de separação. A equação 8 apresenta a expressão que fornece a eficiência de uma coluna:

$$N = \left(\frac{T_R}{\sigma}\right)^2 \quad (8)$$

Na equação 8, N representa a eficiência da coluna, T_R é o tempo de retenção do analito e σ é o desvio-padrão dos sinais de intensidade do analito (gerados no detector). A dispersão do analito, responsável pelo desvio-padrão da equação de eficiência, pode ser entendido como o espalhamento do soluto dentro da coluna cromatográfica. Esse espalhamento é provocado pela interação do soluto com o composto que constitui a fase estacionária.

Para cada instante no intervalo de tempo em que partículas de amostra entram no detector cromatográfico, sinais proporcionais a essa massa são gerados, e a soma destes sinais forma os picos que aparecem nos cromatogramas.

Durante a formação do pico, primeiramente poucas partículas chegam ao detector (isso gera sinais de baixa intensidade). Posteriormente, com o passar do tempo, cada vez mais partículas do analito chegam ao detector, até que a soma desses sinais constitua o pico no seu ponto mais elevado (significando que a maior quantidade de massa de analito chegou ao sistema detectivo).

A partir do instante em que o pico cromatográfico atinge seu máximo de intensidade, os sinais começam a decair, pois a cada instante menos partículas de amostra chegam ao detector, e isso ocorre até que a última unidade de analito abandone a coluna. A Figura 19.3 mostra que um pico convencional nada mais é do que o somatório dos sinais que representam a massa do analito que chega ao detector a cada instante.

Quanto mais estreito for o pico apresentado por um analito em um cromatograma (menor será o desvio-padrão σ), maior será a eficiência do processo cromatográfico. Nesse sentido, a equação 9 fornece a eficiência (N) em termos da largura do pico cromatográfico:

$$N = 16\left(\frac{T_R}{W}\right)^2 \qquad (9)$$

em que W_b é a largura do pico na base do cromatograma, conforme apresentado na Figura 19.4.

A eficiência de um sistema cromatográfico também é conhecida como o número de pratos teóricos (N) da coluna em questão. Assim, quanto maior for o valor

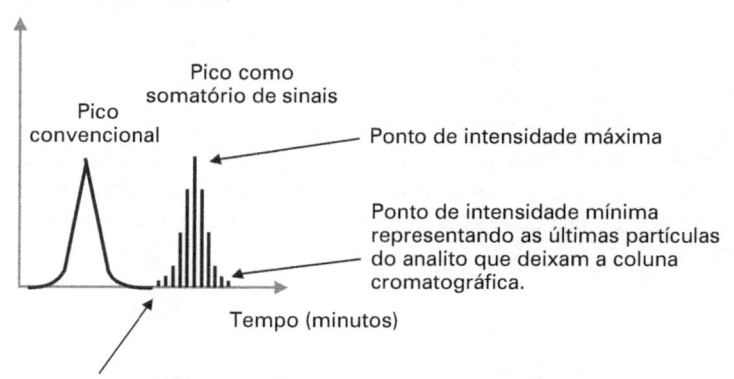

FIGURA 19.3 Processo de formação de um pico cromatográfico.

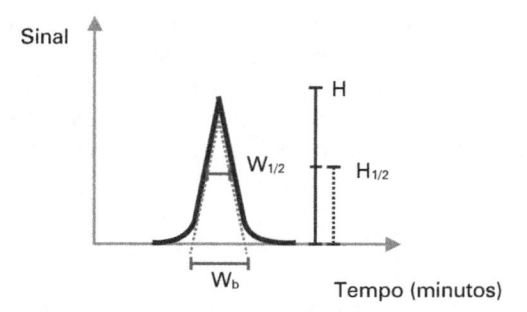

FIGURA 19.4 Largura do pico cromatográfico.

de N, mais pratos teóricos terá uma separação, e mais eficientes serão as separações dessa coluna. O número de pratos teóricos de uma separação pode ser entendido como o número de estágios de equilíbrio envolvendo a passagem do analito entre as duas fases constituintes da coluna cromatográfica (móvel e estacionária).

DEFINIÇÃO

Número de pratos teóricos (N) é o número de estágios de equilíbrio envolvendo a passagem do analito entre as duas fases constituintes da coluna cromatográfica (móvel e estacionária).

O parâmetro (N) também pode ser obtido utilizando a largura do pico cromatográfico medido na altura média deste sinal, conforme observado na equação 10.

$$N = 5{,}54\left(\frac{T_R}{W_{1/2}}\right)^2 \quad (10)$$

Na prática, ao ocorrer a separação cromatográfica, não há tempo suficiente para que sejam atingidos, de forma completa, os equilíbrios na transferência do analito entre as duas fases (estacionária e móvel). Este equilíbrio não é totalmente alcançado, pois o fluxo constante da fase móvel força o deslocamento do analito para diferentes posições da coluna cromatográfica, e isso modifica a concentração nas regiões próximas aos sítios ativos onde estão sendo estabelecidos os equilíbrios ou pseudoequilíbrios.

Apesar de os equilíbrios não serem alcançados completamente, diversos processos de transferência do analito entre as fases móvel e estacionária ocorrem desde a entrada do soluto na coluna. Nesse sentido, o valor do número de pratos teóricos (N) é um bom parâmetro para a quantificação da ocorrência desses estágios de pseudoequilíbrios.

DICA

Uma boa separação cromatográfica apresenta um valor de (N) que pode alcançar centenas de milhares de pratos teóricos.

Com o valor do número de pratos teóricos de uma coluna (N) é possível saber qual é a altura de um prato teórico deste sistema. Definida como (H), esta altura é outro parâmetro importante na quantificação da eficiência de uma coluna. Quanto menor for o valor da altura do prato teórico, maior será o número de estágios de equilíbrios que ocorrem neste sistema, e mais eficiente será a separação. A equação 11 mostra como calcular o valor de (H):

$$H = \frac{L}{N} \quad (11)$$

em que L é comprimento da coluna cromatográfica e N é o número de pratos teóricos da coluna cromatográfica. A unidade empregada para este parâmetro é o (cm), e uma boa eficiência de coluna possui valores de (H) variando entre décimos e milésimos de (cm).

DICA

Quanto menor for o valor da altura do prato teórico, maior será o número de estágios de equilíbrios que ocorrem neste sistema, e mais eficiente será a separação.

O parâmetro (H) também pode ser obtido utilizando o desvio-padrão (σ) dos dados que geram o pico cromatográfico. A equação 12 mostra este parâmetro e sua dependência de L e σ.

$$H = \frac{\sigma^2}{L} \quad (12)$$

A equação 12 mostra que o alargamento do pico cromatográfico gerado pelo aumento do desvio-padrão se reflete no aumento da altura do prato teórico (H). Assim, o conhecimento dos fatores que afetam a altura do prato teórico oferece um bom controle da eficiência de separação de uma coluna.

Outra ferramenta muito empregada em cromatografia para o controle de (H) é a equação de Van Deemter (13).

$$H = A + \frac{B}{u} + C_E u \quad (13)$$

(A) é um coeficiente que depende dos efeitos dos múltiplos caminhos existentes em uma coluna cromatográfica. Estes múltiplos caminhos ocorrem em colunas com fase estacionária composta por sólidos particulados empacotados. Nestas colunas, diferentes caminhos para a fase móvel são formados em função da distribuição espacial do material particulado. Como a fase móvel carrega o analito, este pode passar por caminhos ora mais curtos, ora mais longos. Esses diferentes caminhos causam diferentes tempos de retenção do analito na coluna, o que aumenta o fator A, aumentando H e, por consequência, diminuindo a eficiência de separação desta coluna. Uma alternativa para a diminuição desse fator (A) é a diminuição do tamanho das partículas que formam a fase estacionária. Por outro lado, o aumento do comprimento da coluna gera um aumento deste fator (A). A Figura 19.5 ilustra como diferentes caminhos podem aumentar o tempo de residência de um composto dentro de uma coluna.

A Figura 19.5 mostra que a redução do diâmetro das partículas que formam a fase estacionária provoca a formação de caminhos mais curtos e mais uniformes, pois todos os deslocamentos passíveis de ocorrer são semelhantes. Assim, essa característica é um fator redutor da dispersão do analito dentro da coluna, ou seja, diminui o valor da altura do prato teórico H.

Já o emprego de partículas com grandes diâmetros (coluna à esquerda) faz o analito percorrer muitas vezes um percurso maior em comparação com outra molécula do mesmo analito que percorra os espaços próximos à parede desta coluna. Este tipo de ocorrência causa alargamento dos picos, ou seja, diminuição da eficiência da coluna estudada, isto é, o aumento da altura do prato teórico (H).

$\left(\frac{B}{u}\right)$ é um termo relacionado à difusão do analito dentro da fase móvel devido ao gradiente de concentração existente ao longo da coluna. O termo (B) também é elevado quando ocorre a difusão do analito dentro da própria fase estacionária. Isso ocorre porque, estando o analito contido na fase estacionária, ele não está se movimentando junto à fase móvel, fato que aumenta a sua dispersão dentro da coluna. A difusão dentro da fase estacionária é elevada quando o comprimento da coluna é aumentado. Neste componente da expressão que fornece a altura do prato teórico, o termo u representa a velocidade linear da fase móvel dentro do sistema de separação.

$C_E u$ é o termo de transferência de massa que assume valores elevados para altos fluxos de fase móvel e grandes comprimentos de coluna. Normalmente, esta parcela é mínima em tipos de cromatografia que utilizam baixos fluxos de fase móvel, como no caso da cromatografia líquida. A utilização de partículas de fase estacionária constituída de partículas com pequeno diâmetro e finos filmes de líquido suportados sobre esses sólidos também diminui esse termo (C_E) porque a difusão do analito nestes filmes é menor.

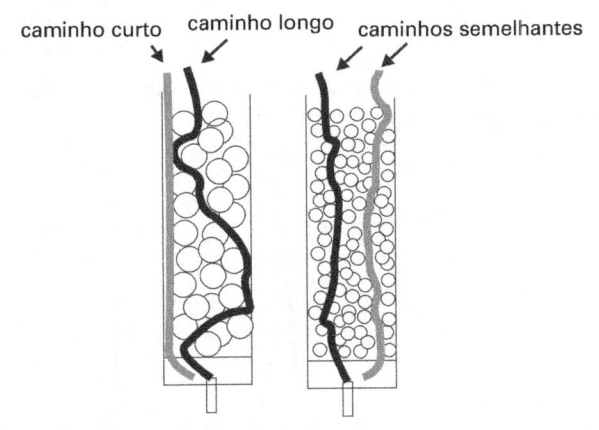

FIGURA 19.5 Diferença de caminhos de um analito dentro de uma coluna recheada em função dos diferentes diâmetros de partículas utilizados.

Em termos práticos, sempre que se desejar boas corridas cromatográficas, deve-se buscar as menores alturas do prato teórico, pois melhor será a separação oferecida pela coluna. No desenvolvimento de um método cromatográfico, a variação de fatores como diâmetro de partícula da fase estacionária, velocidade linear da fase móvel, bem como comprimento da coluna e tipo de eluente, são importantes fatores a serem pesquisados e otimizados para a obtenção de uma boa separação.

O gráfico apresentado na Figura 19.6 mostra a influência da velocidade linear da fase móvel sobre a altura do prato teórico fornecida pela equação 13.

A velocidade linear mais apropriada para cada separação cromatográfica depende dos constituintes destes sistemas (analito, fase móvel e fase estacionária). Em princípio, a cromatografia líquida necessita de menores velocidades para atingir menores alturas de pratos teóricos em comparação com a cromatografia gasosa.

No aspecto prático, nem todos os picos são perfeitamente simétricos, pois, devido às interações entre analito e coluna, duas formas diferentes de assimetria podem aparecer, sendo uma com alargamento frontal e outra com alargamento caudal. A Figura 19.7 apresenta a forma desses picos.

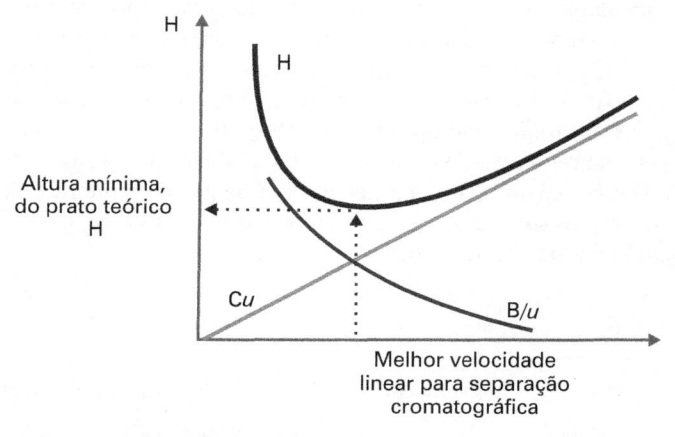

FIGURA 19.6 Comportamento da altura do prato teórico em função do aumento da velocidade linear da fase móvel.

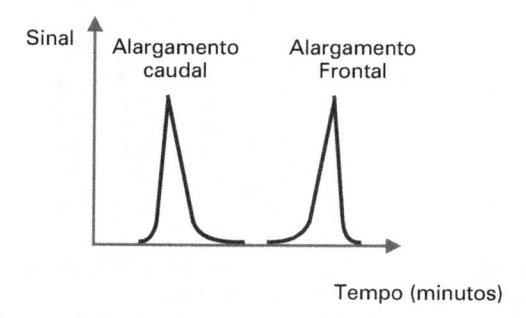

FIGURA 19.7 Formas assimétricas de picos cromatográficos.

Os efeitos apresentados na Figura 19.7 são indesejáveis em uma separação, pois acabam diminuindo a capacidade de separação de compostos durante uma corrida cromatográfica.

O alargamento caudal tem ocorrência mais frequente em processos que utilizam a adsorção como mecanismo de separação. Nesses sistemas, fortes interações físicas tendem a reter o analito na fase estacionária, diminuindo sua saída e causando a cauda no pico.

Já o alargamento frontal é causado preponderantemente por analitos que possuem pequenos valores de constante de distribuição, pois, ao permanecerem mais tempo na fase móvel, eles interagem menos com a fase estacionária e, assim, são liberados de forma antecipada da coluna, causando o alargamento frontal.

Em análises cromatográficas, os alargamentos frontal e caudal tendem a causar a ocorrência de sobreposições de picos cromatográficos. Esta sobreposição ocorre quando diferentes compostos chegam ao sistema detectivo no mesmo espaço de tempo. A Figura 19.8 mostra diferentes graus de sobreposição de picos cromatográficos.

A sobreposição de picos também pode ocorrer quando dois analitos possuem características químicas muito semelhantes ao ponto de o sistema cromatográfico ser incapaz de separar essas substâncias. Entre essas características estão a polaridade, o tamanho da estrutura molecular e o coeficiente de difusão nas fases móvel e estacionária, entre outras propriedades.

Na Figura 19.8, o pico (a) representa dois compostos que entram no detector concomitantemente por possuírem características químicas muito semelhantes. Já os picos em (b), (c) e (d) mostram uma sobreposição que diminui progressivamente, sendo o resultado de possíveis modificações nas fases móvel e estacionária empregadas na cromatografia.

Assim, o emprego de condições apropriadas, ou seja, fases móvel e estacionária específicas na cromatografia, pode acarretar uma diferenciação de tempos de eluição dos componentes da amostra, permitindo que os picos que saem juntos em uma determinada situação sejam resolvidos sob outra condição de parâmetros. Este ajuste de condições é executado até que se consiga a separação dos componentes por completo, como apresentado em (e).

Um parâmetro que informa o quanto um composto consegue ser distinguido de outro composto em uma corrida cromatográfica é a resolução existente entre eles. A resolução entre dois compostos pode ser obtida por informações contidas nos picos produzidos pelos respectivos analitos durante a corrida cromatográfica. A Figura 19.9

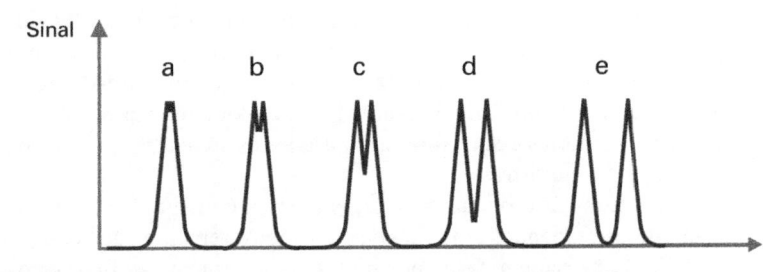

FIGURA 19.8 Niveis de sobreposição de picos em análises cromatográficas.

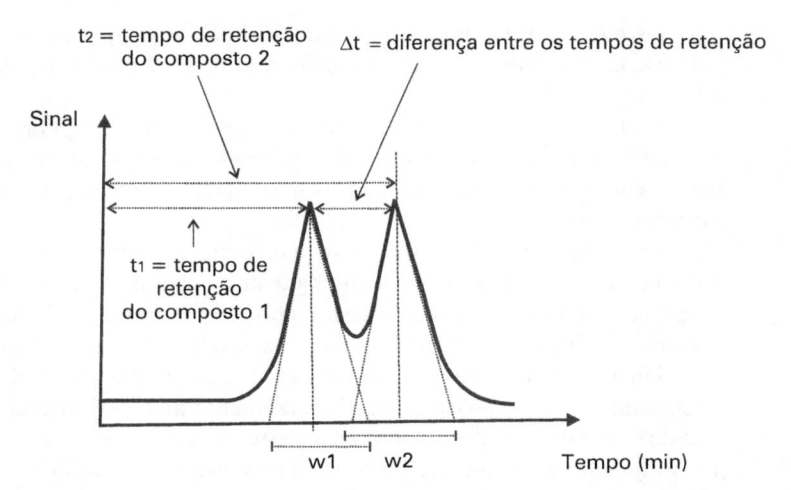

FIGURA 19.9 Picos sobrepostos e parâmetros para cálculo de resolução entre os picos.

ilustra dois picos referentes a dois compostos que não se separaram durante uma corrida cromatográfica.

Na Figura 19.9 também são apresentados os parâmetros que devem ser substituídos na equação 4 para calcular a resolução entre dois picos cromatográficos.

$$Rs = \frac{\Delta Tr}{(w1 + w2)/2} \quad (14)$$

Na equação 14, (w1) e (w2) representam as larguras das bases dos picos do composto (1) e (2), respectivamente. Em termos práticos, boas separações apresentam resoluções a partir do valor de 1,5.

Cromatografia analítica

A análise cromatográfica é uma das técnicas analíticas mais utilizadas na investigação qualitativa e quantitativa de compostos em diversos tipos de amostras. Nela, os analitos primeiro são separados para, em seguida, serem identificados e quantificados. O processo de separação tem como base as diferenças nas características químicas e físicas apresentadas pelos compostos que constituem a amostra. Dentre as características dos analitos que permitem a separação entre eles estão a polaridade, o tamanho e a forma molecular, a carga iônica e a volatilidade. A cromatografia pode ser aplicada a amostras que contenham diversos analitos possuindo diferenças significativas (ou não) nessas características. A versatilidade da cromatografia está associada à possibilidade de escolha de equipamentos que contenham fases móveis, fases estacionárias e detectores apropriados às características do conjunto de analitos presentes nas amostras.

As técnicas cromatográficas, por serem constituídas por processos separativos e analíticos realizados em sequência, primeiro separam cada componente da amostra através da passagem deles por uma coluna cromatográfica. Após a separação, os analitos são determinados qualitativa e quantitativamente em detectores integrados ao equipamento cromatográfico. Devido a essa característica de primeiro separar e depois analisar a análise cromatográfica é apropriada para determinação analíticas de amostras contendo misturas de analitos.

A cromatografia, quanto ao tipo de estrutura de fase estacionária, pode ser planar ou em coluna. A primeira compreende as técnicas analíticas de cromatografia em papel e em camada delgada, e, a segunda, todo o restante das técnicas cromatográficas que utilizam colunas para conter a fase estacionária, sejam elas colunas capilares (tubos flexíveis), empacotadas (preenchidas com partículas) ou monolíticas (recheio constituído por um único bloco).

DEFINIÇÃO

A cromatografia planar compreende as técnicas analíticas de cromatografia em papel e em camada delgada. A cromatografia em coluna compreende as técnicas cromatográficas que utilizam colunas para conter a fase estacionária.

A cromatografia em papel baseia-se nas diferentes velocidades de migração dos componentes de uma amostra que percorrem um sistema formado por uma folha de papel e dois solventes. O sistema de separação é formado por um solvente, normalmente o mais polar, impregnado em uma tira de papel (de espessura e densidade controladas), e por outro solvente, menos polar, que serve como meio de transporte para os analitos que se solubilizam menos no primeiro solvente. Na cromatografia em papel, os componentes da amostra que possuem uma maior solubilidade no solvente menos polar tendem a percorrer o papel (por capilaridade) com maiores velocidades em relação aos componentes que possuem afinidade com o solvente mais polar. Assim, essa diferença de velocidade de migração acaba por separar componentes menos polares dos possuidores de maior polaridade. Uma opção à cromatografia em papel é a cromatografia em camada delgada, com o papel sendo substituído por uma fina camada de um sólido depositado sobre uma superfície plana. Esses sólidos depositados podem ser sílica (SiO_2), alumina (Al_2O_3), celulose, poliamidas e terras diatomáceas. Na cromatografia em camada delgada, a separação entre analitos baseia-se em processos de adsorção ocorridos ao longo do percurso da fase móvel contendo os analitos sobre a superfície da fase estacionária. Embora possuam importante aplicação analítica, estas técnicas com fases estacionárias planares em geral não utilizam detectores instalados a esses arranjos analíticos e, por isso, tornam-se mais rudimentares, necessitando uma boa experiência técnica na preparação e operação dos ensaios.

Dependendo da fase móvel utilizada na cromatografia, esta recebe denominações como cromatografia gasosa (fase móvel gás), cromatografia líquida (fase móvel líquida) e cromatografia em estado supercrítico (fase móvel é um fluido em estado supercrítico).

A cromatografia gasosa utiliza como fase móvel um gás que carrega os analitos pelo sistema cromatográfico. Este tipo de técnica tem importância acentuada para a determinação da concentração de analitos, tanto para analitos no estado gasoso, quanto para substâncias de interesse no estado líquido que possuam baixo ponto de ebulição.

Na cromatografia em estado supercrítico, a fase móvel é um fluido no seu estado supercrítico. Um fluido em estado supercrítico não pode ser entendido como um líquido, nem mesmo como um gás. Na verdade, o fluido supercrítico possui um estado físico intermediário a esses dois estados físicos convencionais (líquido e gasoso). A cromatografia em estado supercrítico alia as características positivas da cromatografia líquida (como baixa difusão dos analitos) aos fatores positivos da cromatografia gasosa (como alta resolução devido ao elevado número de pratos teóricos presentes). Um dos fluidos supercríticos utilizados nesta técnica é obtido pelo emprego do gás dióxido de carbono à temperatura de 50°C e pressão de 150 bar. A fase estacionária desta técnica pode estar no estado sólido ou líquido.

A cromatografia líquida utiliza uma fase móvel líquida para carregar os analitos pelo sistema cromatográfico. Esse tipo de cromatografia pode ter propósito preparativo ou analítico.

No propósito preparativo, visto no início do capítulo, a cromatografia separa as substâncias presentes em uma mistura para que elas sejam utilizadas em procedimentos posteriores, como reações, recristalizações, concentrações e outras aplicações.

No propósito analítico, no mesmo procedimento no qual ocorre a separação dos analitos, também acontece a determinação, tanto qualitativa quanto quantitativa, das substâncias de interesse.

As amostras empregadas na cromatografia líquida devem estar no estado líquido para que os analitos possam ser carregados pelo sistema cromatográfico após sua solubilização na fase móvel. Uma característica importante do emprego desta técnica é a baixa dispersão do analito durante seu percurso pela coluna cromatográfica em comparação à dispersão existente em sistemas gasosos. Esta baixa dispersão traz como consequência alturas de pratos teóricos reduzidas, que são favoráveis ao processo analítico, gerando boas resoluções.

> **IMPORTANTE**
>
> A dispersão do analito durante uma corrida cromatográfica causa o alargamento do pico no cromatograma, pois o analito tende a se espalhar ao longo de seu deslocamento dentro do sistema cromatográfico devido a um gradiente de concentração.

É possível afirmar que não existe uma técnica cromatográfica universal, isto é, uma técnica capaz de analisar qualquer tipo de analito. Essa impossibilidade está fundamentada no fato de que cada técnica cromatográfica utiliza uma determinada propriedade do analito para servir como "força motriz de separação analítica". Essa força motriz cromatográfica seria o princípio físico pelo qual as substâncias de interesse são separadas ao percorrerem a coluna cromatográfica.

Dentre as características das amostras mais utilizadas para diferenciar os analitos pelas técnicas cromatográficas estão a polaridade, o peso molecular e a carga elétrica. A aplicação de técnicas cromatográficas específicas que exploram cada uma dessas propriedades é um dos fatores responsáveis pela diversidade de técnicas cromatográficas existentes.

Cromatografia líquida de alta eficiência (CLAE)

Uma técnica cromatográfica adquire relevância no meio analítico quando consegue fazer análises que outras técnicas, também cromatográficas, são incapazes de realizar. Deste modo, a técnica de Cromatografia Líquida de Alta Eficiência (CLAE), também conhecida pela sigla em inglês HPLC (*High-Performance Liquid Chromatography*), apesar de não ter caráter universal, é a que possui a maior capacidade de analisar diferentes tipos de analitos.

> **IMPORTANTE**
>
> A técnica de Cromatografia Líquida de Alta Eficiência (CLAE), apesar de não ter caráter universal, é a que possui a maior capacidade de analisar diferentes tipos de analitos.

A cromatografia líquida de alta eficiência possui vasta aplicação em diversos setores de análise, como nas áreas alimentícia, forense e ambiental, bem como na química orgânica, química de polímeros e química farmacêutica. O fato de as amostras utilizadas nesta técnica estarem na forma líquida facilita o emprego da CLAE para a determinação cromatográfica de solutos não voláteis, possuidores de certa polaridade, de alto peso molecular ou termolábeis.

Em termos práticos, podemos dizer que a CLAE é uma técnica complementar à cromatografia gasosa. As técnicas cromatográficas possuem caráter complementar entre si quando os analitos que uma técnica pode analisar são os que outra técnica não consegue investigar. Assim, podemos dizer que a CLAE é uma técnica aplicada a analitos que não podem ser analisados por cromatografia gasosa (por exemplo, as substâncias termolábeis).

> **IMPORTANTE**
>
> As amostras termolábeis não são passíveis de serem analisadas, por exemplo, por cromatografia gasosa, pois são degradadas durante o aquecimento ocorrido para a volatilização e sua introdução no sistema gasoso desta técnica.

A CLAE pode ser entendida como uma otimização da cromatografia líquida preparativa. A cromatografia preparativa utiliza colunas recheadas com partículas de diâmetros na ordem de 100 μm e fluxo de fase móvel proporcionado pela ação da gravidade. A CLAE, por sua vez, utiliza colunas preenchidas com partículas entre 3 e 10 μm de diâmetro e fluxos líquidos em pressões de até 200 bar fornecidos por bombas específicas. A justificativa para a utilização do fluido pressurizado é o fato de o eluente ter de vencer a barreira de partículas com pequeno diâmetro que causa uma forte queda de pressão ao longo da coluna cromatográfica. Se a fase móvel não fosse pressurizada, o fluxo de líquido seria interrompido por esse impedimento da compactação das partículas.

Na CLAE, a utilização de pequenas partículas reduz a altura do prato teórico (resolução), pois diminui o fator (A) da equação de Van Deemter, visto que elimina os canais preferenciais que alargam o pico cromatográfico.

Além de pequenas partículas, a CLAE emprega finos filmes de fase estacionária depositados sobre esses materiais, que reduzem o efeito de difusão estagnante ocorrido, normalmente, quando são utilizados filmes mais espessos. O emprego desses finos filmes reduz o termo (C) da equação de Van Deemter, proporcionando pequenas alturas de pratos teóricos, ou seja, boas resoluções.

NA HISTÓRIA

O desenvolvimento da tecnologia que constitui a cromatografia líquida de alta eficiência data da década de 1970, quando os cientistas Horvath e Lipsky criaram o primeiro aparelho cromatográfico utilizando altas pressões e pequenas partículas. Hoje, as pressões de operação estão acima de 103 Mpa (1.000 atm). O emprego dessas elevadas pressões em técnicas cromatográficas é conhecido como cromatografia líquida de ultra-alta-pressão (CHRISTIAN; DASGUPTA; SCHUG, 2014).

A CLAE utiliza elevadas pressões (até 200 atm) de uma fase móvel líquida que percola uma coluna preenchida comumente com partículas de pequeno diâmetro que suportam uma fase estacionária. Durante sua passagem pelo sistema cromatográfico, os analitos apresentam diferentes velocidades de deslocamento. As diferentes velocidades de migração de cada analito no sistema cromatográfico proporcionam as separações necessárias para a realização das determinações analíticas (COLLINS; BRAGA; BONATO; 2006; ROUESSAC, F.; ROUESSAC, A., 2007; SKOOG et al., 2006).

Em outras palavras: os analitos são separados por essa técnica cromatográfica devido aos diferentes níveis de interação que eles possuem com a fase estacionária contida no interior da coluna cromatográfica. Essas interações são proporcionadas por diversos tipos de processos de retenção analítica, como partição, adsorção, troca iônica, exclusão, separação por afinidade e separação por conformação quiral. Essas interações são brevemente descritas a seguir.

Interações por partição

O princípio da partição se fundamenta na existência de uma divisão da quantidade de massa de um soluto, inicialmente dissolvido em água, quando ele entra em contato com certo volume de solvente orgânico.

Na CLAE, um dos líquidos é a fase móvel (que pode ser um solvente ou uma mistura de diferentes solventes). O outro solvente é denominado fase estacionária devido ao fato de ser um líquido fisicamente suportado sobre a superfície de pequenas esferas que ficam fixas dentro da coluna cromatográfica (daí o termo "fase estacionária", mesmo sendo um líquido).

CURIOSIDADE

Hoje não está mais em voga a utilização de líquidos suportados fisicamente a partículas sólidas porque, com certa frequência, eles são removidos pela passagem da fase móvel que percola o sistema cromatográfico. Essa perda do líquido suportado é denominada sangria da coluna. O problema de sangramento de colunas tem sido resolvido pela criação de fases estacionárias mais resistentes. Estas fases são produzidas por meio de reações químicas que ancoram estruturas à superfície das partículas. Essas estruturas são agrupamentos químicos ligados covalentemente aos sólidos suportes, conferindo a este tipo de material a estabilidade necessária para suportar o fluxo da fase móvel sem a ocorrência de perda de massa da fase estacionária (sangria). Mais adiante neste capítulo são descritas as principais modificações que podem ser executadas por reações químicas para formar fases estacionárias.

Por existirem fases líquidas que podem ser quimicamente ancoradas à superfície das partículas da fase estacionária, os processos de partição também englobam esses eventos. Nesses processos, cada soluto possui diferentes níveis de solubilização em relação às fases móvel e estacionária, ou seja, ora os solutos estão dissolvidos na fase móvel, ora estão ligados (solubilizados) à fase estacionária. Quando os solutos estão dissolvidos na fase móvel, eles se deslocam pelo sistema cromatográfico (conforme visto anteriormente neste capítulo). Assim, os solutos mais solúveis na fase móvel deixam a coluna cromatográfica primeiro, enquanto os solutos menos solúveis nestas fases são os últimos a sair desse sistema. Com base nestas diferenças de solubilização, os analitos são separados ao longo do percurso pelo sistema cromatográfico até alcançarem o detector do equipamento para serem analisados de forma qualitativa e quantitativa.

Interações por adsorção

A adsorção é um processo físico governado por modelos que influenciam o comportamento cromatográfico dos analitos durante uma análise. Esses modelos descrevem as diversas formas de adsorção, revelando informações importantes referentes à forma como a adsorção ocorre. Entre as informações fornecidas está o tipo de estrutura formada durante a adsorção: se ela é em monocamada, múltiplas camadas, camadas incompletas ou completas. Nos processos de adsorção, outro parâmetro importante é o fator de capacidade. Esse fator determina o valor máximo de analito que pode ficar adsorvido na fase estacionária durante o processo cromatográfico ou extratório.

IMPORTANTE

A capacidade de reter um analito é conhecida como fator de capacidade e é expressa pela massa de analito (em miligramas) que fica retida em um grama adsorvato (fase estacionária) considerando um estado de equilíbrio.

Um exemplo de modelo de isoterma de adsorção é o de Langmuir. Nele, unidades de soluto são adsorvidas na superfície do sólido em uma monocamada na qual cada soluto adsorvido não interfere na adsorção ocorrida no sítio vizinho.

Na CLAE, quando a adsorção ocorre, esta é seguida, imediatamente, pela dessorção do analito. Os processos de adsorção seguidos de dessorção ocorrem inúmeras vezes durante a corrida cromatográfica. Cada vez que o analito se encontra na fase móvel, ele é carregado pelo fluxo líquido um pouco mais até deixar a coluna e entrar no detector, ocorrendo, assim, durante esse percurso na coluna, a separação dos compostos e a determinação analítica.

Interações por troca iônica

Na cromatografia iônica, a fase estacionária possui uma superfície repleta de cargas possuidoras de sinais contrários aos sinais dos íons que percolam o sistema cromatográfico. Essas cargas contrárias fazem com que os íons dos solutos sejam adsorvidos sobre a superfície da fase estacionária. A migração dos íons de soluto pelo sistema cromatográfico ocorre devido à substituição dessas espécies, quando adsorvidas, por outros compostos iônicos de mesma carga, porém de maior força de interação com a fase estacionária, que estão presentes na fase móvel.

Nesta técnica analítica, a fase móvel normalmente é constituída por soluções-tampão que modificam os equilíbrios iônicos ocorridos, o que facilita a movimentação dos íons dos solutos pela coluna cromatográfica.

Nos sítios disponíveis na fase estacionária, os íons investigados são retidos e liberados constantemente, com diferentes níveis de interação variando de soluto para soluto, bem como entre a carga e força elétrica dos íons da fase móvel. Estes processos de associação iônica e troca iônica ocorrem repetidas vezes até que os analitos deixem a coluna cromatográfica isolados entre si. Assim, os analitos estão prontos para serem determinados pelo sistema detector do equipamento. Nesses sistemas, a redução do pH, ou seja, o aumento da quantidade de (H^+), eleva a velocidade de eluição dos cátions pertencentes à amostra.

Interações por exclusão

Neste tipo de cromatografia, a fase estacionária possui poros com dimensões específicas para reter determinados solutos em relação a outros presentes na amostra. Esta técnica separa os analitos conforme o seu tamanho, sendo então denominada cromatografia por filtração por gel ou permeação por gel. A fase móvel utilizada nesta técnica pode ser aquosa ou orgânica. As fases estacionárias para a cromatografia de exclusão são constituídas por partículas com diâmetros na ordem de 10 µm. Essas partículas possuem uma estrutura porosa, a qual promove o processo de separação entre os analitos. Nesta estrutura, as moléculas, que são muito maiores que os poros da estrutura, passam pelo sistema de forma mais rápida, sendo as primeiras a serem determinadas no detector.

DICA

Quanto menor for a dimensão das moléculas, mais tempo elas ficam retidas nos poros e, com isso, ocorre a separação entre os analitos.

Interações por conformação quiral

As interações por conformação quiral são importantes porque separam substâncias enantiômeras ou estereoisômeras, ou seja, substâncias que são imagens especulares, não sobreponíveis, umas das outras. A separação de enantiômeros em uma mistura é um processo difícil porque essas substâncias são quimicamente iguais. Os analitos quirais são separados pela interação deles com uma estrutura receptora presente na fase estacionária. No processo de separação, ocorre a atuação de um agente de resolução quiral, que tem a capacidade de interagir com somente um dos compostos enantiômeros. Esta substância pode estar presente na fase móvel ou ancorada na fase estacionária. Assim, a separação ocorre porque um dos analitos quirais reage de forma diferente com o isômero ancorado na fase estacionária, enquanto o outro enantiômero não interage, saindo da coluna mais facilmente. As separações neste tipo de cromatografia ocorrem pela existência de ligações de hidrogênio, interações entre dipolos ou interações envolvendo elétrons presentes em ligações duplas e sítios carentes de elétrons entre analito e fase estacionária. Também existem, neste tipo de cromatografia, as interações baseadas em cavidades quirais que somente aceitam um dos compostos enantiômeros.

Procedimento para análise

A execução de uma análise cromatográfica utilizando CLAE deve ser precedida da desgaseificação da fase móvel. Essa operação é realizada porque as fases móveis normalmente contêm gases, como N_2, O_2 e CO_2, dissolvidos em seus meios. Esses gases dissolvidos nos líquidos atrapalham a análise cromatográfica quando abandonam as fases líquidas, levando bolhas para dentro da bomba, da coluna, ou mesmo no detector. Quando liberados para a forma gasosa dentro da bomba (especificamente no seu cabeçote), estes gases causam uma queda de pressão que interrompe o fluxo de líquido, podendo ainda danificar o sistema.

A presença de gases dissolvidos na fase móvel atrapalha a determinação quando o gás dissolvido age como se fosse o próprio analito. Esse tipo de problema acontece em detectores espectrofotométricos quando existe oxigênio dissolvido no solvente utilizado como fase móvel. Por absorver radiação na região do ultravioleta, entre 200 e 250 nm, o oxigênio compete com os analitos que também absorvem radiação nesta região espectral, atrapalhando o sinal resultante. Devido a esses problemas, sempre é necessário retirar os gases dissolvidos nas fases móveis.

A desgaseificação do solvente é realizada condicionando o eluente em um banho de ultrassom por um determinado período de tempo no qual os gases dissolvidos neste líquido são liberados devido à ação das ondas de ultrassom. Para auxiliar esse processo, pode ser feito, de forma concomitante ou individual, o borbulhamento de hélio gasoso, ou a formação de vácuo sobre a superfície líquida. A passagem de bolhas de outros gases inertes pelo solvente eluente de sistemas em CLAE também é conhecida pelo termo em inglês *sparking*.

Fases estacionárias

As polaridades das fases estacionárias empregadas, quando relacionadas aos tipos de fases móveis utilizadas, classificam a CLAE em duas espécies de análises: cromatografia em fase normal e cromatografia em fase reversa.

Na cromatografia em fase normal é utilizada uma fase estacionária altamente polar (como trietileno glicol ou água) e uma fase móvel relativamente não polar (como o hexano). Este tipo de conformação proporciona que o analito menos polar seja o primeiro a ser eluído. Um problema da utilização de fases normais é que as fases móveis empregadas devem ser isentas de água. Caso a fase móvel contenha água, esta será facilmente retida nessas fases estacionárias, removendo, assim, sua capacidade separativa.

Por sua vez, as fases reversas são constituídas por um composto não polar (apolar) como fase estacionária (como um octil e octadecil siloxano) e por solventes polares (como água, acetronitrila e metanol) como fase móvel. Nesse tipo de arranjo cromatográfico, os analitos menos polares deixam a coluna por último nas corridas analíticas.

Em termos de materiais utilizados para a produção de fases estacionárias, a sílica gel é um dos mais empregados por apresentar excelentes características, como (CIENFUEGOS; VAISTSMAN, 2000; CIOLA, 1998):

- grande área superficial – que pode alcançar valores iguais ou superiores a 800 m^2 por grama de material;
- boa capacidade de adsorção devido à sua polaridade. Os grupos químicos presentes na sílica responsáveis pela adsorção são os siloxanos (–Si–O–Si–) e silanóis (–Si–OH). Desses dois grupos, os silanóis são os mais importantes, pois são responsáveis por características como polaridade, formação de ligações de hidrogênio e capacidade de induzir a formação de dipolos em alguns tipos de analitos;
- capacidade da sílica em ser modificada, gerando novas estruturas capazes de separar diferentes tipos de analitos. Esta propriedade é muito importante porque permite que seja adicionada à sua superfície uma grande variedade de grupos funcionais que modificam suas características de adsorção. As modificações na sílica são baseadas na reação do hidrogênio do grupo silanol (–Si–OH), ou mesmo na substituição do grupo hidroxila (–OH).

IMPORTANTE

A sílica é muito usada como fase estacionária por apresentar grande área superficial e alta capacidade de adsorção e de modificação.

A sílica permite que se constituam fases apolares quando modificada com cadeias carbônicas lineares de 2, 4, 8, 18 átomos de carbono e grupos fenólicos. As fases apolares compostas por 2, 4 e 8 átomos de carbono são indicadas para a separação de solutos que apresentem polaridade variando entre média e forte, como peptídeos, proteínas, esteroides e fármacos polares. Fases estacionárias de 18 átomos de carbono e grupos fenólicos são indicadas para solutos de baixa polaridade, como glicerídeos, ésteres, vitaminas lipossolúveis e ácidos graxos.

As fases polares são obtidas pela modificação da sílica com grupos ciano (–CN), amino, ésteres, fenóis, grupos sulfônicos, alquilamônio e carboxilas. Essas fases são empregadas para analisar compostos que apresentam ligações duplas, como aromáticos poli e mononucleados, peptídeos e proteínas. Destes grupos funcionais modificadores da sílica, um dos mais versáteis é o grupo amino, que funciona para separar tanto compostos polares, como pesticidas e ésteres, quanto compostos não polares.

Fases móveis

A fase móvel em um sistema cromatográfico, por ser facilmente modificada, é um dos principais parâmetros a serem alterados para realizar análises com boa resolução. Os solventes utilizados em CLAE devem (CIENFUEGOS; VAISTSMAN, 2000; CIOLA, 1998; COLLINS; BRAGA; BONATO, 2006; SKOOG et al., 2006):

- **ter baixa viscosidade:** para facilitar a permeação do solvente pela fase estacionária.
- **ter elevada capacidade de solubilizar solutos:** bons solventes são capazes de dissolver todos os solutos presentes na amostra, bem como aqueles que ficam retidos na fase estacionária durante a corrida cromatográfica.
- **ser inertes à fase estacionária:** os solventes não podem interagir com a fase estacionária, seja solubilizando-a, ou mesmo reagindo com ela.
- **ser puros:** os solventes precisam ser isentos de contaminações, pois estas podem ficar retidas na fase estacionária, contaminando-a e retirando sua capacidade de separar compostos.
- **ser compatíveis com os detectores:** alguns solventes possuem as mesmas características procuradas pelos detectores nos analitos que eluem pelo sistema cromatográfico.

O alto grau de pureza exigido pelos solventes empregados em CLAE torna seu custo elevado. Após serem utilizados nas corridas cromatográficas, esses solventes não podem ser reutilizados, pois, normalmente, estão contaminados com os analitos contidos nas amostras injetadas.

Nas fases reversas, os solventes mais utilizados são água, metanol e acetonitrila. A água deve possuir elevada pureza obtida por ultrafiltração. Comercialmente, um sistema de filtros que fornece essa qualidade de água é o Milli-Q. O metanol normalmente é misturado na água para modificar a polaridade dela. A acetonitrila (menos polar que o metanol) deve ser armazenado em frascos escuros, sem contato com a atmosfera, pois é altamente higroscópico.

Cromatógrafo em CLAE

Um sistema de cromatografia líquida de alta eficiência consiste em:

- um ou mais reservatórios para a fase móvel;
- uma bomba ou mais para a propulsão da fase móvel e amostra;
- injetor;
- coluna de separação;
- forno do equipamento;
- detector; e
- um computador para coletar e interpretar os dados da análise.

A Figura 19.10 apresenta as partes que compõem um sistema de análise utilizando cromatografia líquida de alta eficiência. Essas partes, e seu funcionamento durante a análise, são descritas a seguir.

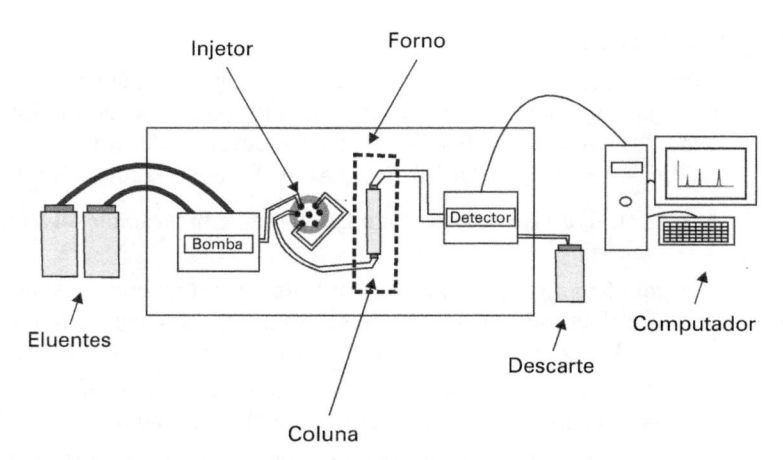

FIGURA 19.10 Estrutura básica de um cromatógrafo de CLAE.

Bomba cromatográfica

As bombas utilizadas em CLAE utilizam pistões para fazer a propulsão da fase móvel. O sistema mecânico é constituído por dois pistões que se movem de maneira alternada. Nesse mecanismo, um sistema de amortecimento é utilizado para que não se forme um escoamento pulsionado. Na Figura 19.11 há um esquema ilustrando a estrutura desse tipo de bomba.

Na bomba apresentada na Figura 19.11, cada pistão possui válvulas que permitem o deslocamento da fase móvel somente no sentido da esquerda para a direita, ou seja, essas válvulas impedem que a fase móvel retorne aos reservatórios originais pelo movimento dos pistões. Esse sentido único da fase móvel faz com que os analitos sempre percorram o sistema cromatográfico em direção ao detector desse equipamento.

As elevadas pressões de até 20 megapascal (197 atm) e condições em pH baixo, passíveis de serem utilizadas em CLAE, podem causar efeitos corrosivos às partes da bomba que entram em contato com os eluentes. Assim, os pistões, os selos de pressões e os corpos dos cilindros são construídos com materiais resistentes à corrosão, como safira, ágata ou teflon.

Quando somente uma bomba é utilizada, ela pode proporcionar a admissão de mais de um componente de fase móvel pela utilização de uma câmera de mistura. Nas entradas desse compartimento, estão dispostas válvulas que controlam a introdução de cada componente da fase móvel (solventes, tampões). Por meio desse controle (da abertura das válvulas), é permitida a modificação dos fluxos de cada componente da fase móvel, de modo a ser possível criar gradientes de concentrações durante as análises cromatográficas de CLAE. Esse tipo de composição variável de fase móvel também é conhecido como fase móvel não isocrática.

As bombas utilizadas em CLAE fornecem vazões estáveis na faixa de 0,1 a 10 ml/min aos fluidos utilizados. Essas vazões, praticamente livres de pulsações, podem ser ajustadas para fluxos que se modifiquem com o passar do tempo.

O sistema de amortecimento que ameniza as pulsações consiste em uma câmera dividida em dois compartimentos separados por uma membrana elástica. Em um

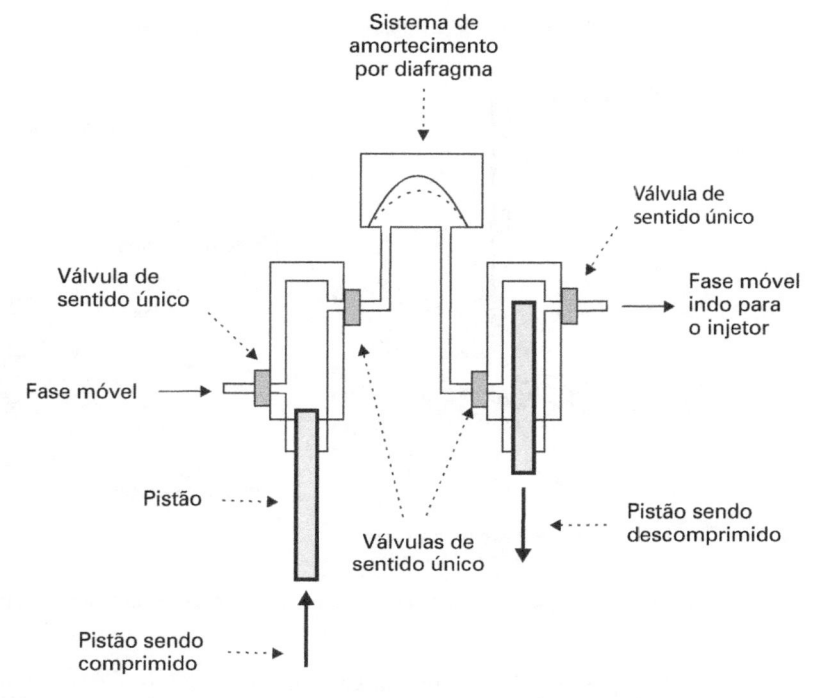

FIGURA 19.11 Esquema mostrando uma bomba de CLAE composta por dois pistões.

dos compartimentos, flui a fase móvel com fluxo inicial em pulso provocado pelo movimento do pistão. No outro compartimento, está um líquido compressível que absorve o pulso provindo do movimento do cilindro, fazendo com que a fase móvel deixe o amortecedor com fluxo considerado constante, sem pulsações. Normalmente, o líquido confinado no amortecedor é o heptano.

As vazões utilizadas pelas bombas em CLAE são ajustadas conforme as dimensões da coluna cromatográfica, por exemplo, estas podem variar entre 0,5 a 2,0 mL/min para uma coluna de diâmetro interno de 4,6 mm. Porém, existem vazões na ordem de alguns microlitros por minuto para colunas capilares com diâmetro inferior a 1 mm.

Após a fase móvel passar pela bomba, esta é direcionada para entrar no injetor do equipamento. Neste local, a fase móvel encontra a amostra e a carrega pelo resto do sistema cromatográfico.

Injetor

Uma análise via CLAE começa no momento em que a amostra é inserida no aparelho cromatográfico através de um injetor. O dispositivo de introdução de amostra é constituído por uma alça de amostragem (reservatório de amostra) e uma válvula que modifica o percurso do líquido conforme a sua orientação. A introdução da amostra no injetor ocorre por meio de uma seringa contendo um volume de amostra superior ao volume da alça de amostragem. A Figura 19.12 ilustra os dois momentos característicos da injeção da amostra em um sistema de CLAE.

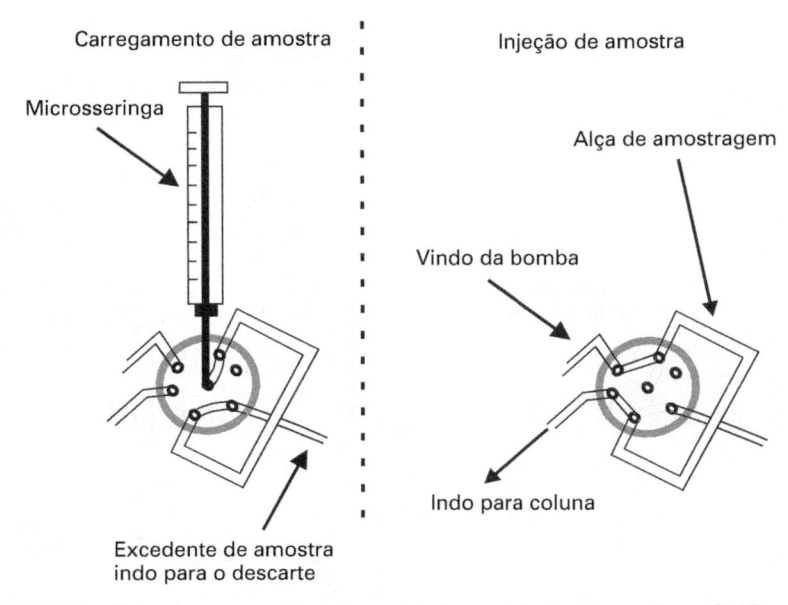

FIGURA 19.12 Esquema mostrando os momentos de uma injeção de amostra na CLAE.

No primeiro momento (à esquerda), a amostra é introduzida na alça de amostragem, e todo o excedente de amostra é lançado como descarte. No segundo momento (à direita da Figura 19.12), a amostra entra (através de uma rotação da válvula) no fluxo constante de fase móvel que, então, transporta os solutos pelo sistema cromatográfico. A alça de amostragem também é conhecida pelo termo em inglês *loop*.

Depois de ser injetada no sistema analítico, a amostra é transportada, pelo fluxo de fase móvel, para a coluna na qual ocorre a separação dos solutos com base nas diferenças das velocidades de migração de cada composto nesta parte do equipamento. Após deixarem a coluna, os compostos entram em contato com os sistemas detectivos para a realização da sua identificação e quantificação. Os detectores empregados em CLAE medem, normalmente, a quantidade mássica dos analitos conforme as propriedades físicas extensivas que esses compostos apresentam.

DEFINIÇÃO

Propriedade extensiva é aquela que depende da quantidade de analito presente, isto é, quanto maior for a quantidade de analito, maior será essa propriedade extensiva.

Um exemplo de propriedade extensiva é a absorção de radiação ultravioleta por um analito, pois, quanto maior a quantidade da substância de interesse no detector, maior será a sua absorção de radiação.

Um procedimento prático que preserva o sistema cromatográfico contra contaminações é filtrar a amostra sempre antes de fazer sua injeção no aparelho. Essa filtração elimina sólidos suspensos na amostra ao passá-la por um filtro poroso possuindo diâmetro de poro variando de 0,5 a 5 μm. Além de filtrar a amostra, outra opção que preserva o sistema cromatográfico é utilizar colunas de sacrifício posicionadas antes da coluna principal.

Coluna de sacrifício, pré-coluna ou coluna de guarda

Seja qual for a fase estacionária utilizada, polar ou não polar, ela deve ser preservada contra contaminações ocorridas durante uma análise cromatográfica. Assim, essas colunas podem ser protegidas pela adoção de uma coluna de proteção, também conhecida como pré-coluna, coluna de sacrifício ou coluna de guarda. A coluna de guarda possui comprimento entre 0,4 e 1 cm, sendo sempre colocada à frente da coluna principal (em relação ao fluxo de fase móvel).

A coluna de guarda é constituída pelo mesmo tipo de recheio que preenche a coluna principal, porém, com partículas de maior diâmetro para impedir a perda de carga do líquido da fase móvel quando da sua passagem por ela. A coluna protetora possui a função de filtrar a solução que flui pelo sistema, retirando as impurezas do fluxo líquido.

Outra função importante da coluna de segurança é evitar o desgaste da coluna principal pela saturação da fase móvel com a substância que compõe a fase estacionária. A liberação e presença da substância da fase estacionária na fase móvel influencia o equilíbrio de dissolução ocorrido na coluna principal, fazendo com que ela não seja diluída pelo líquido eluente que flui constantemente.

Colunas cromatográficas

As colunas utilizadas nesta técnica são tubos produzidos em aço inoxidável para conter as fases móvel e estacionária em elevadas pressões. Esses tubos apresentam comprimentos que variam entre 3 e 30 cm, e diâmetros internos que oscilam entre 1 e 5 mm. No entanto, existem colunas capilares com diâmetros inferiores a 1 mm.

O preenchimento das colunas tubulares utilizadas em CLAE é realizado com partículas esféricas de, no máximo, 10 μm de diâmetro. As partículas sólidas são contidas dentro das colunas por discos de vidro sinterizado poroso dispostos nas extremidades da coluna. Esses discos auxiliam na compactação da fase estacionária dentro da coluna e evitam o arraste de partículas devido ao fluxo líquido de fase móvel.

As partículas utilizadas no preenchimento das colunas podem ser constituídas por diversos materiais, com sua escolha sendo realizada com base nos tipos de solutos a serem analisados. Os materiais mais utilizados em fases estacionárias são alguns polímeros porosos, resinas trocadoras iônicas, alumina, sílica gel *in natura* e sílica modificada.

A utilização de pequenas partículas na fase estacionária para o preenchimento das colunas resulta em análises cromatográficas com resoluções entre 40.000 e 60.000 pratos teóricos por metro de coluna. A CLAE ainda pode utilizar microcolunas de até 8 cm de comprimento possuindo diâmetros internos próximos a 1 mm. Essas microcolunas são preenchidas por partículas com diâmetro na ordem de 4 μm e apresentam como vantagem resoluções que alcançam 100.000 pratos teóricos por metro linear de coluna.

Nem todas as colunas tubulares de CLAE são preenchidas com partículas de pequeno diâmetro: há também um preenchimento chamado monolítico, constituído por um único composto formado por um bloco único de matéria, de grande porosidade, pelo qual é possível imprimir grandes velocidades de fluxo de fase móvel sem a diminuição do número de pratos teóricos da coluna. O recheio monolítico é disposto dentro da coluna por um processo de moldagem, podendo ser constituído por materiais orgânicos e inorgânicos.

A produção de materiais orgânicos para utilização em colunas monolíticas baseia-se na copolimerização de um monômero monofuncional com monômeros bifuncionais ou até trifuncionais (mais raro). A elevada porosidade que caracteriza os sistemas monolíticos é proporcionada pela presença de solventes porogênicos (solventes que evaporam e deixam espaços vazios) durante a sua produção. Um exemplo de fases estacionárias monolíticas são as formadas pela copolimerização de monômeros de estireno e divinilbenzeno. Por possuir caráter hidrofóbico, este tipo de recheio pode ser empregado diretamente em colunas utilizadas em fase reversa.

Outra opção muito usada para criar monolitos são as misturas de monômeros de butil metacrilato e dimetacrilato de etileno (BMA/EDMA) ou metacrilato de glicidilo e dimetacrilato de etileno.

As colunas em CLAE são dispostas dentro de fornos que controlam a sua temperatura para proporcionar melhores separações. O controle da temperatura influencia a forma como os solutos eluem pela coluna cromatográfica. A Figura 19.13 apresenta como o controle da temperatura da coluna permite uma melhor separação (resolução) entre os compostos que dela eluem.

Na Figura 19.13, é possível constatar que o aumento da temperatura acelera os processos interativos (de partição ou adsorção), fazendo os analitos deixarem a

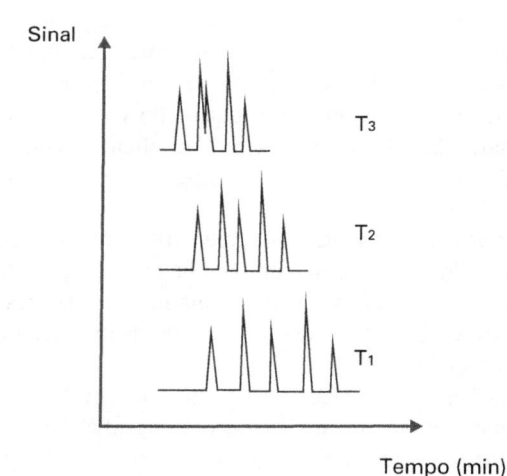

FIGURA 19.13 Efeito da temperatura do forno do cromatógrafo sobre o posicionamento dos picos em um cromatograma genérico onde T1, T2 e T3 representam as temperaturas do forno em diferentes níveis nos quais T1 < T2 < T3.

coluna mais rapidamente. A liberação antecipada dos analitos tende a provocar a aproximação dos picos, podendo gerar sua sobreposição, conforme apresentado no cromatograma obtido na temperatura T3 desta figura.

De uma forma geral, o aumento da temperatura do forno da coluna pode gerar análises mais rápidas, mas alguns aspectos devem ser considerados:

- Observe os limites de temperatura a serem utilizados com colunas de sílica (120°C) e sílica modificada quimicamente (80°C). Esses limites devem ser respeitados, pois a solubilidade da sílica nas fases móveis tende a aumentar com a elevação da temperatura do sistema.
- O aumento da temperatura de uma coluna cromatográfica possibilita a elevação da pressão de vapor dos solventes utilizados e, com isso, facilita a formação de bolhas gasosas desses líquidos dentro do sistema. Essas bolhas produzem picos fantasmas nos cromatogramas, isto é, picos que não são relativos a nenhum componente da amostra.
- Tenha um sistema de controle de temperatura que proporcione uma distribuição da temperatura de forma bem homogênea, a fim de que as análises sejam reprodutivas.

Detectores

Desde o início do desenvolvimento da CLAE, diferentes detectores têm sido criados para atender aos diversos tipos de analitos determinados por essa técnica. O detector é, junto com a coluna cromatográfica, um dos principais componentes desse sistema analítico. De nada adianta possuir sistemas cromatográficos com elevados números de pratos teóricos, ou seja, com alta resolução, se os compostos separados por esses sistemas não são detectados de forma apropriada por detectores sensíveis aos solutos separados.

Os detectores empregados em CLAE trabalham continuamente durante uma corrida cromatográfica, pois avaliam os analitos dissolvidos no fluxo líquido da fase móvel que passa ininterruptamente por esses sistemas analíticos. Esses detectores possuem o custo mais elevado dentro de um sistema cromatográfico, devido às suas características, como arquitetura inerte a ataques químicos, robustez, sensibilidade e tecnologia envolvida.

A análise cromatográfica sempre busca obter cromatogramas com boas resoluções comprovadas a partir das larguras estreitas dos picos que aparecem nesses gráficos. Assim, picos estreitos resultam do deslocamento em bloco de todas as moléculas de um determinado analito que percorreram o sistema cromatográfico contidas em um pequeno volume de eluente (sem dispersão).

DICA

Picos estreitos resultam do deslocamento em bloco de todas as moléculas de um determinado analito que percorreram o sistema cromatográfico contidas em um pequeno volume de eluente (sem dispersão).

Um bom sistema detectivo deve ser rápido para perceber a passagem desse pequeno volume de analito presente no fluxo de fase móvel. Logo, ser rápido significa perceber a quantidade de analito que passa a cada instante e repassar essa informação ao sistema de aquisição de dados. Um detector é sensível a um componente da amostra quando ele consegue realizar várias medidas da concentração de um soluto presente na amostra em um curto espaço de tempo. Normalmente, esse espaço de tempo é o utilizado pelo analito para atravessar a célula de detecção do equipamento.

Na prática, para que um pico seja confiável, é recomendável que sejam obtidas, no mínimo, 20 leituras de intensidade do sinal analítico para a formação desse pico, ou seja, se um pico leva 1 segundo para ser formado, seriam necessárias 20 tomadas de intensidades nesse intervalo de tempo, isto é, uma a cada 50 milissegundos. Com essa quantidade de medidas, esse pico assume representatividade em relação à massa de analito presente na amostra (CHRISTIAN; DASGUPTA; SCHUG, 2014). A Figura 19.14 apresenta a formação de um pico cromatográfico com 20 aquisições de sinais analíticos.

DICA

Para um pico confiável, é recomendável obter, no mínimo, 20 leituras de intensidade do sinal analítico para a formação desse pico.

Uma análise cromatográfica pode durar mais de uma hora e, nesse tempo, os detectores devem apresentar linhas de base estáveis e sem ruídos. De uma forma geral, um bom detector deve:

- Possuir um pequeno volume morto, que compreende o volume das tubulações envolvidas no percurso da fase móvel desde o momento em que o eluente entra no detector até o local no qual ocorre a medida da análise. Esses pequenos volumes mortos auxiliam na diminuição dos alargamentos dos picos cromatográficos por dispersão do analito.

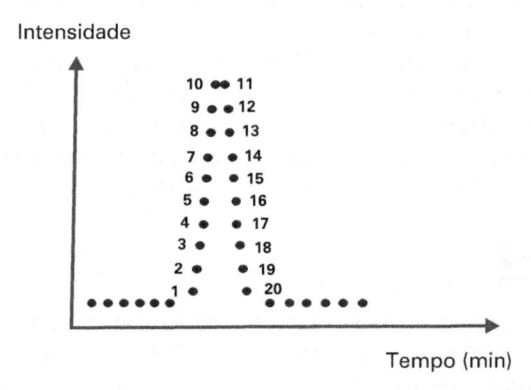

FIGURA 19.14 Gráfico mostrando o número de aquisições de dados de intensidade que devem formar um pico cromatográfico.

- Fornecer uma resposta que seja proporcional ao fluxo de massa instantânea de analito que está passando por esse aparelho, sendo que essa proporcionalidade deve ainda ser linear às faixas de concentrações dos analitos presentes na amostra.
- Proporcionar sinais intensos e de mesma magnitude em relação à massa de todos os analitos investigados na amostra, isto é, a intensidade da resposta do detector deve modificar o menos possível de soluto para soluto, pois isso pode interferir nas determinações quantitativas desses elementos.
- Possuir baixa inércia à detecção do analito. Inércia pode ser entendida como a demora ocorrida entre a passagem do analito e sua percepção pelo sistema detectivo, isto é, o detector deve possuir tempos de resposta mais rápidos.
- Proporcionar sinais que sejam estáveis ao longo do tempo, sem apresentar ruídos na linha de base dos cromatogramas, seja por interferências ocorridas devido a instabilidades elétricas, por modificação da composição de fases móveis, por pequenas variações na temperatura do sistema ou por pequenas oscilações no fluxo da fase móvel.

Quando um analista escolhe um sistema cromatográfico para utilizar em uma determinada aplicação, além de eleger as fases móvel e estacionária mais apropriadas, ele deve ter em mente qual tipo de detector proporcionará melhores resultados a esse sistema analítico. Nesse momento, o analista pode estabelecer critérios que sempre estão relacionados ao tipo de amostra utilizada. Os parâmetros de escolha de um detector podem estar relacionados a uma série de propriedades que classificam esses instrumentos em categorias conforme algumas propriedades apresentadas:

- **Quanto à diversidade de tipos de analitos determinados:** os detectores universal ou gerais são detectores utilizados para diversos tipos de analitos. Como exemplo, podemos citar os detectores de espectrometria de massa e os detectores de índice de refração (IR). Os detectores específicos ou seletivos são sensíveis a somente uma classe ou um tipo de analito. Podem ser utilizados em amostras complexas, pois são preparados para detectar somente certos tipos de analitos. Um exemplo de aparelho desta categoria são os detectores eletroquímicos capazes de determinar somente substâncias possuidoras de carga elétrica.
- **Quanto à destruição (ou não) da amostra:** os detectores não destrutivos não degradam os analitos durante a ação de determinação qualitativa e quantitativa: o analito passa pelo sistema detector, fornece a informação analítica e, ao sair do sistema, ainda se encontra na sua forma intacta. Como esses detectores não destroem a amostra, eles podem ser utilizados em arranjos de dois ou mais aparelhos dispostos em série. Nesses sistemas, também chamados de híbridos, os solutos passam pelo conjunto de detectores medindo propriedades diferentes que, muitas vezes, são complementares. O resultado dessa composição é uma análise mais detalhada da amostra, conseguindo mensurar analitos mesmo que não sejam efetivamente percebidos em algum dos detectores utilizados. Ou seja, um analito pode ser invisível a um detector e detectável em outro que utiliza um princípio físico-químico diferente para identificação e quantificação.

Dentre os detectores não destrutivos mais utilizados estão os espectrofotométricos de absorção de radiação na região do ultravioleta e visível e os detectores de índice de refração.

Os detectores destrutivos modificam quimicamente os analitos durante o processo de sua determinação analítica. Nesses equipamentos, os solutos são modificados para serem detectados. Um exemplo desse tipo de detector é o espectrômetro de massa.

Os detectores destrutivos também podem ser utilizados dispostos em série, bastando que estejam posicionados por último nos sistemas de análise. Assim, os solutos podem ser identificados primeiro em detectores não destrutivos e, posteriormente, em detectores destrutivos. Um exemplo dessa configuração seria os analitos passarem primeiro por um detector espectrofotométrico de absorção de radiação na região do ultravioleta e, em seguida, serem analisados em um espectrômetro de massa.

Existe uma gama de detectores para utilização em cromatografia líquida de alta eficiência, mas os detectores de absorção de radiação na região do ultravioleta e visível e os detectores que medem o índice de refração dos analitos são os preferidos.

Detector de absorbância na região do ultravioleta e no visível

O detector espectrofotométrico funciona sempre que analitos presentes na fase móvel absorvam radiação nas regiões espectrais utilizadas. Estas regiões vão desde o ultravioleta até o infravermelho. Esses detectores possuem certo caráter universal, pois são muitos os compostos que possuem em suas estruturas as características que provocam a absorção de radiação nesta região.

Dentre as características apresentadas por inúmeros analitos que proporcionam a absorção de radiação está a presença de:

- elétrons pertencentes a ligações pi e elétrons desemparelhados;
- ligações duplas conjugadas (–C=C–C=C–);
- iodo, enxofre, bromo na estrutura química dos analitos;
- grupos funcionais orgânicos, como grupo carbonila (–C=O), grupo nitro (–NO_2), e íons inorgânicos, como NO_2^-, NO_3^-, I^-, Br^-.

Os detectores que utilizam a absorção de radiação na região do ultravioleta e visível, conforme sua arquitetura e tecnologia empregada, são subdivididos em três configurações: os detectores fotométricos, os espectrofotométricos e os de rede de diodos. A seguir estes detectores são descritos em termos de suas características de funcionamento e estrutura.

Detectores fotométricos

Nesses equipamentos, são utilizadas somente radiações com comprimentos de onda específicos, tal como no emprego de lâmpadas de mercúrio que liberam radiações com comprimentos de onda em 254 e 280 nm. As radiações geradas pelas fontes desses instrumentos podem ser absorvidas por muitos grupos funcionais orgânicos quando estes passam pelo interior de uma célula de fluxo. A célula de fluxo é o local em que ocorre a absorção de radiação pelo analito que está diluído na fase móvel. Esta absorção de radiação por parte do analito está associada com a sua massa pela relação conhecida como lei de Lambert-Beer.

Capítulo 19 ♦ Cromatografia e outras separações químicas **347**

A Figura 19.15 apresenta uma célula de medida de absorbância de luz pelo fluxo de fase móvel mais analito. Esta célula tem formato em "Z" e possui um volume interno de, no máximo, 10 μl. Esse pequeno volume é utilizado para evitar que ocorra o espalhamento do analito no interior da célula, impedindo, assim, o alargamento dos picos cromatográficos. Essas células também apresentam duas janelas de quartzo, uma em cada extremidade do dispositivo de fluxo. As janelas empregadas são de quartzo porque este material não absorve radiação na região do ultravioleta.

A radiação que passa por essa célula de leitura é gerada em uma fonte que pode ser uma lâmpada de mercúrio, zinco, cádmio, deutério ou xenônio. As fontes são classificadas, conforme o tipo de radiação fornecida, em dois tipos:

- **Fontes de linhas espectrais:** são fontes que fornecem somente radiações com comprimentos de onda específicos para a absorção de radiação. Como exemplo estão as lâmpadas de mercúrio que fornecem radiação nos λ de 254, 280 e 365 nm, e as lâmpadas de zinco que liberam radiações em λ de 229 e 326 nm.
- **Fontes contínuas:** as fontes contínuas liberam radiação em um intervalo de comprimentos de onda, como no caso das fontes de deutério, que fornecem radiação de 190 a 360 nm.

Após a radiação ser produzida pela fonte, essa ruma em direção à célula de leitura, passando antes por um filtro que separa exatamente o comprimento de onda (λ) planejado para a determinação. A Figura 19.16 mostra o caminho da radiação dentro do detector fotométrico. Esse percurso compreende:

1. A geração da radiação em uma fonte de luz UV-Vis. Esta fonte pode criar radiações contínuas ou em linhas espectrais.
2. Após ser gerada, a radiação atravessa um filtro que seleciona o comprimento de onda da luz que irá incidir na célula de fluxo.

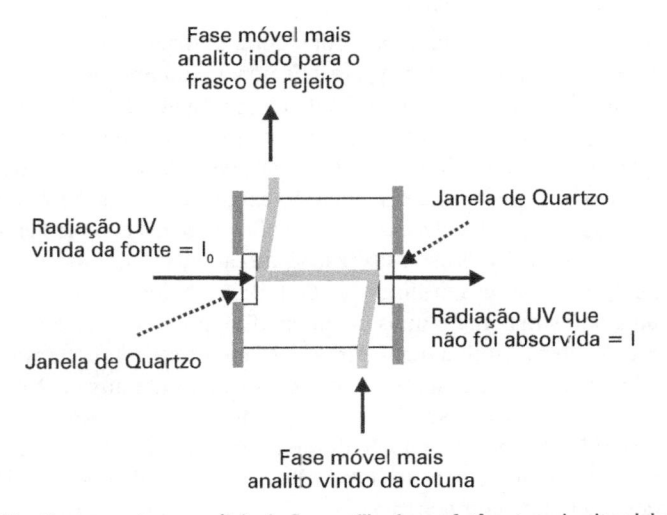

FIGURA 19.15 Esquema de uma célula de fluxo utilizada em fotômetros de ultravioleta.

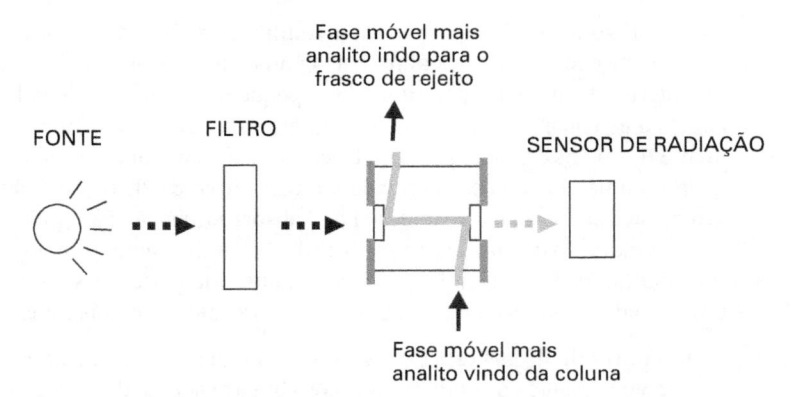

FIGURA 19.16 Esquema mostrando caminho óptico de uma radiação dentro de um detector fotométrico.

3. Na célula de fluxo, ocorre a absorção de energia pelo analito solubilizado na fase móvel. Ao deixar a célula de fluxo, a radiação não absorvida incide sobre o sensor do equipamento.
4. No sensor, os fótons da radiação são transformados em sinais elétricos, que são convertidos em picos cromatográficos.

Alguns fotômetros ainda apresentam a possibilidade de emprego de um conjunto de filtros que podem ser facilmente trocados. Desta forma, a radiação incidente na amostra é escolhida conforme o filtro utilizado. Esses conjuntos de filtros somente podem ser utilizados se forem empregadas fontes que forneçam radiações em intervalos contínuos de comprimentos de onda, como no caso das lâmpadas de deutério e xenônio.

Detectores espectrofotométricos

Nesses detectores, um monocromador é utilizado no lugar do filtro da Figura 19.16. Este monocromador serve para selecionar o comprimento de radiação que incide sobre a célula de fluxo. A escolha do comprimento de onda em um detector é realizada pelo ajuste do conjunto óptico (prismas e fendas ou redes de difração e fendas) até que a radiação desejada seja alcançada. Os detectores espectrofotométricos são mais práticos que os fotômetros, pois não exigem a retirada e introdução de novos filtros a cada vez que se faz necessária a escolha de outro comprimento de onda.

Nos fotômetros, a utilização de radiação com um comprimento de onda específico pode ser um limitador da utilização desse tipo de detector. Isso porque, se uma amostra contém mais de um analito, pode ocorrer que o comprimento de onda escolhido no equipamento sirva para mensurar um determinado analito e não seja adequado para mensurar outro componente da amostra. No primeiro caso, o comprimento de onda escolhido no equipamento é o mesmo no qual ocorre a máxima absorção de energia pelo analito em questão. No segundo caso, o comprimento de onda utilizado no detector não coincide com o λ de máximo de absorção de radiação deste segundo componente.

Detectores de arranjos lineares de fotodiodos

Este detector, também conhecido como DAD (do inglês *Diode Array Detector*), é constituído por um sistema no qual a amostra é irradiada por uma fonte contínua de luz. Nesse equipamento, todas as radiações do espectro de UV entram em contato com a fase móvel, contendo ou não os analitos. Após a radiação incidir sobre o analito que está passando pela célula de fluxo, ocorre a absorção de parte dessa radiação. A radiação remanescente (que não é absorvida) passa pela célula de fluxo e incide em uma rede de difração, que a espalha sobre uma malha de fotodiodos. Esses fotodiodos atuam como microdetectores individuais, analisando, assim, a absorção de radiação ocorrida em todos os comprimentos de onda da região de radiação do ultravioleta.

A Figura 19.17 mostra um esquema de como a radiação emergente da célula de fluxo incide sobre uma rede de difração, sendo, então, espalhada e direcionada para um conjunto de diferentes fotodiodos. Os fotodiodos percebem a intensidade de cada radiação, formando, então, um único espectro. Esse espectro, contendo todo o intervalo de radiação da região do ultravioleta, é obtido a todo o momento da corrida cromatográfica.

A grande vantagem do detector de rede de fotodiodos é que ele analisa uma faixa de comprimentos de onda, sendo mais amplo e apropriado à existência de moléculas na amostra que absorvam radiação em diferentes regiões do espectro de UV. Ao comparar os detectores de arranjos lineares de fotodiodos com os fotômetros e espectrofotômetros percebemos que, devido ao fato desses detectores perceberem radiação de um único comprimento de onda, os mesmos são menos apropriados para serem utilizados em amostras constituídas por mistura de componentes. Isto porque esse tipo de amostra pode possuir elementos que possuam diferentes comprimentos de onda nos quais ocorrem os máximos de absorção de radiação.

Essa característica de averiguar simultaneamente a absorção de radiação em todo o espectro de UV, realizado pelo sistema de grades de fotodiodos, permite a análise de diferentes moléculas presentes em uma mesma amostra. Essas moléculas, mesmo absorvendo radiação em diferentes regiões do espectro de UV, podem ser

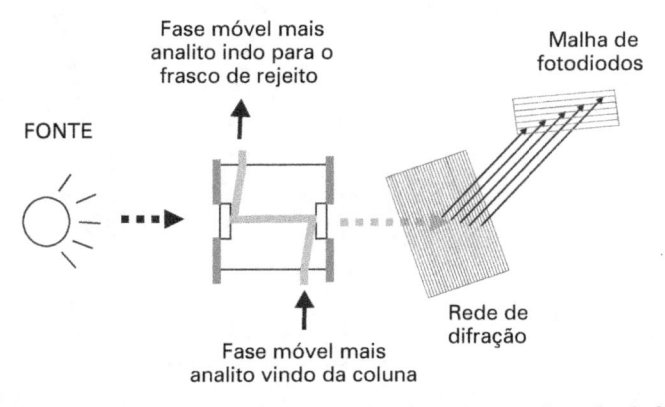

FIGURA 19.17 Esquema mostrando o funcionamento de um detector de malha de fotodiodos.

identificadas de forma qualitativa por meio de seu espectro, e de maneira quantitativa pela área dos seus respectivos picos gerados no cromatograma.

A Figura 19.18 apresenta um cromatograma com picos que representam dois compostos, (A) e (B), com estruturas e propriedades ópticas diferentes. O composto (A) apresenta um espectro de absorbância de radiação na região do UV totalmente diferente da região do espectro na qual ocorre a absorção de energia do composto (B). Essa diferenciação só é executada com esse tipo de detector, pois ele trabalha incidindo sobre a amostra radiações com todos os comprimentos de onda do espectro de ultravioleta.

O emprego do detector de malha de fotodiodos permite comparar os espectros dos analitos obtidos durante a corrida cromatográfica com espectros adquiridos individualmente em espectrofotômetros de absorção de radiação ultravioleta. Com essa comparação, é possível confirmar a pureza dos compostos que fazem parte da mistura contida na amostra.

Outra vantagem desse tipo de detector é que a área do sinal gerado no cromatograma sempre levará em conta a região do espectro na qual cada analito absorve radiação, e isso aprimora as medidas para a obtenção de dados quantitativos. Para exemplificar a vantagem desse detector em relação aos fotômetros e espectrofotômetros, descrevemos a seguinte situação hipotética.

Em uma análise cromatográfica de CLAE na qual uma amostra é constituída por dois componentes que apresentam concentrações iguais a 10 $\mu g/l$ e absorbâncias

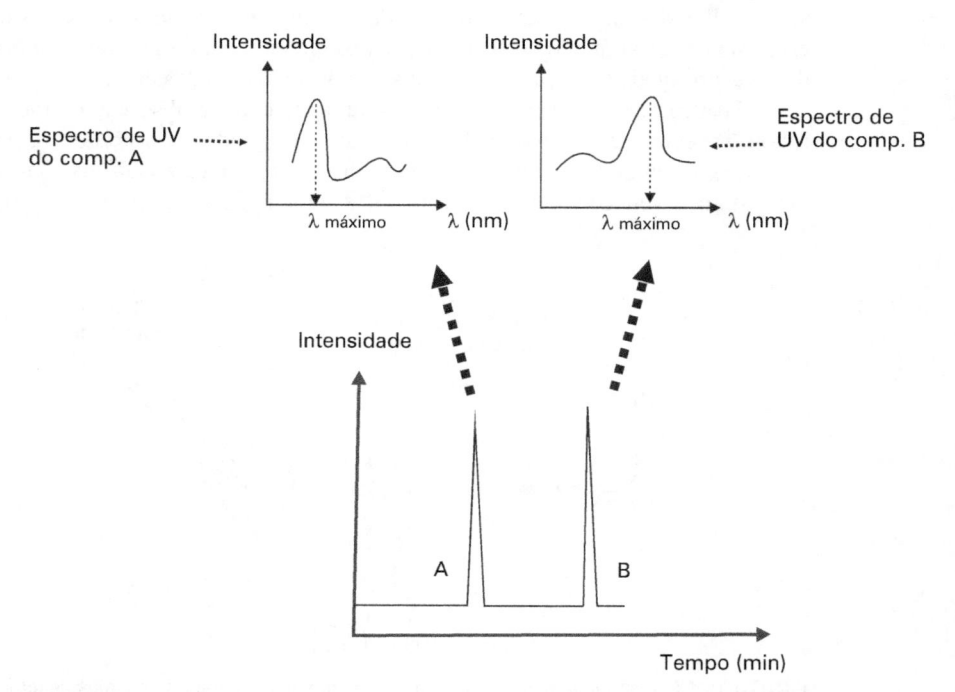

FIGURA 19.18 Gráfico mostrando que, para cada pico cromatográfico, existe um espectro de UV.

de radiação em diferentes regiões do espectro de UV, é possível obter dois tipos de respostas em relação aos detectores utilizados.

- **Ao utilizar fotômetros ou espectrofotômetros:** Nesses detectores, somente um comprimento de onda será utilizado para a obtenção dos sinais que formam os picos cromatográficos. Assim, um dos componentes da amostra (o que absorve no mesmo comprimento de onda utilizado no equipamento) terá sua concentração mais bem representada pela área do pico gerado no cromatograma. No entanto, o outro componente (que não absorve na mesma região do λ utilizado no equipamento) apresentará menor absorbância e, com isso, resultará em uma menor área do pico cromatográfico gerado. Assim, independentemente de as concentrações desses compostos serem iguais na amostra, uma das áreas apresentadas não será proporcional à concentração de analito.

- **Ao utilizar detectores de redes de fotodiodos:** Nesses detectores, as áreas dos picos cromatográficos são obtidas com base nas respectivas regiões espectrais de maior absorbância de radiação de cada componente. Assim, apresentadas nos picos cromatográficos são mais representativas da concentração de cada analito investigado, bastando, para tal, que estes compostos absorvam radiação na região espectral do ultravioleta.

Entre as características de funcionamento dos detectores espectrofotométricos está o limite de detecção de 1nanograma de analito e a faixa linear de análise que varia em torno de 1.000 vezes, considerando o menor valor detectado.

IMPORTANTE

Os detectores espectrofotométricos têm limite de detecção de 1 nanograma de analito e faixa linear de análise que varia em torno de 1.000 vezes, considerando o menor valor detectado.

Detector de índice de refração

O detector de índice de refração (IR) tem seu funcionamento baseado no fato de que os eluentes utilizados como fases móveis em CLAE modificam seus índices de refração conforme a quantidade de solutos presentes neles. O grau de modificação desse índice pode ser, então, relacionado com a concentração do analito que passa pela célula de detecção. Existem diferentes tipos de detectores de índice de refração e todos eles monitoram a diferença entre o índice de refração da fase móvel isenta de analitos com a fase móvel contendo os analitos solubilizados. Apesar de seu caráter universal, este detector possui sensibilidade limitada, sendo, no mínimo, duas ordens de grandeza menos sensíveis do que os detectores espectrofotométricos. Os detectores de índice de refração também não podem ser utilizados em sistemas cromatográficos que apresentem pequenas modificações na composição da fase móvel. Outra limitação desses detectores é o fato de eles não poderem operar em sistemas que possuam fases móveis com oscilações de temperatura. Esse problema decorre porque o IR da fase móvel é alterado pela modificação da temperatura em que ela se encontra, assim, essas alterações influenciam nos IR e, por consequência, na exatidão e precisão dos dados obtidos. Logo, para evitar oscilações indesejáveis no índice de refração, esses detectores possuem sistemas que controlam a temperatura da célula de detecção, tornando-a constante, ou seja, isotérmica.

Entre as características de funcionamento desses detectores está o fato de eles alcançarem limites de detecção em torno de 1 nanograma de analito e comportarem uma faixa de leitura que varia linearmente em até 1.000 vezes.

IMPORTANTE

Os detectores de índice de refração alcançam limites de detecção em torno de 1 nanograma de analito e comportam uma faixa de leitura que varia linearmente em até 1.000 vezes.

Além dos detectores clássicos já mencionados, há outros instrumentos de detecção que podem ser incorporados ao cromatógrafo, listados a seguir.

Detectores eletroquímicos

Os detectores eletroquímicos utilizados em cromatografia podem ser classificados em amperométricos ou coulométricos. O processo de obtenção da informação analítica do sinal cromatográfico baseia-se na ocorrência de reações químicas de redução ou oxidação dos analitos presentes na fase móvel. Estas reações ocorrem quando os solutos contidos na fase móvel passam através da célula de detecção. Neste compartimento, estão posicionados dois eletrodos que proporcionam um potencial elétrico constante responsável pela criação de uma corrente elétrica no momento da reação eletroquímica. Ao ser criada, essa corrente elétrica é, então, associada à massa do analito que reagiu no sistema, gerando assim o pico cromatográfico. Por utilizar potenciais elétricos constantes, essas medidas possuem caráter amperométrico.

Dentre os analitos que podem ser determinados por esses detectores estão os fenóis, as aminas, as cetonas e os peróxidos. Esses detectores possuem, na média, uma sensibilidade que pode chegar a 1.000 vezes a obtida nos detectores espectroscópicos. Estes detectores apresentam limites de determinação na ordem de 100 picogramas, ou seja, 100×10^{-12} gramas, ou ainda 0,0000000001 grama.

IMPORTANTE

Os detectores eletroquímicos possuem uma sensibilidade que pode chegar a 1.000 vezes a obtida nos detectores espectroscópicos e limites de detecção na ordem de 100 picogramas.

Detector de condutividade elétrica

Os detectores de condutividade elétrica são aplicados para sistemas em que a fase móvel é um solvente não iônico, e os solutos dissolvidos são íons. A geração do sinal cromatográfico, nesse sistema, ocorre quando a fase móvel, inicialmente neutra, apresenta condutividade elétrica devido à passagem dos analitos iônicos por esse sistema detectivo. Esse tipo de detector pode ser utilizado em cromatografia iônica, mas devem ser retirados desse sistema os íons pertencentes à fase móvel. Para o processo de remoção de íons do solvente da fase móvel, normalmente são utilizadas membranas ou colunas supressoras, ou seja, trocadoras de íons que permutam os íons OH^- e H^+ por moléculas de água.

Esses detectores apresentam limites de detecção na ordem 0,1 nanograma e realizam análises mantendo a linearidade em uma faixa de 5 décadas de valores.

> **IMPORTANTE**
>
> Os detectores de condutividade elétrica possuem limites de detecção na ordem de 0,1 nanograma e linearidade nas análises em uma faixa de 5 décadas de valores.
> Cinco décadas representam que a linearidade dos valores passíveis de serem obtidos pode variar de 1 até 10.000 unidades de intensidade.

Detector evaporativo por espalhamento de luz (ELS, do inglês Evaporative Light Scattering)

Este detector pode ser utilizado em amostras nas quais os solutos são bem menos voláteis do que a fase móvel. O processo de formação do sinal cromatográfico consiste em evaporar o solvente até que o soluto presente na amostra passe para a forma física de pequenas partículas sólidas que, então, dispersarão um feixe de laser incidente. O espalhamento da luz do laser incidente ocorre sobre a superfície de um fotodiodo que, então, registra a intensidade espalhada. Nesse tipo de detector, quanto maior for a massa de analito presente na fase móvel, maior será o espalhamento da luz provocado e, por consequência, maior será a área do pico cromatográfico. Normalmente, esse detector possui limite de detecção na ordem de 5 µg, trabalhando com uma faixa linear de medidas de 5 décadas.

> **IMPORTANTE**
>
> O detector evaporativo por espalhamento de luz possui limite de detecção na ordem de 5 µg, trabalhando com uma faixa linear de medidas de 5 décadas.

Detector de espectrometria de massas

Este detector fragmenta as moléculas dos analitos contidas na fase móvel por um processo de ionização gerado por filamentos incandescentes. Essa fragmentação origina estruturas químicas carregadas eletricamente, passíveis de serem medidas em termos da razão entre a massa e a carga elétrica do fragmento gerado. O perfil de fragmentações gerado pode, então, ser comparado com uma biblioteca de espectros para confirmação da estrutura química que está deixando a coluna cromatográfica. Com essa comparação, é possível afirmar a identidade do composto que está produzindo o pico cromatográfico. O maior problema dessa técnica é a necessidade de evaporação da fase móvel líquida, pois o espectrômetro de massa trabalha com a admissão de gases e não de líquidos. Normalmente, esse detector possui limite de detecção menor que 1 picograma, trabalhando com uma faixa linear de medidas de 5 décadas.

IMPORTANTE

O detector de espectrometria de massas possui limite de detecção menor que 1 picograma, trabalhando com uma faixa linear de medidas de 5 décadas.

Desenvolvimento do método cromatográfico

O sucesso de uma análise cromatográfica baseia-se na aplicação de um método adequado para a separação, identificação e quantificação dos analitos presentes na amostra. Para as melhores condições de separação, é necessário selecionar tanto a fase estacionária (em termos de constituição) quanto a melhor fase móvel capaz de separar os analitos durante a realização da análise.

DICA

Para cada grupo de analitos com polaridades específicas, existe um melhor sistema cromatográfico a ser utilizado. Quando não são conhecidas as melhores condições para a realização das análises cromatográficas, deve-se desenvolver o método de análise.

A escolha das fases (móvel e estacionária) para ser aplicada em uma análise cromatográfica depende da composição da amostra. Quando várias substâncias com diferentes polaridades formam a amostra, primeiro é necessário reter por mais tempo algumas dessas substâncias, enquanto outras são liberadas. Esse procedimento é realizado pela escolha das polaridades certas das fases envolvidas.

Um exemplo da manipulação das polaridades das fases estacionária e móvel é a separação de uma substância menos polar em relação a um grupo de outros compostos mais polares que formam uma dada amostra. Nesse caso, é necessário utilizar uma fase estacionária polar que atraia mais as substâncias polares da amostra, retendo-as por mais tempo na coluna, enquanto a substância de interesse (menos polar) está sendo separada do resto dos componentes da amostra por eluição mais facilitada da coluna.

Quando os componentes de uma amostra possuem polaridade semelhante, uma boa prática na montagem de sistemas cromatográficos em CLAE é o emprego de duas condições:

1. A fase estacionária deve possuir certa semelhança em termos de polaridade em relação ao analito.
2. A fase móvel deve possuir polaridade diferenciada em relação ao analito e à fase estacionária.

IMPORTANTE

Em termos práticos, deve-se evitar a utilização de uma fase móvel com polaridade muito semelhante à polaridade dos analitos porque isso faz com que todos os compostos sejam eluídos ao mesmo tempo do sistema cromatográfico, não ocorrendo, desta forma, as separações pretendidas. Outra informação importante é que o exagero de semelhança de polaridade entre a fase estacionária e os analitos não é interessante, pois acarreta longos períodos de tempo para ocorrer a eluição desses compostos, isto é, as análises acabam sendo dispendiosas em termos de tempo.

Em análises cromatográficas utilizando CLAE, o conhecimento qualitativo dos níveis de polaridade apresentados, tanto por grupos pertencentes às fases estacionárias quanto por constituintes da fase móvel, é fundamental para projetar um bom sistema de separação e análise. O conhecimento da polaridade relativa entre esses grupos auxilia na programação de um bom método cromatográfico.

Assim, os grupos funcionais orgânicos apresentam a seguinte ordem de polaridade: hidrocarbonetos alifáticos < olefinas < hidrocarbonetos aromáticos < haletos < sulfetos < éteres < compostos nitro < ésteres ≅ aldeídos ≅ cetonas; álcoois ≅ aminas < sulfonas < sulfóxidos < amidas < ácidos carboxílicos < água.

Esta classificação em termos de polaridade também é observada nos solventes utilizados nas fases móveis. Neste caso, esses apresentam polaridades crescentes, conforme observado na seguinte sequência de polaridades: hexano e cicloexano < propanol < tetraidrofurano < etanol < metanol < acetonitrila < água.

Análises isocráticas e não isocráticas

As análises em CLAE são classificadas quanto ao perfil de polaridade da fase móvel em função do tempo como isocráticas e não isocráticas. Nas análises isocráticas, a proporção entre os eluentes (que compõem a fase móvel) ao longo da corrida não é modificada, ou seja, se a corrida começa com fase móvel composta por 80% de água e 20% de acetonitrila, esta proporção será mantida constante até o final da análise. As análises isocráticas são menos eficientes na eluição de todos os componentes da amostra em relação às análises não isocráticas. Essa baixa eficiência ocorre quando a amostra é constituída de analitos de diferentes polaridades.

IMPORTANTE

As análises isocráticas são menos eficientes na eluição de todos os componentes da amostra em relação às análises não isocráticas.

A baixa capacidade de eluir analitos com diferentes polaridades do modo isocrático se deve à constante polaridade apresentada pela fase móvel. Essa constância faz com que somente os solutos que possuem polaridades semelhantes à polaridade da fase móvel deixem a coluna cromatográfica em tempos inferiores, enquanto outros compostos de polaridade diferente a da fase móvel saem da coluna em elevados espaços de tempo, o que torna a análise demasiadamente demorada.

Nas determinações não isocráticas, a proporção entre os eluentes da fase móvel é variada em função de uma programação predeterminada. Este procedimento permite otimizar a eluição de solutos com diferentes polaridades presentes em uma amostra de análise cromatográfica. Em outras palavras, essas modificações na constituição da fase móvel permitem a eluição de compostos não semelhantes (em termos de polaridade) na mesma corrida cromatográfica.

Em análises com gradiente de fase móvel, os solutos que não eluem facilmente no início de uma corrida (por não serem atraídos pela fase móvel), com a modificação da sua composição (tornando-a mais polar, por exemplo) passam a ser eluídos por essa fase, permitindo que a análise se realize em menores espaços de tempo.

A programação do gradiente de composição da fase móvel é essencial para que ocorra uma boa separação cromatográfica. A seguir é apresentado um exemplo de programação que modifica a composição de uma fase móvel ao longo de uma análise:

- No início da corrida cromatográfica, a concentração da fase móvel é menos polar (pois ela contém menos água em relação ao solvente orgânico utilizado) e, com isso, os solutos menos polares são eluídos pelo sistema cromatográfico.
- Ao longo da corrida cromatográfica, aos poucos a concentração do eluente mais polar (normalmente a água) é aumentada, de maneira que a fase móvel seja capaz de eluir as substâncias mais polares inicialmente retidas na fase estacionária.

Uma desvantagem de modificar a composição da fase móvel ao longo da corrida cromatográfica é o possível impedimento de utilizar alguns tipos de detectores, como os de índice de refração e ultravioleta (este último quando a fase móvel absorve radiação na região do UV).

O desenvolvimento de um método cromatográfico (seja isocrático ou não isocrático) pode ser facilitado pela utilização de métodos padrão já estabelecidos na literatura para determinados analitos. Nesses métodos, tanto a fase móvel como a estacionária e detectores já estão descritos para que o usuário obtenha a informação analítica. Na maioria dos casos, basta o analista implementar o método em seus aparelhos e realizar as respectivas calibrações (com substâncias padrão injetadas no sistema cromatográfico). Quando não for este o caso, o analista precisará desenvolver o método cromatográfico, e torna-se extremamente necessário o conhecimento de algumas propriedades da amostra (como polaridade, tipo de estrutura química, entre outras características) para que se "jogue" com fases móveis, fases estacionárias e detectores apropriados. Neste caso o desenvolvimento desses métodos é chamado de metodologia. O sucesso da realização de uma análise química está condicionado à determinação exata da quantidade de analito presente na amostra. Nesse sentido, uma condição ideal de análise é aquela na qual somente o analito presente na amostra entra em contato com o sistema de detecção. Nesse sistema ideal, qualquer outro componente da amostra que não for o analito fica à parte, não influenciando na determinação. Porém, essa condição mencionada não é encontrada na maioria das análises, pois, normalmente, as amostras são complexas, sendo constituídas por diversas substâncias que podem interferir no resultado da determinação.

Os compostos presentes em uma amostra que não são a substância de interesse e que influenciam no resultado de uma análise por proporcionarem erros sistemáticos a ela são denominados interferentes. Esses agentes podem aumentar ou diminuir os valores dos resultados proporcionados por uma análise química devido à interação deles tanto com o sistema detector quanto com o próprio analito.

DEFINIÇÃO

Interferentes são os compostos presentes em uma amostra que não são a substância de interesse e que influenciam no resultado de uma análise por proporcionarem erros sistemáticos a ela.

O erro sistemático é um erro que ocorre frequentemente proporcionando sempre um mesmo perfil de variação no resultado da análise. No caso de interferentes que agem no sistema de detecção, a ação desses agentes estranhos à análise está baseada no fato de eles mesmos possuírem características físicas e químicas semelhantes às apresentadas pelo analito, ou por produzirem efeitos iguais aos que o analito produz sobre o sistema de detecção. Ao produzir esses efeitos, os interferentes são percebidos pelo detector como se fossem o próprio analito, causando um sinal superestimado.

DEFINIÇÃO

Erro sistemático é um erro que ocorre frequentemente proporcionando sempre um mesmo perfil de variação no resultado da análise.

Um exemplo da interferência provocada por compostos indesejáveis sobre o detector é a causada pela dispersão da luz ocorrida em análises espectrofotométricas que determinam analitos que absorvem radiação em amostras turvas (amostras constituídas de suspensões de sólidos). Neste tipo de análise, ocorre uma diminuição da intensidade da radiação pelo espalhamento da luz incidente, quando ela incide sobre essas partículas. Normalmente, esse tipo de diminuição da radiação é entendido erroneamente como absorção de radiação pelo analito investigado.

Já a influência dos interferentes sobre o analito ocorre devido às possíveis interações químicas e/ou físicas que esses compostos realizam com a substância a ser analisada, podendo diminuir o sinal proporcionado pelo analito. Essas interações, quando provocadas por reações químicas, podem produzir uma atenuação, ou seja, a diminuição do sinal de resposta por reduzirem a disponibilidade do analito ao sistema detector. Em outras palavras, a forma investigada pelo detector já não é mais a mesma, pois o analito modificou sua configuração química após reagir com o interferente, não sendo mais assim percebido pelo instrumento detector.

Um exemplo da atenuação de um sinal analítico por formação de uma estrutura nova envolvendo o analito e interferentes é a produção de compostos estáveis gerados quando íons metálicos entram em contato com substâncias orgânicas presentes nas amostras. Esses compostos formados são mais estáveis do que os complexos formados entre íons metálicos e agentes cromóforos. Assim, estes analitos acabam não se ligando a agentes cromóforos utilizados nas determinações analíticas e, por esta razão, não são percebidos em sistemas de análise de espectroscopia molecular.

Nesse sentido, para eliminar ou diminuir os interferentes de uma amostra, são aplicadas as chamadas separações analíticas. Estas separações possuem a função de disponibilizar o analito na íntegra para a realização da determinação analítica.

A separação analítica não é um evento espontâneo, pois necessita de energia para sua realização, sendo sempre acompanhada pela diminuição da entropia do sistema. Quanto mais complexa for a amostra, mais energia será necessária para que ocorra a separação do analito do restante da matriz da amostra. A entropia é uma propriedade do sistema que mede o seu estado de organização, ou seja, quanto maior é a entropia de um sistema, menor é o seu estado de organização.

DEFINIÇÃO

A entropia é uma propriedade do sistema que mede o seu estado de organização; quanto maior for a entropia de um sistema, menor será o seu estado de organização.

A Figura 19.19 apresenta simbolicamente três tipos de separações analíticas. Cada separação da figura representa uma situação provável de ocorrer no cotidiano dos laboratórios, sendo a seguir descritas:

- Na separação em (A), o analito é totalmente separado do restante da matriz da amostra. Nesta separação deve-se ter o cuidado de que não fique algum resto do composto de interesse na matriz amostral inicialmente tratada.
- Na separação em (B), todos os componentes da matriz da amostra são separados, podendo ser investigada tanto a concentração do analito quanto as concentrações dos outros constituintes da amostra.
- Na separação em (C), o analito e outro componente da amostra são retirados da matriz do material de partida. Normalmente, o composto que acompanha o analito é o próprio solvente no qual ele estava dissolvido. O composto que acompanha o analito em (C) ainda pode ser outro material possuidor de características físicas e químicas muito semelhantes às do analito, sendo esta a causa da impossibilidade de separação deste do composto de interesse.

Para separar um analito de uma matriz complexa é necessário utilizar métodos de separação que se baseiam nas características do analito, como volatilidade, solubilidade, carga, tamanho da molécula, forma estrutural e polaridade. Normalmente, os métodos de separação analítica utilizam a passagem física do analito de uma fase para outra fase durante a aplicação de técnicas, como a destilação, a extração, a troca iônica e as técnicas cromatográficas. Há também métodos de separação que se baseiam na transformação física do analito. Nesses métodos, um soluto que está na forma líquida pode ser separado ao passar para o estado sólido, seja por mudança de fase, seja por reação química. Um exemplo desse tipo de separação são as precipitações analíticas. A Tabela 19.1 apresenta uma lista com alguns métodos de separação

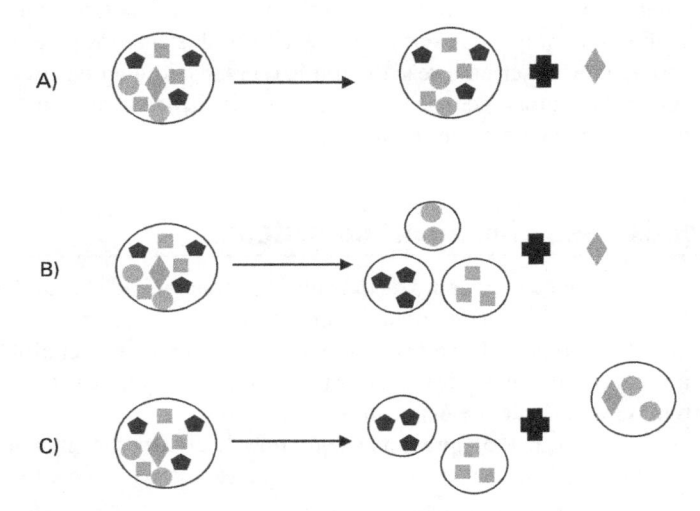

FIGURA 19.19 Esquema apresentando três tipos de separações analíticas: Em (A), a separação do analito é total; em (B), ocorre a separação de todos os componentes da amostra; e, em (C), acontece a separação parcial dos componentes da amostra.

TABELA 19.1 Métodos de separação e seus princípios

Método de separação	Princípio utilizado
Destilação	Temperaturas de ebulição diferentes dos compostos presentes na amostra
Precipitação e filtração	Solubilidades diferentes dos compostos presentes na amostra
Extração	Solubilidades diferentes do analito em dois líquidos imiscíveis
Troca iônica	Interação dos componentes da amostra com uma resina de troca iônica ocorrendo de forma diferente
Cromatografia	Velocidade de movimentação de solutos diferentes quando eles passam por uma fase estacionária
Eletroforese	Velocidade de migração de espécies com cargas diferentes em um campo elétrico
Fracionamento por campo e fluxo	Interação com um campo ou gradiente aplicado perpendicularmente à direção de transporte diferente

analítica, bem como os princípios físicos e químicos utilizados em cada um desses processos.

As separações, além de isolar o analito, podem servir para identificar os componentes da amostra. Um exemplo desse tipo de aplicação são as separações cromatográficas, utilizadas nas análises cromatográficas, nas quais os constituintes da amostra podem ser separados, identificados e quantificados simultaneamente. De uma forma geral, a cromatografia analítica é uma excelente ferramenta para determinação qualitativa e quantitativa de analitos em uma amostra constituída por uma mistura dos mesmos. Esta qualidade esta baseada na associação entre a separação e determinação que ocorrem de forma concomitante durante a análise. Já a cromatografia preparativa visa somente à separação dos analitos para uma posterior aplicação, que pode ser uma reação química ou mesmo uma purificação. A seguir, serão abordadas outras técnicas que podem ser utilizadas para isolar os constituintes de uma amostra para posterior aplicação.

Separações baseadas no pH do sistema

A separação de um analito de uma matriz amostral pode ser administrada pela modificação do pH do meio no qual a amostra está inserida. O processo de separação por modificação do pH ocorre devido a deslocamentos nos equilíbrios de dissociação dos compostos presentes na amostra para formas químicas e físicas passíveis de serem removidas do meio amostral.

A equação (15) apresenta o equilíbrio de dissociação envolvendo um ácido fraco: Para o analito ácido (HA), este pode ser dissociado conforme a equação 1:

$$HA_{(aq)} \rightleftharpoons H^+_{(aq)} + A^-_{(aq)} \qquad (15)$$

em que (HA) representa a forma molecular (neutra) do ácido em questão, e os compostos (H^+) e (A^-) representam os íons resultantes da ionização da molécula (HA).

Utilizando o equilíbrio entre (HA) e suas formas ionizadas, é possível separar somente a espécie (HA) da amostra ao realizar dois procedimentos consecutivamente. O primeiro procedimento é deslocar o equilíbrio para o lado da equação que apresenta a forma neutra (HA). Esse procedimento é realizado com a acidificação do meio amostral. Após esse processo, adiciona-se um solvente neutro no qual a espécie (HA) será solubilizada e separada analiticamente da amostra investigada.

Em separações baseadas na modificação do pH, primeiro se altera o pH para que o analito fique na forma mais adequada, seja ela neutra ou iônica. Depois de modificar a forma do analito (pelo deslocamento do equilíbrio), este é solubilizado em outro solvente que tenha características (como polaridade) semelhantes às desta substância de interesse. Ou seja, partindo do princípio de que semelhante dissolve semelhante, podemos deslocar o equilíbrio de dissociação de várias substâncias a fim de produzir compostos neutros que sejam solúveis em solventes neutros. Esses equilíbrios ainda podem ser deslocados para a forma iônica do analito que é solúvel em solventes polares. Assim, solventes neutros são utilizados para separarar compostos nos seus estados moleculares, enquanto solventes polares são empregados para separar compostos iônicos.

> **DICA**
>
> Solventes neutros são utilizados para separarar compostos nos seus estados moleculares.
> Solventes polares são empregados para separar compostos iônicos.

O ajuste do pH do sistema também serve para isolar íons metálicos do meio amostral. Esta separação pode ocorrer em meios ácidos concentrados, em meios básicos concentrados e em meios tamponados em pH intermediário. Estes três tipos de separação são detalhados a seguir (SKOOG et al., 2006):

Separações em meios ácidos concentrados

Neste tipo de separação é utilizada a adição de ácido nítrico concentrado aquecido sobre a amostra, o que resulta na formação de precipitados de óxidos de Ta(V), W(VI), Si(IV), Nb(V), Sn(IV) e Sb(V). Este tipo de agente precipitante não gera precipitado com a maioria dos íons metálicos.

Separações em meios básicos concentrados

Neste tipo de separação é utilizada a adição de hidróxido de sódio e peróxido de sódio concentrado à amostra. Esta adição resulta na formação de hidróxidos de Fe(III), de compostos conhecidos como terras raras e da maioria dos íons de carga +2. Este tipo de separação não atinge íons metálicos, como U(VI), Cr(VI), Al(III) e Zn(II).

> **IMPORTANTE**
>
> As terras raras compreendem um grupo de 17 elementos químicos da Tabela Periódica abrangendo a sequência de números atômicos do lantâneo (57) ao lutécio (71), além de ítrio e escândio.

Separações em meios com o pH intermediário controlado pela utilização de tampões

Tanto a adição de tampão de NH_3/NH_4Cl quanto o acréscimo do tampão formado pela mistura de ácido acético e acetato de amônio separam íons metálicos de Fe(III), Cr(III) e Al(III). Porém, a adição de tampão não precipita íons de metais alcalinos e alcalino-terrosos, além de íons de Mn(II), Cu(II), Zn(II), Ni(II), Cd(II), Co(II), Fe(II), Mg(II) e Sn(II).

Separações baseadas em precipitações

As separações analíticas baseadas na precipitação necessitam de uma grande diferença de solubilidade entre o analito e os interferentes presentes na amostra. Devido a essa grande diferença de solubilidade, alguns compostos precipitam antes dos interferentes quando é alcançado o valor do coeficiente de precipitação, assim, esses compostos podem ser separados da matriz das amostras por processos físicos, como a filtração e a centrifugação.

O problema de separações por precipitação de compostos com diferentes solubilidades é a possibilidade de ocorrer coprecipitações de contaminantes ou mesmo a adsorção desses interferentes sobre a superfície dos sólidos formados do analito. Também não é raro as velocidades lentas de precipitação impedirem a utilização dessas técnicas em química analítica.

Separações por íons inorgânicos

A maioria dos cátions pode ser precipitada na forma de sulfetos que apresentam baixíssima solubilidade em soluções aquosas. As precipitações de íons metálicos na forma de sulfetos é regulada devido ao controle dos íons sulfetos produzidos pela hidrólise do gás H_2S administrada pelo pH da solução precipitante. A concentração dos íons sulfeto em uma solução é fornecida pela equação:

$$[S^{2-}] = 1,2 \times 10^{-22} / [H_3O^+]^2$$

Esta equação mostra que a quantidade de íons sulfetos (responsáveis pelas precipitações metálicas) pode ser controlada pela concentração de íons H_3O^+, ou seja, o pH do meio precipitante.

Em precipitações analíticas também são utilizados íons fosfato, oxalato e carbonato para precipitar cátions. Entretanto, esses agentes precipitantes não são seletivos e requerem soluções previamente tratadas. Já os íons cloreto normalmente são empregados para a precipitação de cátions de prata, enquanto os íons sulfato são utilizados para precipitar bário, estrôncio e chumbo.

DICA

Os íons cloreto são normalmente empregados para a preciitação de cátions de prata.
Os íons sulfato são utilizados para precipitar bário, estrôncio e chumbo.

Separações de analitos em nível de traço

Os analitos em nível de traço são de difícil isolamento por precipitação pois requerem a adição de um agente precipitante em elevada concentração para que os coeficientes de precipitação sejam alcançados. Outro problema é a possibilidade de perda do material formado nos processos de filtração e transferência.

Nas separações de analitos em nível de traço também são utilizados agentes coletores.

DEFINIÇÃO

Agentes coletores são substâncias que, igualmente ao analito, formam precipitados que podem servir como adsorventes do analito em nível de traço ou mesmo formar cristais mistos com esses íons.

Um exemplo é o emprego de soluções de Ferro (III) para auxiliar na precipitação de traços de manganês na forma de dióxido pouco solúvel.

Separações utilizando compostos orgânicos

Os compostos orgânicos são utilizados na separação por precipitação pois apresentam alta seletividade. Como exemplo desse tipo de aplicação está a seletividade da dimetilglioxima, que é capaz de precipitar íons de níquel com extrema facilidade. Já a 8-hidroxiquinolina é outro agente orgânico precipitador que funciona como uma base conjugada de um ácido fraco. Por apresentar essa característica, a concentração desse agente pode ser controlada pelo manuseio do pH do meio precipitante.

Outra forma de separar analitos por meio de compostos orgânicos é a produção de substâncias orgânicas que englobem o analito e que sejam solúveis em solventes apolares. Esta solubilidade permite, então, que a substância de interesse seja removida da amostra por extrações em fase líquida.

Separações baseadas em extrações

As separações analíticas baseadas nas extrações utilizam a propriedade de um analito possuir diferentes graus de solubilidade quando colocado em contato com diferentes tipos de solventes orgânicos e água. O processo de separação normalmente ocorre quando o soluto que está dissolvido em um desses líquidos passa para outro solvente por meio de um processo de transferência de massa. Esse processo ocorre quando esses dois líquidos são colocados em contato sob agitação constante em um aparelho volumétrico chamado de pera de separação (ou decantação). Na pera de decantação, primeiramente o soluto (analito) que está dissolvido em um dos dois líquidos imiscíveis abandona um desses e se solubiliza no outro líquido até que as concentrações (desse analito) nas duas fases permaneçam constantes, ou seja, invariáveis, mostrando um estado de equilíbrio entre as mesmas.

A Figura 19.20 apresenta uma pera de decantação e a sequência dos processos que fazem a passagem de um analito HA de um solvente L1 para um solvente L2.

Pela observação da Figura 19.20, fica evidente que a passagem do analito (HA) ocorre no momento da agitação do sistema (situação B). Nesta agitação, há a formação de múltiplas bolhas do líquido L2 dispersas no líquido L1. Estas bolhas promovem uma grande área de contato entre esses dois líquidos, sendo esse fato um dos facilitadores do processo de transferência de massa de HA de L1 para L2. Depois da agitação, as bolhas do líquido L2 coalescem em uma única fase, mais densa do que a fase L1, ficando assim na parte inferior da pera de decantação. Nesta fase, em L2 se encontra, ao final da extração, grande parte do analito HA, que é então separado da mistura inicial pela abertura de uma válvula localizada na parte inferior deste aparato.

Na prática, o líquido L2 normalmente é um solvente orgânico, e o líquido L1 é uma solução aquosa que contém o analito no início do processo de extração. Ao final do processo de separação, o analito já está transferido para a fase extratora em um nível de separação que depende das propriedades físico-químicas de (HA), L1 e L2.

Situação A   Situação B   Situação C

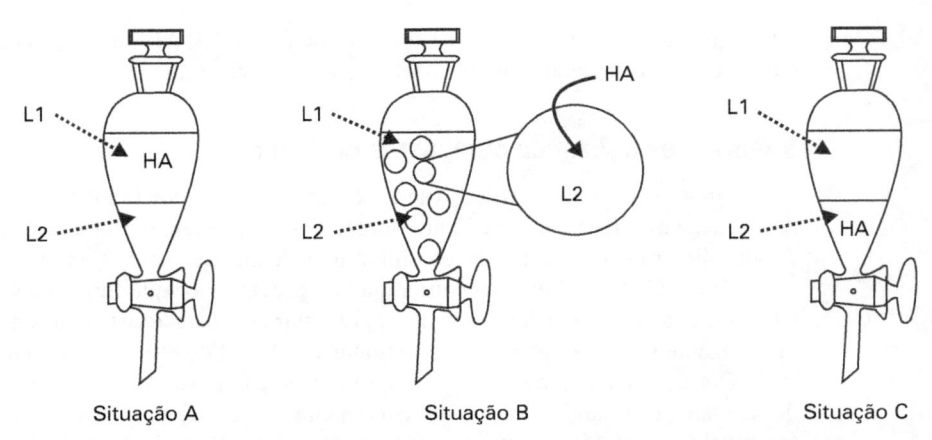

FIGURA 19.20 Processo de separação utilizando pera de decantação; na situação A, os líquidos são colocados dentro da pera; na situação B, ocorre a agitação do sistema e, na situação C, ocorre novamente a separação dos dois líquidos imiscíveis.

A forma como um soluto se divide quando colocado em contato com dois solventes simultaneamente é chamada partição. Quando o soluto se divide entre dois solventes imiscíveis, este processo segue um comportamento baseado na sua lei de distribuição.

DEFINIÇÃO

Partição é a forma como um soluto se divide quando colocado em contato com dois solventes simultaneamente.

IMPORTANTE

A lei de distribuição se baseia na existência de um equilíbrio entre as atividades (que podem ser entendidas como concentrações) apresentadas por um soluto que está dissolvido em um sistema heterogêneo constituído pelo analito e dois solventes imiscíveis.

O conceito da lei de distribuição considera uma situação na qual ocorre uma divisão natural da massa total de soluto que entra em contato simultaneamente com dois solventes imiscíveis. Nesta divisão, o soluto é dissolvido nestes solventes em um grau que depende das semelhanças existentes entre o analito e os solventes utilizados.

O grau ou nível final dessa divisão de massa é estabelecido depois de ser atingido um equilíbrio entre as atividades apresentadas pelo analito em cada solvente. A Equação 16 representa a igualdade formada pelas atividades disponíveis.

$$A_{(aquoso)} = A_{(orgânico)} \tag{16}$$

DEFINIÇÃO

Atividade pode ser entendida como a concentração efetiva de um analito em uma solução.

A divisão da atividade do soluto (A) no sistema orgânico pela atividade de (A) no sistema aquoso é definida pela Equação 17 e representa a constante de distribuição deste soluto neste sistema.

$$K = \frac{A_{(orgânico)}}{A_{(aquoso)}} \quad (17)$$

Considerando que as atividades do soluto nestes dois solventes podem ser substituídas pelas respectivas concentrações molares, a Equação 18 assume a forma:

$$K = \frac{\text{Concentração de } A_{(orgânico)}}{\text{Concentração de } A_{(aquoso)}} \quad (18)$$

A Equação 18 ainda pode ser expressa, de forma aproximada, em função das solubilidades do soluto nestes dois meios solventes, como mostra a Equação 19:

$$K = \frac{\text{Solubilidade de } A_{(orgânico)}}{\text{Solubilidade de } A_{(aquoso)}} \quad (19)$$

IMPORTANTE

O valor K apresentado na equação 3 também pode ser encontrado na literatura descrito como coeficiente de partição do soluto A em relação ao par de solventes orgânico e aquoso.

Em extrações, uma informação muito importante é a quantidade de massa do analito que permanece na amostra após a ocorrência deste processo. Quanto menor for a massa da substância de interesse presente no solvente aquoso (após a extração), mais efetiva será a separação.

Para deduzir a expressão que fornece a quantidade de analito residual no solvente aquoso, é necessário aplicar o seguinte algebrismo envolvendo os conceitos de extração.

Considerando que q representa a fração mássica de analito A que sobra na parte aquosa da extração após o processo de separação, temos que a constante de distribuição fornecida pela Equação 4 assume a seguinte forma:

$$K = \frac{(1 - q) * \text{Concentração de } A_{(orgânico)}}{q * \text{Concentração de } A_{(aquoso)}} \quad (20)$$

Expressando a concentração do analito A em termos do número de mols presentes em cada fase após a extração, temos:

$$\alpha = \frac{(1 - q) * \frac{N_o A}{V_{org.}}}{q * \frac{N_o A}{V_{aq.}}} \quad (21)$$

Na equação 7:

$N_o A$ é o número inicial de mols do analito A dissolvidos em água;
(1 – q) é a fração de massa do analito A que passa para a fase composta pelo solvente orgânico;
q é a fração mássica de A que permanece na fase aquosa após o processo de extração;
V org. é o volume de solvente orgânico utilizado para a extração e
V aq. é o volume de solvente aquoso inicialmente tratado pela extração.

Para obter a fração (q) que representa a quantidade remanescente de (A) na fase aquosa, realizamos uma série de tratamentos algébricos. Iniciamos passando o denominador da Equação 21 para o lado esquerdo da equação, o que resulta em:

$$K * q * \frac{No\,A}{V\,aq.} = (1 - q) * \frac{No\,A}{V\,org.} \quad (22)$$

Em seguida, é realizada a multiplicação do lado direito da Equação 22, que resulta em:

$$K * q * \frac{No\,A}{V\,aq.} = \frac{No\,A}{V\,org.} - q * \frac{No\,A}{V\,org.} \quad (23)$$

Colocando os termos em (q) no mesmo lado da igualdade, temos:

$$K * q * \frac{No\,A}{V\,aq.} + q * \frac{No\,A}{V\,org.} = \frac{No\,A}{V\,org.} \quad (24)$$

Colocando (q) em evidência, temos:

$$q * \left(K * \frac{No\,A}{V\,aq.} + \frac{No\,A}{V\,org.} \right) = \frac{No\,A}{V\,org.} \quad (25)$$

Como o número de mols iniciais de A está presente em todas as parcelas da igualdade, este pode ser cortado:

$$q * \left(K * \frac{\cancel{No\,A}}{V\,aq.} + \frac{\cancel{No\,A}}{V\,org.} \right) = \frac{\cancel{No\,A}}{V\,org.} \quad (26)$$

resultando em:

$$q * \left(K * \frac{1}{V\,aq.} + \frac{1}{V\,org.} \right) = \frac{1}{V\,org.} \quad (27)$$

Multiplicando os dois lados da Equação 26 por ($V\,org.$), obtemos:

$$q * \left(K * \frac{V\,org.}{V\,aq.} + 1 \right) = 1 \quad (28)$$

A partir da Equação 28, (q) pode ser isolado por meio do seguinte tratamento algébrico:

$$q * \left(\frac{K * V\,org. + V\,aq.}{V\,aq.} \right) = 1 \quad (29)$$

Assim, a quantidade mássica do analito (A) que sobra no solvente aquoso após uma extração com um solvente orgânico é fornecida pela equação:

$$q = \frac{V\ aq.}{K * V\ org. + V\ aq.} \quad (30)$$

A Eequação 30 indica que a fração de massa de analito que fica na fase aquosa após uma extração é dependente somente dos volumes dos solventes empregados, bem como da constante de distribuição.

Por meio do tratamento algébrico da Equação 30, é possível obter o valor da fração remanescente de (A) após a execução de um número (i) de extrações subsequentes. O resultado desses processos é expresso na Equação 31.

$$q_i = \left(\frac{V\ aq.}{K * V\ org. + V\ aq.}\right)^i \quad (31)$$

em que q_i é a fração remanescente do analito (A) após as extrações subsequentes.

A eficiência das extrações é determinada pela quantidade de analito que sobra na fase aquosa após a conclusão do processo de separação (quanto menor for esse valor, mais eficiente será a extração).

DICA

Quanto menor for a quantidade de analito que sobra na fase aquosa após a conclusão do processo de separação, mais eficiente será a extração.

Na aplicação de um processo de extração, está consagrado que a divisão de um certo volume de solvente orgânico em porções que sejam utilizadas em extrações subsequentes produz separações mais eficientes quando comparadas com uma única extração que utilize todo o volume de solvente orgânico disponível. O exemplo a seguir comprova que a aplicação de menores volumes de solvente orgânico apresenta melhores resultados em termos de eficiência do processo extrativo.

EXEMPLO

Obtenha a fração remanescente (q) de um analito (A) quando se extrai um volume de 100 ml de uma solução aquosa contendo esse analito com:

a. 300 ml de tolueno em uma única extração; e
b. três porções de 100 ml do solvente orgânico utilizadas em 3 extrações subsequentes.
c. Compare desses dois tipos de extrações: qual é a melhor maneira de empregar volumes de solventes orgânicos em processos extrativos?

A constante de distribuição desse analito em relação ao par tolueno/água é 3.

Resolução:
a. A fração de (A) remanescente após a extração com 300 ml de tolueno pode ser obtida pela aplicação da equação 16, conforme apresentado a seguir:

$$q = \frac{V\,aq.}{K * V\,org. + V\,aq.} \tag{32}$$

Substituindo os valores de $V\,aq. = 0,1$ L, $V\,org. = 0,3$ L e $K = 3$, temos:

$$q = \frac{0,1}{3 * 0,3 + 0,1} = 0,1$$

o resultado anterior indica que a utilização de um volume de 300 mL de tolueno aplicado sobre 100 mL da solução aquosa extrai 90% da substância de interesse, restando somente 10% (0,1) do analito na solução aquosa original.

b. Já a fração remanescente do analito (A) após extrações consecutivas pode ser obtida pela aplicação da equação 17. Ao utilizar essa equação, deve-se levar em conta que o volume de solvente orgânico utilizado neste procedimento é de 100 mL de tolueno, ou seja, são três procedimentos utilizando 100 mL do solvente em cada um desses eventos extrativos.

$$q_i = \left(\frac{V\,aq.}{K * V\,org. + V\,aq.}\right)^i \tag{33}$$

$$q_3 = \left(\frac{0,1}{3 * 0,1 + 0,1}\right)^3 = 0,016$$

O resultado da fração remanescente do analito (A) no solvente aquoso após 3 extrações consecutivas (q_3) é de 1,6% (0,016).

c. A comparação dos dois tipos de extrações em (a) e (b) confirma que a utilização de pequenos volumes de solventes orgânicos tende a fornecer melhores eficiências de extrações em relação à utilização de maiores volumes destes solventes. Isso porque o valor de (q_3) (com três extrações com 100 mL cada) é de 1,6%, enquanto (q) (com uma extração utilizando 300 mL) é de 10%.

As extrações que utilizam pequenos volumes possuem um número máximo de repetições que podem ser utilizadas para a obtenção de uma boa eficiência de extração. O excesso de extrações utilizando pequenos volumes de solventes tende a atingir uma condição na qual o resultado destas separações não leva a um acréscimo relevante na eficiência do processo extrativo. Deste modo, existe um limite máximo de extrações com pequenos volumes de solventes que podem ser aplicadas a um determinado analito.

A divisão da atividade do soluto (A) no sistema orgânico pela atividade de (A) no sistema aquoso é definido pela equação 3 e representa a constante de distribuição deste soluto neste sistema.

Na Figura 19.21 é possível perceber que a extração do analito da fase aquosa apresenta um aumento da eficiência significativo quando o volume total de solvente é dividido em frações e estas são utilizadas em extrações subsequentes. O número de repetições de extrações para o emprego de pequenos volumes de solventes atinge

Percentual remanescente (q)

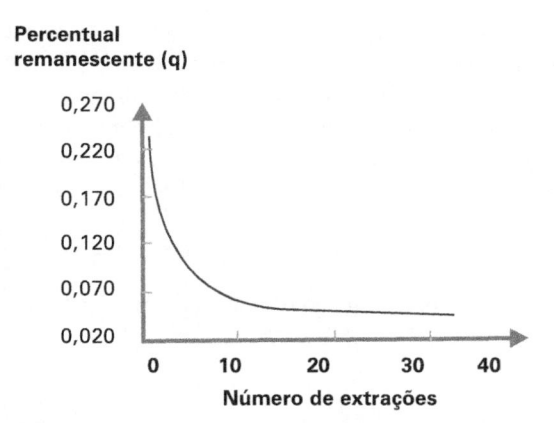

[Gráfico: eixo y de 0,020 a 0,270; eixo x "Número de extrações" de 0 a 40; curva decrescente exponencial]

FIGURA 19.21 Gráfico mostrando o comportamento da fração mássica de um analito (A) remanescente em 375 mL de água quando variado o número de extrações subsequentes utilizando um volume total de tolueno de 400 mL ou frações deste solvente. A constante de distribuição para este sistema é 3.

um valor ótimo quando executadas 10 extrações subsequentes. Isso porque o valor remanescente (q) alcança o limite em torno de 6%. Para este sistema, a execução de um número de extrações superior a 10 vezes proporciona separações que consomem elevados períodos de tempo sem aumento significativo da quantidade de massa de analito removida da fase aquosa.

As extrações são utilizadas para separar analitos que apresentam características físicas e químicas que diferem dos outros componentes da amostra. Ao possuir essas características, somente o analito é transferido para a fase do solvente extrator. Muitas vezes, os analitos não possuem estas características diferenciadoras, sendo, então, necessário utilizar reações químicas que tornem esses compostos de interesse solúveis no meio extrativo. Um exemplo desse procedimento é o emprego da formação de complexos metálicos sem carga para a extração de íons de metálicos.

Extrações de compostos inorgânicos

A extração de íons metálicos está baseada primeiramente na transformação estrutural destes analitos em compostos chamados de quelatos. Estes quelatos são substâncias neutras (sem carga) que possuem alta solubilidade em solventes orgânicos, sendo facilmente removidas por eles em processos de separação extrativa. Entre alguns exemplos de agentes quelantes estão a ditizona, empregada para separar íons metálicos di e trivalentes (como o Pb^{2+}, formando um complexo vermelho) e a 8-hidroxiquinolina (que forma quelatos com vários íons metálicos possuidores de carga 2+).

DEFINIÇÃO

Quelatos são substâncias neutras (sem carga) que possuem alta solubilidade em solventes orgânicos, sendo facilmente removidas por eles em processos de separação extrativa.

Um agente quelante é descrito de uma forma geral como um ácido fraco (HL) que se dissocia liberando um próton e um grupo L⁻ responsável pela formação do quelato que incorpora o íon metálico. Porém, antes de se dissociar, o ácido HL se particiona entre os dois solventes, estabelecendo um equilíbrio entre as concentrações que ele assume em cada solvente. Os equilíbrios produzidos nestes processos são descritos a seguir (HARRIS, 2011; SKOOG et al., 2006):

$$HL_{(aq)} \rightleftharpoons HL_{(org)}$$

Esta partição produz uma constante de distribuição fornecida pela Equação 34:

$$K_{quelante} = \frac{[HL]_{(org)}}{[HL]_{(aq)}} \qquad (34)$$

Já a porção de HL que está na fração aquosa sofre a seguinte dissociação:

$$HL_{(aq)} \rightleftharpoons H^+_{(aq)} + L^-_{(aq)}$$

A constante de equilíbrio desses ácidos fracos pode ser determinada pela seguinte expressão:

$$k_a = \frac{[H^+]_{(aq)} * [L^-](aq)}{[HL]_{(aq)}} \qquad (35)$$

O processo de extração começa quando os ligantes (L⁻) liberados na dissociação do ácido fraco reagem com os íons metálicos M^{n+}, conforme a seguinte reação:

$$nL^-_{(aq)} + M^{n+}_{(aq)} \rightleftharpoons ML_{n(aq)}$$

A formação do quelato ML_n possui uma constante de equilíbrio Q apresentada pela Equação (36):

$$Q = \frac{[ML_n]_{(aq)}}{[nL^-]_{(aq)} * [M^{n+}]_{(aq)}} \qquad (36)$$

Após a formação do quelato ML_n, este sofre uma partição entre os dois solventes presentes na extração, conforme o seguinte equilíbrio:

$$ML_{n\,(aq)} \rightleftharpoons ML_{n\,(org)}$$

Já a partição do quelato (ML_n) entre esses solventes produz um valor K_q fornecido pela Equação 37:

$$K_q = \frac{[ML_n]_{(org)}}{[ML_n]_{(aq)}} \qquad (37)$$

Em processos extrativos, sempre é necessário conhecer o valor da constante de distribuição do analito entre o solvente orgânico e o aquoso. No caso de íons metálicos, os valores que aparecem na expressão da constante de distribuição é a concentração do metal na forma iônica (presente na fase aquosa após a extração) e a concentração do metal na forma de quelato (ML_n), ou seja, a expressão que fornece este coeficiente é a Equação 38:

$$K = \frac{[ML_n]_{(org)}}{[M^{n+}]_{(aq)}} \quad (38)$$

A Equação 38 considera que todo o metal presente na fase orgânica está na forma de quelato $[ML_n]_{(org)}$, enquanto todo o metal presente na fase aquosa se encontra disponível, após a extração, como íon metálico $[M^{n+}]_{(aq)}$.

O aprimoramento da Equação 39 por meio de alguns tratamentos algébricos que envolvem as informações contidas nas equações 34, 35, 36 e 37 fornece uma expressão aproximada da constante de distribuição para um íon metálico em dois solventes (aquoso e orgânico) apresentada na Equação 39:

$$K \approx \frac{K_q * Q * Ka^n * [HL]_{(org)}^n}{Kquelante^n * [H^+]_{(aq)}^n} \quad (39)$$

Como é possível observar, a Equação 39 associa a constante de distribuição de um íon metálico entre dois solventes como uma função do pH e entre outras variáveis. Assim, com o ajuste do pH é possível obter diferentes valores de constantes de distribuição de íons metálicos em sistemas extrativos, ou seja, a modificação do pH altera a eficiência de remoção destes íons metálicos.

A Tabela 19.2 apresenta as faixa de pH nas quais ocorrem as extrações de certos ions metálicos presentes em uma mistura quando se utiliza como solvente extrator ditizona em CCl_4 (HARRIS, 2011); CHRISTIAN; DASGUPTA; SCHUG, 2014).

Nesta tabela, é possível verificar que abaixo do pH 3, somente os cátions do metal bismuto são removidos da mistura; entre o pH 3 e 6,5, os íons de estanho (II) são extraídos, predominantemente. Nesta tabela, quanto mais próximo estiver o meio extrativo do pH máximo de cada intervalo, mais efetiva será a extração do íon metálico pela ditizona. Assim, em torno do pH 12, por exemplo, é extraída a maior quantidade de ions de Ti(II) desta suposta mistura de cátions.

TABELA 19.2 Faixas de pH para precipitação de cátions utilizando como agente extrator a ditizona em CCl_4

Ion metálico	Faixa de precipitação pH
Bi(III)	1 a 4,5
Sn(II)	3 a 6,5
Pb(II)	6 a 9,5
Zn (II)	7 a 10,5
Ti(II)	8 a 12
Cd(II)	10 a 13,5

Vantagens e desvantagens da extração líquido-líquido

Do ponto de vista analítico, uma extração em fase líquida com frequência é mais atraente que um método de separação por precipitação de espécies inorgânicas. Isso porque os processos que formam sólidos demandam cuidados tanto na filtração (para evitar perdas do analito) quanto na execução de uma boa lavagem (para evitar que os sólidos levem contaminantes por adsorções superficiais). Já as extrações líquido-líquido são bem utilizadas pois podem ser controladas por meio da manipulação de fatores, como pH, espécies de quelantes e tipos de solventes, a fim de obter uma maior especificidade e eficiência.

Apesar das suas vantagens, as extrações líquido-líquido são executadas de forma manual e consomem bastante tempo. As extrações em fase líquida também apresentam algumas limitações, como a formação de emulsões e o gasto de elevados volumes de solventes.

Separações baseadas em extrações sólido-líquido

As extrações em fase sólida são separações baseadas na retirada de um analito de uma matriz líquida de amostra por processos de retenção da substância de interesse em um sólido. Esta retenção do analito é um processo seletivo que o isola do resto da amostra para que, posteriormente, ele seja eluído por solventes apropriados. Os eventos ocorridos neste tipo de extração dependem muito da interação existente entre o analito e a fase sólida que o retém. Normalmente, as fases extratoras podem apresentar características polares ou apolares que propiciam a retenção de diferentes tipos de analitos.

A fase sólida utilizada nesse tipo de extração pode estar disposta na forma de membranas, colunas ou cartuchos. Esta fase, em geral, é composta por sílica granulada recoberta por uma substância orgânica que pode apresentar diferentes polaridades. Um exemplo de substância apolar utilizada em fases sólidas é o composto octadecilsilano (C18). Esta característica apolar dos materiais C18 é proporcionada pela cadeia linear de 18 átomos de carbono presentes na estrutura química do material. A cadeia linear de carbonos pode provocar interações de forças de Van der Waals ocorridas entre o extrator e as substâncias de interesse, quando elas possuem características hidrofóbicas.

O processo de extração é composto por uma sequência de etapas, que envolvem:

- o preparo do material sólido extrator;
- a percolação, ou seja, a passagem da solução contendo a amostra pelo material sólido extrator;
- a retenção do analito;
- a lavagem do sistema analito-sólido extrator;
- a eluição do analito pela passagem de um solvente apropriado.

A Figura 19.22 apresenta um esquema de como acontece uma extração em fase sólida aplicando uma coluna extratora. As etapas da extração são descritas da seguinte forma:

a. Uma solução de uma matriz complexa de amostra contendo o analito é colocada no topo de uma coluna previamente preenchida e condicionada para receber e reter a substância de interesse.

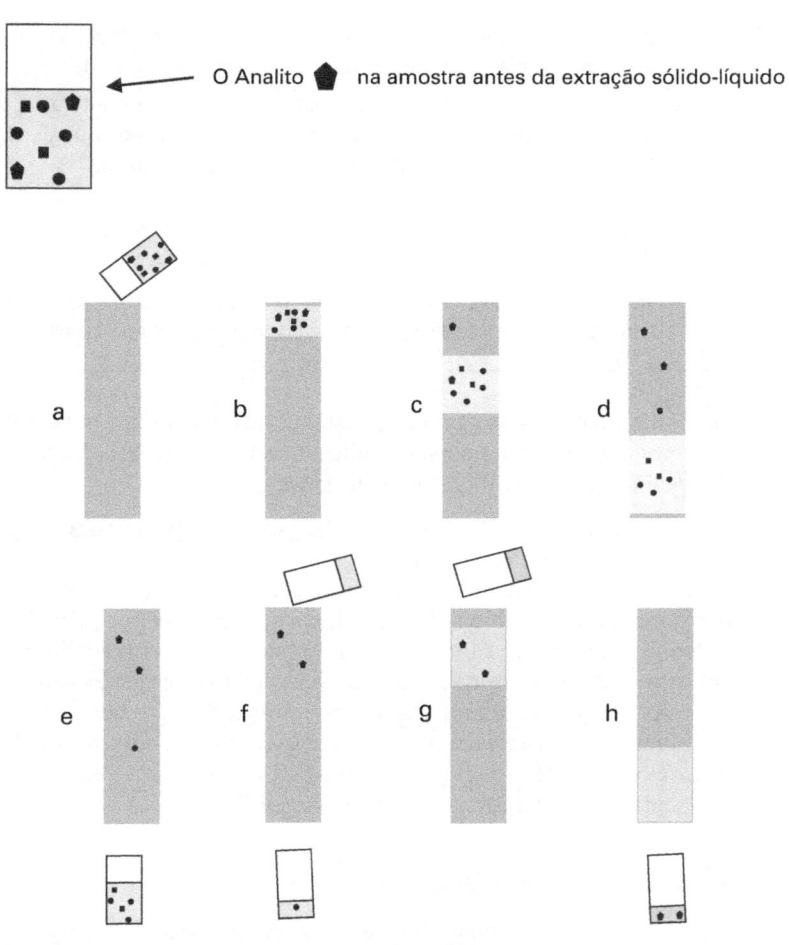

FIGURA 19.22 Esquema de uma extração em fase sólida.

b. A solução da amostra entra em contato com o sólido extrator e, a partir deste momento, o analito começa a interagir com a coluna extratora. O analito é retido por ela de modo a ser separado do resto da amostra. Em muitos casos, outros interferentes podem ficar aderidos no sistema extrativo, mas eles são posteriormente retirados em uma etapa de lavagem.

c. A solução da amostra contendo o analito avança sobre a coluna; a redução da sua intensidade de cor indica dispersão mássica ocorrida com a amostra ao percolar o sólido extrator.

d. Nesta fase, praticamente todo o analito já está retido na coluna e a solução que deixa o sistema contém o solvente original e outros componentes da amostra inicialmente tratada.

e. Nesta etapa, na fase sólida extratora, é possível encontrar somente o analito e algum outro interferente que tenha se aderido fisicamente ao sistema extrator.

f. Nesta fase, é realizada uma lavagem da coluna com um solvente apropriado, que remove somente algum interferente ainda retido na coluna.

g. Nesta etapa, é adicionada sobre a parte superior da coluna uma pequena quantidade de solvente com características químicas e físicas que permitem a solubilização do analito inicialmente retido na coluna extratora.

IMPORTANTE

Quando o volume do solvente empregado nesta etapa é menor do que o volume da amostra inicialmente tratada, temos que a extração também pré-concentrou o analito.

h. Nesta etapa, todo o analito já está dissolvido em um novo solvente isento de interferentes, sendo possível concentrar ainda mais este analito ou realizar a sua determinação analítica por técnicas apropriadas.

As extrações em fase sólida podem ser empregadas para a separação de agentes orgânicos presentes na água. Neste procedimento, o analito é retido por uma coluna apolar e, posteriormente, eluído com uma solução de metanol. Nem sempre o material retido na coluna é a substância de interesse, pois, em alguns casos, os interferentes podem ser capturados pela coluna que deixa o analito passar, tornando a amostra menos contaminada ou mesmo isenta de substâncias não desejadas.

As extrações em fase sólida, apesar de muito aplicadas em química analítica, são um tanto dispendiosas em termos dos volumes de solventes utilizados e do tempo de execução. Nesse sentido, a técnica de microextração em fase sólida ou líquida apresenta várias vantagens, relatadas a seguir.

Microextração em fase sólida

Neste tipo de técnica, uma fibra de sílica fundida é recoberta por um material adsorvente não volátil que retém analitos. Esta fibra remove o analito da amostra ao ser colocada em contato diretamente por imersão em amostras líquidas ou quando ela entra em contato com os vapores liberados por amostras líquidas em espaços confinados (esta técnica recebe a denominação de Headspace).

A montagem de um aparato de microextração está baseada no aproveitamento de uma fibra, com tamanho variando de 1 a 2 cm, funcionalizada (recoberta) por um polímero ou por uma camada de adsorvente, cuja espessura pode variar de 7 a 10 micrômetros. Esta fibra, então, é acondicionada no interior de uma agulha que está acoplada a uma seringa. A função da agulha é proteger a fibra, ou seja, no momento da extração, a fibra é colocada para fora da agulha. Quando a extração termina, a fibra é reconduzida para o interior da agulha por um sistema retrátil. A Figura 19.23 mostra um conjunto de seringa, agulha e fibra utilizado nas microextrações em fase sólida.

A microextração em fase sólida é uma técnica simples e miniaturizada de preparação de amostras que não exige a presença de solvente. A realização de uma microextração em fase sólida promove concomitantemente a extração, concentração e purificação do analito. Uma grande vantagem da microextração é a possibilidade

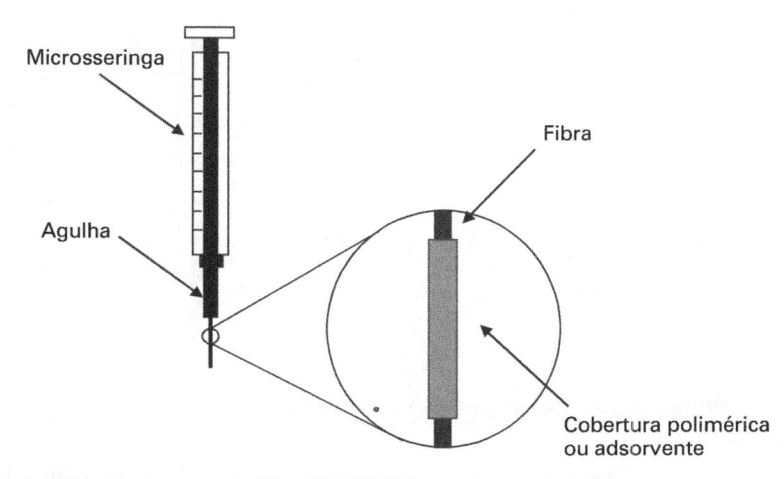

FIGURA 19.23 Microsseringa utilizada em microextração em fase sólida.

de liberação do analito retido por meio do aquecimento da fibra diretamente nos amostradores de equipamentos utilizados em técnicas analíticas instrumentais, como cromatografia gasosa, e em alguns casos de cromatografia líquida de alta eficiência.

A especificidade desta técnica é propiciada pela variedade de coberturas que podem revestir a fibra empregada na extração. Um exemplo de cobertura de fibra para a extração de analitos não polares é o polímero polidimetilsiloxano (PDMS). Por sua vez, para substâncias polares (como aminas) é utilizada uma mistura de polidimetilsiloxano com divinilbenzeno (PDMS/DVB). Amostras com maior polaridade, como álcoois, requerem a resina polimérica chamada Carbowax/divinilbenzeno (CW/DVB).

Uma variação da microextração em fase sólida é a utilização da microextração em fase líquida. Nesta técnica, o analito é extraído da amostra ao ser solubilizado em uma gota de solvente que fica na ponta da agulha de uma microsseringa. A microextração em fase líquida pode ser entendida como a miniaturização da extração líquido-líquido, pois ela utiliza volumes em torno de 10 microlitros de solvente extrator. A Figura 19.24 apresenta uma microsseringa empregada nesta técnica extrativa.

A microextração em fase líquida ocorre quando a gota constituída de solvente orgânico entra em contato (por imersão) por vários minutos com a solução de amostra, solubilizando parte do analito presente na mesma. Depois de a gota solubilizar o analito, esta é recolhida para o interior da agulha e, posteriormente, analisada utilizando técnicas como cromatografia e espectrometria. Entre os solventes mais utilizados por esta técnica estão o octanol, octano, heptano e tolueno.

Tanto a microextração em fase sólida quanto sua versão em fase líquida extraem somente uma pequena porção de analito da amostra, sendo que essa quantidade representa uma fração do total de analito presente. Por apresentarem volumes e massas reduzidas, as microextrações não conseguem extrair todo o analito presente na amostra, ou seja, os valores encontrados após as análises devem ser quantificados utilizando padrões de calibração nesses sistemas a fim de produzir resultados reprodutivos em cada extração.

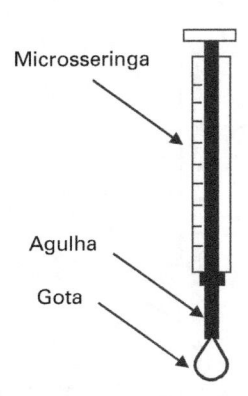

FIGURA 19.24 Seringa utilizada em microextração em fase líquida.

Por outro lado, na extração em escala macro (sólido-líquido e líquido-líquido), a amostra é totalmente esgotada, ou seja, todo o analito é transferido da amostra para a fase extratora.

Outro método de separação que utiliza princípios físico-químicos semelhantes aos que regulam a extração em fase sólida e a extração em fase líquida é a separação utilizando cromatografia (visto no início do capítulo).

AGORA É A SUA VEZ!

1. Por que é necessário realizar separações analíticas antes de uma análise?

   Resposta:

   As separações analíticas são necessárias porque o detector deve medir somente a presença do analito presente na amostra durante a análise. O problema é que nem sempre o analito é o único constituinte da amostra, pois junto com o composto de interesse podem existir diversos agentes que interferem no sistema analítico (amostra mais detector), subtraindo ou aumentando o sinal de resposta, tornando a análise menos exata.

2. Quais são os princípios que sustentam as separações analíticas que utilizam a formação de precipitados?

   Resposta:

   As separações analíticas que utilizam precipitações baseiam-se na diferença de solubilidade existente entre os componentes da amostra quando estes (na forma iônica) entram em contato com uma solução precipitante. Assim, esses compostos de interesse precipitam antes da formação de precipitados contendo os interferentes presentes na amostra líquida. Ao precipitarem, esses analitos podem ser removidos do meio amostral por processos de separação, como filtração e sedimentação.

3. No que se baseiam as separações que utilizam extrações líquido-líquido e o que representa a constante de distribuição (K)?

   Resposta:

   As extrações líquido-líquido se baseiam na propriedade de um analito de se transferir de uma fase líquida aquosa (na qual ele está solubilizado) para outra fase orgânica, insolúvel na primeira, durante um processo de mistura destas fases sob agitação.

Já a constante de distribuição (*K*) representa quantas vezes o analito está mais concentrado na fase orgânica em relação à fase aquosa após ocorrer a divisão do soluto entre estas duas fases.

4. Supondo que a constante de distribuição de um analito entre os solventes tolueno e água seja igual a 3 e que um volume de 100 ml de uma solução aquosa contendo esse analito é extraído com:
   a. 250 ml de tolueno em uma única extração.
   b. duas porções de 125 ml do solvente orgânico utilizados em duas extrações subsequentes.

Calcule a fração remanescente do analito na fase aquosa em cada um dos itens (a) e (b).

Resposta:

a. Considerando a equação que fornece o valor da fração remanenscente do analito após a separação por extração líquido-líquido:

$$q = \frac{V\,aq.}{K * V\,org. + V\,aq.}$$

e substituindo os valores de $V\,aq. = 0{,}100$ L, $V\,org. = 0{,}250$ L e $K = 3$, temos:

$$q = \frac{0{,}100}{3 * 0{,}250 + 0{,}100} = 0{,}118$$

ou seja, $q = 11{,}8\%$ do analito permanece na solução aquosa após a extração.

b. Considerando a equação que fornece o valor da fração remanenscente do analito após um número de (n) separações:

$$q_i = \left(\frac{V\,aq.}{K * V\,org. + V\,aq.}\right)^i$$

Em que $V\,aq. = 0{,}100$ L, $V\,org. = 0{,}125$ L, $K = 3$ e $i = 2$

$$q_i = \left(\frac{0{,}100\,L}{3 * 0{,}125\,L + 0{,}100\,L}\right)^2 = 0{,}0443$$

ou seja, $q = 4{,}4\%$ do analito permanece na solução aquosa após a extração.

5. Calcule o fator de seletividade e a resolução entre dois compostos que eluem em uma separação cromatográfica e opine se esta separação ocorreu com uma boa resolução.

Dados de performance analítica:

- Para o cálculo do fator de seletivade:
- tempo de retenção do composto menos retido: 11,5 minutos;
- tempo de retenção do composto mais retido: 14,0 minutos;
- tempo para o eluente atravessar o sistema cromatográfico (tempo morto): 0,4 minuto.

Dados para o cálculo do fator de resolução:

- comprimento da base do pico cromatográfico do composto 1, (w1): 1,5 minuto;
- comprimento da base do pico cromatográfico do composto 2, (w2): 1,9 minuto;
- diferença entre tempos de retenção: 2,9 minutos.

Resposta:

Para o cálculo do fator de seletividade utilizamos a equação de α fornecida por:

$$\alpha = \frac{(T_R - T_M)_{\text{analito mais retido}}}{(T_R - T_M)_{\text{analito menos retido}}}$$

$$\alpha = \frac{(14 - 0,45)_{\text{analito mais retido}}}{(11,25 - 0,45)_{\text{analito menos retido}}} = 1,23$$

Para o cálculo da resolução, é utilizada a equação:

$$Rs = \frac{\Delta Tr}{(w1 + w2)/2}$$

$$Rs = \frac{2,9}{(1,5 + 1,9)/2} = 1,71$$

Para esse valor de resolução de 1,71 (acima de 1,5), consideramos que esses compostos estão separados de forma satisfatória na corrida cromatográfica.

Referências

AFONSO, J. C.; SILVA, R. M. de. A evolução da balança analítica. *Química Nova*, São Paulo, v. 27, n. 6, p. 1021-1027, nov./dez. 2004.

BACCAN, N. et al. *Química analítica quantitativa elementar*. 3. ed. São Paulo: Edgard Blucher, 2001.

BAILEY, P. L. *Analysis with ion-selective electrodes*. 2nd ed. London: Heyden & Son, 1980.

BRASIL. Ministério da Agricultura, Pecuária e Abastecimento. *Portaria nº 229, de 25 de outubro de 1988*. Brasília: MAPA, 1988.

CIENFUEGOS, F.; VAISTSMAN, D. *Análise instrumental*. Rio de Janeiro: Interciência, 2000.

CIOLA, R. *Fundamentos da cromatografia a líquido de alto desempenho*: HPLC. São Paulo: Edgard Blucher, 1998.

CHRISTIAN, G. D.; DASGUPTA, G. C.; SCHUG, K. A. *Analytical chemistry*. 7th ed. New York: John Wiley & Sons, 2014.

COLLINS, C. H.; BRAGA, G. L.; BONATO, P. S. *Fundamentos de cromatografia*. Campinas: UNICAMP, 2006.

DEAN, R. B.; DIXON, W. J. Simplified statistics for small numbers of observations. *Analytical Chemistry*, v. 23, n. 4, p. 636-638, Apr. 1951.

DIAS, S. L. P. et al. *Análise qualitativa em escala semimicro*. Porto Alegre: Bookman, 2016.

FERNANDES, J. C. B.; KUBOTA, L. T.; OLIVEIRA NETO, G. de. Eletrodos íons-seletivos: histórico, mecanismo de resposta, seletividade e revisão dos conceitos. *Química Nova*, São Paulo, v. 24, n. 1, p. 120-130, 2001.

FIFIELD, F. W.; KEALEY, D. *Principles and practice of analytical chemistry*. 5th ed. Abingdon: Blackwell Science, 2000.

GABBOTT, P. *Principles and applications of thermal analysis*. Oxford: Blackwell, 2008.

HAGE, D. S.; CARR, J. D. *Química analítica e análise quantitativa*. São Paulo: Pearson Prentice Hall, 2012.

HARRIS, D. C. *Análise química quantitativa*. 7. Ed. Rio de Janeiro: LTC, 2011.

IONASHIRO, M. et al. *Giolito*: fundamentos da termogravimetria e análise térmica diferencial/calorimetria exploratória diferencial. São Paulo: Vésper, 2014.

MENCZEL, J. D.; PRIME, R. B. *Thermal analysis of polymers*: fundamentals and applications. New Jersey: John Wiley & Sons, 2009.

OHLWEILER, O. A. *Química analítica quantitativa*. 3rd ed. Rio de Janeiro: LTC, 1985. v. 1 e 2.

PAIVA, D. L.; LAMPMAN, G. M. *Introduction to spectroscopy*. 4th ed. Belmonte: Cengage Learning, 2008.

ROSA, G.; GAUTO, M.; GONÇALVES, F. *Química analítica*: práticas de laboratório. Porto Alegre: Bookman, 2013.

ROUESSAC, F.; ROUESSAC, A. *Chemical techniques*: modern instrumentation methods and techniques. 2nd ed. West Sussex: Wiley, 2007.

SILVA, J. G. da; LEHMKUHL, A.; ALCANFOR, S. K. de B. Construção artesanal de um eletrodo íon seletivo a chumbo(II): uma alternativa para disciplinas experimentais, *Química Nova*, São Paulo, v. 32, n. 4, p. 1055-1058, 2009.

SILVERSTEIN, R. M. WEBSTER, F. X. *Identificação espectrométrica de compostos orgânicos*. 7. ed. São Paulo: LTC, 2006.

TORRES, K. Y. C. et al. Recentes avanços e novas perspectivas dos eletrodos íon-seletivos. *Química Nova*, São Paulo, v. 29, n. 5, p. 1094-1100, set./out. 2006.

SKOOG, D. S. et al. *Fundamentos de química analítica*. 8. ed. São Paulo: Pioneira Thomson Learning, 2006.

UNIVERSIDADE FEDERAL DO RIO GRANDE DO SUL. Instituto de Química. *Manual de segurança em laboratórios*. Porto Alegre: COSAT, [2014]. Disponível em: <http://www.iq.ufrgs.br/cosat/inf_gerais/manual_seguranca.pdf>. Acesso em: 1 set. 2015.

Leituras Recomendadas

BACCAN, N. et al. *Introdução à semimicroanálise qualitativa*. 7. ed. São Paulo: UNICAMP, 1997.

BROWN, M. E. *Introduction to thermal analysis techniques and applications*. Netherlands: Kluwer Academic, 2001.

CANEVAROLO JR., S. V. *Técnicas de caracterização de polímeros*. São Paulo: Artiber, 2003.

DOBBINS, J. T. *Semi-micro qualitative analysis*. New York: John Wiley & Sons, 1943.

GARRET, A. B. et al. *Semi-micro qualitative analysis*. 3rd ed. Massachusetts: Blaisdell, 1966.

LAKOWICZ, J. R. *Principles of fluorescence spectroscopy*. 3rd ed. Singapore: Springer Science, 2006.

MOELLER, T. *Qualitative analysis*. 2nd ed. New York: McGraw-Hill, 1959.

VOGEL, A. I. *Análise química quantitativa*. 5. ed. Rio de Janeiro: Guanabara Koogan, 1992.

VOGEL, A. I. *Química analítica qualitativa*. 5. ed. São Paulo: Mestre Jou, 1981.

Índice

água, determinação de dureza, 89-92
algarismos significativos, 51-52
amaciamento, 90
amostragem, 49, 57
amostras termolábeis, 331
análise volumétrica, 69-72
   erro de titulação, 71
   escolha do indicador, 71-72
   indicadores ácido-base, 70-72
análises térmicas (ou termoanálises),287-311
   análise de calorimetria diferencial de varredura (DSC), 303-309
   análise termogravimétrica (TGA), 289-303
   sistemas simultâneos, 309-310
ânodo, 177-179, 183, 190, 232, 248-249
aparelhos volumétricos, aferição, 64-68
   balão volumétrico, 66
   bureta, 67-68
   pipeta volumétrico, 66-67

balança, 58-61, 291-293

cadinho, 167, 291, 293, 297
cátodo, 177-179, 183, 190, 232-233, 248-249
células eletroquímicas, 176-185
ciclo térmico, 287
comprimento de onda, 217-221
contaminação, 168-170
coprecipitação, 169
cromatografia analítica, 328-360
cromatografia em coluna, 314, 329
cromatografia em estado supercrítico, 329-330
cromatografia gasosa, 329-331
cromatografia líquida de alta eficiência (CLAE), 331-360
   análise isocrática e não isocrática, 355-360
   cromatógrafo, 337-360
   fases estacionárias, 335-337
   fases móveis, 337
   interações, 333-335
cromatografia planar, 314, 329
cromatografia por filtração de gel, 334
cromatografia preparativa, 313-328
   fases móveis líquidas, 318
   por adsorção, 315-317
   por partição, 317-318
cromatógrafo em CLAE,337-360
   bomba cromatográfica, 338-339
   coluna cromatográfica, 341-343
   coluna de guarda, 341
   detectores, 343-353
   injetor, 339-341

detectores, 343-353
digestão ou envelhecimento, 167

efeito Seebeck, 292-293
eletrodo de membrana de vidro, 196-199
eletrodos de referência, 205-207
eletrodos indicadores, 193-205
eletrodos íons seletivos, 196-201
eletroquímica, 173-187
eluente, 313-315, 318, 326, 335
equação de Nernst, 181-87, 192-195, 199, 203, 206
erro de titulação, 71-72

erro sistemático, 357
espectro de infravermelho, 264, 271, 279-285
espectrômetro de absorção atômica, 230-237
    atomizadores, 233-236
    fonte de radiação, 232-233
    modulador, 233
    monocromador, 236-237
espectrômetro de fluorescência, 253-255
espectroscopia de absorção atômica, 229-238
    cuidados com o equipamento, 237
    espectrômetro, 230-237
    forma da amostra, 237
    interação metal e radiação, 229-230
espectroscopia de emissão, 241-259
    atômica em plasma acoplado indutivamente (ICP-AES), 245-248
    atômica em plasma gerado em corrente contínua (DCP), 248-249
espectroscopia de fluorescência, 249-259
espectroscopia de infravermelho, 263-286
    acessório para análise por reflectância atenuada (ATR), 277
    acessório para análise por reflectância difusa (DRIFT), 278
    acessório para análise por transmissão, 275
    parâmetros de análise, 273-275
estimativa de confiabilidade, 52-53

fator de capacidade, 333
fator de seletividade, 320-321
fator gravimétrico, 170
filtração e lavagem, 167-168
fluorescência molecular, mecanismo causador, 251-252
fluorescência, sensibilidade aos analitos, 256
fluorescência, tipos de moléculas, 252-253
força eletromotriz, 177-183, 190
forno, em DSC, 303-307
forno, em TGA, 291-293
fotometria de chama, 242-245
fóton, 218, 221, 252

gravimetria, 163-172

Hertz, 218

impressão digital, 271-272
interferentes, 50, 245, 357-359, 361-362, 373-374
iodometria direta, 153-155
iodometria indireta, 155-156
isotermas, 287, 290, 306, 333

método de Fajans, 148-149

método de Mohr, 86-87, 149
método de Volhard, 150
método de Warder, 79-81
métodos analíticos, classificação, 47-48
métodos espectroscópicos, 217-226
métodos potenciométricos, 189-212

número de onda, 218-219

partição, 364
    coeficiente, 365
ponto de equivalência da titulação, 70
ponto final de titulação, 70, 159-161
pós-precipitação, 169
potencial de junção líquida, 179-180, 191
potenciometria direta, 207-209

quimioluminescência, 252-255

radiação, caráter dualístico, 217
região espectral, 219-220, 223
ressonância, 267

sangria da coluna, 332-333
secagem e calcinação, 168
separações baseadas
    em extrações, 363-376
    em precipitações, 361-363
    no pH, 360-361
sistema de resfriamento, em DSC, 306
solução padrão, 73-74
solução, preparo e padronização, 73-102

teste Q, 53-55
tiossulfatometria, 153-155
titulação, 61, 69-71, 73
titulação potenciométrica, 190, 207, 209-212
transformada de Fourier, 272-273

varredura, 253, 274
vidrarias, aferição e calibração, 58-68
voltímetro, 177-178
volumetria, 48, 69
volumetria de complexação, 127-135
volumetria de neutralização, 103-126
volumetria de oxidação-redução, 151-161
    iodometria direta, 153-155
    iodometria indireta, 155-156
    permanganimetria em meio ácido, 152-153
    pontos finais, 159-161
volumetria de precipitação, 137-150
    pontos finais, 148-150

zona de diagnósticos, 271-272